职业院校汽车制造与检修专业系列教材

机械装配钳工基础与技能

辛长平　左效波　主　编

战晓文　王海峰　副主编

電子工業出版社

Publishing House of Electronics Industry

北京 • BEIJING

内 容 简 介

本书的主要内容有装配钳工常用工具与量具，装配钳工基本操作技能，机械设备装配技术基础，机械设备的拆卸、清洗和润滑，固定连接的装配，滚动轴承的装配与拆卸，密封元件的装配，设备装配中的粘接工艺，以及汽车发动机的拆装。

本书可作为普通职业技术学校专业教材，也可作为初级装配钳工工作参考书。

图书在版编目（CIP）数据

机械装配钳工基础与技能/辛长平，左效波主编. —北京：电子工业出版社，2014.6
职业院校汽车制造与检修专业系列教材
ISBN 978-7-121-23618-1

Ⅰ. ①机… Ⅱ. ①辛… ②左… Ⅲ. ①安装钳工－中等专业学校－教材 Ⅳ. ①TG946

中国版本图书馆 CIP 数据核字（2014）第 135224 号

策划编辑：杨宏利
责任编辑：杨宏利
印　　刷：北京虎彩文化传播有限公司
装　　订：北京虎彩文化传播有限公司
出版发行：电子工业出版社
　　　　　北京市海淀区万寿路 173 信箱　邮编 100036
开　　本：787×1 092　1/16　印张：19　字数：486.4 千字
版　　次：2014 年 6 月第 1 版
印　　次：2024 年 7 月第15次印刷
定　　价：36.00 元

凡所购买电子工业出版社图书有缺损问题，请向购买书店调换。若书店售缺，请与本社发行部联系，联系及邮购电话：（010）88254888，88258888

质量投诉请发邮件至 zlts@phei.com.cn，盗版侵权举报请发邮件至 dbqq@phei.com.cn。
本书咨询联系方式：（010）88254592，bain@phei.com.cn。

FOREWORD

机械装配技术是职业学校汽车制造与检修专业以及其他机电类专业的必修课程，此课程的教学目标是使学生系统地掌握机械装配的有关理论知识和基本操作技能，培养良好的职业规范。

本书共 9 章，内容包括装配钳工常用工具与量具，装配钳工基本操作技能，机械设备装配技术基础，机械设备的拆卸、清洗和润滑，固定连接的装配，滚动轴承的装配与拆卸，密封元件的装配，设备装配中的粘接工艺，以及汽车发动机的拆装。本书图文并茂，内容直观易懂，特别是发动机的拆装图解形式完整，并辅以原理、结构说明，使读者一目了然。

本书的编写注重知识的实用性，理论知识紧扣项目，以实用为主；实践注重装配操作的过程控制，有利于规范学生的操作程序，养成良好的装配作业习惯；操作中辅之以零件结构参数的查找，让学生在装配操作中学习和巩固机械设计的有关知识，做到理论与实践紧密结合。

本书由企业专家辛长平和青岛市交通职业学校左效波任主编，由大庆职业学院战晓文和甘肃畜牧工程职业技术学院王海峰任副主编，战晓文编写了第 1 章，辛长平编写了第 2～6 章，王海峰编写了第 8 章，左效波编写了概述、第 7 和第 9 章。在本书编写过程中，马恩惠、辛星参加了资料收集与整理工作，葛剑青完成了插图的整理和校对，单茜完成了全稿的录入；同时也参考了大量优秀文献，使本书内容更加丰富，在此一并表示谢意。

由于水平有限，书中错误和不足在所难免，诚望各位读者提出宝贵的意见。

编　者

2014 年 6 月

CONTENTS 目录

概述

所谓机械装配就是按照机械设计的技术要求，实现机械零件或部件的连接，把机械零件或部件组合成机器。机械装配是机器制造和修理的重要环节。装配工作对机械设备的效能、修理工期、工作强度和成本等都起着非常重要的作用。

1．机械装配的基本内容

常用的装配工艺有清洗、平衡、刮削、螺纹连接、过盈配合连接、胶接、校正等。此外，还可应用其他装配工艺，如焊接、铆接、滚边、压圈和浇铸连接等，以满足各种不同产品结构的需要。

（1）清洗

应用清洗液和清洗设备对装配前的零件进行清洗，去除表面残存油污，使零件达到规定的清洁度。常用的清洗方法有浸洗、喷洗、气相清洗和超声波清洗等。

① 浸洗是将零件浸渍于清洗液中晃动或静置，清洗时间较长。

② 喷洗是靠压力将清洗液喷淋在零件表面上。

③ 气相清洗则是利用清洗液加热生成的蒸气在零件表面冷凝而将油污洗净。

④ 超声波清洗是利用超声波清洗装置使清洗液产生空化效应，以清除零件表面的油污。

（2）平衡

对旋转零部件应用平衡试验机或平衡试验装置进行静平衡或动平衡检测，测量出不平衡量的大小和相位，用去重、加重或调整零件位置的方法，使之达到规定的平衡精度。大型汽轮发电机组和高速柴油机等机组往往要进行整机平衡，以保证机组运转时的平稳性。

（3）刮削

在装配前对配合零件的主要配合面常须进行刮削加工，以保证较高的配合精度。部分刮削工艺已逐渐被精磨和精刨等代替。

（4）螺纹连接

用扳手或电动、气动、液压等拧转工具紧固各种螺纹连接件，以达到一定的紧固力矩。

（5）过盈配合连接

应用压合、热胀（外连接件）、冷缩（内连接件）和液压锥度套合等方法，使配合面的尺寸公差为过盈配合的连接件紧密结合。

（6）胶接

应用工程胶粘剂和胶接工艺连接金属零件或非金属零件，操作简便，且易于机械化。

（7）校正

装配过程中应用长度测量工具测量出零部件间各种配合面的形状精度如直线度和平面度等，以及零部件间的位置精度如垂直度、平行度、同轴度和对称度等，并通过调整、修配等方法达到规定的装配精度。校正是保证装配质量的重要环节。

2．装配法的分类

根据产品的装配要求和生产批量，零件的装配有修配、调整、互换和选配 4 种方法。

① 修配法：装配中应用锉、磨和刮削等工艺方法改变个别零件的尺寸、形状和位置，使配合达到规定的精度，装配效率低，适用于单件小批生产，在大型、重型和精密机械装配中应用较多。修配法依靠手工操作，要求装配工人具有较高的技术水平和熟练程度。

② 调整法：装配中调整个别零件的位置或加入补偿件，以达到装配精度。常用的调整件有螺纹件、斜面件和偏心件等，补偿件有垫片和定位圈等。这种方法适用于单件和中小批生产的结构较复杂的产品，成批生产中也少量应用。

③ 互换法：所装配的同一种零件能互换装入，装配时可以不加选择，不进行调整和修配。这类零件的加工公差要求严格，它与配合件公差之和应符合装配精度要求。这种配合方法主要适用于生产批量大的产品，如汽车、拖拉机的某些部件的装配。

④ 选配法：对于成批、大量生产的高精度部件如滚动轴承等，为了提高加工经济性，通常将精度高的零件的加工公差放宽，然后按照实际尺寸的大小分成若干组，使各对应的组内相互配合的零件仍能按配合要求实现互换装配。

3．装配过程

为保证有效地进行装配工作，通常将机器划分为若干能进行独立装配的装配单元。

① 零件：是组成机器的最小单元，由整块金属或其他材料制成。

② 套件（合件）：是在一个基准零件上，装上一个或若干个零件构成的。它是最小的装配单元。

③ 组件：是在一个基准零件上，装上若干套件及零件而构成的，如主轴组件。

④ 部件：是在一个基准零件上，装上若干组件、套件和零件而构成的，如车床的主轴箱。部件的特征是在机器中能完成一定的、完整的功能。

4．装配精度

为了使机器具有正常工作性能，必须保证其装配精度。

（1）相互位置精度

相互位置精度指产品中相关零部件之间的距离精度和位置精度，如平行度、垂直度和同轴度等。

（2）相对运动精度

相对运动精度指产品中有相对运动的零部件之间在运动方向和相对运动速度上的精度，如传动精度、回转精度等。

（3）相互配合精度

相互配合精度指配合表面间的配合质量和接触质量。

（4）保证装配精度的 4 种装配方法

保证装配精度的装配方法有互换装配法、选择装配法、修配装配法和调整装配法 4 种。

① 互换装配法。

采用互换装配法时，被装配的每一个零件无须做任何挑选、修配和调整就能达到规定的装配精度要求。其装配精度主要取决于零件的制造精度。根据零件的互换程度，互换装配法可分为完全互换装配法和不完全互换装配法。

② 选择装配法。

将装配尺寸链中组成环的公差放大到经济可行的程度，然后选择合适的零件进行装配，以保证装配精度要求的装配方法，称为选择装配法。

适用场合：装配精度要求高而组成环较少的成批或大批量生产。

③ 修配装配法。

将装配尺寸链中各组成环按经济加工精度制造，装配时，通过改变尺寸链中某一预先确定的组成环尺寸的方法来保证装配精度的装配法，称为修配装配法。

采用修配装配法时，各组成环均按生产条件下经济可行的精度等级加工，装配时封闭环所积累的误差，势必会超出规定的装配精度要求；为了达到规定的装配精度，装配时须修配装配尺寸链中某一组成环的尺寸（此组成环称为修配环）。为减少修配工作量，应选择那些便于进行修配的组成环做修配环。在采用修配装配法时，要求修配环必须留有足够但又不是太大的修配量。

④ 调整装配法。

装配时通过改变调整件在机器结构中的相对位置或选用合适的调整件来达到装配精度的装配方法，称为调整装配法。

调整装配法与修配装配法的原理基本相同。在以装配精度要求为封闭环建立的装配尺寸链中，除调整环外各组成环均以加工经济精度制造，由于扩大组成环制造公差累积造成的封闭环过大的误差，通过调节调整件（或称补偿件）相对位置的方法消除，最后达到装配精度要求。

5. 装配尺寸链

（1）装配尺寸链的定义

在机器的装配关系中，由相关零件的尺寸或相互位置关系所组成的一个封闭的尺寸系统，称为装配尺寸链。

（2）装配尺寸链的分类

① 直线尺寸链：由长度尺寸组成，且各环尺寸相互平行的装配尺寸链。

② 角度尺寸链：由角度、平行度、垂直度等组成的装配尺寸链。

③ 平面尺寸链：由成角度关系布置的长度尺寸构成的装配尺寸链，并且各环处于同一或彼此平行的平面内。

④ 空间尺寸链：由位于三维空间的尺寸构成的尺寸链。

（3）装配尺寸链的建立方法

① 确定装配结构中的封闭环。

② 确定组成环：从封闭环的一端出发，按顺序逐步追踪有关零件的有关尺寸，直至封闭环的另一端为止，形成一个封闭的尺寸系统，即构成一个装配尺寸链。

③ 装配尺寸链的计算：主要有两种计算方法，即极值法和统计法。

6. 工艺规程

（1）制定装配工艺规程的基本原则

① 保证产品的装配质量，以延长产品的使用寿命。

② 合理安排装配工序，尽量减少钳工手工劳动量，缩短装配周期，提高装配效率。

③ 尽量减少装配占地面积。

④ 尽量减少装配工作的成本。

（2）制定装配工艺规程的步骤

① 研究产品的装配图及验收技术条件。

- 审核产品图样的完整性、正确性。
- 分析产品的结构工艺性。
- 审核产品装配的技术要求和验收标准。
- 分析和计算产品装配尺寸链。

② 确定装配方法：主要取决于产品结构的尺寸和重量，以及产品的生产纲领。

③ 确定装配组织形式。

- 固定式装配：全部装配工作在一固定的地点完成。适用于单件和小批生产，以及体积、重量大的设备的装配。
- 移动式装配：将零部件按装配顺序从一个装配地点移动到下一个装配地点，分别完成一部分装配工作，各装配点工作的总和就是整个产品的全部装配工作。适用于大批量生产。

④ 划分装配单元，确定装配顺序。

- 将产品划分为套件、组件和部件等装配单元，进行分级装配。
- 确定装配单元的基准零件。
- 根据基准零件确定装配单元的装配顺序。

（3）装配工序

① 划分装配工序，确定工序内容（如清洗、刮削、平衡、过盈连接、螺纹连接、校正、检验、试运转、油漆、包装等）。

② 确定各工序所需的设备和工具。

③ 制定各工序装配操作规范，如过盈配合的压入力等。

④ 制定各工序装配质量要求与检验方法。

⑤ 确定各工序的时间定额，平衡各工序的工作节拍。

7．初级钳工知识要求

① 自用设备的名称、型号、规格、性能、结构和传动系统。

② 自用设备的润滑系统、使用规则和维护保养方法。

③ 常用工、夹、量具的名称、规格、用途、使用规则和维护保养方法。

④ 常用刀具的种类、牌号、规格和性能；刀具几何参数对切削性能的影响；合理选择切削用量，提高刀具寿命的方法。

⑤ 常用金属材料的种类、牌号、力学性能、切削性能和切削过程中的热膨胀知识，金属热处理常识。

⑥ 常用润滑油的种类和用途，常用切削液的种类、用途及其对表面粗糙度的影响。

⑦ 机械识图、公差配合、形位公差和表面粗糙度的基本知识。

⑧ 常用数学计算知识。

⑨ 机械传动和典型机构的基本知识。

⑩ 液压传动和气压传动的入门知识。

⑪ 钳工操作、装配的基本知识。

⑫ 分度头的结构、传动和分度方法。

⑬ 确定零件加工余量的知识。

⑭ 钻模的种类和使用方法。

⑮ 快换夹头、攻螺纹夹头的构造及使用知识。

⑯ 螺纹的种类、用途及各部分尺寸的关系，螺纹底孔直径和套螺纹时圆杆直径的确定方法。

⑰ 刮削知识、刮削原始平板的原理和方法。

⑱ 研磨知识、磨料的种类及研磨剂的配制方法。

⑲ 金属棒料、板料的矫正和弯形方法。

⑳ 弹簧的种类、用途、各部位尺寸和确定作用力的方法。

㉑ 废品产生的原因和预防措施。

㉒ 相关工种一般工艺知识。

㉓ 电气常识和安全用电知识、机床电气装置的组成部分及其用途。

㉔ 安全技术规程。

8．初级钳工技能要求

① 使用和维护保养自用设备。

② 选用和维护保养各种工、夹、量具。

③ 各种刀头、钻头的刃磨，刮刀、錾子、样冲、划针、划规的淬火和刃磨。

④ 看懂零件图、部件装配图，绘制简单零件图，正确执行工艺规程。

⑤ 一般工件划线基准面的选择和划线时工件的安装。

⑥ 根据工件材料和刀具，选用合理的钻削用量。

⑦ 一般工件在通用、专用夹具上的安装。

⑧ 一般工件的划线及钻孔、攻螺纹、铰孔（锥孔用涂色法检查接触面积 70%以上），铰削表面的表面粗糙度达到 Ra1.6mm。

⑨ 刮削 2 级精度平板。

⑩ 制作角度样板及较简单的弧形样板。

⑪ 盘制钢丝直径在 3mm 以内的各种弹簧。

⑫ 一般机械的部件装配和简单机械（卷扬机、电动葫芦等）的总装配。

⑬ 正确执行安全技术操作规程。

⑭ 做到岗位责任制和文明生产的各项要求。

CHAPTER 1
第 1 章 装配钳工常用工具与量具

1.1 装配钳工常用手工工具

1.1.1 呆扳手

呆扳手的一端或两端带有固定尺寸的开口，其开口尺寸与螺钉头、螺母的尺寸相适应，并根据标准尺寸制作而成。呆扳手又称开口扳手（或称死扳手），主要分为双头呆扳手和单头呆扳手。它的作用广泛，主要用于机械检修、设备装配、家用装修、汽车修理等范畴。

1．双头呆扳手

如图 1-1 所示为双头呆扳手。它是一种通用工具，是装配机床或备件及交通运输、农用机械维修必需的手工工具。双头呆扳手的主要规格见表 1-1。

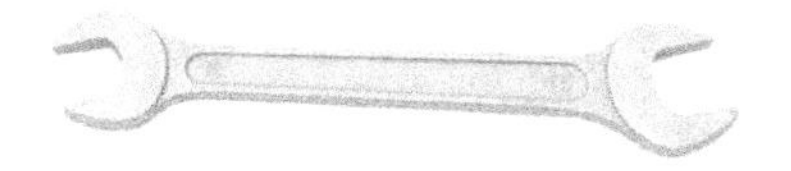

图 1-1　双头呆扳手

表 1-1　双头呆扳手的主要规格

单位：mm

规　格	H_1（max）	H_1（min）
5.5×7	5.5	90
6×7		

续表

<table>
<tr><th>规　　格</th><th>H_1（max）</th><th>H_1（min）</th></tr>
<tr><td>7×8</td><td>5.7</td><td rowspan="3">100</td></tr>
<tr><td>8×9</td><td>5.9</td></tr>
<tr><td>8×10</td><td>6.1</td></tr>
<tr><td>9×11</td><td rowspan="2">6.3</td><td rowspan="2">110</td></tr>
<tr><td>10×11</td></tr>
<tr><td>10×12</td><td>6.6</td><td rowspan="3">120</td></tr>
<tr><td>11×13</td><td rowspan="2">6.8</td></tr>
<tr><td>12×13</td></tr>
<tr><td>12×14</td><td rowspan="2">7.1</td><td rowspan="2">130</td></tr>
<tr><td>13×14</td></tr>
<tr><td>15×14</td><td>7.3</td><td rowspan="2">140</td></tr>
<tr><td>13×17</td><td rowspan="3">7.9</td></tr>
<tr><td>14×17</td><td>150</td></tr>
<tr><td>16×17</td><td>160</td></tr>
<tr><td>17×19</td><td rowspan="2">8.5</td><td>170</td></tr>
<tr><td>18×19</td><td>175</td></tr>
<tr><td>19×22</td><td>9.5</td><td>180</td></tr>
<tr><td>20×22</td><td>9.5</td><td>190</td></tr>
<tr><td>21×23</td><td>9.8</td><td>210</td></tr>
<tr><td>19×24</td><td>10.2</td><td>210</td></tr>
<tr><td>22×24</td><td>10.2</td><td>210</td></tr>
<tr><td>24×27</td><td>11.4</td><td rowspan="3">230</td></tr>
<tr><td>25×28</td><td>11.8</td></tr>
<tr><td>24×30</td><td>12.7</td></tr>
<tr><td>27×30</td><td>12.7</td><td rowspan="2">250</td></tr>
<tr><td>30×32</td><td>13.7</td></tr>
<tr><td>30×36</td><td rowspan="2">15.4</td><td>270</td></tr>
<tr><td>32×36</td><td>290</td></tr>
<tr><td>36×41</td><td rowspan="2">16.4</td><td>315</td></tr>
<tr><td>38×41</td><td>340</td></tr>
<tr><td>41×46</td><td>17.6</td><td>365</td></tr>
<tr><td>46×50</td><td>18.6</td><td>400</td></tr>
<tr><td>50×55</td><td>20.0</td><td>435</td></tr>
<tr><td>55×60</td><td>21.5</td><td>475</td></tr>
<tr><td>60×65</td><td>23.2</td><td>525</td></tr>
</table>

续表

规　　格	H_1（max）	H_1（min）
65×70	25.0	575
70×75	26.9	625
75×80	29.0	675

2. 单头呆扳手

如图 1-2 所示为单头呆扳手，单头呆扳手分为公制和英制两种。公制和英制的区别在于公制以米、厘米、毫米等为计量单位，而英制以英寸或英尺等为计量单位（1 英寸=25.4 毫米），主要应用于螺纹标准方面。单头呆扳手的制造材料一般采用 45 号中碳钢或 40Cr 合金钢。

单头呆扳手由优质中碳钢或优质合金钢整体锻造而成，具有设计合理，结构稳定，材质密度高，抗打击能力强，不折、不断、不弯曲，产品尺寸精度高，经久耐用等特点。

3. 敲击呆扳手

如图 1-3 所示为敲击呆扳手，它是设备装配及设备检修、维修工作中的必需工具。敲击呆扳手分为公制和英制两种，一般采用 45 号中碳钢或 40Cr 合金钢整体锻造而成。敲击呆扳手是最普通的呆扳手样式，产品尾部是敲击端，另一端有固定尺寸的开口，用以拧转一定尺寸的螺母或螺栓。

图 1-2　单头呆扳手

图 1-3　敲击呆扳手

敲击呆扳手的规格：17mm、19mm、22mm、24mm、27mm、30mm、32mm、36mm、41mm、46mm、50mm、55mm、60mm、65mm、70mm、75mm、80mm、85mm。

4. 高颈呆扳手

如图 1-4 所示为高颈呆扳手。高颈呆扳手一般采用工具钢或者 40Cr 合金钢整体锻造而成。它主要适用于工作空间狭小，不能使用普通扳手的场合。转角较小，可用于只有较小摆角的地方（只需要转过扳手 1/2 的转角），且由于接触面大，可用于强力拧紧。

5. 两用呆扳手

如图 1-5 所示为两用呆扳手。两用呆扳手是设备安装、装配及设备检修、维修工作中的必备工具。两用呆扳手分为公制和英制两种。两用呆扳手主要采用 45 号中碳钢或 40Cr 合金钢整体锻造而成。两用呆扳手方便易用，且使用寿命较长。

常用的开口扳手规格：7mm、8mm、10mm、14mm、17mm、19mm、22mm、24mm、27mm、30mm、32mm、36mm、41mm、46mm、55mm、65mm；对应螺纹规格：M4、M5、

M6、M8、M10、M12、M14、M16、M18、M20、M22、M24、M27、M30、M36、M42。

图 1-4　高颈呆扳手

图 1-5　两用呆扳手

1.1.2　活扳手

活扳手又叫络扳手，如图 1-6 所示。它是一种旋紧或拧松有角螺钉或螺母的工具，使用时应根据螺母的大小选配。

图 1-6　活扳手

使用时，右手握手柄。手越靠后，扳动起来越省力。扳动小螺母时，因需要不断地转动蜗轮，调节扳口的大小，所以手应握在靠近呆扳唇的地方，并用大拇指调节蜗轮，以适应螺母的大小。

用活扳手的扳口夹持螺母时，呆扳唇在上，活扳唇在下。活扳手切不可反过来使用。

在扳动生锈的螺母时，可在螺母上滴几滴煤油或机油，这样便于拧动。

在拧不动时，切不可采用钢管套在活扳手的手柄上来增加扭力，因为这样极易损伤活扳唇。

防爆活扳手经大型摩擦压力机压延而成，具有强度高、机械性能稳定、使用寿命长等优点，活扳手的受力部位不弯曲、不变形、不裂口。

活扳手常用规格有 4″、6″、8″、10″、12″、15″、18″、24″等，电工常用的有 200mm、250mm、300mm 三种，使用时应根据螺母的大小选配。

1.1.3　内六角扳手

内六角扳手也叫艾伦扳手，如图 1-7 所示。它通过扭矩施加对螺钉的作用力，大大降低了使用者的用力强度，这体现了内六角扳手和其他常见工具（如一字螺丝刀和十字螺丝刀）之间最重要的差别。可以这么说，在现代家具工业所涉及的安装工具中，内六角扳手虽然不是最常用的，但却是最好用的。

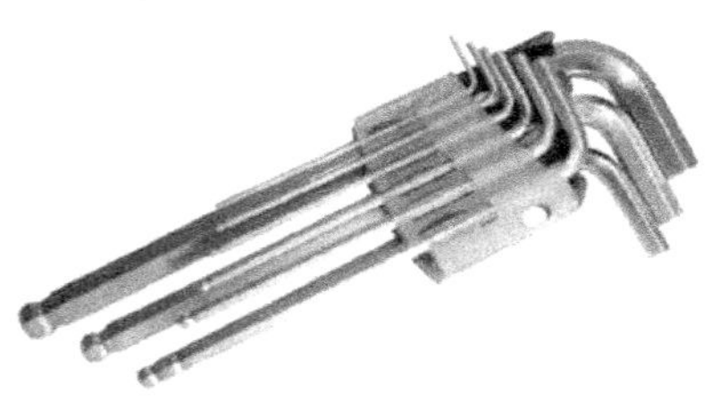

图 1-7　内六角扳手

① 内六角扳手规格：2mm、2.5mm、3mm、4mm、5mm、6mm、7mm、8mm、10mm、12mm、14mm、17mm、18mm、22mm、24mm、27mm、32mm、36mm。

② 内六角花形扳手规格代号：T30、T40、T50、T60、T80。

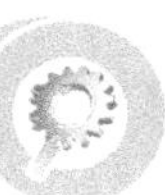

③ 内六角扳手的规格与螺钉规格对照：4mm—M5；5mm—M6；6mm—M8；8mm—M10；10mm—M12；12mm—M14、M16；14mm—M16、M20；17mm—M20；19mm—M24；22mm—M30；27mm—M36。

1.1.4 钩形扳手

钩形扳手又称月牙形扳手，俗称钩扳子，如图 1-8 所示。它用于拧转厚度受限制的扁螺母等，专用于拆装车辆、机械设备上的圆螺母，卡槽分为长方形卡槽和圆形卡槽。它使用优质合金钢经高温锻打而成，强度高，耐磨。钩形扳手适用圆螺母的外径范围见表 1-2。

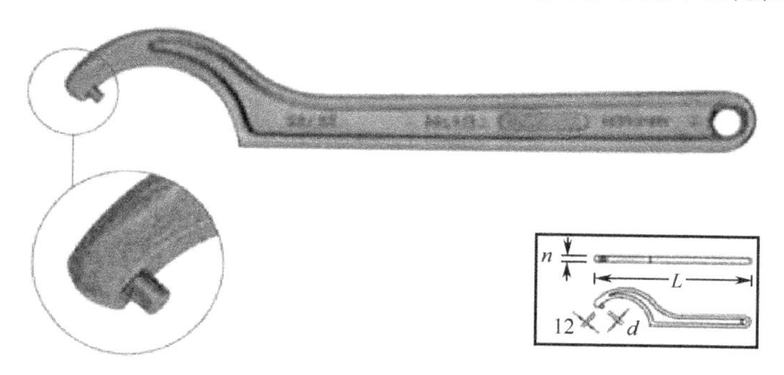

图 1-8 钩形扳手

表 1-2 钩形扳手适用圆螺母的外径范围

序　　号	直径ϕ/mm
1	22～26
2	28～32
3	34～36
4	38～42
5	46～52
6	55～62
7	68～72
8	78～85
9	90～95
10	100～110
11	110～130
12	115～130
13	135～140
14	135～145
15	150～160
16	165～170

续表

序　　号	直径ϕ/mm
17	165～185
18	170～210
19	200～220
20	240～260

1.1.5　梅花扳手

梅花扳手两端呈花环状，其内孔由 2 个正六边形相互同心错开 30° 形成，如图 1-9 所示。很多梅花扳手都有弯头，常见的弯头角度在 10°～45°，从侧面看旋转螺栓部分和手柄部分是错开的。这种结构便于拆卸装配在凹陷空间的螺栓、螺母，并可以为手指提供操作间隙，防止擦伤。在补充拧紧和类似操作中，可以使用梅花扳手对螺栓或螺母施加大扭矩。梅花扳手有各种尺寸，使用时要选择与螺栓或螺母尺寸对应的扳手。梅花扳手钳口是双六角形的，便于装配螺栓或螺母。

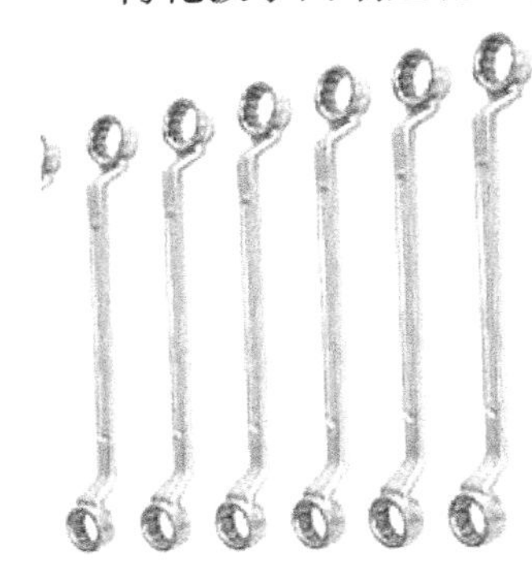
图 1-9　梅花扳手

① 梅花扳手规格：8mm×10mm、10mm×12mm、12mm×14mm、14mm×17mm、16mm×18mm、17mm×19mm、19mm×22mm、22mm×24mm、24mm×27mm、27mm×30mm、30mm×32mm、32mm×34mm、32mm×36mm、34mm×36mm、36mm×38mm、36mm×41mm、38mm×41mm、41mm×46mm、46mm×50mm、50mm×55mm、55mm×60mm、60mm×65mm、65mm×70mm、70mm×75mm。

② 梅花扳手的使用方法：在使用梅花扳手时，左手推住梅花扳手与螺栓连接处，保持梅花扳手与螺栓完全配合，防止滑脱，右手握住梅花扳手另一端并加力。梅花扳手可将螺栓、螺母的头部全部围住，因此不会损坏螺栓角，可以施加大力矩。

③ 使用注意点：扳转时，严禁将加长的管子套在扳手上以延伸扳手的长度来增加力矩，严禁锤击扳手以增加力矩，否则会造成工具的损坏。严禁使用带有裂纹和内孔已严重磨损的梅花扳手。

1.1.6　套筒扳手

如图 1-10 所示为套筒扳手。它由多个带六角孔或十二角孔的套筒及手柄、接杆等多种附件组成，特别适用于拧转空间十分狭小或凹陷很深处的螺栓或螺母。

套筒接口如图 1-11 所示。套筒扳手按英制分为 1/4″、3/8″、1/2″、3/4″四种规格，按公制分为 6.3mm、10mm、12.5mm、19mm。在手动工具行业内有以下通用公式：1/4″=6.3mm，3/8″=10mm，1/2″=12.5mm，3/4″=19mm。

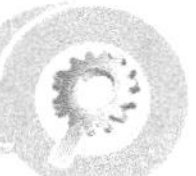

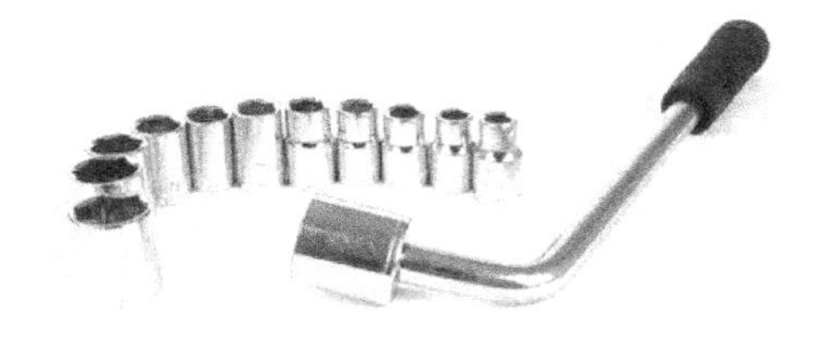

图 1-10　套筒扳手

（a）连接扳手部位

（b）连接螺母部位

图 1-11　套筒接口

套筒扳手规格见表 1-3。

表 1-3　套筒扳手规格

单位：mm

类　型	配套项目			
	套筒头规格（螺母平分对边距离）	方孔或方榫尺寸	手柄及连接头	接　头
小 12 件	4，4.5，5，5.5，6，6.5，7，8，9，10，11，12，13，14	7	棘轮扳手、活络头手柄、通用手柄、长接杆	—
6 件	12，14，17，19，22	13	弯头手柄	—
9 件	10，11，12，14，17，19，22，24			
10 件	10，11，12，14，17，19，22，24，27			
13 件	10，11，12，14，17，19，22，24，27		棘轮扳手、活络头手柄、通用手柄	自接头
17 件	10，11，12，14，17，19，22，24，27，30，32	13	棘轮扳手、滑行头手柄、摇手柄、长接杆、短接杆	直接头
28 件	10，11，12，13，14，15，16，17，18，19，20，21，22，23，24，26，27，28，30，32			直接头、万向接头、旋具接头
大 19 件	22，24，27，30，32，36，41，46，50，55	20	棘轮扳手、滑行头手柄、弯头手柄、加力杆、接杆	活络头、滑行头
	65，75	25		

注：套筒扳手附件有棘轮扳手、弯头手柄、滑行头手柄、活络头手柄、通用手柄、摇手柄、接杆、直接头、万向接头、旋具接头。

套筒扳手用于螺母端或螺栓端完全低于被连接面，且凹孔的直径不能用开口扳手、活动扳手及梅花扳手的场合。另外在螺栓件空间受限时，也只能用套筒扳手。

套筒有公制和英制之分，套筒虽然内凹形状一样，但外径、长短等是针对对应设备的形状和尺寸设计的，国家没有统一规定，所以套筒的设计相对来说比较灵活，符合大众的需要。套筒扳手一般都附有一套各种规格的套筒头，以及摇手柄、接杆、万向接头、旋具接头、弯头手柄等，用来套入六角螺帽。套筒扳手的套筒头是一个凹六角形的圆筒；扳手通常由碳素结构钢或合金结构钢制成，扳手头部具有规定的硬度，中间及手柄部分则具有弹性。

套筒扳手加长有两种原因：一是方便够到难以够到的地方；二是加长力臂，增大力矩，方便拆卸比较紧的螺钉。

1.1.7 螺钉旋具

螺钉旋具又称螺丝刀、起子等。按其头部形状可分为一字形和十字形两种，如图 1-12 所示。

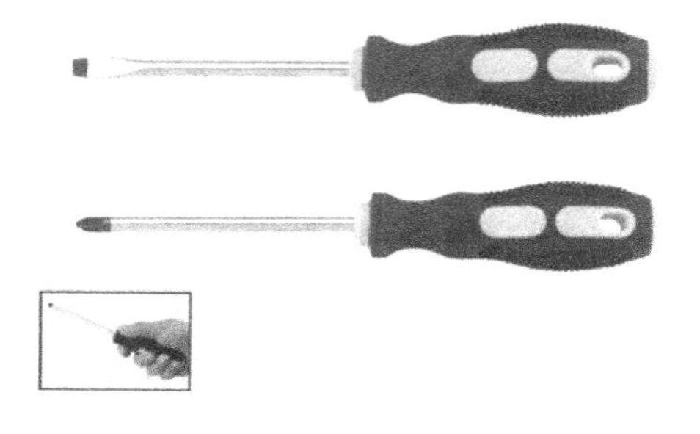

图 1-12 螺钉旋具

1. 螺钉旋具的规格

螺钉旋具分木柄和塑料柄两种，木柄串心式能承受较大的扭矩，并可以在尾部敲打；塑料柄旋具具有一定的绝缘性能，适合电工使用。常用一字槽螺钉旋具和十字槽螺钉旋具的规格，见表 1-4 和表 1-5。

表 1-4 常用一字槽螺钉旋具规格

单位：mm

<table>
<tr><th rowspan="2">规格 $l×a×b$</th><th rowspan="2">旋杆长度 l</th><th colspan="2">圆形旋杆直径 d</th><th colspan="2">方形旋杆对边宽度 S</th></tr>
<tr><th>基本尺寸</th><th>公差</th><th>基本尺寸</th><th>公差</th></tr>
<tr><td>50×0.4×2.5</td><td>50</td><td>3</td><td rowspan="4">0
−0.1</td><td rowspan="3">5</td><td rowspan="4">0
−0.1</td></tr>
<tr><td>75×0.6×4</td><td>75</td><td>4</td></tr>
<tr><td>100×0.6×4</td><td>100</td><td>5</td></tr>
<tr><td>125×0.8×5.5</td><td>125</td><td>6</td><td>6</td></tr>
</table>

续表

规格 $l×a×b$	旋杆长度 l	圆形旋杆直径 d		方形旋杆对边宽度 S	
		基本尺寸	公差	基本尺寸	公差
150×1×6.5	150	7	0 −0.2	6	
200×1.2×8	200	8		7	0 −0.2
250×1.6×10	250	9			
300×2×13	300			8	
350×2.5×16	350	11			

注：表中 a 为旋具口厚，b 为旋具口宽。

表 1-5 常用十字槽螺钉旋具规格

单位：mm

槽号	旋杆长度 l	圆形旋杆直径 d		方形旋杆对边宽度 S	
		基本尺寸	公差	基本尺寸	公差
0	75	3	0 −0.1	4	0 −0.1
1	100	4		5	
2	150	6		6	
3	200	8	0	7	0 −0.2
4	250	9	−0.2	8	

2. 螺钉旋具使用注意事项

① 根据不同螺钉选用不同的螺钉旋具。旋具头部厚度应与螺钉尾部槽形相配合，斜度不宜太大，头部不应该有倒角，否则容易打滑。一般来说，电工不可使用金属杆直通柄顶的螺钉旋具，否则容易造成触电事故。

② 使用旋具时，须将旋具头部放至螺钉槽口中，并用力推压螺钉，平稳旋转旋具，特别要注意用力均匀，不要在槽口中蹭，以免磨毛槽口。

③ 使用螺钉旋具紧固和拆卸带电的螺钉时，手不得触及旋具的金属杆，以免发生触电事故。

④ 不要将旋具当做锤子使用，以免损坏螺钉旋具。

⑤ 为了避免螺钉旋具的金属杆触及皮肤或触及邻近带电体，可在金属杆上套绝缘管。

⑥ 旋具在使用时应该使头部顶牢螺钉槽口，防止打滑而损坏槽口。同时注意，不要用小旋具去拧大螺钉。否则，一是不容易旋紧，二是螺钉尾槽容易拧豁，三是旋具头部易受损。反之，如果用大旋具拧小螺钉，也容易因为力矩过大而导致小螺钉滑丝。

1.1.8 手钳

手钳用于夹持或弯折薄片形、圆柱形金属零件及切断金属丝，其旁刃口也可用于切断细金属丝。

1. 钢丝钳

钢丝钳如图 1-13 所示。常用钢丝钳的规格以 6in、7in、8in 为主（1in=25mm）。按照中国人平均身高 1.7m 计算，7in（175mm）的用起来比较合适；8in 的力量比较大，但是略显笨重；6in 的比较小巧，剪切稍微粗点的钢丝就比较费力；5in 的就是迷你的钢丝钳了。钢丝钳分中和高两个档次，档次的划分不是基于其质量的好坏，而是基于制造钢丝钳的材料。一般钢丝钳可以用铬钒钢、高碳钢和球墨铸铁 3 种材料制作。

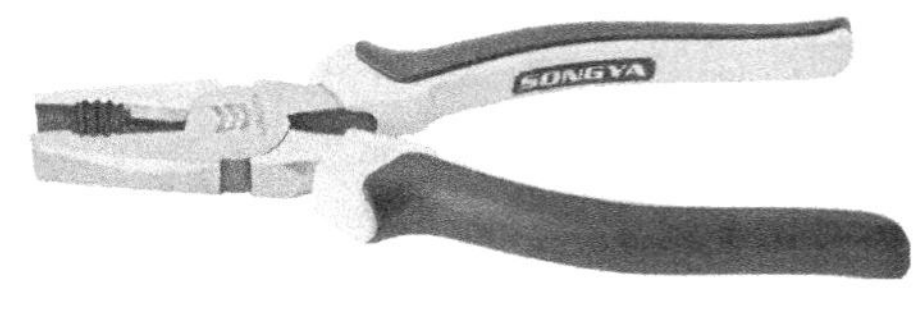

图 1-13 钢丝钳

使用注意事项：

① 使用钢丝钳过程中切勿将绝缘手柄碰伤、损伤或烧伤，并且要注意防潮。

② 为防止生锈，钳轴要经常加油。

③ 带电操作时，手与钢丝钳的金属部分要保持 2cm 以上的距离。

④ 应根据不同用途，选用不同规格的钢丝钳。

⑤ 钢丝钳不能当榔头使用。

⑥ 在使用电工钢丝钳之前，必须检查绝缘柄的绝缘是否完好；绝缘如果损坏，进行带电作业时非常危险，会发生触电事故。

⑦ 用电工钢丝钳剪切带电导线时，切勿用刀口同时剪切火线和零线，以免发生短路故障。

⑧ 带电工作时要注意钳头金属部分与带电体的安全距离。

2. 尖嘴钳

尖嘴钳又叫修口钳、尖头钳，如图 1-14 所示。它由尖头、刀口和钳柄组成，电工用尖嘴钳一般由 45 号钢制作，类别为中碳钢，含碳量为 0.45%，韧性和硬度都合适。

尖嘴钳是一种常用的钳形工具。钳柄上套有额定电压为 500V 的绝缘套管。主要用来剪切线径较小的单股与多股线，以及单股导线接头弯圈、剥塑料绝缘层等，能在较狭小的工作空间操作，不带刃口者只能夹捏工件，带刃口者能剪切细小零件，它是电工常用工具之一。尖嘴钳的技术规格见表 1-6。

图 1-14 尖嘴钳

表 1-6 尖嘴钳的技术规格

种类		工作电压/V	钳身长度/mm			
柄部	刃口					
铁柄	无	—	130	160	180	200
	有					

续表

种类		工作电压/V	钳身长度/mm			
柄部	刃口					
绝缘柄	无	500	130	160	180	200
	有					
能切断硬度不大于 HRC 30 中碳钢丝的直径			1.5	2		2.5

3. 斜口钳

斜口钳如图 1-15 所示。斜口钳主要用于剪切导线和元器件多余的引线，还常用来代替一般剪刀剪切绝缘套管、尼龙扎线卡等。

斜口钳的功能以切断导线为主，对于 2.5mm^2 的单股铜线，剪切起来已经很费力，而且容易导致钳子损坏，所以斜口钳不宜剪切 2.5mm^2 以上的单股铜线和铁丝。在尺寸选择上以 5″、6″、7″为主。普通电工布线时选择 6″、7″，切断能力比较强，剪切不费力。线路板安装和维修以 5″、6″为主，使用起来方便灵活，长时间使用不易疲劳。4″的钳子只适合做一些简单的工作。

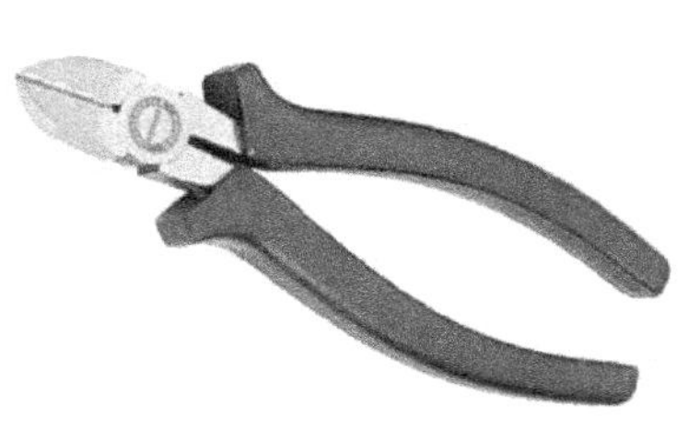

图 1-15 斜口钳

斜口钳的刀口可用来剖切软电线的橡皮或塑料绝缘层，也可用来剪切电线、铁丝。剪 8 号镀锌铁丝时，应用刀刃绕表面来回割几下，然后轻轻一扳，铁丝即断。铡口也可以用来切断电线、钢丝等较硬的金属线。电工常用的有 150mm、175mm、200mm 及 250mm 等多种规格。

4. 鲤鱼钳

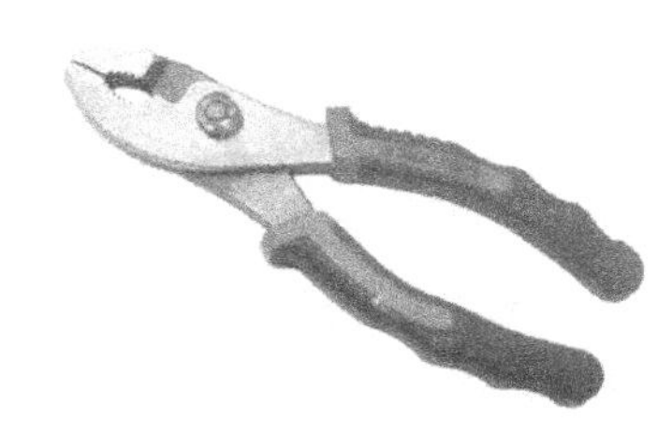

图 1-16 鲤鱼钳

鲤鱼钳如图 1-16 所示。鲤鱼钳也称鱼嘴钳，用于夹持扁形或圆柱形金属零件。使用鲤鱼钳时可用钳口夹紧或拉动，也可在颈部切断细导线。

鲤鱼钳因外形酷似鲤鱼而得名，其特点是钳口的开口宽度有两级，可放大或缩小使用。它主要用于夹持圆形零件，也可代替扳手拧小螺母和小螺栓，钳口后部刃口可用于切断金属丝，在汽修行业中运用较多。鲤鱼钳规格见表 1-7。

表 1-7 鲤鱼钳规格表

单位：mm

全长	钳口宽度	钳柄宽度	剪切钢丝直径
125	23	40	1.2
150	28	43	2
165	32	45	2

续表

全长	钳口宽度	钳柄宽度	剪切钢丝直径
200	34	47	2.5
250	39	58	3

使用注意事项：

① 塑料柄可以耐高压，使用过程中不要随意乱扔，以免损坏塑料柄。

② 在用钳子夹持零件前，必须用防护布或其他防护罩遮盖易损坏件，防止锯齿状钳口对易损件造成伤害。

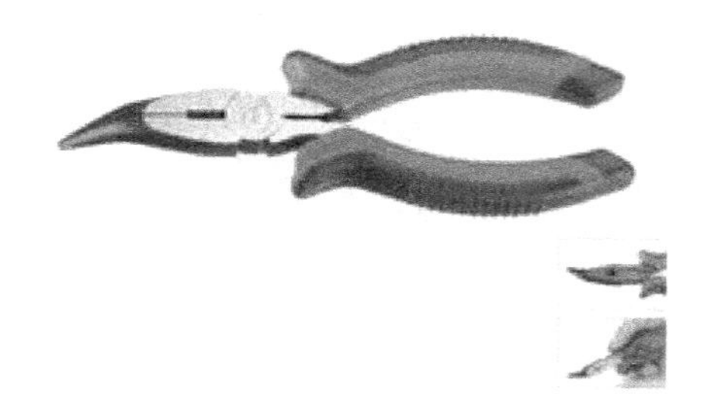

图 1-17　弯头钳

③ 严禁把鲤鱼钳当成扳手使用，因为锯齿状钳口会损坏螺栓或螺母的棱角。

5．弯头钳

弯头钳如图 1-17 所示，它与尖嘴钳（不带刃口的）相似，适宜在狭窄或凹下的工作空间使用。

弯头钳分柄部不带塑料套和带塑料套两种。长度规格有 140mm、160mm、180mm、200mm。

1.1.9　手锤

手锤是钳工常用的锤子之一，一般指单手操作的锤子，它主要由手柄和锤头组成。

手锤的种类较多，一般分为硬头手锤和软头手锤两种。硬头手锤用碳素工具钢 T7 制成。软头手锤的锤头是用铅、铜、硬木、牛皮或橡皮制成的，多用于装配和矫正工作。

手锤的规格以锤头的重量来表示，有 0.25kg、0.5kg 和 1kg 等。

1．手锤的握法

① 正握法：手心向下，腕部伸直，用中指、无名指握住錾子，小指自然合拢，食指和大拇指自然伸直地松靠，錾子头部伸出约 20mm。常用于正面錾削、大面积强力錾削等场合。

② 反握法：手心向上，手指自然捏住錾子，手掌悬空。常用于侧面錾切、剔毛刺及使用较短小的錾子的场合。

③ 立握法：手心正对胸前，拇指和其他四指骨节自然捏住錾子。常用于在铁砧上錾断材料的场合。

2．手锤的操作方法

① 紧握法：用右手五指紧握锤柄，大拇指合在食指上，虎口对准锤头方向（木柄椭圆的长轴方向），木柄尾端露出 15～30mm。在挥锤和锤击过程中，五指始终紧握。

② 松握法：只用大拇指和食指始终握紧锤柄。在挥锤时，小指、无名指、中指则依次

放松；在锤击时，又以相反的次序收拢握紧。这种握法的优点是手不易疲劳，且锤击力大。

3．挥锤方法

① 腕挥：仅靠手腕的动作进行锤击运动，采用紧握法握锤。一般用于錾削余量较小的场合，以及錾削开始或结尾。在油槽錾削中采用腕挥法锤击，锤击力量均匀，可使錾出的油槽深浅一致，槽面光滑。

② 肘挥：手腕与肘部一起挥动进行锤击，采用松握法握锤，因挥动幅度较大，故锤击力也较大，这种方法应用最多。

③ 臂挥：手腕、肘和全臂一起挥动，其锤击力最大，多用于强力錾切。

4．挥锤要求

錾削时的锤击要稳、准、狠，动作要有节奏地进行，一般肘挥时频率为 40 次/分钟左右，腕挥时频率为 50 次/分钟左右。“准”就是命中率要高，“稳”就是节奏稳定，“狠”就是锤击要有力。

手锤敲下去时应具有加速度，可增加锤击的力量。

5．手锤规格

圆锤头规格见表 1-8，方锤头规格见表 1-9。

表 1-8 圆锤头规格

单位：mm

<table>
<tr><th>锤头质量/g</th><th>H</th><th>a 不大于</th><th>B</th><th>B₁</th><th>b</th><th>D</th><th>L₁</th><th>h</th><th>r</th><th>r₁</th></tr>
<tr><td>200</td><td>26</td><td>7</td><td>25</td><td>21</td><td>10</td><td>20</td><td>80</td><td>18</td><td>190</td><td>2.5</td></tr>
<tr><td>400</td><td>34</td><td>9</td><td>31</td><td>26</td><td rowspan="2">14</td><td>26</td><td>100</td><td rowspan="2">25</td><td>225</td><td rowspan="2">3</td></tr>
<tr><td>500</td><td>37</td><td rowspan="2">10</td><td>36</td><td rowspan="2">30</td><td>28</td><td>105</td><td>240</td></tr>
<tr><td>600</td><td>40</td><td>37</td><td>15</td><td>30</td><td>110</td><td>26.5</td><td>250</td><td>3.5</td></tr>
<tr><td>800</td><td>43</td><td rowspan="2">11</td><td>41</td><td>33</td><td>16</td><td>32</td><td>120</td><td>28</td><td>265</td><td rowspan="2"></td></tr>
<tr><td>1000</td><td>45</td><td>42</td><td>34</td><td>17</td><td>34</td><td>130</td><td>30</td><td>280</td></tr>
</table>

表 1-9　方锤头规格

单位：mm

锤头质量/g	B	b	L_1	h	a 不大于	r	r_1
50	11	7	75	12.5	4	145	1
100	15	9	82	16	5	160	1.2
200	19	10	95	18	7	190	1.75
400	25	14	112	25	9	225	2.5
500	27		118			240	
600	29	15	122	26.5	10	250	3
800	33	16	130	28	11	265	
1000	36	17	135	30	12	280	3.5

1.1.10　划线工具

划线工具如图 1-18 所示。钳工划线辅助工具有 V 形铁、V 形架、划线方箱、铸铁弯板、划线盘和千斤顶等。

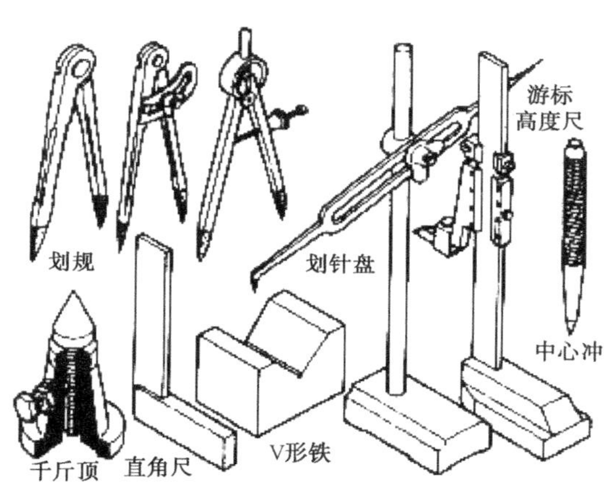

图 1-18　划线工具

V 形铁和 V 形架主要用来安放圆形工件，以便用划线盘划出中心线或找出中心等。

铸铁方箱用来夹持工件并能翻转位置而划出垂直线。划线方箱是一个空心的立方体或长方体，相邻平面互相垂直，相对平面互相平行，用铸铁制成。一般附有夹持装置和工作面 V 形槽。它用来支承划线的工件，并常依靠夹紧装置把工件固定在方箱上，这样可翻转方箱，把工件上互相垂直的线条在一次安装中全部划出。

铸铁弯板用来夹持划线工件。弯板一般与压板或 C 形夹头配合使用，用来支承划线工件。弯板有两个互相垂直的平面。通过角尺对工件的垂直度进行找正后，再用划线盘划线，可使所划线条与原来找正的直线或平面保持垂直。

千斤顶用来支承形状不规则的工件，以便调整高度。千斤顶通常三个一组，其支承高度可做一定调整。使用时三个千斤顶要远离工件重心，并且稳定可靠，附加安全措施。例如，在工件上面用绳子吊住或在工件下面加辅助垫铁，以防工件滑倒。

1．划规

划规也称圆规、划卡、划线规等，在钳工划线工作中可以划圆和圆弧、等分线、等分角度以及量取尺寸等，是用来确定轴及孔的中心位置、划平行线的基本工具。一般用中碳钢或工具钢制成，两脚尖端部位经过淬硬并丸磨。

钳工用的划规分为普通划规、扇形划规和长划规。划规的规格见表 1-10。

表 1-10　划规的规格

单位：mm

脚杆长度	160	200	250	320	400	500
划线最大直径	200	280	350	430	520	620

2．划针

划针主要用来在工件表面划线条，常与钢直尺、90° 角尺或划线样板等导向工具一起使用。划针常用弹簧钢丝或高速钢制成，直径为 3～6mm，尖端呈 15°～20°，并经淬硬，因而不易磨损和变钝。划针的规格见表 1-11。

操作要领：

① 对铸铁毛坯划线时，应使用焊有硬质合金的划针尖，以便长期保持锋利，其线条宽度应在 0.1～0.15mm 范围内。

② 划针不使用时应放入笔套，使划针尖保持锐利。

③ 划线时划针要紧贴导向工具。

④ 划线要尽量一次划成。

表 1-11　划针的规格

单位：mm

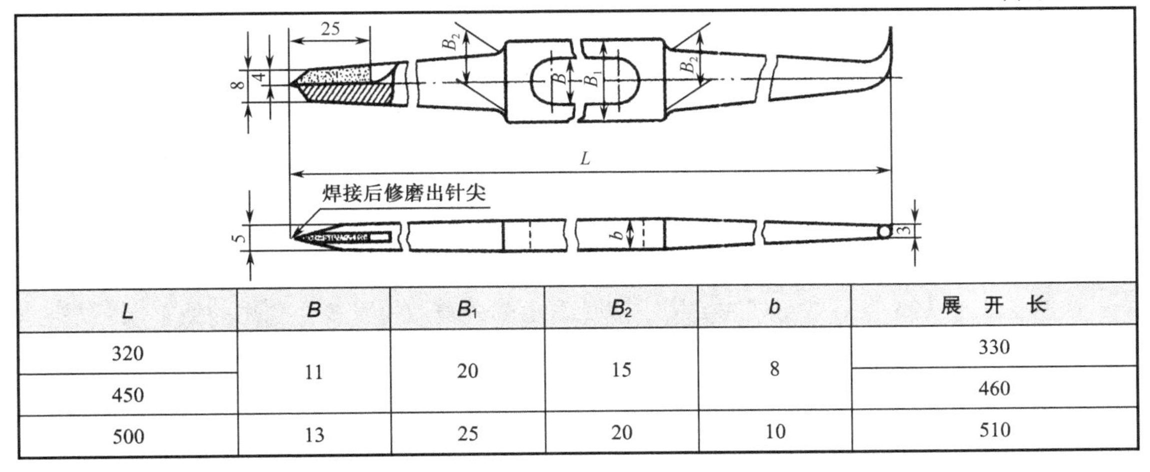

L	B	B_1	B_2	b	展开长
320	11	20	15	8	330
450					460
500	13	25	20	10	510

续表

<table>
<tr><th>L</th><th>B</th><th>B_1</th><th>B_2</th><th>b</th><th>展 开 长</th></tr>
<tr><td>700</td><td>13</td><td>30</td><td>25</td><td>10</td><td>710</td></tr>
<tr><td>850</td><td rowspan="3">17</td><td>38</td><td>33</td><td rowspan="3">12</td><td>860</td></tr>
<tr><td>1200</td><td rowspan="2">45</td><td>37</td><td>1210</td></tr>
<tr><td>1500</td><td>40</td><td>1510</td></tr>
</table>

3. 划针盘

找正就是利用划针盘（角尺或单脚规）检查或校正工件上的有关不加工表面，或使得有关表面和基准面之间处于合适的位置。

毛坯找正的原则如下：

① 为了保证不加工面与加工面间各点的距离相同（一般称壁厚均匀），应将不加工面用划针找平（当不加工面为水平面时），或将不加工面用直角尺找垂直（当不加工面为垂直面时）。

② 当有几个不加工表面时，应以面积最大的不加工表面找正，并照顾其他不加工表面，使各处尽量均匀，孔与轮毂或凸台（搭子）尽量同心。

③ 当没有不加工平面时，要以欲加工孔毛坯和凸台（搭子）外形来找正。对于有很多孔的箱体，要照顾各孔毛坯和凸台，使各孔均有加工余量且与凸台同心。

4. 样冲

样冲就是一个带尖的小钢冲，在工件上打孔前，找准位置后先用它打个小眼，之后钻头以这个小眼为中心钻进去。样冲规格见表 1-12。

表 1-12 样冲规格

单位：mm

<table>
<tr><th>d</th><th>L</th><th>D</th><th>D_1</th><th>l</th><th>l_1</th></tr>
<tr><td>2.0</td><td>100</td><td>8</td><td>7</td><td rowspan="3">36</td><td>10</td></tr>
<tr><td>3.2</td><td>100</td><td>10</td><td>9</td><td rowspan="3">16</td></tr>
<tr><td>4.0</td><td>125</td><td>10</td><td>9</td></tr>
<tr><td>6.3</td><td>160</td><td>12</td><td>10</td><td>45</td></tr>
</table>

在钳工工作中，经常需要划线。为了避免划出的线被擦掉，要在划出的线上以一定的距离打一个小孔（小眼）作为标记，这个小孔（小眼）被称为样冲眼。

钻孔时需要事先知道钻孔的中心点，即孔的定位点，以方便钻床加工时的定位。这个点一般用样冲加工，叫做打样冲。

5．划线平台

划线平台如图 1-19 所示，划线平台要先进行安装调试，然后才可以使用。在没有安装调试合格的铸铁平板上工作是没有意义的，安装调试铸铁平板应由专业人员操作，否则可能损坏铸铁平板的结构，甚至会造成铸铁平板变形，无法使用。

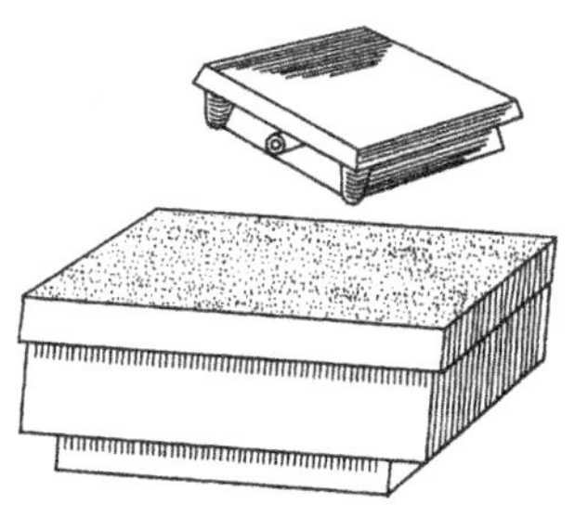

图 1-19 划线平台

划线平台在安装调试后，要把铸铁平板的工作面擦拭干净，在确认没有问题的情况下使用。使用过程中，要注意避免工件和铸铁平板的工作面有过激的碰撞，防止损坏铸铁平板的工作面；工件的重量不可超过铸铁平板的额定载荷，否则会造成工作质量降低，还有可能损坏铸铁平板的结构，甚至会造成铸铁平板变形，无法使用。

6．V 形架

V 形架主要用来安放轴、套筒、圆盘等圆形工件，以便找中心线与划出中心线。一般 V 形架都是一副两块，两块的平面与 V 形槽都是在一次安装中磨出的。精密 V 形架表面间的平行度、垂直度误差在 0.01mm 之内；V 形槽的中心线必须在 V 形架的对称平面内并与底面平行，同心度、平行度的误差也在 0.01mm 之内；V 形槽半角误差在±30′～±1° 范围内。带有夹持弓架的 V 形架，可以把圆柱形工件牢固地夹持在其上，翻转到各个位置划线。

V 形架的基本形式有以下几种。

① Ⅰ型：带有一个 V 形架和紧固装置，如图 1-20 所示。

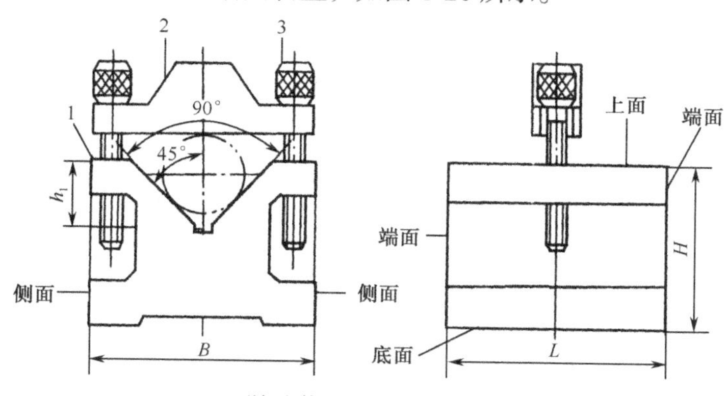

1—V 形架主体；2—压板；3—紧固螺钉

图 1-20 Ⅰ型 V 形架

② Ⅱ型：带有 4 个 V 形架，如图 1-21 所示。

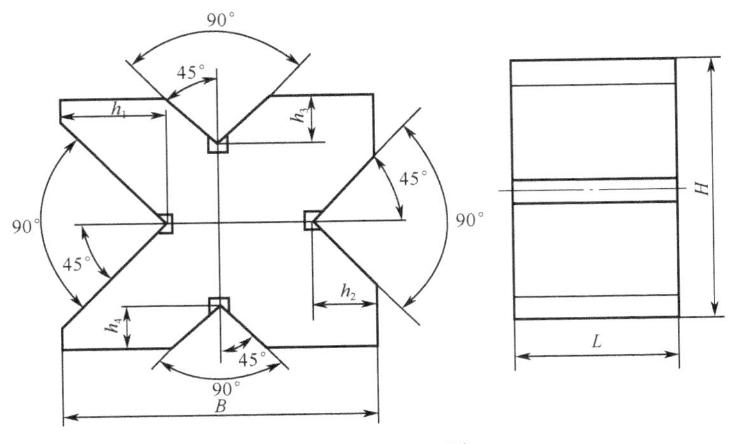

图 1-21　Ⅱ型 V 形架

③ Ⅲ型：带有一个 V 形架，如图 1-22 所示。

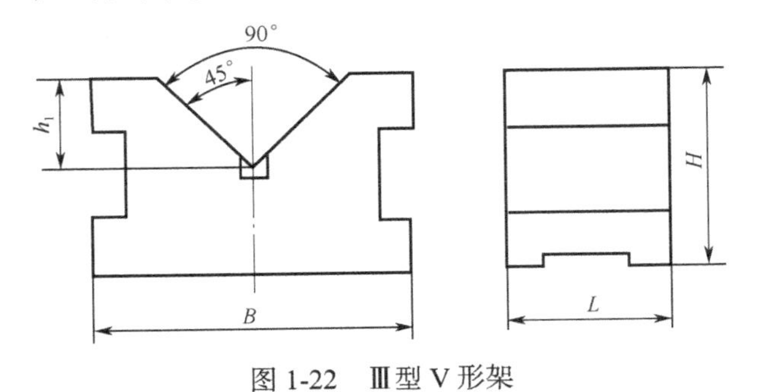

图 1-22　Ⅲ型 V 形架

④ Ⅳ型：带有一个 V 形架，α 角分别为 60°、72°、90°、108°、120°，如图 1-23 所示。

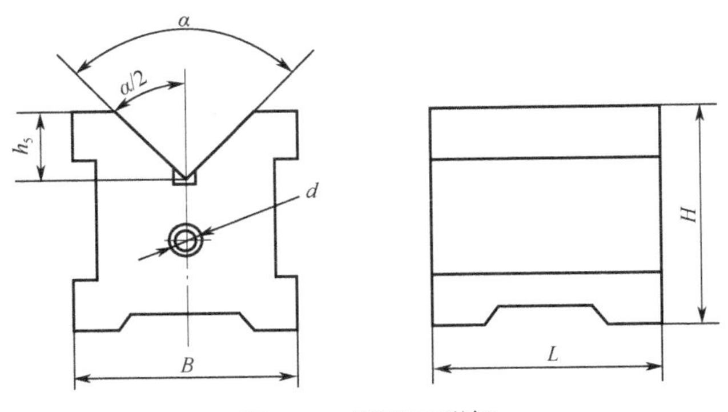

图 1-23　Ⅳ型 V 形架

7. 方箱

方箱如图 1-24 所示。划线方箱用于零部件平行度、垂直度的检验和划线，万能方箱用于检验或划精密工件的任意角度线。

8．千斤顶

千斤顶通常三个为一组，用于垫平和调整不规则的工件，如图 1-25 所示。

图 1-24 方箱

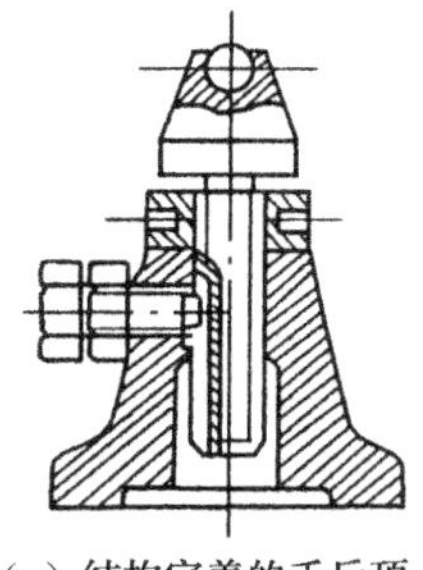
（a）结构完善的千斤顶

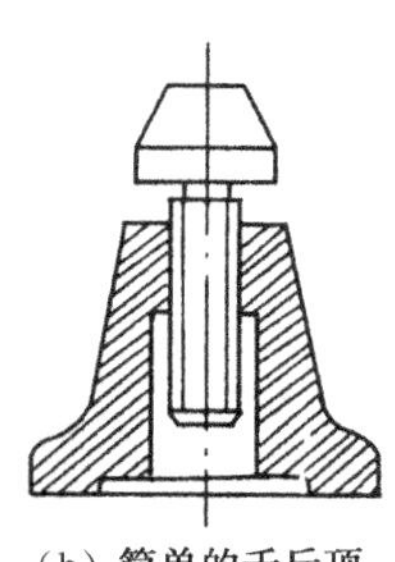
（b）简单的千斤顶

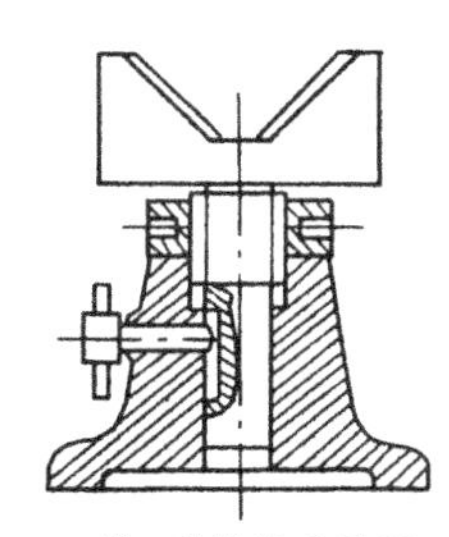
（c）带V形铁的千斤顶

图 1-25 千斤顶

9．垫铁

垫铁用来支撑和垫平工件，用铸铁或钢板制成，使用垫铁是为了划线和找正。常用垫铁有平行铁块、斜楔形铁和 V 形垫铁，如图 1-26 所示。

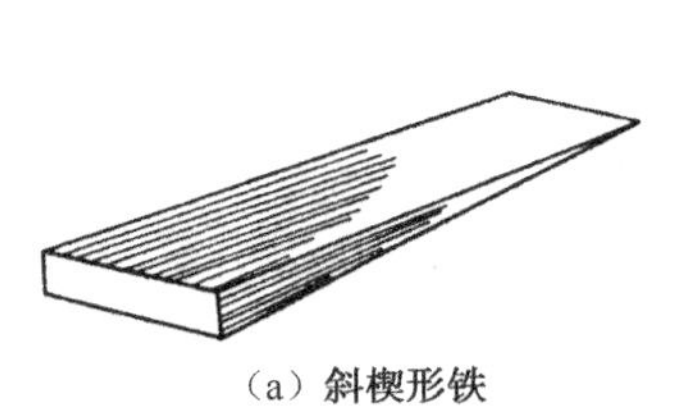
（a）斜楔形铁　　（b）V形垫铁

图 1-26 垫铁

1.1.11 攻、套螺纹工具

1．丝锥

丝锥是一种加工内螺纹的刀具，沿轴向开有沟槽，也叫螺丝攻。丝锥根据其形状分为直槽丝锥、螺旋槽丝锥和螺尖丝锥（先端丝锥）。直槽丝锥加工容易，精度略低，产量较大，一般用于普通车床、钻床及攻丝机的螺纹加工，切削速度较低。螺旋槽丝锥多用于数控加工中心钻盲孔，加工速度较高，精度高，排屑较好，对中性好。螺尖丝锥前部有容屑槽，用于通孔的加工。现在的工具厂提供的丝锥大都是涂层丝锥，其使用寿命和切削性能较无涂层丝锥都有很大的提高。

（1）种类

① 按驱动方式分为手用丝锥和机用丝锥。

② 按加工方式分为切削丝锥和挤压丝锥。

③ 按被加工螺纹分为公制粗牙丝锥、公制细牙丝锥、管螺纹丝锥等。

④ 按形状分为直槽丝锥、螺旋槽丝锥和螺尖丝锥。

（2）丝锥的结构

① 直槽丝锥：通用性最强，通孔或不通孔、有色金属或黑色金属均可加工，价格也最便宜，但是针对性较差。切削锥部分可以有 2、4、6 牙，短锥用于不通孔，长锥用于通孔。只要底孔足够深，就应尽量选用切削锥长一些的，这样分担切削负荷的齿多一些，使用寿命也长一些。

② 螺旋槽丝锥：比较适合加工不通孔螺纹，加工时切屑向后排出。由于螺旋角的缘故，丝锥实际切削前角会随螺旋角增大而增大。经验显示：加工黑色金属，螺旋角应选小一点，一般在 30° 左右，以保证螺旋齿的强度；加工有色金属，螺旋角应选大一点，可在 45° 左右，使切削锋利一些。

③ 螺尖丝锥：加工螺纹时切屑向前排出。它的芯部尺寸比较大，强度较高，可承受较大的切削力。加工有色金属、不锈钢、黑色金属效果都很好，加工通孔螺纹应优先采用螺尖丝锥。

④ 挤压丝锥：比较适合加工有色金属，与上述切削丝锥工作原理不同，它是对金属进行挤压，使之塑性变形，形成内螺纹的。挤压成形的内螺纹金属纤维是连续的，抗拉和抗剪强度较高，加工的表面粗糙度也较好，不过挤压丝锥对底孔要求较高：过大，基础金属量少，造成内螺纹小径过大，强度不够；过小，封闭挤压的金属无处可去，造成丝锥折断。计算公式：底孔直径=内螺纹公称直径−0.5 倍螺距。

丝锥的结构如图 1-27 所示，丝锥的几何角度如图 1-28 所示，丝锥的形式如图 1-29 所示。粗牙普通螺纹用丝锥的基本规格见表 1-13，细牙普通螺纹用丝锥的基本规格见表 1-14。

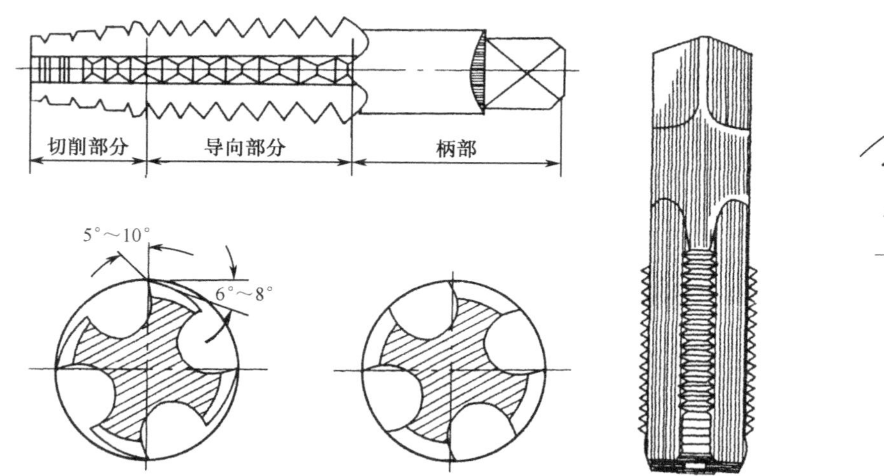

图 1-27　丝锥的结构

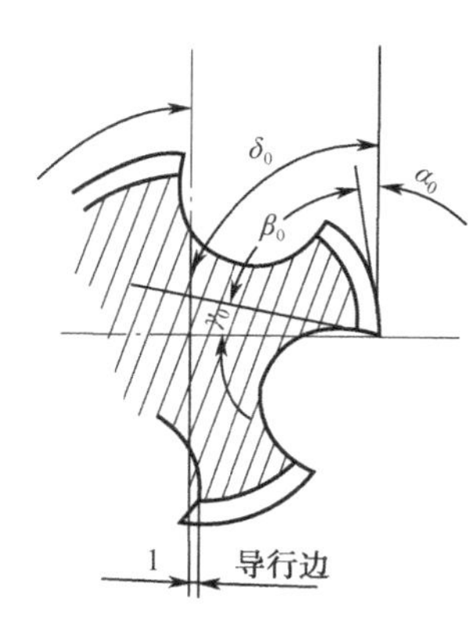

图 1-28　丝锥的几何角度

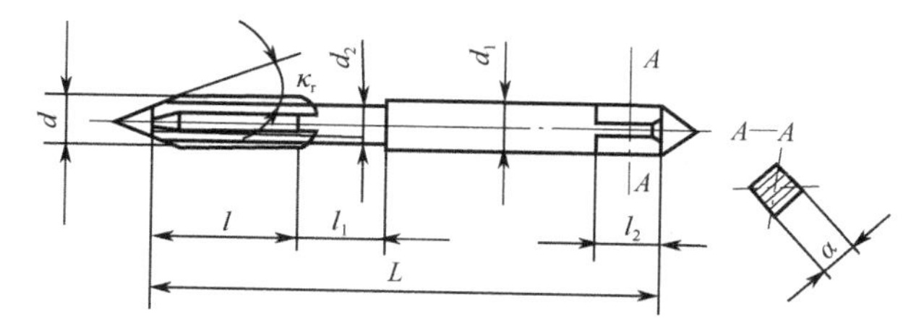

图 1-29 丝锥的形式

表 1-13 粗牙普通螺纹用丝锥的基本规格

单位：mm

代　号	公称直径 d	螺距 P	d_1	l	L	d_{2min}	l_1	方头	
								a	l_2
M3	3.0	0.50	3.15	11.0	48.0	2.12	7.0	2.50	5
M3.5	3.5	（0.60）	3.55	13.0	50.0	2.50		2.80	
M4	4.0	0.70	4.00		53.0	2.80	8.0	3.15	6
M4.5	4.5	（0.75）	4.50			3.15		3.55	
M5	5.0	0.80	5.00	16.0	58.0	3.55	9.0	4.00	7
M6	6.0	1.00	6.30	19.0	66.0	4.50	11.0	5.00	8
M7	（7.0）		7.10			5.30		5.60	
M8	8.0	1.25	8.00	22.0	72.0	6.00	13.0	6.30	9
M9	（9.0）		9.00			7.10	14.0	7.10	10
M10	10.0	1.50	10.00	24.0	80.0	7.50	15.0	8.0	11

表 1-14 细牙普通螺纹用丝锥的基本规格

单位：mm

代　号	公称直径 d	螺距 P	d_1	l	L	d_{2min}	l_1	方头	
								a	l_2
M3×0.35	3.0	0.35	3.15	11.0	48.0	2.12	7.0	2.50	5
M3.5×0.35	3.5		3.55	13.0	50.0	2.50		2.80	
M4×0.5	4.0	0.50	4.00		53.0	2.80	8.0	3.15	6
M4.5×0.5	4.5		4.50			3.15		3.55	
M5×0.5	5.0		5.00	16.0	58.0	3.55	9.0	4.00	7
M5.5×0.5	（5.5）		5.60	17.0	62.0	4.00		4.50	
M6×0.75	6.0	0.75	6.30	19.0	66.0	4.50	11.0	5.00	8
M7×0.75	（7.0）		7.10			5.30		5.60	
M8×0.75	8.0		8.00			6.00	13.0	6.30	9
M8×1		1.00			69.0				
M9×0.75	（9.0）	0.75	9.00		66.0	7.10	14.0	7.10	10
M9×1		1.00			69.0				
M10×0.75	10.0	0.75	10.00	20.0	73.0	7.50	15.0	8.00	11
M10×1		1.00			76.0				
M10×1.25		1.25							

2. 丝锥扳手

丝锥扳手是用来夹持丝锥的工具，如图 1-30 所示。它的手柄可以调节四方孔的大小。调节式丝锥扳手的规格见表 1-15。

图 1-30　丝锥扳手

表 1-15　调节式丝锥扳手的规格

<table>
<tr><td colspan="2">扳手长度/mm</td><td>130</td><td>180</td><td>230</td><td>280</td><td>380</td><td>480</td><td>600</td><td>800</td><td>1000</td><td>1400</td></tr>
<tr><td rowspan="2">适用丝锥直径</td><td>公制/mm</td><td>2～4</td><td>3～6</td><td>3～10</td><td>6～14</td><td>8～18</td><td>12～24</td><td>16～27</td><td>16～33</td><td>18～39</td><td>24～52</td></tr>
<tr><td>英制/in</td><td>$\frac{1}{8}$</td><td>$\frac{1}{8}\sim\frac{1}{4}$</td><td>$\frac{1}{8}\sim\frac{3}{8}$</td><td>$\frac{1}{4}\sim\frac{9}{16}$</td><td>$\frac{5}{16}\sim\frac{5}{8}$</td><td>$\frac{1}{2}\sim1$</td><td>$\frac{5}{8}\sim1\frac{1}{8}$</td><td>$\frac{5}{8}\sim1\frac{1}{4}$</td><td>$\frac{3}{4}\sim1\frac{1}{2}$</td><td>1～2</td></tr>
</table>

3. 板牙

图 1-31　板牙

板牙相当于一个具有很高硬度的螺母，螺孔周围制有几个排屑孔，一般在螺孔的两端磨有切削锥。板牙按外形和用途分为圆板牙、方板牙、六角板牙和管形板牙，如图 1-31 所示。其中以圆板牙应用最广，规格范围为 0.25～68mm。当加工出的螺纹中径超出公差时，可将板牙上的调节槽切开，以便调节螺纹的中径。板牙可装在板牙扳手中用手工加工螺纹，也可装在板牙架中在机床上使用。板牙加工出的螺纹精度较低，但由于结构简单、使用方便，在单件、小批生产和修配中板牙仍得到广泛应用。

① 圆板牙：其规格见表 1-16、表 1-17。

表 1-16　粗牙普通螺纹用圆板牙的规格

单位：mm

<table>
<tr><td rowspan="2">代　号</td><td colspan="3">公称直径 d</td><td rowspan="2">螺距 P</td><td colspan="2">基 本 尺 寸</td><td colspan="5">参 考 尺 寸</td></tr>
<tr><td>第一系列</td><td>第二系列</td><td>第三系列</td><td>D</td><td>E</td><td>D_1</td><td>E_1</td><td>c</td><td>b</td><td>a</td></tr>
<tr><td>M1×0.25</td><td>1</td><td></td><td></td><td rowspan="3">0.25</td><td rowspan="6">16</td><td rowspan="6">5</td><td rowspan="6">11</td><td rowspan="3">2</td><td rowspan="6">0.5</td><td rowspan="6">3</td><td rowspan="6">0.2</td></tr>
<tr><td>M1.1×0.25</td><td></td><td>1.1</td><td></td></tr>
<tr><td>M1.2×0.25</td><td>1.2</td><td></td><td></td></tr>
<tr><td>M1.4×0.3</td><td></td><td>1.4</td><td></td><td>0.3</td><td rowspan="3">2.5</td></tr>
<tr><td>M1.6×0.35</td><td>1.6</td><td></td><td></td><td rowspan="2">0.35</td></tr>
<tr><td>M1.8×0.35</td><td></td><td>1.8</td><td></td></tr>
</table>

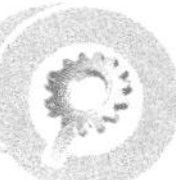

续表

<table>
<tr><th rowspan="2">代　号</th><th colspan="3">公称直径 d</th><th rowspan="2">螺距 P</th><th colspan="2">基 本 尺 寸</th><th colspan="5">参 考 尺 寸</th></tr>
<tr><th>第一系列</th><th>第二系列</th><th>第三系列</th><th>D</th><th>E</th><th>D_1</th><th>E_1</th><th>c</th><th>b</th><th>a</th></tr>
<tr><td>M2×0.4</td><td>2</td><td></td><td></td><td>0.4</td><td rowspan="3">16</td><td rowspan="4">5</td><td rowspan="3">11</td><td rowspan="3">3</td><td rowspan="6">0.5</td><td rowspan="3">3</td><td rowspan="6">0.2</td></tr>
<tr><td>M2.2×0.45</td><td></td><td>2.2</td><td></td><td rowspan="2">0.45</td></tr>
<tr><td>M2.5×0.45</td><td>2.5</td><td></td><td></td></tr>
<tr><td>M3×0.5</td><td>3</td><td></td><td></td><td>0.5</td><td rowspan="6">20</td><td rowspan="20">—</td><td rowspan="20">—</td><td rowspan="6">4</td></tr>
<tr><td>M3.5×0.6</td><td></td><td>3.5</td><td></td><td>（0.6）</td><td rowspan="5">7</td></tr>
<tr><td>M4×0.7</td><td>4</td><td></td><td></td><td>0.7</td></tr>
<tr><td>M4.5×0.75</td><td></td><td>4.5</td><td></td><td>（0.75）</td><td rowspan="3">0.6</td><td rowspan="6">0.5</td></tr>
<tr><td>M5×0.8</td><td>5</td><td></td><td></td><td>0.8</td></tr>
<tr><td>M6×1</td><td>6</td><td></td><td></td><td rowspan="2">1</td></tr>
<tr><td>M7×1</td><td></td><td></td><td>7</td><td rowspan="3">25</td><td rowspan="3">9</td><td rowspan="3">0.8</td><td rowspan="5">5</td></tr>
<tr><td>M8×1.25</td><td>8</td><td></td><td></td><td>1.25</td></tr>
<tr><td>M9×1.25</td><td></td><td></td><td>9</td><td>（1.25）</td></tr>
<tr><td>M10×1.5</td><td>10</td><td></td><td></td><td>1.5</td><td rowspan="2">30</td><td rowspan="2">11</td><td rowspan="2">1.0</td><td rowspan="7">1</td></tr>
<tr><td>M11×1.5</td><td></td><td></td><td>..</td><td>（1.5）</td></tr>
<tr><td>M12×1.75</td><td>12</td><td></td><td></td><td>1.75</td><td rowspan="2">38</td><td rowspan="3">14</td><td rowspan="5">1.2</td><td rowspan="5">6</td></tr>
<tr><td>M14×2</td><td></td><td>14</td><td></td><td rowspan="2">2</td></tr>
<tr><td>M16×2</td><td>16</td><td></td><td></td><td rowspan="3">45</td></tr>
<tr><td>M18×2.5</td><td></td><td>18</td><td></td><td rowspan="3">2.5</td><td rowspan="2">18</td></tr>
<tr><td>M20×2.5</td><td>20</td><td></td><td></td></tr>
<tr><td>M22×2.5</td><td></td><td>22</td><td></td><td>55</td><td>22</td><td rowspan="2">1.5</td><td rowspan="4">8</td><td rowspan="4">2</td></tr>
<tr><td>M24×3</td><td>24</td><td></td><td></td><td rowspan="2">3</td><td>55</td><td>22</td></tr>
<tr><td>M27×3</td><td></td><td>27</td><td></td><td rowspan="2">65</td><td rowspan="2">25</td><td rowspan="2">1.8</td></tr>
<tr><td>M30×3.5</td><td>30</td><td></td><td></td><td>3.5</td></tr>
</table>

表 1-17　细牙普通螺纹用圆板牙的规格

单位：mm

<table>
<tr><th rowspan="2">代　号</th><th colspan="3">公称直径 d</th><th rowspan="2">螺距 P</th><th colspan="2">基 本 尺 寸</th><th colspan="5">参 考 尺 寸</th></tr>
<tr><th>第一系列</th><th>第二系列</th><th>第三系列</th><th>D</th><th>E</th><th>D_1</th><th>E_1</th><th>c</th><th>b</th><th>a</th></tr>
<tr><td>M1×0.2</td><td>1</td><td></td><td></td><td rowspan="5">0.2</td><td rowspan="5">16</td><td rowspan="5">5</td><td rowspan="5">11</td><td rowspan="5">2</td><td rowspan="5">0.5</td><td rowspan="5">3</td><td rowspan="5">0.2</td></tr>
<tr><td>M1.1×0.2</td><td></td><td>1.1</td><td></td></tr>
<tr><td>M1.2×0.2</td><td>1.2</td><td></td><td></td></tr>
<tr><td>M1.4×0.2</td><td></td><td>1.4</td><td></td></tr>
<tr><td>M1.6×0.2</td><td>1.6</td><td></td><td></td></tr>
</table>

续表

<table>
<tr><th rowspan="2">代　　号</th><th colspan="3">公称直径 d</th><th rowspan="2">螺距 P</th><th colspan="2">基 本 尺 寸</th><th colspan="5">参 考 尺 寸</th></tr>
<tr><th>第一系列</th><th>第二系列</th><th>第三系列</th><th>D</th><th>E</th><th>D_1</th><th>E_1</th><th>c</th><th>b</th><th>a</th></tr>
<tr><td>M1.8×0.2</td><td></td><td>1.8</td><td></td><td>0.2</td><td rowspan="4">16</td><td rowspan="5">5</td><td rowspan="4">11</td><td rowspan="3">2</td><td rowspan="5">0.5</td><td rowspan="4">3</td><td rowspan="5">0.2</td></tr>
<tr><td>M2×0.25</td><td>2</td><td></td><td></td><td rowspan="2">0.25</td></tr>
<tr><td>M2.2×0.25</td><td></td><td>2.2</td><td></td></tr>
<tr><td>M2.5×0.35</td><td>2.5</td><td></td><td></td><td rowspan="2">0.35</td><td>2.5</td></tr>
<tr><td>M3×0.35</td><td>3</td><td></td><td></td><td>20</td><td>15</td><td>3</td><td>4</td></tr>
<tr><td>M3.5×0.35</td><td></td><td>3.5</td><td></td><td>0.35</td><td rowspan="6">20</td><td rowspan="5">5</td><td>15</td><td>3</td><td rowspan="5">0.5</td><td rowspan="6">4</td><td rowspan="5">0.2</td></tr>
<tr><td>M4×0.5</td><td>4</td><td></td><td></td><td rowspan="4">0.5</td><td rowspan="5">—</td><td rowspan="5">—</td></tr>
<tr><td>M4.5×0.5</td><td></td><td>4.5</td><td></td></tr>
<tr><td>M5×0.5</td><td>5</td><td></td><td></td></tr>
<tr><td>M5.5×0.5</td><td></td><td></td><td>5.5</td></tr>
<tr><td>M6×0.75</td><td>6</td><td></td><td></td><td rowspan="3">0.75</td><td>7</td><td>0.6</td><td rowspan="6">0.5</td></tr>
<tr><td>M7×0.75</td><td></td><td></td><td>7</td><td rowspan="5">25</td><td rowspan="5">9</td><td rowspan="23">—</td><td rowspan="23">—</td><td rowspan="5">0.8</td><td rowspan="10">5</td></tr>
<tr><td>M8×0.75</td><td rowspan="2">8</td><td rowspan="2"></td><td rowspan="2"></td></tr>
<tr><td>M8×1</td><td>1</td></tr>
<tr><td>M9×0.75</td><td rowspan="2"></td><td rowspan="2"></td><td rowspan="2">9</td><td>0.75</td></tr>
<tr><td>M9×1</td><td>1</td></tr>
<tr><td>M10×0.75</td><td></td><td rowspan="3"></td><td rowspan="3"></td><td>0.75</td><td rowspan="5">30</td><td rowspan="5">11</td><td rowspan="5">1</td><td rowspan="18">1</td></tr>
<tr><td>M10×1</td><td rowspan="2">10</td><td>1</td></tr>
<tr><td>M10×1.25</td><td>1.25</td></tr>
<tr><td>M11×0.75</td><td rowspan="2"></td><td rowspan="2"></td><td rowspan="2">11</td><td>0.75</td></tr>
<tr><td>M11×1</td><td rowspan="2">1</td></tr>
<tr><td>M12×1</td><td></td><td rowspan="3"></td><td rowspan="3"></td><td rowspan="6">38</td><td rowspan="6">10</td><td rowspan="6">1.2</td><td rowspan="6">6</td></tr>
<tr><td>M12×1.25</td><td rowspan="2">12</td><td>1.25</td></tr>
<tr><td>M12×1.5</td><td>1.5</td></tr>
<tr><td>M14×1</td><td rowspan="3"></td><td rowspan="3">14</td><td rowspan="3"></td><td>1</td></tr>
<tr><td>M14×1.25</td><td>1.25</td></tr>
<tr><td>M14×1.5</td><td>1.5</td></tr>
<tr><td>M15×1.5</td><td></td><td></td><td>15</td><td>1.5</td><td>38</td><td>10</td><td rowspan="7">1.2</td><td rowspan="7">6</td></tr>
<tr><td>M16×1</td><td rowspan="2">16</td><td rowspan="2"></td><td rowspan="2"></td><td>1</td><td rowspan="6">45</td><td rowspan="6">14</td></tr>
<tr><td>M16×1.5</td><td rowspan="2">1.5</td></tr>
<tr><td>M17×1.5</td><td></td><td></td><td>17</td></tr>
<tr><td>M18×1</td><td rowspan="3"></td><td rowspan="3">18</td><td rowspan="3"></td><td>1</td></tr>
<tr><td>M18×1.5</td><td>1.5</td></tr>
<tr><td>M18×2</td><td>2</td></tr>
</table>

续表

代号	公称直径 d			螺距 P	基本尺寸		参考尺寸				
	第一系列	第二系列	第三系列		D	E	D_1	E_1	c	b	a
M20×1				1							
M20×1.5	20			1.5	45	14			1.2	6	
M20×2				2							
M22×1				1							
M22×1.5		22		1.5							
M22×2				2			—	—			1
M24×1				1	55	16			1.5	8	
M24×1.5	24			1.5							
M24×2				2							
M25×1.5			25	1.5							
M25×2				2							
M27×1				1							
M27×1.5		27		1.5	65	18			1.8		
M27×2				2							
M28×1			28	1							
M28×1.5				1.5							
M28×2			28	2		18					
M30×1				1	65		—	—	1.8	8	1
M30×1.5	30			1.5							
M30×2				2							
M30×3				3		25					

注：1. M14×1.25 仅用于火花塞；

2. 第三系列和括号内的尺寸尽可能不采用。

② 可调式板牙：它由两个半块组成，相对地装在板牙架上，用螺钉来调整两块板牙之间的距离。这种板牙每副有两排刀刃，如图 1-32 所示。

③ 管螺纹板牙：专门用来套制管子的外螺纹。

4. 板牙架

板牙架是用来夹持板牙的手动旋转工具，如图 1-33 所示；圆板牙架的技术规格，见表 1-18。

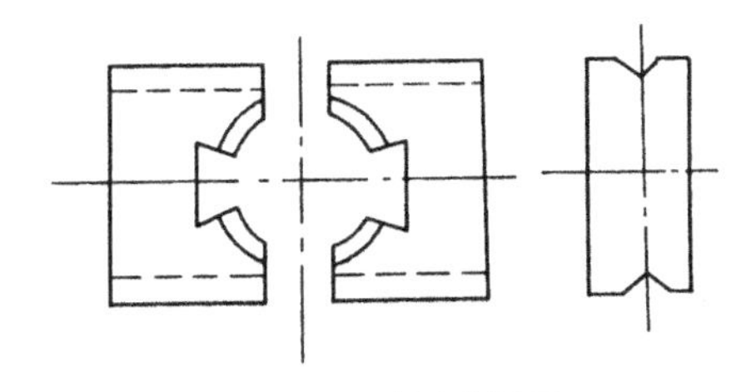

图 1-32 可调式板牙

图 1-33 板牙架

表 1-18　圆板牙架的技术规格

单位：mm

形　式		A		B			C			
适用圆板牙尺寸	外径	16	20	25	30	38	45	55	65	75
	厚度	5	5 7	7 9	8 11	10 14	10 14 18	12 16 22	14 18 25	16 20 30
相应螺纹直径		2.2～3	3.5～6	7～9	10～11	12～16	18～22	24～27	30～36	39～42
扳手总长		135	200	250	300	380	480	580	680	780

1.1.12　轴承拉拔器

轴承拉拔器是将内轴承从轴承座内取出的装置，如图 1-34 所示。其包括安装板、拉力螺栓和通丝螺栓；有不少于两个拉力螺栓，每个拉力螺栓的底部有能挂住内轴承底部的拉爪，在每个拉力螺栓上安装有紧固螺母，在安装板的中部有不少于一个长孔，长孔的宽度大于拉力螺栓的直径，每个拉力螺栓的下端穿过长孔并伸到安装板的下方，紧固螺母能卡在长孔处的安装板上；在长孔外侧的安装板上固定有不少于两个定位螺母。新型拉拔器结构合理而紧凑，能快速、方便地拆取不同直径、长度的石墨和碳化硅轴承，而且在拆取时不会对内轴承造成损伤，因而极大地降低了因内轴承损坏造成的产品成本的增加，也极大地提高了拆取内轴承的工作效率。

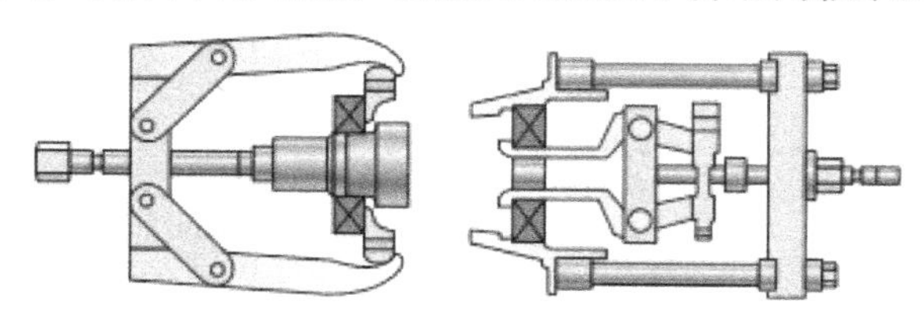

（a）拉拔器

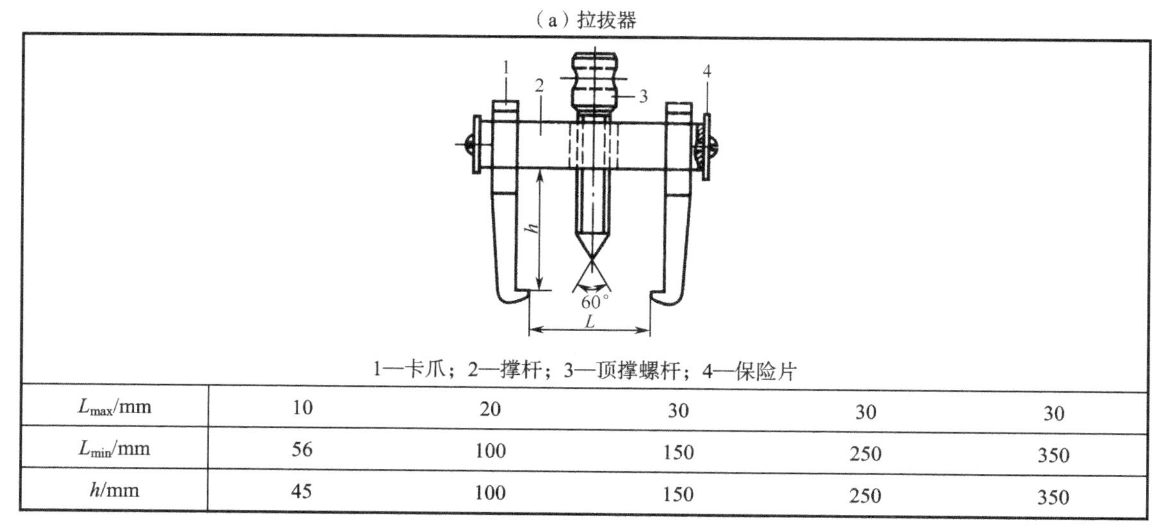

1—卡爪；2—撑杆；3—顶撑螺杆；4—保险片

L_{max}/mm	10	20	30	30	30
L_{min}/mm	56	100	150	250	350
h/mm	45	100	150	250	350

（b）拉拔器的结构和主要尺寸

图 1-34　拉拔器及其结构

1.2 装配钳工常用手工量具

1.2.1 塞尺

塞尺是由一组具有不同厚度级差的薄钢片组成的量规，如图 1-35 所示。塞尺用于测量间隙尺寸。在检验被测尺寸是否合格时，可以用通止法判断，也可由检验者根据塞尺与被测表面配合的松紧程度来判断。塞尺一般用不锈钢制造，最薄的为 0.02mm，最厚的为 3mm。在 0.02～0.1mm 范围内，各钢片厚度级差为 0.01mm；在 0.1～1mm 范围内，各钢片的厚度级差一般为 0.05mm；1mm 以上，钢片的厚度级差为 1mm。除了公制以外，也有英制的塞尺。

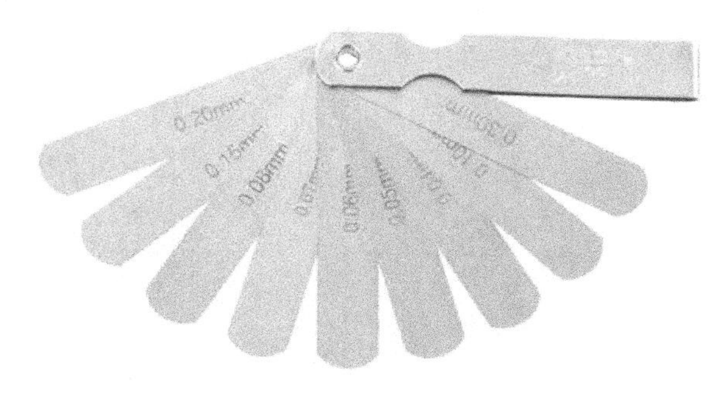

图 1-35 成组塞尺

塞尺又称测微片或厚薄规，是用于检验间隙的测量器具之一，横截面为直角三角形，在斜边上有刻度，利用锐角正弦直接将短边的长度标示在斜边上，这样就可以直接读出缝的大小了。

使用前必须先清除塞尺和工件上的污垢与灰尘。使用时可用一片或数片重叠插入间隙，以稍感拖滞为宜。测量时动作要轻，不允许硬插。也不允许测量温度较高的零件。

塞尺片成组和塞尺组通称为“塞尺”，成组塞尺的技术参数见表 1-19。塞尺片分为特级和普通级，其厚度偏差和弯曲度公差见表 1-20。

表 1-19 成组塞尺的技术参数

单位：mm

A 型	B 型	塞尺片（长度）	片 数	塞尺片厚度及组装顺序
组别标记				
75A13	75B13	75	13	保护片，0.02，0.02，0.03，0.03，0.04，0.04，0.05，0.05，0.06，0.07，0.08，0.09，0.10，保护片
100A13	100B13	100		
150A13	150B13	150		
200A13	200B13	200		
300A13	300B13	300		

续表

A型	B型	塞尺片（长度）	片　数	塞尺片厚度及组装顺序
组别标记				
75A14 100A14 150A14 200A14 300A14	75B14 100B14 150B14 200B14 300B14	75 100 150 200 300	14	1.00，0.05，0.06，0.07，0.08，0.09，0.10，0.15，0.20，0.25，0.30，0.40，0.50，0.75
75A17 100A17 150A17 200A17 300A17	75B17 100B17 150B17 200B17 300B17	75 100 150 200 300	17	0.50，0.02，0.03，0.04，0.05，0.06，0.07，0.08，0.09，0.10，0.15，0.20，0.25，0.30，0.35，0.40，0.45
75A20 100A20 150A20 200A20 300A20	75B20 100B20 150B20 200B20 300B20	75 100 150 200 300	20	1.00，0.05，0.10，0.15，0.20，0.25，0.30，0.35，0.40，0.45，0.50，0.55，0.60，0.65，0.70，0.75，0.80，0.85，0.90，0.95
75A21 100A21 150A21 200A21 300A21	75B21 100B21 150B21 200B21 300B21	75 100 150 200 300	21	0.50，0.02，0.02，0.03，0.03，0.04，0.04，0.05，0.05，0.06，0.07，0.08，0.09，0.10，0.15，0.20，0.25，0.30，0.35，0.40，0.45

表 1-20　塞尺厚度偏差和弯曲度公差

单位：mm

塞尺片厚度	厚 度 偏 差				弯曲度公差	
	特　级		普 通 级			
	上 偏 差	下 偏 差	上 偏 差	下 偏 差	特　级	普 通 级
0.02～0.10	+0.003	−0.002	+0.005	−0.003	—	—
>0.10～0.30	+0.005	−0.003	+0.008	−0.005	0.004	0.006
>0.30～0.60	+0.007	−0.004	+0.012	−0.007	0.005	0.009
>0.60～1.00	+0.010	−0.005	+0.01	−0.009	0.007	0.012

注：在工作面边缘 1mm 范围内的厚度不计。

1. 使用方法

① 用干净的布将塞尺测量表面擦拭干净，不能在塞尺沾有油污或金属屑末的情况下进行测量，否则将影响测量结果的准确性。

② 将塞尺插入被测间隙中，来回拉动塞尺，感到稍有阻力，说明该间隙值接近塞尺上所标出的数值；如果拉动时阻力过大或过小，则说明该间隙值小于或大于塞尺上所标出的数值。

③ 进行间隙的测量和调整时，先选择符合间隙规定的塞尺插入被测间隙中，然后一边调整，一边拉动塞尺，直到感觉稍有阻力时拧紧锁紧螺母，此时塞尺所标出的数值即为被测间隙值。

2. 使用注意事项

① 不允许在测量过程中剧烈弯折塞尺，或用较大的力硬将塞尺插入被检测间隙，否则将损坏塞尺的测量表面或零件表面的精度。

② 使用完后，应将塞尺擦拭干净，并涂上一薄层工业凡士林，然后将塞尺折回夹框内，以防锈蚀、弯曲、变形而损坏。

③ 存放时，不能将塞尺放在重物下，以免损坏塞尺。

1.2.2 90° 角尺

90° 角尺是用来测量零件上的直角或在装配中检验零件间相互垂直度的量具。它也可以用来划线。90° 角尺的形式和基本尺寸见表 1-21。

表 1-21 90° 角尺的形式和基本尺寸

形式	结构：简图	结构：说明	精度等级	基本尺寸/mm	
圆柱角尺	中心孔；测量面；凹面；h；α；d；基面	两端应有凹面及中心孔，在非基面一端应加标志及提手。高度 h 大于或等于 500mm 的圆柱角尺允许制成空心式结构	00 级 0 级	h	d
				200	80
				315	100
				500	125
				800	160
				1250	200
刀口矩形角尺	刀口测量面；侧面；β；h；基面；隔热板；α；l；基面	高度 h 等于 200mm 的刀口矩形角尺，其质量不得超过 3kg	00 级 0 级	h	l
				63	40
				125	80
				200	125
矩形角尺	测量面；侧面；β；h；α；l；基面	在侧面上应采取减重措施，允许制成正方形角尺	00 级 0 级 1 级	h	l
				125	80
				200	125
				315	200
				500	315
				800	500

续表

形式	结构		精度等级	基本尺寸/mm	
	简图	说明			
三角形角尺	测量面 侧面 h α l 基面	在侧面上应采取减重措施	00 级 0 级	*h*	*l*
				125	80
				200	125
				315	200
				500	315
				800	500
				1250	800
刀口角尺	刀口测量面 侧面 h β 基面 α 隔热层 长边 l 基面 短边	刀口角尺均应带有隔热板	0 级 1 级	*h*	*l*
				63	40
				125	80
				200	125
宽座角尺	测量面 侧面 h β 基面 长边 α l 基面 短边	允许制成整体式结构，但基面仍应为宽形基面。0 级宽座角尺仅适用于整体式结构	0 级 1 级 2 级	*h*	*l*
				63	40
				125	80
				200	125
				315	200
				500	315
				800	500
				1250	800
				1600	1000

注：图中α和β为 90° 角尺的工作角。

1.2.3 万能角度尺

图 1-36 万能角度尺

万能角度尺又称角度规、游标角度尺和万能量角器，它是利用游标读数原理来直接测量工件角或进行划线的一种角度量具，如图 1-36 所示。它适用于机械加工中的内、外角度测量，可测 0°～320° 外角及 40°～130° 内角。

1. 使用方法

测量时应先校准零位，将角尺与直尺均装上，而角尺的底边及基尺与直尺无间隙接触，此时主尺与游标的“0”

线对准。调整好零位后，通过改变基尺、角尺、直尺的相互位置可测量 0°～320° 范围内的任意角。如图 1-37 所示为万能角度尺测量不同角度时所采用的安装方法。

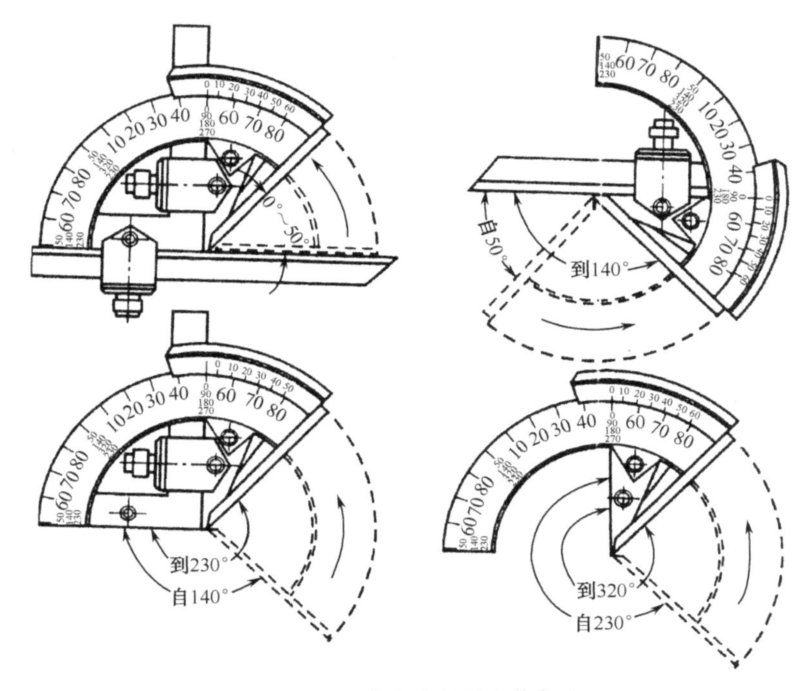

图 1-37 万能角度尺的安装方法

2. 读数方法

先读出游标零线前的角度是几度，再从游标上读出角度“分”的数值，两者相加就是被测零件的角度数值。在万能角度尺上，基尺是固定在尺座上的，角尺用卡块固定在扇形板上，可移动尺用卡块固定在角尺上。若把角尺拆下，也可把直尺固定在扇形板上。由于角尺和直尺可以移动和拆换，因此万能角度尺可以测量 0°～320° 的任何角度。

角尺和直尺全装上时，可测量 0°～50° 的外角度；仅装上直尺时，可测量 50°～140° 的角度；仅装上角尺时，可测量 140°～230° 的角度；把角尺和直尺全拆下时，可测量 230°～320° 的角度（即可测量 40°～130° 的内角度）。

万能角度尺的尺座上，基本角度的刻线只有 0°～90°，如果测量的零件角度大于 90°，则在读数时，应加上一个基数（90°、180°、270°）。当零件角度为 90°～180° 时，被测角度=90°+角度尺读数；当零件角度为 180°～270° 时，被测角度=180°+角度尺读数；当零件角度为 270°～320° 时，被测角度=270°+角度尺读数。

用万能角度尺测量零件角度时，应使基尺与零件角度的母线方向一致，且零件应与角度尺的两个测量面在全长上接触良好，以免产生测量误差。

1.2.4 卡钳

卡钳分为无表卡钳和有表卡钳，如图 1-38 所示。卡钳是测量长度的工具。外卡钳用于测量圆柱体的外径或物体的长度等。内卡钳用于测量圆柱孔的内径或槽宽等。

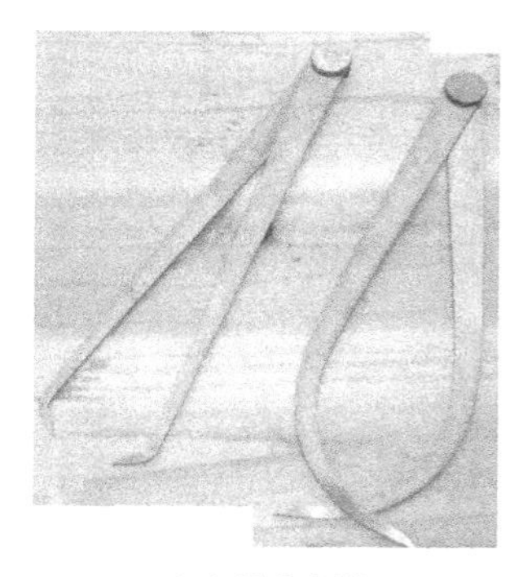

（a）无表卡钳

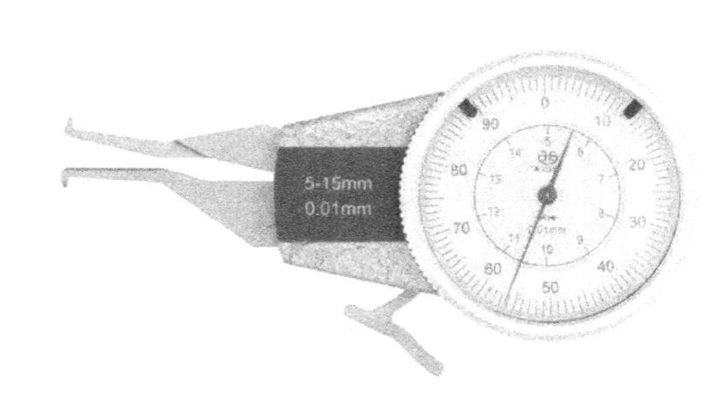

（b）有表卡钳

图 1-38　卡钳

1．卡钳测量方法

用外卡钳测量圆柱体的外径时，要使两钳脚测量面的连线垂直于圆柱体的轴线，不加外力，靠外卡钳自重滑过圆柱体的外表面，这时外卡钳开口尺寸就是圆柱体的外径。

用内卡钳测量孔的直径时，要使两钳脚测量面的连线垂直并相交于内孔轴线，测量时一个钳脚靠在孔壁上，另一个钳脚由孔口略偏里面一些逐渐向外测试，并沿孔壁的圆周方向摆动，当摆动的距离最小时，内卡钳的开口尺寸就是内孔直径。

如图 1-39 所示为外卡钳测量方法，如图 1-40 所示为内卡钳测量方法。

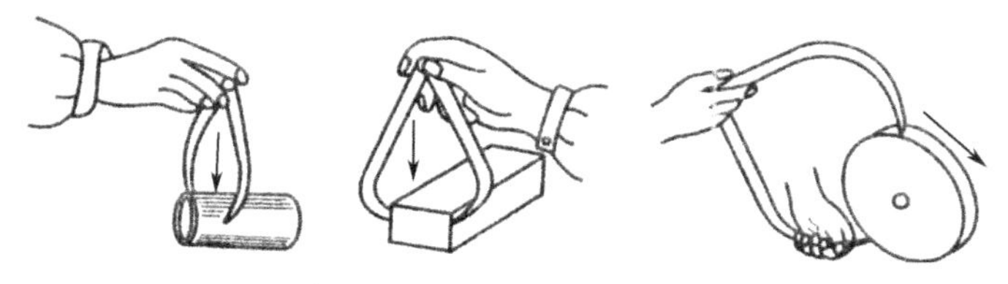

图 1-39　外卡钳测量方法

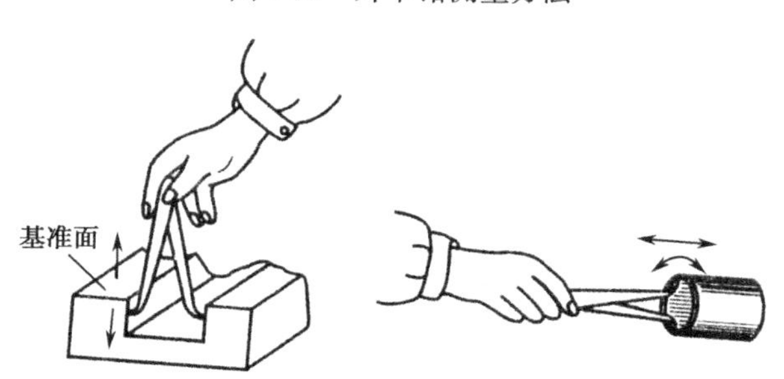

图 1-40　内卡钳测量方法

注意：轻敲卡钳的内侧和外侧来调整开口的大小，绝不允许敲击卡钳尖端，以免影响卡钳的精度。

2. 卡钳规格

卡钳规格包括：150mm（6in）、200mm（8in）、250mm（10in）、300mm（12in）、350mm（14in）、400mm（16in）、450mm（18in）、500mm（20in）、600mm（24in）、800mm（32in）、1000mm（40in）、1500mm（60in）、2000mm（80in）。

1.2.5 游标卡尺

游标卡尺是一种测量长度、内外径、深度的量具。游标卡尺由主尺和附在主尺上能滑动的游标两部分构成。主尺一般以毫米为单位，而游标上则有 10、20 或 50 个分格，根据分格的不同，游标卡尺可分为十分度游标卡尺、二十分度游标卡尺、五十分度格游标卡尺。游标卡尺的主尺和游标上有两副活动量爪，分别是内测量爪和外测量爪，内测量爪通常用来测量内径，外测量爪通常用来测量长度和外径。

1. 操作应用

游标卡尺是工业上常用的测量长度的仪器，它由尺身及能在尺身上滑动的游标组成，如图 1-41 所示。若从背面看，游标是一个整体。游标与尺身之间有一弹簧片，利用弹簧片的弹力使游标与尺身靠紧。游标上部有一紧固螺钉，可将游标固定在尺身上的任意位置。尺身和游标都有量爪，利用内测量爪可以测量槽的宽度和管的内径，利用外测量爪可以测量零件的厚度和管的外径。深度尺与游标尺连在一起，可以测槽和筒的深度。

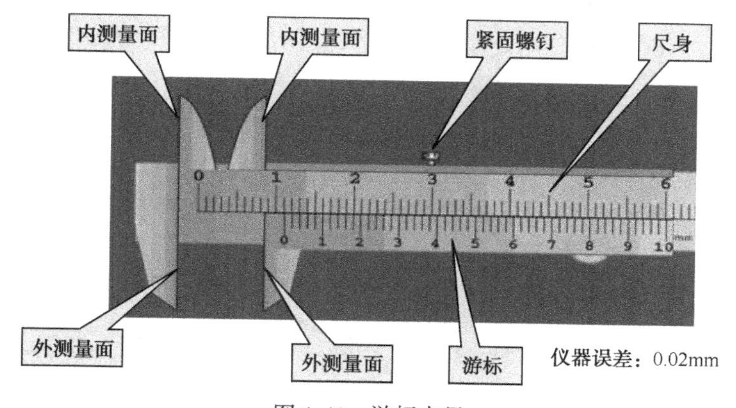

图 1-41 游标卡尺

尺身和游标尺上面都有刻度。以准确到 0.1mm 的游标卡尺为例，尺身上的最小分度是 1mm；游标尺上有 10 个小的等分刻度，总长为 9mm，每一分度为 0.9mm，与尺身上的最小分度相差 0.1mm。量爪并拢时尺身和游标的零刻度线对齐，它们的第 1 条刻度线相差 0.1mm，第 2 条刻度线相差 0.2mm，……，第 10 条刻度线相差 1mm，即游标的第 10 条刻度线恰好与尺身的 9mm 刻度线对齐。

当量爪间所量物体的线度为 0.1mm 时，游标尺向右应移动 0.1mm。这时它的第一条刻度线恰好与尺身的 1mm 刻度线对齐。同样，当游标的第 5 条刻度线与尺身的 5mm 刻度线对齐时，说明两量爪之间有 0.5mm 的宽度，依此类推。

在测量大于 1mm 的长度时，整的毫米数要从游标“0”线与尺身相对的刻度线读出。

2. 游标卡尺的使用方法

用软布将量爪擦干净，使其并拢，查看游标和尺身的零刻度线是否对齐。如果对齐，就可以进行测量；如没有对齐，则要记取零误差。游标的零刻度线在尺身零刻度线右侧叫正零误差，在尺身零刻度线左侧叫负零误差（这个规定方法与数轴的规定一致，原点以右为正，原点以左为负）。

测量时，右手拿住尺身，大拇指移动游标，左手拿待测外径（或内径）的物体，使待测物位于外测量爪之间，当其与量爪紧紧相贴时，即可读数。游标卡尺的正确测量方法如图 1-42 所示。

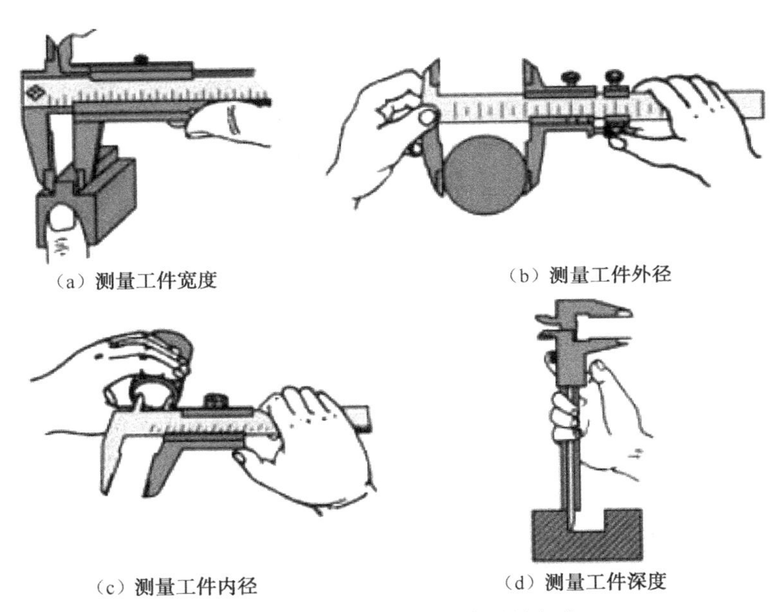

（a）测量工件宽度　（b）测量工件外径　（c）测量工件内径　（d）测量工件深度

图 1-42　游标卡尺的正确测量方法

当测量零件的外尺寸时，卡尺两测量面的连线应垂直于被测量表面，不能歪斜。测量时，可以轻轻摇动卡尺，放正垂直位置。先把卡尺的活动量爪张开，使量爪能自由地卡进工件，把零件贴靠在固定量爪上，然后移动尺框，用轻微的压力使活动量爪接触零件。如卡尺带有微动装置，此时可拧紧微动装置上的固定螺钉，再转动调节螺母，使量爪接触零件并读取尺寸。决不可把卡尺的两个量爪调节到接近甚至小于所测尺寸，把卡尺强行卡到零件上去。这样做会使量爪变形，或使测量面过早磨损，使卡尺失去应有的精度。

游标卡尺的形式分Ⅰ、Ⅱ、Ⅲ、Ⅳ四种，各种游标卡尺的测量范围和游标读数值见表 1-22。游标卡尺测量的示值误差不得超过表 1-23 的规定。

表 1-22 游标卡尺的测量范围和游标读数值

单位：mm

<table>
<tr><th>形 式</th><th>测 量 范 围</th><th>游标读数值</th></tr>
<tr><td>Ⅰ</td><td>0～125，0～150</td><td rowspan="3">0.02，0.05，0.10</td></tr>
<tr><td>Ⅱ、Ⅲ</td><td>0～200，0～300</td></tr>
<tr><td>Ⅳ</td><td>0～500，0～1000</td></tr>
</table>

表 1-23 游标卡尺测量的示值误差

单位：mm

<table>
<tr><th rowspan="3">测 量 长 度</th><th colspan="3">示 值 误 差</th></tr>
<tr><th colspan="3">游标读数值</th></tr>
<tr><th>0.02</th><th>0.05</th><th>0.10</th></tr>
<tr><td>0～150</td><td>±0.02</td><td>±0.05</td><td rowspan="3">±0.10</td></tr>
<tr><td>>150～200</td><td>±0.03</td><td>±0.05</td></tr>
<tr><td>>200～300</td><td>±0.04</td><td>±0.08</td></tr>
<tr><td>>300～500</td><td>±0.05</td><td>±0.08</td><td>±0.10</td></tr>
<tr><td>>500～1000</td><td>±0.07</td><td>±0.10</td><td>±0.15</td></tr>
<tr><td>测量深度为 20mm 的示值误差</td><td>±0.02</td><td>±0.05</td><td>±0.10</td></tr>
</table>

3. 注意事项

① 游标卡尺是比较精密的测量工具，要轻拿轻放，不得碰撞或跌落地下。使用时不要用来测量粗糙的物体，以免损坏量爪。避免与刃具放在一起，以免刃具划伤游标卡尺的表面。不使用时应置于干燥中性的地方，远离酸碱性物质，防止锈蚀。

② 测量前应把卡尺擦干净，检查卡尺的两个测量面和测量刃口是否平直无损，把两个量爪紧密贴合时应无明显的间隙，同时游标和主尺的零刻度线要相互对准。这个过程称为校对游标卡尺的零位。

③ 移动尺框时，要活动自如，不应有过松或过紧现象，更不能有晃动现象。用固定螺钉固定尺框时，卡尺的读数不应有所改变。在移动尺框时，不要忘记松开固定螺钉，也不宜过松，以免掉了。

④ 用游标卡尺测量零件时，不允许过分地施加压力，所用压力应使两个量爪刚好接触零件表面。如果测量压力过大，不但会使量爪弯曲或磨损，而且量爪在压力作用下会产生弹性变形，使测得的尺寸不准确（外尺寸小于实际尺寸，内尺寸大于实际尺寸）。

⑤ 在游标卡尺上读数时，应把卡尺水平地拿着，朝着亮光的方向，使人的视线尽可能和卡尺的刻线表面垂直，以免由于视线的歪斜造成读数误差。

⑥ 为了获得准确的测量结果，可以多测量几次，即在零件的同一截面上的不同方向进行测量。对于较长零件，则应当在全长的各个部位进行测量，务必获得一个比较准确的测量结果。

1.2.6 深度游标卡尺

深度游标卡尺用于测量凹槽或孔的深度、梯形工件的梯层高度、长度等尺寸，简称深度尺。常见量程：0～100mm、0～150mm、0～300mm、0～500mm。常见精度：0.02mm、0.01mm（由游标上的分度格数决定）。

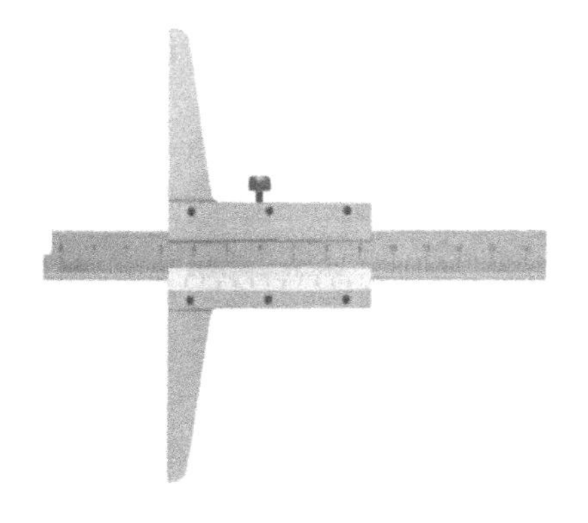

图 1-43　深度游标卡尺

深度游标卡尺如图 1-43 所示。测量内孔深度时，应把基座的端面紧靠在被测孔的端面上，使尺身与被测孔的中心线平行，伸入尺身，则尺身端面与基座端面之间的距离，就是被测零件的深度尺寸。它的读数方法和游标卡尺完全一样。

如图 1-44 所示，测量时先把测量基座轻轻压在工件的基准面上，两个端面必须接触工件的基准面。测量轴类等台阶件时，测量基座的端面一定要压紧在基准面上，再移动尺身，直到尺身的端面接触到工件的测量面（台阶面），然后用紧固螺钉固定尺框，提起卡尺，读出深度尺寸。多台阶、小直径的内孔深度测量，要注意尺身的端面是否在要测量的台阶上。当基准面是曲线时，测量基座的端面必须放在曲线的最高点上，测量出的深度尺寸才是工件的实际尺寸，否则会出现测量误差。

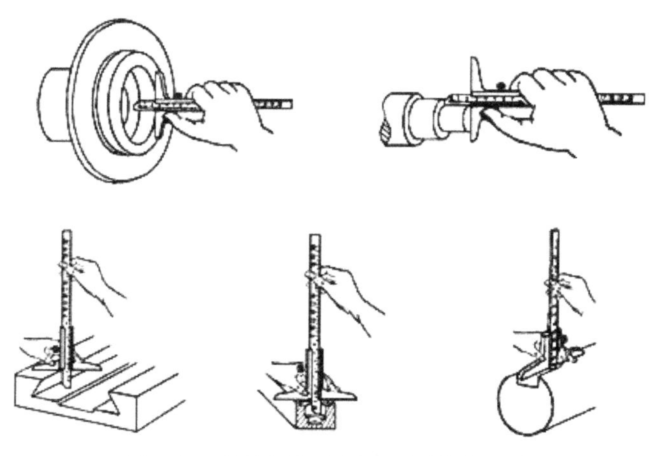

图 1-44　深度游标卡尺的正确测量方法

深度游标卡尺的测量范围，见表 1-24；深度游标卡尺副尺测量面的尺寸，见表 1-25；深度游标卡尺测量面的平面度公差，见表 1-26；深度游标卡尺的示值误差，见表 1-27。

表 1-24 深度游标卡尺的测量范围

单位：mm

测 量 范 围	游标读数值
0～200 0～300 0～500	0.02，0.05

表 1-25 深度游标卡尺副尺测量的尺寸

单位：mm

测 量 范 围	测量面长度 *L*	测量面厚度 *B*
0～200 0～300 0～500	≥100	≥6

表 1-26 深度游标卡尺测量面的平面度公差

单位：mm

游标读数值	尺身和尺框测量面平面度公差
0.02	0.005
0.05	0.008

表 1-27 深度游标卡尺的示值误差

单位：mm

测 量 长 度	游标读数值	
	0.02	0.05
	示 值 误 差	
0～150	±0.02	±0.05
>150～200	±0.03	±0.05
>200～300	±0.04	±0.08
>300～500	±0.05	±0.08

使用注意事项：

① 测量前，应将被测量表面擦干净，以免灰尘、杂质磨损量具。

② 卡尺的测量基座和尺身端面应垂直于被测表面并紧密贴合，不得歪斜，否则会造成测量结果不准。

③ 应在明亮的光线下读数，两眼的视线应与卡尺的刻线表面垂直，以减小读数误差。

④ 在机床上测量零件时，要等零件完全停稳后进行，否则不但会使量具的测量面过早磨损而失去精度，而且会造成事故。

⑤ 测量沟槽深度或其他基准面是曲线时，测量基座的端面必须放在曲线的最高点上，测量结果才是工件的实际尺寸，否则会出现测量误差。

⑥ 用深度游标卡尺测量零件时，不允许过分地施加压力，所用压力应使测量基座刚好接触零件基准表面，尺身刚好接触测量平面。如果测量压力过大，不但会使尺身弯曲或基座磨损，还会使测得的尺寸不准确。

⑦ 为了减小测量误差，应适当增加测量次数，并取其平均值，即在零件的同一基准面上的不同方向进行测量。

⑧ 测量温度要适宜，刚加工完的工件由于温度较高不能马上测量，须等工件冷却至室温后测量，否则测量误差太大。

1.2.7 高度游标卡尺

高度游标卡尺简称高度尺，它的主要用途是测量工件的高度，另外还经常用于测量形状和位置公差尺寸，有时也用于划线，如图 1-45 所示。

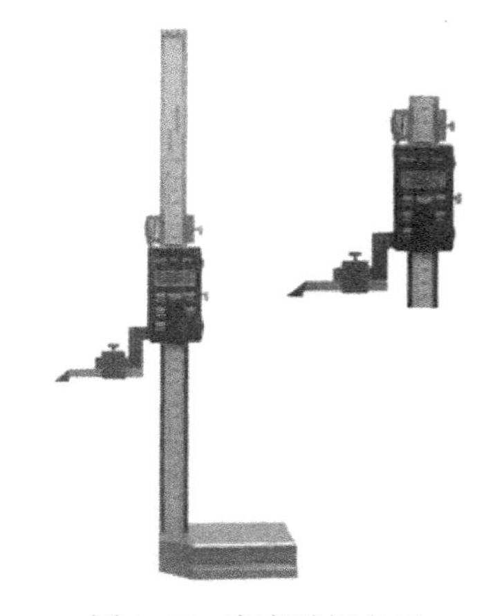

图 1-45 高度游标卡尺

根据读数形式的不同，高度游标卡尺可分为普通游标式和电子数显式两大类。高度尺的规格常用的有 0～300mm、0～500mm、0～1000mm、0～1500mm、0～2000mm。根据使用的情况不同，高度尺分为单柱式与双柱式，双柱式主要应用于较精密或测量范围较大的场合。

高度游标卡尺具有质量较大的基座，尺框通过横臂装有测量高度和划线用的量爪，量爪的测量面上镶有硬质合金，以延长量爪使用寿命。高度游标卡尺的测量工作，应在平台上进行。当量爪的测量面与基座的底平面位于同一平面时，如在同一平台平面上，主尺与游标的零线相互对准。所以在测量高度时，量爪测量面的高度，就是被测量零件的高度。它的具体数值，与游标卡尺一样可在主尺（整数部分）和游标（小数部分）上读出。应用高度游标卡尺划线时，调好划线高度，用紧固螺钉把尺框锁紧后，也应在平台上先调整再划线。

使用注意事项：

① 测量前应擦净工件测量表面和高度游标卡尺的主尺、游标、测量爪，检查测量爪是否磨损。

② 使用前应调整量爪的测量面与基座的底平面位于同一平面，检查主尺、游标零线是否对齐。

③ 测量工件高度时，应将量爪轻微摆动，在最大部位读取数植。

④ 读数时，应使视线正对刻线；用力要均匀，测力为 3～5N，以保证测量准确性。

⑤ 使用中注意清洁高度游标卡尺测量爪的测量面。

⑥ 不能用高度游标卡尺测量锻件、铸件表面与运动工件的表面，以免损坏卡尺。

⑦ 不使用的高度游标卡尺应擦净上油放入盒中保存。

1.2.8 外径千分尺

外径千分尺简称千分尺，它是比游标卡尺更精密的长度测量仪器，如图 1-46 所示。它的量程是 0～25mm，分度值是 0.01mm。

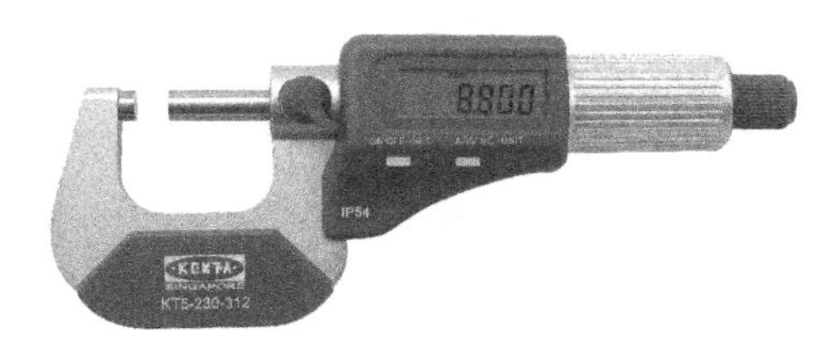

图 1-46 外径千分尺

外径千分尺的结构由固定的尺架、测砧、测微螺杆、固定套管、微分筒、测力装置、锁紧装置等组成。固定套管上有一条水平线，这条线上、下各有一列间距为 1mm 的刻度线，上面的刻度线恰好在下面两相邻刻度线中间。微分筒上的刻度线是将圆周分为 50 等份的水平线，它是旋转运动的。

从读数方式上来看，常用的外径千分尺有普通式、带表式和电子数显式三种类型。

1. 测量方法

根据螺旋运动原理，当微分筒（又称可动刻度筒）旋转一周时，测微螺杆前进或后退一个螺距 0.5mm。这样，当微分筒旋转一个分度后，它转过了 1/50 周，这时螺杆沿轴线移动了 1/50×0.5mm=0.01mm，因此，使用千分尺可以准确读出 0.01mm 的数值。

2. 零位校准

使用千分尺时要先校准零位。首先松开锁紧装置，清除油污，特别是测砧与测微螺杆间接触面要清洗干净。检查微分筒的端面是否与固定套管上的零刻度线重合，若不重合应先旋转旋钮，直至螺杆接近测砧时，旋转测力装置，当螺杆刚好与测砧接触时会听到“喀喀”声，这时停止转动。如两零线仍不重合（两零线重合的标志是微分筒的端面与固定刻度的零线重合，且可动刻度的零线与固定刻度的水平横线重合），可将固定套管上的小螺钉拧松，用专用扳手调节套管的位置，使两零线对齐，再把小螺钉拧紧。不同厂家生产的千分尺的调零方法不一样，以上仅是其中一种调零的方法。

校准千分尺零位时，要使螺杆和测砧接触，偶尔会发生向后旋转测力装置，两者不分离的情形。这时可用左手手心用力顶住尺架上测砧的左侧，右手手心顶住测力装置，再用手指沿逆时针方向旋转旋钮，即可使螺杆和测砧分开。

3. 读数方法

以微分套筒的基准线为基准读取左边固定套筒刻度值；再以固定套筒基准线读取微分套

筒刻度线上与基准线对齐的刻度，即为微分套筒刻度值；将固定套筒刻度值与微分套筒刻度值相加，即为测量值。

外径千分尺的技术规格，见表 1-28；外径千分尺固定套管上的刻度数字，见表 1-29；外径千分尺的示值误差和两测量面的平行度，见表 1-30。

表 1-28　外径千分尺的技术规格

单位：mm

测量范围	0～25，25～50，50～75，75～100，100～125，125～150，150～175，175～200，200～225，225～250，250～275，275～300，300～325，325～350，350～375，375～400，400～425，425～450，450～475，475～500，500～600，600～700，700～800，800～900，900～1000
读数值	0.01

表 1-29　外径千分尺固定套管上的刻度数字

测量范围/mm	刻度数字标记
0～25，100～125，200～225，300～325，400～425	0，5，10，15，20，25
25～50，125～150，225～250，325～350，425～450	25，30，35，40，45，50
50～75，150～175，250～275，350～375，450～475	50，55，60，65，70，75
75～100，175～200，275～300，375～400，475～500	75，80，85，90，95，100

表 1-30　外径千分尺的示值误差和两测量面的平行度

测量范围/mm	示值误差	平行度	尺架受 10N 力时的变形量
	μm		
0～25，25～50	4	2	2
50～75，75～100	5	3	3
100～125，125～150	6	4	4
150～175，175～200	7	5	5
200～225，225～250	8	6	6
250～275，275～300	9	7	6
300～325，350～375，325～350，375～400	11	9	8
400～425，450～475，425～450，475～500	13	11	10
500～600	15	12	12
600～700	16	14	14
700～800	18	16	16
800～900	20	18	18
900～1000	22	20	20

1.2.9 内径千分尺

内径千分尺用于内尺寸精密测量（分单体式和接杆式），如图 1-47 所示。

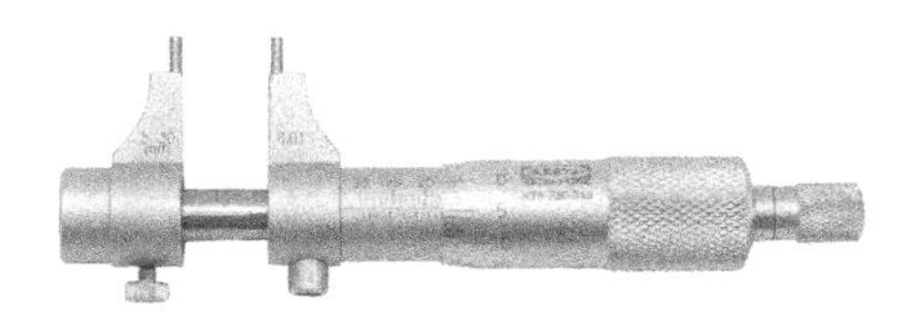

图 1-47 内径千分尺

1．正确测量方法

① 内径千分尺在使用时，必须用尺寸最大的接杆与其测微头连接，依次顺接到测量触头，以减少连接后的轴线弯曲。

② 测量时应看测微头固定和松开时的变化量。

③ 在日常生产中，用内径千分尺测量孔时，将其测量触头的测量面支撑在被测表面上，调整微分筒，使微分筒一侧的测量面在孔的径向截面内摆动，找出最小尺寸。然后拧紧固定螺钉取出并读数，也有不拧紧螺钉直接读数的，这样就存在着姿态测量问题。姿态测量，即测量时与使用时的一致性。例如，使用 75～600mm/0.01mm 的内径千分尺，接长杆与测微头连接后尺寸大于 125mm 时，其拧紧与不拧紧固定螺钉时读数值相差 0.008mm，即为姿态测量误差。

④ 内径千分尺测量时支承位置要正确。接长后的大尺寸内径千分尺重力变形，涉及直线度、平行度、垂直度等形位误差。其刚度的大小，具体可反映在自然挠度上。理论和实验结果表明，由工件截面形状所决定的刚度对支承后的重力变形影响很大。如不同截面形状的内径千分尺，其长度 L 虽相同，当支承在（2/9）L 处时，都能使内径千分尺的实测值误差符合要求，但支承点稍有不同，其直线度变化值就较大。所以在国家标准中将支承位置移到最大支承距离位置时的直线度变化值称为自然挠度。为保证刚性，在我国国家标准中规定了内径千分尺的支承点要在（2/9）L 处和离端面 200mm 处，这样测量时变化量最小；并将内径千分尺每转 90° 检测一次，其示值误差均不应超过规定值。

2．误差分析

内径千分尺直接测量误差包括受力变形误差、温度误差、一般测量所具有的示值误差、读数瞄准误差、接触误差和测长机的对零误差。重点是受力变形误差和温度误差。

1.2.10 深度千分尺

深度千分尺是应用螺旋副转动原理将回转运动变为直线运动的一种量具，用于机械加工中的深度、台阶等尺寸的测量。

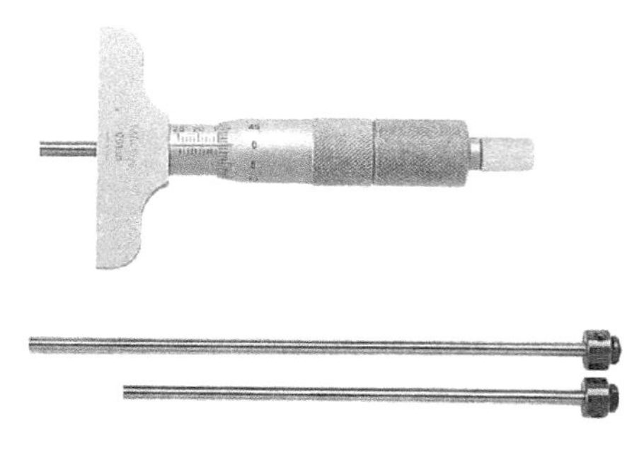

图 1-48　深度千分尺

深度千分尺由微分筒、固定套管、测量杆、基座、测力装置、锁紧装置等组成，如图 1-48 所示。

1. 使用方法

① 使用前先将深度千分尺擦干净，然后检查其各活动部分是否灵活可靠：在全行程内微分筒的转动要灵活，微分螺杆的移动要平稳，锁紧装置的作用要可靠。

② 根据被测的深度或高度选择并换上测杆。

③ 0～25mm 的深度千分尺可以直接校对零位。采用 00 级平台，将平台、深度千分尺的基准面和测量面擦干净，旋转微分筒使其端面退至固定套管的零线之外，然后将千分尺的基准面贴在平台的工作面上，左手压住底座，右手慢慢旋转棘轮，使测量面与平台的工作面接触后检查零位：微分筒上的零刻线应对准固定套管上的纵刻线，微分筒锥面的端面应与套管零刻线相切。

④ 测量范围超过 0～25mm 的深度千分尺，要用校对量具（可以用量块代替）校对零位。把校对量具和平台的工作面擦净，将校对量具放在平台上，再把深度千分尺的基准面贴在校对量具上校对零位。

⑤ 使用深度千分尺测量盲孔、深槽时，往往看不见孔、槽底的情况，所以操作深度千分尺时要特别小心，切忌盲目用力。

⑥ 当被测孔的口径或槽宽大于深度千分尺的底座尺寸时，可以用一辅助定位基准板进行测量。

2. 使用与保养

① 不准拿着微分筒任意摇动。

② 不准用油石、砂纸等硬物摩擦测量面、测微螺杆等部位。

③ 不准在深度千分尺的微分筒和固定套管之间加酒精、煤油、柴油、机油或凡士林等，不准把深度千分尺浸泡在上述油类或水以及冷却液中。如果深度千分尺被上述液体浸入，则用航空汽油冲洗干净，然后加入少量钟表油或特种轻质润滑油。

④ 使用完后，用绸布或干净的白细布擦净深度千分尺的各部位，卸下可换测杆及测微螺杆并涂一薄层防锈油后，放入专用盒中，存放于干燥处。

⑤ 不能将深度千分尺放在潮湿、酸性、磁性、高温或振动的地方。

⑥ 深度千分尺须实行周期检定，检定周期由计量部门根据使用情况决定。

1.2.11　螺纹千分尺

螺纹千分尺具有 60° 锥形和 V 形测头，用于测量螺纹中径。螺纹千分尺是应用螺旋副传

动原理将回转运动变为直线运动的一种量具，主要用于测量外螺纹中径。螺纹千分尺按读数形式分为标尺式和数显式，如图 1-49 所示。

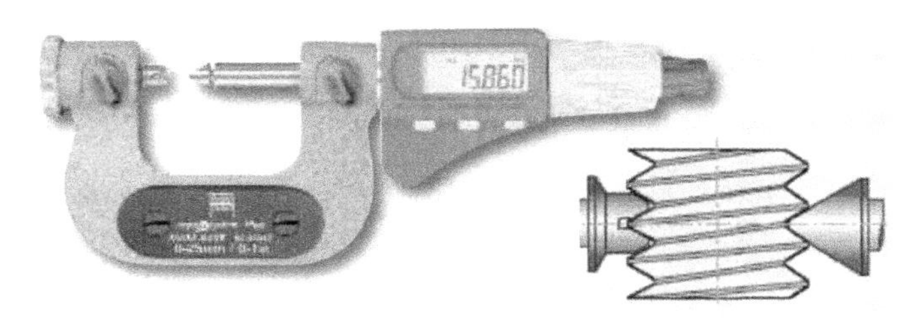

图 1-49 螺纹千分尺

1. 使用方法

螺纹千分尺是依据螺旋放大的原理制成的，即螺杆在螺母中旋转一周，螺杆便沿着旋转轴线方向前进或后退一个螺距的距离。因此，沿轴线方向移动的微小距离，就能用圆周上的读数表示出来。螺纹千分尺的精密螺纹的螺距是 0.5mm，可动刻度有 50 个等分刻度，可动刻度旋转一周，测微螺杆可前进或后退 0.5mm，因此转过每个小分度，相当于测微螺杆前进或后退 0.5mm/50=0.01mm。可见，可动刻度每一小分度表示 0.01mm，所以螺纹千分尺可准确到 0.01mm。由于还能再估读一位，因此可读到毫米的千分位。

螺纹千分尺的技术规格见表 1-31。

表 1-31 螺纹千分尺的技术规格

<table>
<tr><th>测量范围/mm</th><th>量头数目/对</th><th>适用螺距范围/mm</th><th>测量范围/mm</th><th>量头数目/对</th><th>适用螺距范围/mm</th></tr>
<tr><td rowspan="2">0～25</td><td rowspan="2">5</td><td rowspan="2">0.4～0.5
0.6～0.8
1～1.5
1.75～2.5
3～4.5</td><td>75～100
100～125
125～150
150～175</td><td>4</td><td>1～1.5
1.75～2.5
3～4.5
5～6</td></tr>
<tr><td>175～200
200～225</td><td>3</td><td>1.75～2.5
3～4.5
5～6</td></tr>
<tr><td>25～50
50～75</td><td>5</td><td>0.6～0.8
1～1.5
1.75～2.5
3～4.5
5～6</td><td>225～250
250～275
275～300
300～325
325～350</td><td>2</td><td>3～4.5
5～6</td></tr>
</table>

2. 使用注意事项

① 螺纹千分尺的压线或离线调整与外径千分尺调整方法相同。

② 螺纹千分尺测量时必须使用测力装置，即以恒定的测量压力进行测量。另外，螺纹千

分尺使用时应平放，使两测头的中心与被测工件螺纹中心线相垂直，以减少测量误差。

1.2.12　百分表

百分表主要用于测量制件的尺寸和形状、位置误差等。分度值为 0.01mm，测量范围为 0～3mm、0～5mm、0～10mm。百分表主要由 3 个部分组成：表体部分、传动系统、读数装置，如图 1-50 所示。

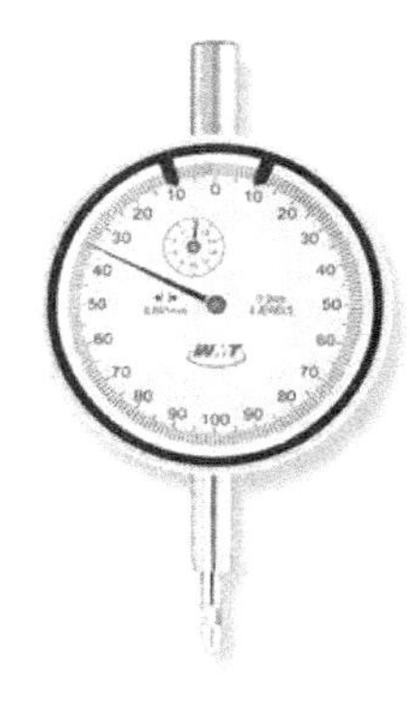

图 1-50　百分表

百分表是利用精密齿条齿轮机构制成的表式通用长度测量工具，常用于形状和位置误差以及小位移的长度测量。百分表的圆表盘上印制有 100 个等分刻度，即每一分度值相当于量杆移动 0.01mm。若在圆表盘上印制有 1000 个等分刻度，则每一分度值为 0.001mm，这种测量工具称为千分表。改变测头形状并配以相应的支架，可制成百分表的变形品种，如厚度百分表、深度百分表和内径百分表等。如用杠杆代替齿条可制成杠杆百分表和杠杆千分表，其示值范围较小，但灵敏度较高。此外，它们的测头可在一定角度内转动，能适应不同方向的测量，结构紧凑。它们适用于测量普通百分表难以测量的外圆、小孔和沟槽等的形状和位置误差。

百分表的工作原理，是将被测尺寸引起的测杆微小直线移动，经过齿轮传动放大，变为指针在刻度盘上的转动，从而读出被测尺寸的大小。百分表是利用齿条齿轮或杠杆齿轮传动，将测杆的直线位移变为指针的角位移的计量器具。

读数时先读小指针转过的刻度值（即毫米整数），再读大指针转过的刻度值并乘以 0.01（即小数部分），然后两者相加，即得到所测量的数值。

百分表的示值误差，见表 1-32。

表 1-32　百分表的示值误差

单位：μm

<table>
<tr><th>测量范围/mm</th><th>任意 0.1mm 误差</th><th>任意 0.5mm 误差</th><th>任意 1mm 误差</th><th>任意 2mm 误差</th><th>示值总误差</th></tr>
<tr><td>0～3</td><td rowspan="3">5</td><td rowspan="3">8</td><td rowspan="3">10</td><td rowspan="3">12</td><td>14</td></tr>
<tr><td>0～5</td><td>16</td></tr>
<tr><td>0～10</td><td>18</td></tr>
</table>

注意事项：

① 使用前，应检查测量杆活动的灵活性，即轻轻推动测量杆时，测量杆在套筒内的移动要灵活，没有卡滞现象，每次手松开后指针能回到原来的刻度位置。

② 使用时，必须把百分表固定在可靠的夹持架上。切不可贪图省事，随便夹在不稳固的地方，否则容易造成测量结果不准确，或摔坏百分表。

③ 测量时，不要使测量杆的行程超过它的测量范围，不要使表头突然撞到工件上，也

不要用百分表测量表面粗糙或明显凹凸不平的工件。

④ 测量平面时，百分表的测量杆要与平面垂直；测量圆柱形工件时，测量杆要与工件的中心线垂直，否则将使测量杆活动不灵或测量结果不准确。

⑤ 远离液体，不要使冷却液、切削液、水或油与百分表接触。

⑥ 在不使用时，要摘下百分表，解除其所有负荷，让测量杆处于自由状态。

⑦ 百分表应保存于盒内，避免丢失与混用。

1.2.13 内径百分表

1. 内径百分表校准操作

① 校准前受校内径表及所用标准器在校准室内平衡温度的时间一般不少于 2h。

② 首先检查内径表外观，确定没有影响校准计量特性的因素，如内径表测量机构的移动应平稳、灵活，无卡住和阻滞现象；每个测头更换应方便，紧固后应平稳可靠。

③ 检查测头测量面的表面粗糙度和测头的球面半径。用表面粗糙度比较样块比较。要求带定位护桥的内径表测头、活动测头的测量面和定位护桥接触面的表面粗糙度不超过 0.2μm。涨簧式内径表表面粗糙度不超过 0.1μm。钢球式内径表的测量钢球和定位钢球的表面粗糙度不超过 0.05μm。测头球面半径用半径样板比较，要求均小于其测量下限尺寸的 1/2。

④ 指示表的检定按 JJG34—1996《指示表检定规程》中的要求进行。

⑤ 对活动测头的工作行程进行校准。

- 用手压缩带定位护桥的内径表的活动测头，在指示表上读取数据。
- 用手压缩涨簧式内径表的涨簧测头两侧，在指示表上读数。
- 用千分尺测量钢球式内径表测量钢球工作行程。测量时注意要把两测量钢球放在千分尺测砧和测微螺杆之间，并使两钢球轴线与测微螺杆轴线一致。

⑥ 对活动测头的测力和定位护桥的接触压力进行校准。

- 带定位护桥的内径表分别放在内径尺寸等于内径表的测量上限和测量下限的光面环规内，定位护桥在此两位置时，分别做出标记。然后将定位护桥的接触面与放在测力装置上的一个圆筒形辅助台的端面接触，并向下加压。当定位护桥压缩到测量上限和测量下限所处的位置时，分别读取读数，测量装置示值为校准结果。
- 将涨簧式测头或测量钢球置于测量装置和压杆之间，下降压杆压缩涨簧测头或测量钢球到工作行程的起点，在测量装置上读数，然后继续压缩至工作行程的终点，测量装置的示值即为校准结果。

⑦ 定中心装置的校准。

- 对于带定位护桥的内径表，压缩定位护桥使其不起作用，把内径表放进专用环规内，在环规的轴向面内找最小尺寸（转折点），在环规的径向面内找最大尺寸（转折点），当两转折点一致时确定指示表读数。然后放松定位护桥，在放入环规的同一个位置上，在环规的轴向面内找最小尺寸读数。两次读数之差作为校准结果。

- 对于钢球式内径表，先将受校内径表钢球测头放进与专用环规尺寸相同的量块组成的装置中，在互相垂直的两个方向上分别在平行和垂直于两侧量块的工作面的平面内找最小尺寸（转折点），然后读数。在两个方向上的示值一致时将测头放进专用环规内，在环规的轴向面内找最小读数，经修正后两次读数之差为校准结果。

⑧ 示值变动性校准可在工作行程的任意位置进行。把内径表放进专用环规内，在环规的轴向面内找最小读数，记下读数。连续在同一位置重复进行 5 次，所得 5 个读数中，最大值与最小值之差即为校准结果。

⑨ 示值误差和相邻误差。

- 带定位护桥的内径百分表用百分表检定器测量。将百分表装在表架上，压缩百分表测头一圈（此时指针应指在距测杆轴线方向的左上方 0.1mm 处），用锁紧装置把百分表夹紧。将内径百分表安装在百分表检定器上，转动测微头，使活动测头压缩到工作行程的起点，调整百分表对零位。然后按间隔转动测微头，直到工作行程终点。用测量所得的各点误差中的最大值与最小值之差作为示值误差的校准结果，用各相邻误差中的最大值作为相邻误差的校准结果。
- 涨簧式和钢球式内径百分表用百分表检定器测量。将百分表装在表架上，压缩一圈，把内径表安装在百分表检定器上。测量是在压缩测头的行程方向进行的。测头的工作行程小于 0.5mm 的，按间隔 0.05mm 逐点测量；测头的工作行程大于或等于 0.5mm 的，按间隔 0.1mm 逐点测量，直到工作行程终点。

2. 内径百分表的使用与保养

内径百分表是将测头的直线位移变为指针的角位移的计量器具，用比较测量法完成测量，用于不同孔径的尺寸及其形状误差的测量。

（1）使用前检查

① 检查表头的相互作用和稳定性。

② 检查活动测头和可换测头表面及其连接稳固性。

（2）读数方法

测量孔径时，孔轴向的最小尺寸为其直径；测量平面间的尺寸时，任意方向内均最小的尺寸为平面间的测量尺寸。百分表测量读数加上零位尺寸即为测量结果。

（3）正确使用方法

① 把百分表插入量表直管轴孔中，压缩百分表一圈，然后紧固。

② 选取并安装可换测头，然后紧固。

③ 测量时手握隔热装置。

④ 根据被测尺寸调整零位。用已知尺寸的环规或平行平面（千分尺）调整零位，以孔轴向的最小尺寸或平面间任意方向内均最小的尺寸对零位，然后反复测量同一位置 2～3 次后检查指针是否仍与零线对齐，如不齐则重调。为读数方便，可用整数来定零位位置。

⑤ 测量时，摆动内径百分表，找到轴向平面的最小尺寸（转折点）并读数。

⑥ 测杆、测头、百分表等配套使用，不要与其他表混用。

内径百分表规格见表1-33，外形图如图1-51所示。

表1-33　内径百分表规格

测量范围	分度值	精度	主要结构尺寸/mm		
			H	*L*	*D*
6～10mm	0.01mm	12μm	40		42
10～18mm	0.01mm	12μm	50		42
18～35mm	0.01mm	15μm	125	208	58
35～50mm	0.01mm	15μm	160	268	58
50～100mm	0.01mm	18μm	200	307	58
100～160mm	0.01mm	18μm	250	388	58
160～250mm	0.01mm	18μm	400		58
250～450mm	0.01mm	18μm	500	702	58
50～150mm	0.01mm	18μm	212	340	58
100～250mm	0.01mm	18μm	400		58

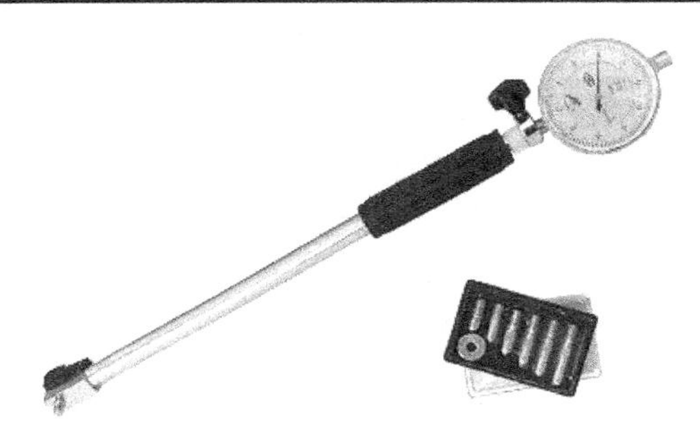

图1-51　内径百分表

1.2.14　半径样板

半径样板包含一组内、外圆弧半径尺寸准确的薄板，用于检验圆弧半径，如图1-52所示。

图1-52　半径样板

1. 技术要求

① 半径小于或等于 10mm 的凸形样板，其测量面的圆弧所对的中心角应大于 150°；半径大于 10mm 的凸形样板，其测量面的圆弧弦长应等于样板宽度。

② 半径小于或等于 14.5mm 的凹形样板，其测量面的圆弧所对的中心角应在 80°～90°范围内；半径大于 14.5mm 的凹形样板，其测量面的圆弧所对的中心角应大于 45°。

2. 样板要求

① 半径样板的表面不应有影响使用性能的缺陷。

② 半径样板与保护板的连接应保证能方便地更换样板，应能使样板平滑地绕螺钉或铆钉轴转动，不应有卡滞或松动现象。

③ 成组半径样板应按半径尺寸系列由小到大的顺序排列。

④ 半径样板应采用 45 号冷轧带钢或优质碳素钢制造。

⑤ 半径样板测量面的硬度应不低于 230HV。

⑥ 半径样板测量面的表面粗糙度值为 *Ra*1.6μm。

成组半径样板的规格，见表 1-34；半径样板测量面的半径尺寸及其极限偏差，见表 1-35。

表 1-34 成组半径样板的规格

级别	半径尺寸范围	半径尺寸系列	样板宽度	样板厚度	样板数	
	mm				凸形	凹形
1	1～6.5	1，1.25，1.5，1.75，2，2.25，2.5，2.75，3，3.5，4，4.5，5，5.5，6，6，5	13.5	0.5	16	16
2	7～14.5	7，7.5，8，8.5，9，9.5，10，10.5，11，11.5，12，12.5，13，13.5，14，14.5	20.5			
3	15～25	15，15.5，16，16.5，17，17.5，18，18.5，19，19.5，20，21，22，23，24，25				

表 1-35 半径样板测量面的半径尺寸及其极限偏差

单位：mm

半 径 尺 寸	极 限 偏 差	半 径 尺 寸	极 限 偏 差
1～3	±0.020	>10～18	±0.035
>3～6	±0.024	>18～25	±0.042
>6～10	±0.029		

1.2.15 螺纹样板

螺纹样板具有确定的螺距及牙型，且满足一定的准确度要求，用做对类同的螺纹进行测量的标准件。成套螺纹样板如图 1-53 所示。

图 1-53 螺纹样板

1. 技术要求

① 螺纹样板的表面不应有影响使用性能的缺陷。

② 螺纹样板与保护板的连接应保证能方便地更换样板，应能使样板平滑地绕螺钉或铆钉轴转动，不应有卡滞或松动现象。

③ 成套螺纹样板应按螺距尺寸系列由小到大的顺序排列。

④ 螺纹样板应采用 45 号冷轧带钢或优质碳素钢制造。

⑤ 螺纹样板测量面的硬度应不低于 230HV。

⑥ 螺纹样板测量面的表面粗糙度值为 Ra1.6μm。

2. 使用注意事项

① 测量螺纹螺距时，将螺纹样板组中的齿形钢片作为样板，卡在被测螺纹工件上，如果不密合，就另换一片，直到密合为止，这时该螺纹样板上标记的尺寸即为被测螺纹工件的螺距。但是，须注意把螺纹样板卡在螺纹牙廓上时，应尽可能利用螺纹工作部分长度，使测量结果较为准确。

② 测量牙型角时，把螺距与被测螺纹工件相同的螺纹样板放在被测螺纹上面，然后检查它们的接触情况。如果没有间隙透光，则说明被测螺纹的牙型角是正确的。如果有不均匀间隙透光现象，就说明被测螺纹的牙型角不准确。但是，这种测量方法是很粗略的，只能判断牙型角误差的大概情况，不能确定牙型角误差的数值。

普通螺纹样板的尺寸，见表 1-36。

表 1-36 普通螺纹样板的尺寸

单位：mm

螺距 P		基本牙型角（α）	牙型半角（$\alpha/2$）极限偏差	牙顶和牙底宽度			螺纹工作部分长度
				a		b	
基本尺寸	极限偏差			最小	最大	最大	
0.40	±0.010	60°	±60′	0.10	0.16	0.05	5
0.45				0.11	0.17	0.06	

续表

螺距 P		基本牙型角（α）	牙型半角（$\alpha/2$）极限偏差	牙顶和牙底宽度			螺纹工作部分长度
				a		b	
基本尺寸	极限偏差			最　小	最　大	最　大	
0.50	±0.010	60°	±50′	0.13	0.21	0.06	5
0.60				0.15	0.23	0.08	
0.70	±0.015			0.18	0.26	0.09	
0.75			±40′	0.19	0.27	0.09	10
0.80				0.20	0.28	0.10	
1.00				0.25	0.33	0.13	
1.25			±35′	0.31	0.43	0.16	
1.50			±30′	0.38	0.50	0.19	
1.75	±0.020			0.44	0.56	0.22	
2.00				0.50	0.62	0.25	
2.50			±25′	0.63	0.75	0.31	16
3.00				0.75	0.87	0.38	
3.50				0.88	1.03	0.44	
4.00				1.00	1.15	0.50	
4.50	±0.020	60°	±20′	1.13	1.28	0.56	16
5.00				1.25	1.40	0.63	
5.50				1.38	1.53	0.69	
6.00				1.50	1.65	0.75	

1.2.16　光滑极限量规

量规具有孔或轴的最大极限尺寸和最小极限尺寸为公称尺寸的标准测量面（测头），它是能反映控制被检孔或轴边界条件的无刻线长度测量器具，如图 1-54 所示。

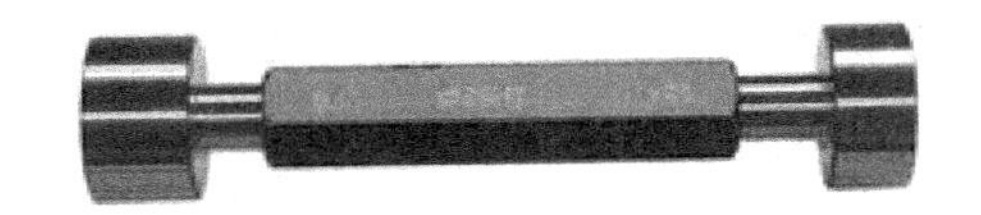

图 1-54　量规

使用量规可检验被检尺寸是否超过最大极限尺寸，以及是否小于最小极限尺寸。其结构简单，通常是一些具有准确尺寸和形状的实体，分通端（规）和止端（规），如圆柱体、圆锥体、块体平板等。

通端（规）：模拟最大实体边界，检验孔、轴或距离的体外作用尺寸是否超过最大实体边界，测头在允许公差内通过被检要素。

止端（规）：检验孔、轴或距离的实际尺寸是否超过最小实体尺寸，测头在允许公差内不能通过被检要素。

1．圆孔塞规和螺纹塞规

圆孔塞规做成圆柱形状，两端分别为通端和止端，用来检查孔的直径。圆孔塞规可做成最大极限尺寸和最小极限尺寸两种。它的最小极限尺寸一端叫做通端，最大极限尺寸一端叫做止端。塞规的两头各有一个圆柱体，长圆柱体一端为通端，短圆柱体一端为止端。检查工件时，合格的工件应当能通过通端而不能通过止端。

螺纹塞规是检测内螺纹尺寸正确性的工具，可分为普通粗牙、细牙和管子螺纹三种。螺距为 0.35mm 或更小的 2 级精度及高于 2 级精度的螺纹塞规，以及螺距为 0.8mm 或更小的 3 级精度的螺纹塞规都没有止端测头。100mm 以下的螺纹塞规为锥柄螺纹塞规，100mm 以上的为双柄螺纹塞规。

质量特征如下。

表面粗糙度：*Ra*0.20μm。

热处理淬火：60～63HRC。

产品精度：±0.001mm、±0.002mm、±0.005mm。

间距（间隔）：0.01mm、0.02mm、0.025mm、0.05mm、0.10mm。

尺寸范围：（公制）0.10～30.00mm，（英制）0.011～1.000in。

常用圆孔塞规的技术规格，见表 1-37。

表 1-37 常用圆孔塞规的技术规格

单位：mm

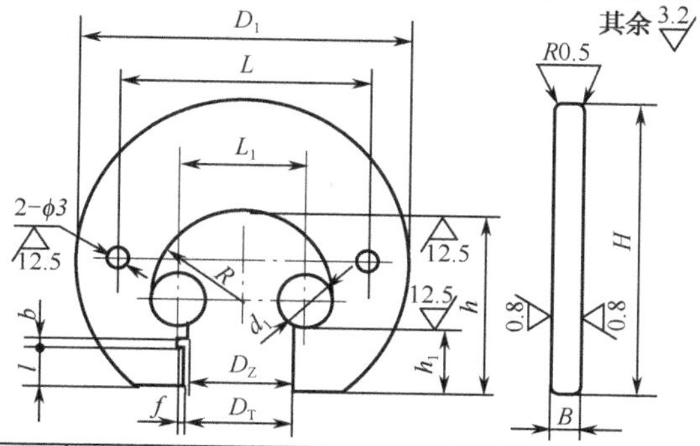

<table>
<tr><th>基本尺寸</th><th>D_1</th><th>L</th><th>L_1</th><th>R</th><th>d_1</th><th>l</th><th>b</th><th>f</th><th>h</th><th>h_1</th><th>B</th><th>H</th></tr>
<tr><td>1～3</td><td rowspan="2">32</td><td rowspan="2">20</td><td rowspan="2">6</td><td rowspan="2">6</td><td rowspan="2">6</td><td rowspan="3">5</td><td rowspan="5">2</td><td rowspan="7">0.5</td><td rowspan="2">19</td><td rowspan="3">10</td><td>3</td><td rowspan="2">31</td></tr>
<tr><td>>3～6</td><td rowspan="2">4</td></tr>
<tr><td>>6～10</td><td>40</td><td>26</td><td>9</td><td>8.5</td><td rowspan="2">8</td><td>22.5</td><td>38</td></tr>
<tr><td>>10～18</td><td>50</td><td>36</td><td>16</td><td>12.5</td><td rowspan="2">8</td><td>29</td><td rowspan="2">15</td><td>5</td><td>46</td></tr>
<tr><td>>18～30</td><td>65</td><td>48</td><td>26</td><td>18</td><td rowspan="2">10</td><td>36</td><td>6</td><td>58</td></tr>
<tr><td>>30～40</td><td>82</td><td>62</td><td>35</td><td>24</td><td rowspan="2">11</td><td rowspan="2">3</td><td>45</td><td rowspan="2">20</td><td rowspan="2">8</td><td>72</td></tr>
<tr><td>>40～50</td><td>94</td><td>72</td><td>45</td><td>29</td><td>12</td><td>50</td><td>82</td></tr>
<tr><td>>50～65</td><td>116</td><td>92</td><td>60</td><td>38</td><td>14</td><td rowspan="2">14</td><td rowspan="2">4</td><td rowspan="2">1</td><td>62</td><td rowspan="2">24</td><td rowspan="2">10</td><td>100</td></tr>
<tr><td>>65～80</td><td>136</td><td>108</td><td>74</td><td>46</td><td>16</td><td>70</td><td>114</td></tr>
</table>

2．卡规

卡规又叫卡板，它是检测圆柱形、长方形、多边形等零件外部尺寸的一种工具。它有两只脚或爪，能调整以测量厚度、直径、口径及表面间的距离。

单头双极限卡规的形式和尺寸，见表 1-38。

表 1-38　单头双极限卡规的形式和尺寸

单位：mm

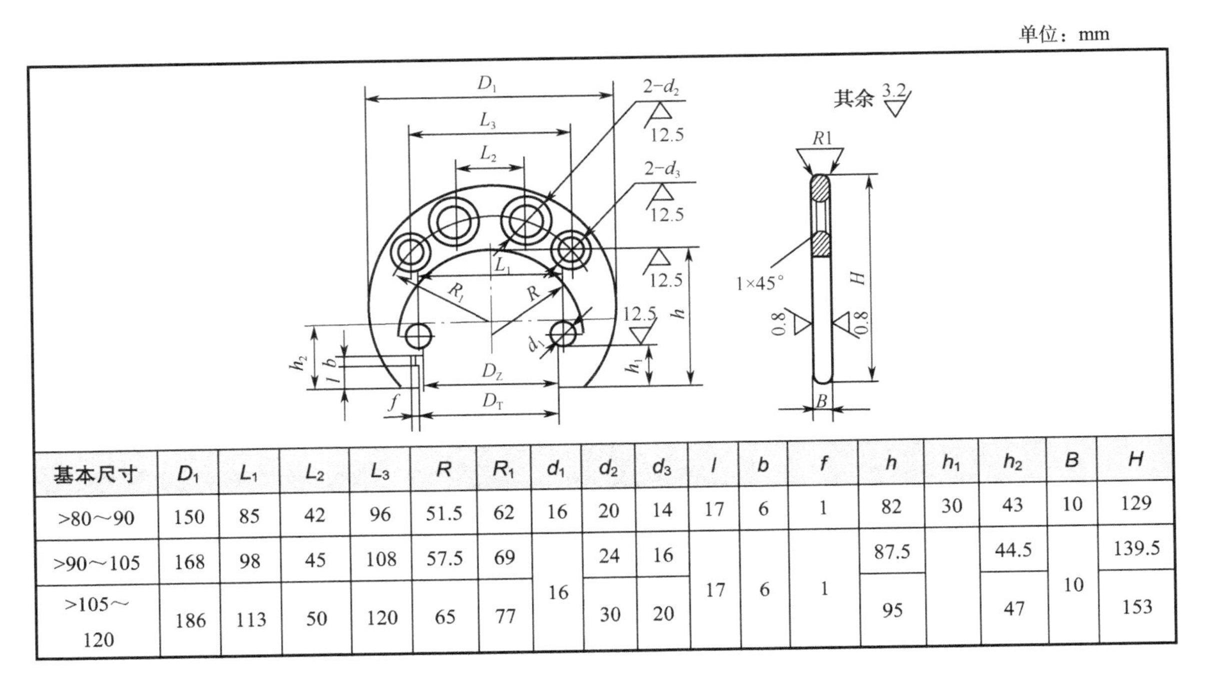

基本尺寸	D_1	L_1	L_2	L_3	R	R_1	d_1	d_2	d_3	l	b	f	h	h_1	h_2	B	H
>80～90	150	85	42	96	51.5	62	16	20	14	17	6	1	82	30	43	10	129
>90～105	168	98	45	108	57.5	69	16	24	16	17	6	1	87.5		44.5	10	139.5
>105～120	186	113	50	120	65	77		30	20				95		47		153

1.2.17　正弦规

正弦规是利用三角法测量角度的一种精密量具，一般用来测量带有锥度或角度的零件。因其测量结果是通过直角三角形的正弦关系来计算的，所以称之为正弦规，如图 1-55 所示。

它主要由钢制主体和固定在其两端的两个相同直径的钢制圆柱体组成。两个圆柱体的中心距要求很准确，两圆柱的轴心线距离有 100mm 和 200mm 两种。工作时，两圆柱轴线与主体严格平衡，且与主体相切。

1．使用方法

如图 1-56 所示为正弦规的测量方法。计算公式如下：

$$\sin\alpha = \frac{h}{L}$$

式中：α——工件的圆锥角（°）；

h——量块组的尺寸（mm）；

L——正弦规的中心距（mm）。

根据测微仪在两端的示值之差可求得被测角度的误差。正弦规一般用于测量小于 45° 的角度，在测量小于 30° 的角度时，精确度可达 3″～5″。

图 1-55 正弦规

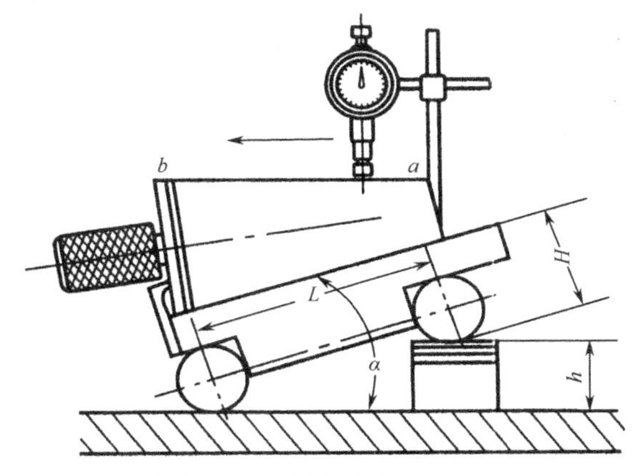

图 1-56 正弦规的测量方法

2. 技术要求

① 正弦规工作面不得有严重影响外观和使用性能的裂痕、划痕、夹渣等缺陷。

② 正弦规主体工作面的硬度不得小于 664HV，圆柱工作面的硬度不得小于 712HV，挡板工作面的硬度不得小于 478HV。

③ 正弦规主体工作面表面粗糙度的最大允许值为 Ra0.08μm，圆柱工作面表面粗糙度的最大允许值为 Ra0.04μm，挡板工作面表面粗糙度 Ra 的最大允许值为 Ra1.25μm。

④ 正弦规各零件均应去磁，主体和圆柱体必须进行稳定性处理。

⑤ 正弦规应能设置成 0°～80° 范围内的任意角度，其结构刚性和各零件强度应能适应磨削工作条件，各零件应易于拆卸和修理。

⑥ 正弦规的圆柱体应采用螺钉可靠地固定在主体上，且不得引起圆柱体和主体变形；紧固后的螺钉不得露出圆柱体表面，主体上固定圆柱体的螺孔不得露出工作面。

正弦规的尺寸精度和公差要求，见表 1-39。

表 1-39 正弦规的尺寸精度和公差要求

序号	项目			L=100mm		L=200mm		备注
				0 级	1 级	0 级	1 级	
1	两圆柱中心距的偏差	窄型	μm	±1	±2	±1.5	±3	
		宽型		±2	±3	±2	±4	
2	两圆柱轴线的平行度	窄型		1	1	1.5	2	全长上
		宽型		2	3	2	4	
3	主体.工作面上各孔中心线间距离的偏差	宽型		±150	±200	±150	±200	

续表

<table>
<tr><th rowspan="2">序　号</th><th rowspan="2" colspan="3">项　目</th><th colspan="2">L=100mm</th><th colspan="2">L=200mm</th><th rowspan="2">备　注</th></tr>
<tr><th>0 级</th><th>1 级</th><th>0 级</th><th>1 级</th></tr>
<tr><td rowspan="2">4</td><td rowspan="2">同一正弦规的两圆柱直径差</td><td>窄型</td><td rowspan="12">μm</td><td>1</td><td>1.5</td><td>1.5</td><td>2</td><td rowspan="2"></td></tr>
<tr><td>宽型</td><td>1.5</td><td>3</td><td>2</td><td>3</td></tr>
<tr><td rowspan="2">5</td><td rowspan="2">圆柱工作面的圆柱度</td><td>窄型</td><td>1</td><td>1.5</td><td>1.5</td><td>2</td><td rowspan="2"></td></tr>
<tr><td>宽型</td><td>1.5</td><td>2</td><td>1.5</td><td>2</td></tr>
<tr><td>6</td><td colspan="2">正弦规主体工作面平面度</td><td>1</td><td>2</td><td>1.5</td><td>7</td><td>中凹</td></tr>
<tr><td>7</td><td colspan="2">正弦规主体工作面与两圆柱下部母线公切面的平行度</td><td>1</td><td>2</td><td>1.5</td><td>3</td><td></td></tr>
<tr><td>8</td><td colspan="2">侧挡板工作面与圆柱轴线的垂直度</td><td>22</td><td>35</td><td>30</td><td>45</td><td>全长上</td></tr>
<tr><td rowspan="2">9</td><td rowspan="2">前挡板工作面与圆柱轴线的平行度</td><td>窄型</td><td>5</td><td>10</td><td>10</td><td>20</td><td rowspan="2">全长上</td></tr>
<tr><td>宽型</td><td>20</td><td>40</td><td>30</td><td>60</td></tr>
</table>

<table>
<tr><td rowspan="2">10</td><td rowspan="2">正弦规设置成 30° 时的综合误差</td><td>窄型</td><td>±5″</td><td>±8″</td><td>±5″</td><td>±8″</td><td rowspan="2"></td></tr>
<tr><td>宽型</td><td>±8″</td><td>±16″</td><td>±8″</td><td>±16″</td></tr>
</table>

注：1. 表中数值是温度为 20℃时的数值；

2. 表中所列误差在工作面边缘 1mm 范围内不计。

1.2.18　量块

量块是由两个相互平行的测量面之间的距离来确定其工作长度的高精度量具，如图 1-57 所示；其长度为计量器具的长度标准，通过对计量仪器、量具和量规等示值误差的检定等方式，使机械加工中各种制成品的尺寸能够溯源到长度基准。按 JJG2056—90《长度计量器具（量块部分）检定系统》的规定，量块分为 1、2、3、4、5、6 等和 00、0、K、1、2、3 级。

图 1-57　量块

1. 量块的用途

① 作为长度标准，传递尺寸量值。

② 用于检定测量器具的示值误差。

③ 作为标准件，用比较法测量工件尺寸，或用来校准、调整测量器具的零位。

④ 用于直接测量零件尺寸。

⑤ 用于精密机床的调整和机械加工中精密划线。

2. 检定标准条件

温度 20℃，大气压力 101.325kPa，水蒸气压力（湿度）1.333kPa。

3. 标准姿态

长度等于或小于 100mm 的量块，测量或使用其长度时，量块的轴线可竖直或水平。

成套量块的规格尺寸，见表 1-40。

表 1-40 成套量块的规格尺寸

套别	总块数	级别	尺寸系列/mm	间隔/mm	块数
1	91	00，0，1	0.5	—	1
			1	—	1
			1.001，1.002，…，1.009	0.001	9
			1.01，1.02，…，1.09	0.01	49
			1.5，1.6，…，1.9	0.1	5
			2.0，2.5，…，9.5	0.5	16
			10，20，…，100	10	10
2	83	00，0，1，2，(3)	0.5	—	1
			1	—	1
			1.005	—	1
			1.01，1.02，…，1.09	0.01	49
			1.5，1.6，…，1.9	0.1	5
			2.0，2.5，…，9.5	0.5	16
			10，20，…，100	10	10
3	46	0，1，2	1	—	1
			1.001，1.002，…，1.009	0.001	9
			1.01，1.02，…，1.09	0.01	9
			1.1，1.2，…，1.9	0.1	9
			2，3，…，9	1	8
			10，20，…，100	10	10
4	38	0，1，2，(3)	1	—	1
			1.005	—	1
			1.01，1.02，…，1.09	0.01	9
			1.1，1.2，…，1.9	0.1	9
			2，3，…，9	1	8
			10，20，…，100	10	10
5	10^{-}	00，0，1	0.991，0.992，…，1	0.001	10
6	10^{+}	00，0，1	1，1.001，…，1.009	0.001	10
7	10^{-}	00，0，1	1.991，1.992，…，2	0.001	10
8	10^{+}	00，0，1	2，2.001，2.002，…，2.009	0.001	10

续表

套　别	总 块 数	级　别	尺寸系列/mm	间隔/mm	块　数
9	8	00，0，1，2，(3)	125，150，175，200，250，300，400，500	—	8
10	5	00，0，1，2，(3)	600，700，800，900，1000	—	5
11	10	0，1	2.5，5.1，7.7，10.3，12.9，15，17.6，20.2，22.8，25	—	10
12	10	0，1	27.5，30.1，32.7，35.3，37.9，40，42.6，45.2，47.8，50	—	10
13	10	0，1	52.5，55.1，57.7，60.3，62.9，65，67，70.2，72.8，75	—	10
14	10	0，1	77.5，80.1，82.7，85.3，87.9，90，92.6，95.2，97.8，100	—	10
15	12	3	41.2，81.5，121.8，51.2，121.5，191.8，101.2，201.5，291.8，10（20，二块）	—	12
16	6	3	101.2，200，291.5，375，451.8，490	—	6
17	6	3	201.2，400，581.5，750，901.8，990	—	6

注：对于套别 11、12、13、14，允许制成圆形的。

1.3 装配钳工专用测量仪表

1.3.1 水平仪

水平仪是一种测量小角度的常用量具，如图 1-58 所示。在机械行业和仪表制造中，它用于测量相对于水平位置的倾斜角、机床设备导轨的平面度和直线度、设备安装的水平位置和垂直位置等。

图 1-58　框式水平仪

按水平仪的外形不同可分为框式水平仪和尺式水平仪两种，按水准器的固定方式又可分为可调式水平仪和不可调式水平仪。

水平仪的正确使用方法如下。

① 水平仪的两个 V 形测量面是测量精度的基准，在测量中不能与工作的粗糙面接触或摩擦。安放时必须小心轻放，避免因测量面划伤而损坏水平仪和造成不应有的测量误差。

② 用水平仪测量工件的垂直面时，不能握住与副测面相对的部位而用力向工件垂直平面推压，这样会因水平仪的受力变形，影响测量的准确性。正确的测量方法是手握副测面内侧，使水平仪平稳、垂直地（调整气泡位于中间位置）贴在工件的

垂直平面上，然后从纵向水准读出气泡移动的格数。

③ 使用水平仪时，要保证水平仪工作面和工件表面的清洁，以防脏物影响测量的准确性。测量水平面时，在同一个测量位置上，应用水平仪在相反的两个方向上进行测量。当移动水平仪时，不允许水平仪工作面与工件表面发生摩擦，应该提起来放置。

④ 当测量长度较大的工件时，可将工件平均分为若干尺寸段，用分段测量法测量，然后根据各段的测量读数绘出误差坐标图，以确定其误差的最大格数。

检验床身导轨在纵向垂直平面内的直线度时，将框式水平仪纵向放置在刀架上靠近前导轨处，从刀架处于主轴箱一端的极限位置开始，从左向右移动刀架，每次移动距离应近似等于水平仪的边框尺寸（200mm）。依次记录刀架在每一测量长度位置时的水平仪读数。将这些读数依次排列，用适当的比例画出导轨在垂直平面内的直线度误差曲线。水平仪读数为纵坐标，刀架在起始位置时的水平仪读数为起点，由坐标原点起作一折线段，其后每次读数都以前一折线段的终点为起点，各折线段组成的曲线，即为导轨在垂直平面内的直线度曲线。曲线相对其两端连线的最大坐标值，就是导轨全长的直线度误差。曲线上任一局部测量长度内的两端点相对曲线两端点的连线坐标差值，也就是导轨的局部误差。

⑤ 机床工作台面的平面度检验方法：工作台及床鞍分别置于行程的中间位置，在工作台面上放一桥板，其上放水平仪，分别沿各测量方向移动桥板，每隔桥板跨距 d 记录一次水平仪读数。通过工作台面上的三点建立基准平面，根据水平仪读数求得各测点平面的坐标值。

⑥ 测量大型零件的垂直度时，用水平仪粗调基准表面到水平。分别在基准表面和被测表面上用水平仪分段逐步测量并用图解法确定基准方位，然后求出被测表面相对于基准表面的垂直度误差。

测量小型零件的垂直度时，先将水平仪放在基准表面上，读气泡一端的数值，然后用水平仪的一侧紧贴垂直被测表面，气泡偏离第一次（基准表面）读数值的差值，即为被测表面的垂直度误差。

⑦ 水平仪刻度值用角度（秒）或斜率来表示，即以气泡偏移一格时工作表面倾斜的角度表示，或以气泡偏移一格时工作表面在 1m 长度上倾斜的高度表示。测量时应使水平仪工作面紧贴被测表面，待气泡稳定后方可读数。

框式水平仪的外形尺寸，见表 1-41。

表 1-41 框式水平仪的外形尺寸

L（长）	B（宽）	H（高）	V形工作面角度
mm			
100	25～35	100	120° 或 140°
150	30～40	150	
200	35～45	200	
250	40～50	250	
300	40～50	300	

1.3.2 读数显微镜

读数显微镜结构简单、使用方便，可用于测定孔距、刻线宽度、刻线距离、键槽宽度、狭缝凹痕、金属表面质量、织物密度、野外标本等。

图 1-59 读数显微镜

读数显微镜是利用显微镜光学系统对线纹尺的分度进行放大、细分和读数的长度测量工具，如图 1-59 所示。它常被用做比长仪、测长机和工具显微镜等的读数部件，或作为坐标镗床和坐标磨床等的定位部件，也可单独用于测量较小的尺寸，如线纹间距、硬度测试中的压痕直径、裂缝和小孔直径等。其分度值有 10μm、1μm 和 0.5μm 等。

1. 读数显微镜分类

① 直读式读数显微镜：线纹尺上的刻度经物镜局部放大后成像于分划板上，如线纹间距为 1mm，放大至与分划板上 100 个分度的距离相等，通过目镜（放大）即可读出 0.01mm 的分度值。

② 标线移动式读数显微镜：测量时转动微动手轮，使可动分划板上的双刻线与线纹尺线纹像对准，从读数鼓轮或其他读数机构读出百分位数和千分位数，从可动分划板上读出十分位数。为了避免微动手轮上的精密螺纹（或其他微动机构）磨损，有的显微镜把可动分划板上的双刻线制成双阿基米德螺旋线。双阿基米德螺旋线的螺距等于 1/10 线纹尺线纹间距乘以物镜放大倍数，而在其内圈又刻有 100 个等分分度，所以在它对准线纹像后，即可从固定分划板上读出十分位数，从可动分划板上读出百分位数和千分位数。

③ 影像移动式读数显微镜：在物镜与分划板之间，加入可动光学元件（如平面平行玻璃、光楔玻璃或补偿透镜等）。当移动这类光学元件时，线纹尺的线纹像会移动，在线纹像与固定分划板上的双刻线对准后，即可分别从固定分划板和可动分划板上读出十分位和百分位、千分位的数值。

将线纹尺刻度通过物镜放大后投影到影屏上，并利用分划板和微动装置细分、读数的部件叫光学读数头。它可减轻人眼在瞄准和读数时的疲劳，其分度值有 10μm、2μm 和 1μm 几种。

2. 读数显微镜的工作过程

首先进行调零，调节旋转螺母使标线对准 *X* 轴的整刻度线。旋转螺母共分为 50 格，每格 0.01mm。标线在玻璃片 *A* 上，*X* 轴在玻璃片 *B* 上。调零结束后，用硬度计给工件打上压痕。调节旋转螺母，使与螺母相连的触头推动玻璃片 *A* 在 *X* 轴方向上移动，与压痕相切两次，玻璃片 *A* 与触头间有弹簧连接，可以自由伸缩。标线走过的距离可以通过显微镜读出，该值即为压痕的直径。但由于压痕通常为不规则形状，故要把工件旋转 90° 再测量一次并取平均值。

3．读数显微镜的使用方法

① 先对读数显微镜进行调零（注意要轻轻旋转旋钮，因为读数显微镜是高精度仪器且成本高，用力过大会导致精度降低）。

② 将打上压痕的工件置于水平工作台面上。

③ 把读数显微镜置于工件上（当显微镜与工件置于一起时，手不要抖动，因为显微镜与工件的结合不是很紧固，稍不注意就会造成读数误差），把透光孔对向光亮处。

④ 通过旋转螺母，使标线沿 X 轴左右移动。

⑤ 标线与压痕的两侧分别相切，此时标线走过的距离即为压痕直径。

⑥ 把工件旋转 90°，再测量一次（由于压痕通常为不规则形状，故要把工件旋转 90° 再测量一次并取平均值），取两次结果的平均值，即得到孔的最终直径。

⑦ 记下读数后，把显微镜归零后收放到指定位置。

4．读数显微镜的操作步骤

读数显微镜的量程一般为几厘米，分度值为 0.001cm。常见的一种读数显微镜的机械部分是根据螺旋测微器原理制造的，一个与螺距为 1mm 的丝杠联动的刻度圆盘上有 100 个等分格。因此，它的分度值是 0.001cm。还有一种读数显微镜利用带 0.01mm 标尺的测量目镜来测量微小位移。

其操作步骤如下：

① 将读数显微镜适当安装，对准待测物。

② 调节显微镜的目镜，以清楚地看到叉丝（或标尺）。

③ 调节显微镜的聚焦情况或移动整个仪器，使待测物成像清楚，并消除视差，即眼睛上下移动时，看到叉丝与待测物成的像之间无相对移动。

④ 先让叉丝对准待测物上一点（或一条线）A，记下读数；转动丝杠，对准另一点 B，再记下读数，两次读数之差即为 AB 之间的距离。注意两次读数时丝杠必须只向一个方向移动，以避免螺距差。

如图 1-60 所示为读数显微镜测量示意图。

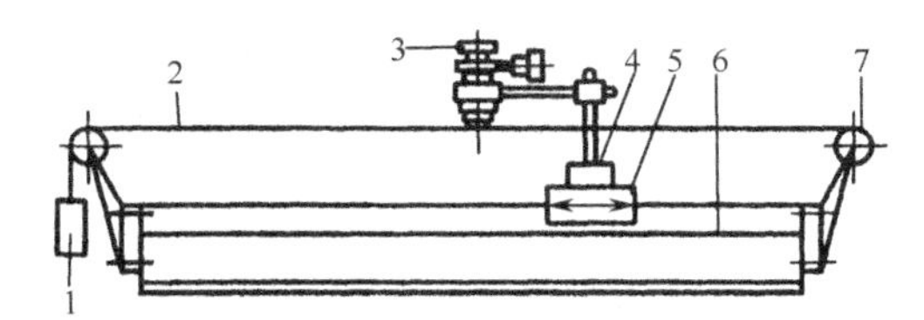

1—重锤；2—钢丝；3—读数显微镜；4—支架；5—V 形垫铁；6—机床导轨；7—滑轮及支架

图 1-60　读数显微镜测量示意图

1.3.3 合像水平仪

合像水平仪被广泛用于测量平面和圆柱面对水平方向的倾斜度，以及机床与光学机械仪器的导轨或机座等的平面度、直线度和设备安装位置的正确度。它是具有一个基座测量面，以测微螺旋副相对基座测量面调整水准器气泡，并由光学原理合像读数的水准器式水平仪，如图 1-61 所示。

图 1-61　合像水平仪

合像水平仪利用棱镜将水准器中的气泡像放大来提高读数的精确度，利用杠杆、微动螺杆这一套传动机构来提高读数的灵敏度。

1. 合像水平仪的使用方法

将合像水平仪放置在被检测的工作面上，由于被检测面的倾斜而引起两气泡不重合，转动度盘，一直到两气泡重合为止，此时读出读数，即为被测件的实际倾斜度。

2. 分度值

分度值指使分度盘转动一个刻度，合像水平仪相应所产生的倾斜量。此倾斜量以 1m 为基准长的倾斜高与底边的比表示，单位为 mm/m。

3. 零位

当合像水平仪处于水平位置时，理想的气泡位置（此时气泡应相对刻度范围的中点对称）称为零位。此时通过棱镜、放大镜形成的水准泡影像应呈光滑圆弧状。

4. 零位偏差

零位偏差指偏离零位的读数值。

5. 技术要求

① 合像水平仪工作面上不得有锈迹、碰伤、划伤等缺陷及其他影响使用的缺陷。

② 喷漆表面应美观，不得有脱漆、划伤等缺陷，其他裸露非工作面不得有锈蚀等明显缺陷。

③ 测微螺杆在转动时应顺畅，不得有卡住或跳动现象。

④ 当测微螺杆均匀转动时，气泡在水准泡内移动应平稳，无停滞和跳动现象。

1.3.4 工具显微镜

IM 系列工具显微镜如图 1-62 所示，它能方便地读取千分表头示值，测量工件的孔径、

孔距等尺寸以及角度，使用任选的目镜组还能检验螺纹及齿轮形状等。其设计非常紧凑，重量小，最适合用于加工现场受到限制的场合。

1. 仪器的主要技术指标及规格

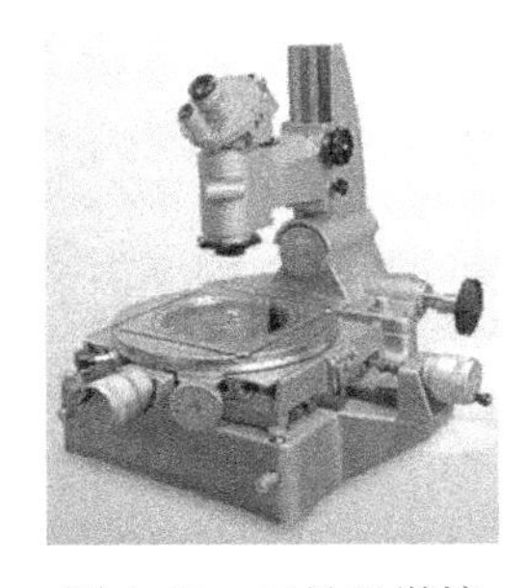

图 1-62 工具显微镜

显微镜总放大率：30 倍。

目镜：15 倍。

物镜：2 倍。

测量范围：50mm×50mm（2″×2″）。

测量精度：0.01mm。

读数装置测微头移动量：25mm（1″）。

读数手轮格值：0.002mm（0.0001″）。

测角目镜分划值：6′。

角度范围：0°～360°。

载物台面尺寸：152mm×152mm。

载物玻璃有效尺寸：96mm×96mm。

最大载重量（玻璃上面）：5kg。

聚焦方式：手动，工件最大高度 110mm。

照明装置：透射，带绿色滤光片，亮度可调；单灯倾斜反射照明，亮度可调节，光源 24V/2W。

仪器重量：15kg。

2. 使用注意事项及保养

① 在调焦距时一定要注意工件和镜头之间要有一定的距离，不得使工件与镜头相碰。

② 不得用酒精擦拭镜头，镜头要定期用干净的布擦拭。

③ 使用完后关闭电源开关，放工件的玻璃要保持清洁（在刚使用过后不能马上用酒精擦拭，等它冷却之后才能擦拭）。

3. 校正方式

① 内部校验时，首先把工作台面擦拭干净，然后用水准仪校正大理石平台，再用标准块分别为 5.0mm、10.0mm、15.0mm、20.0mm 的块规测量，允许误差为±0.002mm。

② 三个月校正一次。

1.3.5 表面粗糙度检测仪

表面粗糙度检测仪又叫粗糙度仪、表面光洁度仪、粗糙度测量仪、粗糙度计、粗糙度测试仪等，由国外先研发生产，后来才引进国内。用粗糙度仪测量工件表面粗糙度时，将传感器放在工件被测表面上，由仪器内部的驱动机构带动传感器沿被测表面做等速滑行，传感器通过内置的锐利触针感受被测表面的粗糙度，工件被测表面的粗糙度引起触针产生位移，该位移使传感器电感线圈的电感量发生变化，从而在相敏整流器的输出端产生与被测表面粗糙度成比例的模拟信号，该信号经过放大及电平转换之后进入数据采集系统。

1．粗糙度仪的应用范围

① 机械加工制造业，主要是金属加工制造业，如汽车零配件加工制造业、机械零部件加工制造业等。这些加工制造行业只要涉及工件表面质量，对于粗糙度仪的应用就是必不可少的。粗糙度仪最初的产生就是为了检测机械加工零件表面粗糙度。尤其是触针式粗糙度测量仪适用于质地比较坚硬的金属表面的检测。

② 非金属加工制造业。随着科技的进步与发展，越来越多的新型材料被应用到加工工艺中，如陶瓷、塑料、聚乙烯等。现在有些轴承就是用特殊陶瓷材料加工制作的，还有泵阀等是利用聚乙烯材料加工制成的。这些材料质地坚硬，可以替代金属材料制作工件，在生产加工过程中也需要检测其表面粗糙度。

③ 随着粗糙度仪的技术和功能不断加强和完善，以及其深入的推广和应用，越来越多的行业开始使用它。除机械加工制造外，电力、通信、电子等产品生产加工过程中也需要检测粗糙度，甚至人们生活中使用的文具、餐具、人的牙齿都要检测表面粗糙度。

2．SJ—201 表面粗糙度检测仪的特点（图 1-63）

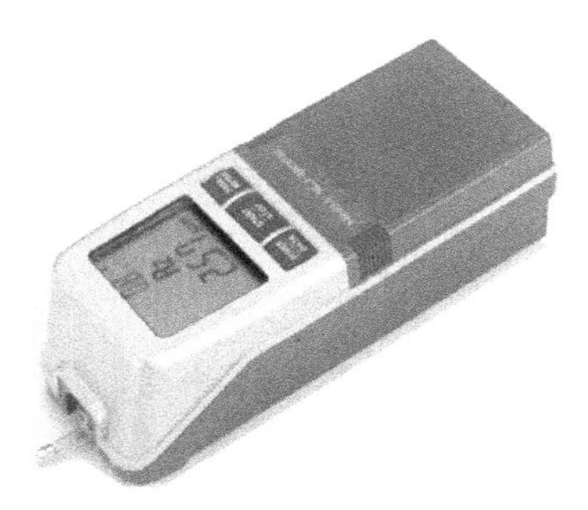

图 1-63　SJ—201 表面粗糙度检测仪

① 采用大型 LCD 屏幕窗口，易于读取数值。

② 使用触控式面板（具抗污性），操作简易。

③ 可将数据存储于记忆卡中。

④ 具有任意长度设定机能。

⑤ 仅按 PRINT 键即可通过内置式打印机打印出测量结果（可选择不同的打印方式）。

⑥ 内置充电电池，携带方便。

⑦ 拥有自动校正功能、统计处理功能、合格判定功能、客户自行编辑设计功能等。

第2章 装配钳工基本操作技能

CHAPTER 2

2.1 錾削

用锤子打击錾子对金属工件进行切削加工的方法叫錾削，又称凿削。它主要是去除毛坯上的凸缘和毛刺、分割材料、錾削平面及油槽等，用于不便于机械加工的场合。

钳工常用的錾子有扁錾、尖錾、油槽錾。通过錾削工作的锻炼，可以提高锤击的准确性，为拆装机械设备打下扎实的基础。

錾削的主要工具是錾子。錾子和其他刀具一样，要从工件表面切掉一层金属，除其刃部要比被加工材料硬以外，还必须做成楔形（尖劈状）；而且在加工时，錾子还要与工件的切削表面形成适当的角度，如图 2-1 所示。

錾子的前刃面和切削平面之间的夹角叫做切削角。从图 2-1 中可以看出：

$$\delta=\beta+\alpha$$

式中：δ——切削角；

β——錾子的楔角；

α——后角（后刃面与切削面之间的夹角）。

由上式可见，δ角的大小是由α角和β角决定的，而工作中錾子的楔角β是不变的，所以切削角δ的大小取决于α角。一般情况下，α角为 5°～ 8° 。α角的大小直接影响着錾削效率和工作质量。α角过大时，由于切削力大，使錾子切入工件太深[图 2-2（a）]；α角过小时，錾子的刃口很容易从工件表面滑出[图 2-2（b）]。所以，后角α是錾削中的关键角度。

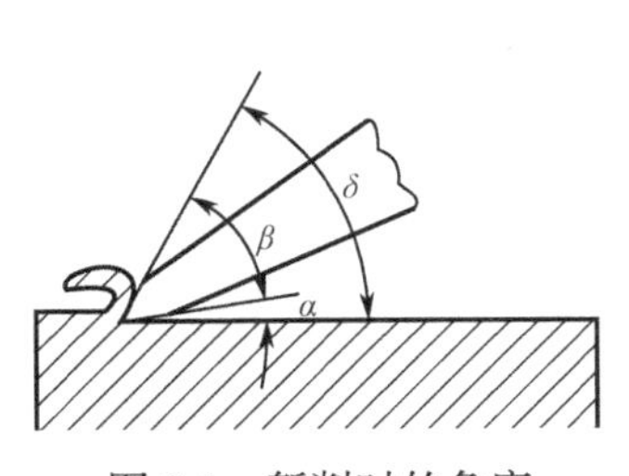

图 2-1　錾削时的角度

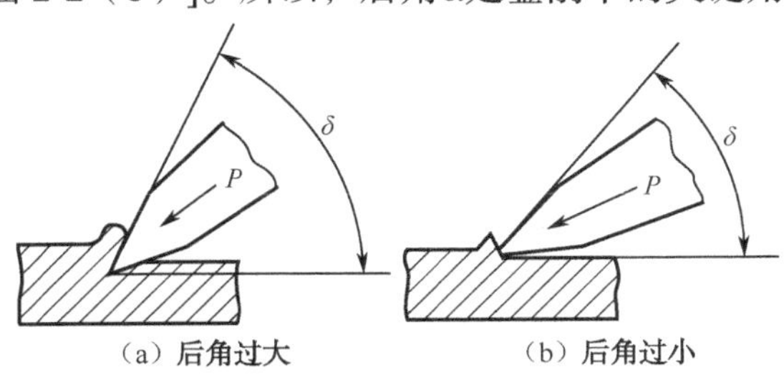

（a）后角过大　（b）后角过小

图 2-2　后角对錾削工作的影响

此外，錾子楔角β的大小和錾削工作也有很大的关系：楔角越大，錾子的强度越高，但是切削的阻力也越大，不易切入工件，錾削起来不但费力，而且会将被切材料挤得不平；楔角越小，切削刃的强度越低，錾刃容易折断。

錾子楔角的大小主要由被錾削工件材料的性质来决定。一般情况下，錾削脆、硬性的材料时，楔角要大些；錾削较软的材料时，楔角要小些。錾削常用金属材料的錾子楔角见表2-1。

表2-1 錾削常用金属材料的錾子楔角

工件材料	錾子楔角
硬钢、硬铸铁等	65°～70°
碳素钢、软铸铁	60°
铜合金	45°～60°
铝、锌	35°

2.1.1 錾削类型与工具

1. 錾削类型

（1）手工錾削

手工錾削使用的工具主要是锤子和錾子。当用宽1mm的錾子时，锤子的计算质量为40g，錾去金属屑的厚度为1～2mm。

（2）机械化錾削

机械化錾削采用风动或电动工具，机械化錾削的效率比手工操作高5～6倍。

2. 錾削工具

（1）錾子

① 錾子的种类和技术规格：錾子分为扁錾、尖錾和油槽錾3种，其技术规格分别见表2-2～表2-4。

表2-2 扁錾的技术规格

单位：mm

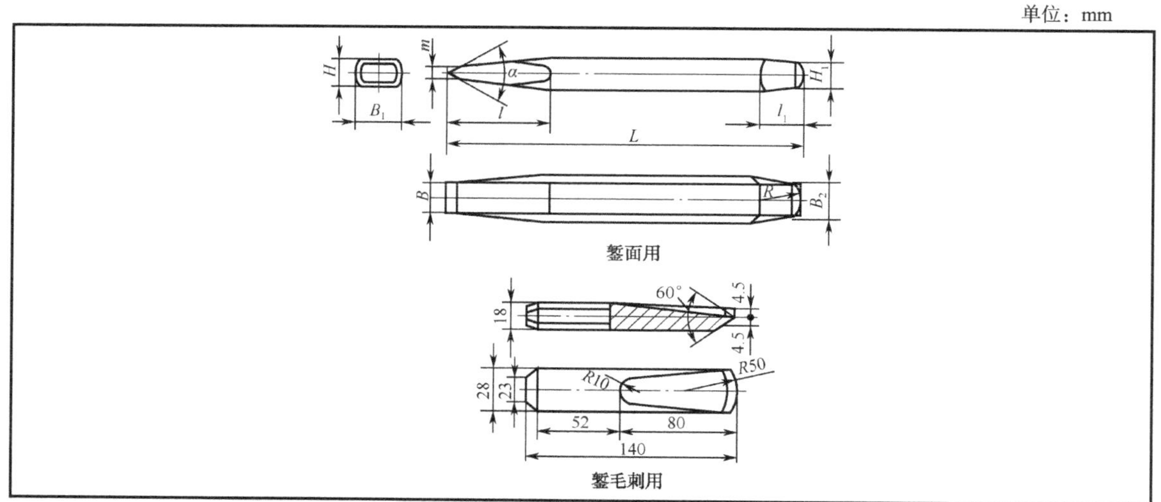

续表

B	B_1	B_2	L	l	l_1	H	H_1	m	R	加工材料的硬度		
										较硬	中硬	较软
5	12	11	100	30	10	8	7	1.1，1.4，2.0，2.4	35	α（°）		
10	12	11	125	30	10	8	7		40	70	60	45
16	20	18	160	40	16	12	10	2.2，2.9，4.0，4.8	55			
20	25	23	200	80	20	16	14		70			

注：扁錾刃磨角（α）有35°、45°、60°、70°四种。

表 2-3 尖錾的技术规格

单位：mm

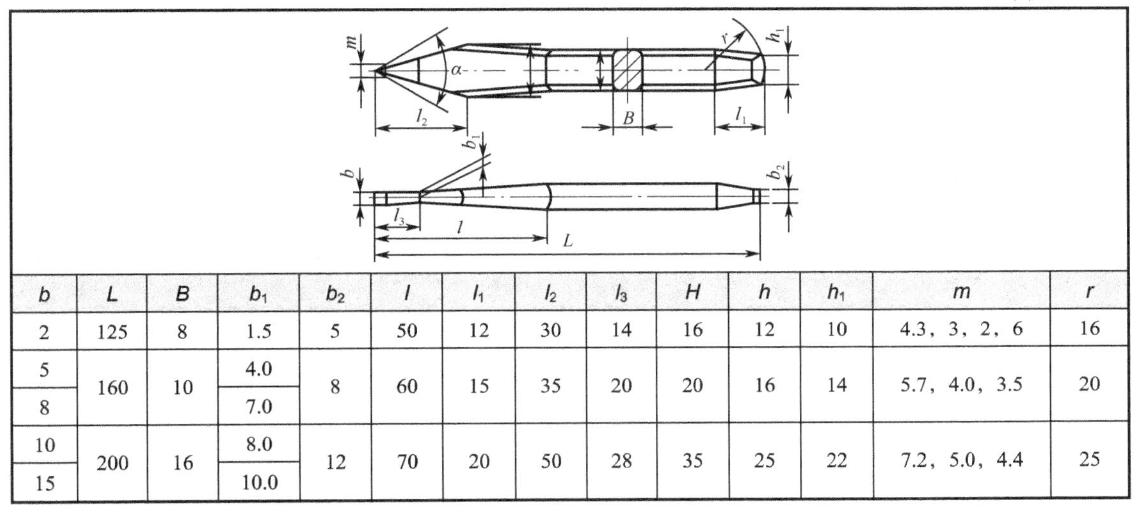

b	L	B	b_1	b_2	l	l_1	l_2	l_3	H	h	h_1	m	r
2	125	8	1.5	5	50	12	30	14	16	12	10	4.3，3，2，6	16
5	160	10	4.0	8	60	15	35	20	20	16	14	5.7，4.0，3.5	20
8			7.0										
10	200	16	8.0	12	70	20	50	28	35	25	22	7.2，5.0，4.4	25
15			10.0										

注：尖錾刃磨角（α）有45°、60°、70°三种。

表 2-4 油槽錾的技术规格

单位：mm

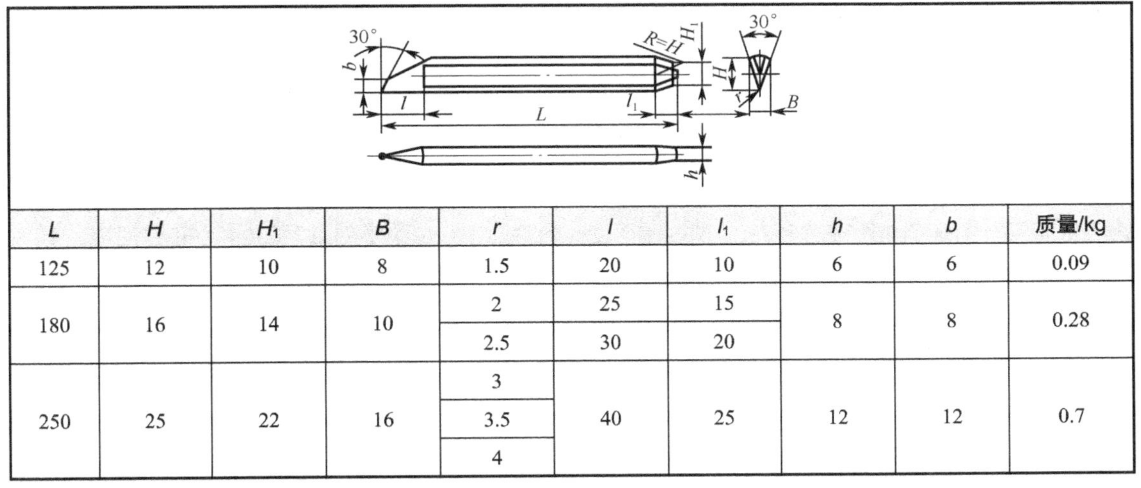

L	H	H_1	B	r	l	l_1	h	b	质量/kg
125	12	10	8	1.5	20	10	6	6	0.09
180	16	14	10	2	25	15	8	8	0.28
				2.5	30	20			
250	25	22	16	3	40	25	12	12	0.7
				3.5					
				4					

注：所用材料为T7A工具钢；长度为l的錾刃硬度为HRC52～66；锤击部分长度为15～25mm，硬度为HRC32～40。

② 錾子的构造：錾子由刃面、斜角面、錾身、錾顶、斜面角和楔角组成，如图 2-3 所示。顶部的锤击面稍微凸起，从錾顶到錾身由细渐粗，呈锥体状。这种形状的优点是面小凸起，受力集中，錾子不易偏斜，刃口不易损坏。

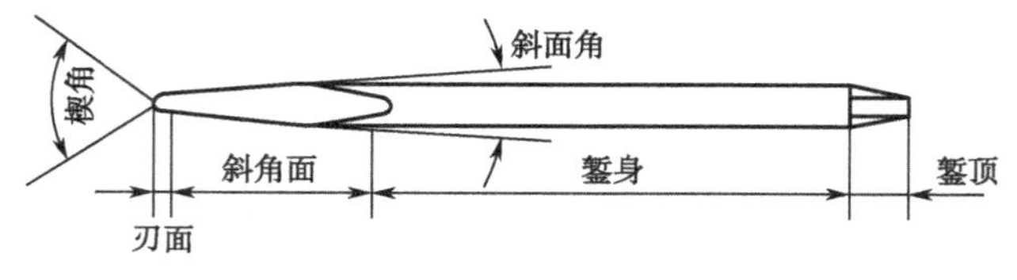

图 2-3　錾子的构造

③ 錾子的材料和硬度：錾子一般用 7CrV 或 8CrV、T7A 或 T8A 工具钢制作，其錾削部分和锤击部分的硬度应符合表 2-5 的要求。

表 2-5　扁錾和尖錾的硬度

钢　号	HRC	
	錾削部分长度 扁錾为 0.5*l*，尖錾为 1.2*l*	锤击部分长度 扁錾为 1.5 *l*，尖錾为 1.5 *l*
7CrV，8CrV	55～59	40～45
T7A，T8A	53～57	35～40

（2）虎钳

錾削时，除了使用錾子和手锤以外，还必须利用夹持工件的虎钳。最常用的虎钳为台虎钳，其规格以钳口的宽度表示，一般为 100～180mm。

台虎钳的两钳口始终保持平行，它又分为回转式和固定式两种。回转式台虎钳由于使用方便，故应用较广。

如图 2-4 所示是一种常见的回转式台虎钳。活动钳身 4 的孔内装有丝杠 10，利用开口销 3 限制丝杠在活动钳身内的轴向移动。丝杠与螺母 8 配合，由于螺母是利用锥销 9 定位在固定钳身 7 上的，所以摇动扳柄 16 时，丝杠就带动活动钳身移动而夹紧或松开工件。1 为扳柄帽，2 为两个垫圈。

钳身是用铸铁制成的，为了延长使用寿命，上部用紧固螺钉 6 紧固着两块经过淬火的钢钳口 5，钳口工作面上制有斜齿纹，以便夹紧工件，防止滑动。夹持精密工件时，应垫上紫铜等材料制成的软钳口，以免夹伤工件表面。

底盘 11 用螺钉固定在钳台上，底盘内装有转盘 12，并用螺钉 14 与固定钳身相连，松动手柄 13，虎钳便可在底盘上转动，以变更方向，便于操作。15 为销钉。

使用台虎钳时应注意以下事项：

① 台虎钳安装在钳台上时，必须使固定钳身的钳口工作面处于钳台边缘之外，以保证夹持长条形工件时，工件的下端不受钳台边缘的阻碍。

② 台虎钳必须牢固地固定在钳台上，两个夹紧螺钉必须拧紧，确保工作时钳身没有松动现象，否则容易损坏台虎钳和影响工作质量。

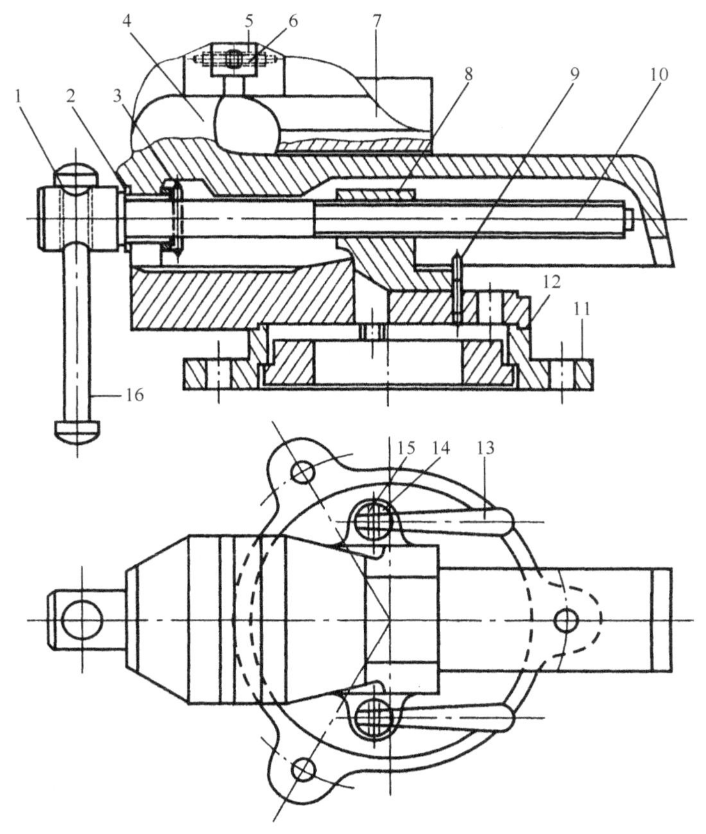

1—扳柄帽；2—垫圈；3—开口销；4—活动钳身；5—钢钳口；6—紧固螺钉；7—固定钳身；8—螺母；9—锥销；

10—丝杠；11—底盘；12—转盘；13—手柄；14—螺钉；15—销钉；16—扳柄

图 2-4　回转式台虎钳

③ 夹紧工件时只允许依靠手的力量来扳动手柄，决不能用手锤敲击手柄或随意套上长管子来扳手柄，以免丝杠、螺母或钳身损坏。

④ 在进行强力作业时，应尽量使力量朝向固定钳身，否则将额外增加丝杠和螺母的受力，造成螺纹的损坏。

⑤ 不要在活动钳身的光滑平面上进行敲击工作，以免降低它与固定钳身的配合性能。

⑥ 丝杠、螺母和其他活动表面都要经常加油并保持清洁，以利润滑和防止生锈。

2.1.2　錾削操作

1．錾子的握法

錾削时，錾子的握法有以下 3 种。

① 正握：正握时，用左手的中指、无名指和小指紧握錾杆，錾子上部伸出约 20mm，拇指与食指自然接触，手心向下。这种握法适用于錾切大平面、大毛刺和较宽的键槽等。

② 反握：用左手五指头部握住錾杆，手心向上。这种握法适用于錾切小毛刺和小键槽等。

③ 立握：握法与反握相同，但手心须垂直于地面。它适用于錾断板料。

2. 錾削方法

錾削时，把工件夹持在钳口内，左手握錾，右手拿锤，挥锤向錾子敲击，如图 2-5 所示。

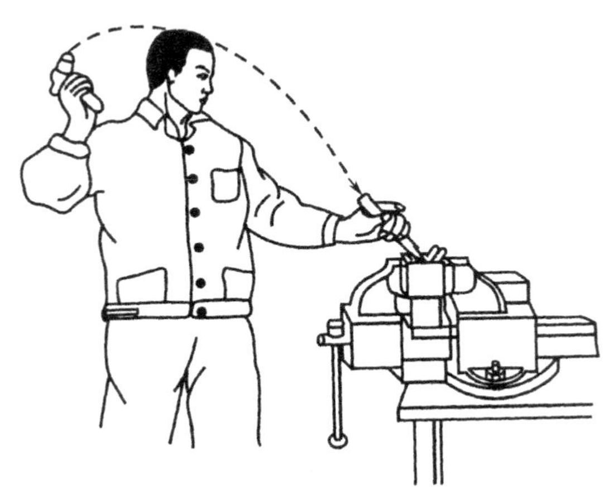

图 2-5 錾削方法

操作者站立的姿势，应使全身既不易疲劳，又便于用力。锤击时，手锤在右上方画弧形做上下运动，眼睛要注视錾刃和工件之间，这样才能保证錾削质量。

（1）錾断

① 錾断板料：把板料夹紧在虎钳上，使錾切处与钳口平行，用扁錾正对工件，从右向左沿钳口錾切（图 2-6），不錾断工件，而只使錾切深度超过工件厚度的一半（以防止被錾下的部分发生变形），到头后，再反复扳动板料，使其折断。

② 錾断较厚的工件：对于较厚的工件，单凭錾子的力量不易錾断，应在錾至一定程度后，利用敲击的力量使它折断，如图 2-7 所示。

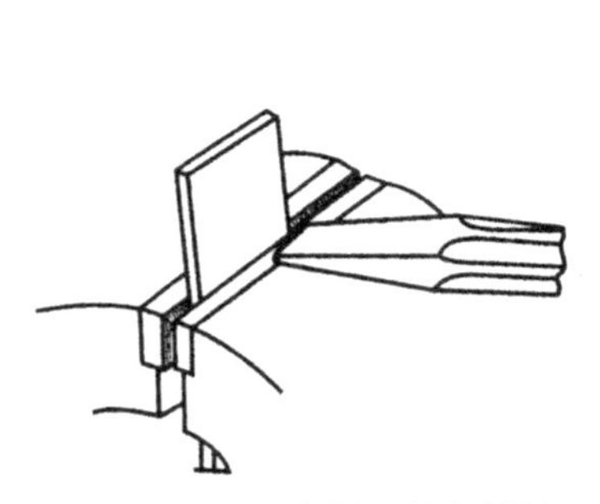

图 2-6 在虎钳上錾断板料

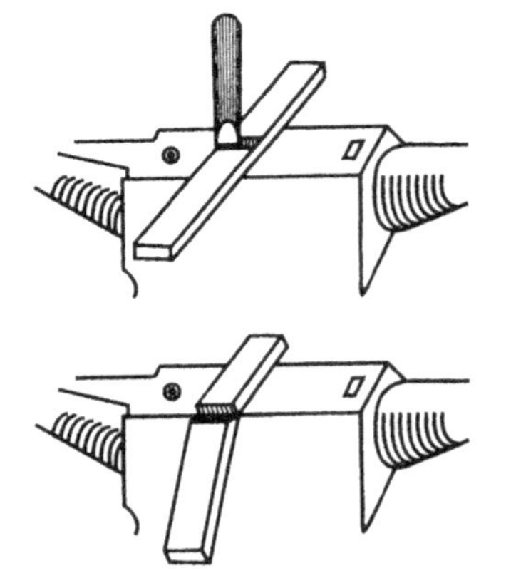

图 2-7 在铁砧上錾断较厚的工件

（2）錾平面

① 錾削窄平面：用扁錾錾削窄平面时，应使扁錾刃口的宽度大于被加工平面的宽度。每次錾削的厚度为 0.2～0.5mm，最后一次细錾时的厚度不得超过 0.5mm。在每次錾削至接近尽头时，应轻錾；对于脆性材料，为了防止把棱边錾掉，应调转方向，从工件的另一端錾去，如图 2-8 所示。

② 錾削宽平面：錾削宽平面时，先用尖錾开槽，然后以扁錾錾平，如图 2-9 所示。

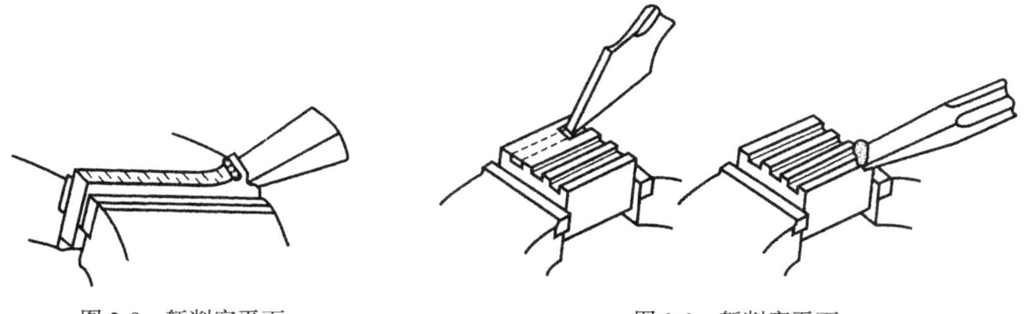

图 2-8 錾削窄平面　　图 2-9 錾削宽平面

（3）錾槽

① 錾油槽：当无法用铣床加工油槽时，可用油槽錾錾油槽。油槽錾的刃口宽度要和油槽的宽度一致，高度是宽度的 3/4。錾削时，应先按划线錾出较浅的痕迹，然后大量錾削。錾削时，錾子的倾斜角度要灵活掌握，以使油槽的尺寸、深浅和表面质量达到要求，如图 2-10 所示。

② 錾键槽：錾键槽前，先在工件上划好线，然后按线錾切。如錾切两端带圆弧的键槽，应先在键槽的两端钻孔（孔径等于槽宽），然后选择合适的尖錾进行錾切。錾削时，錾切量要小，用力要轻，如图 2-11 所示。

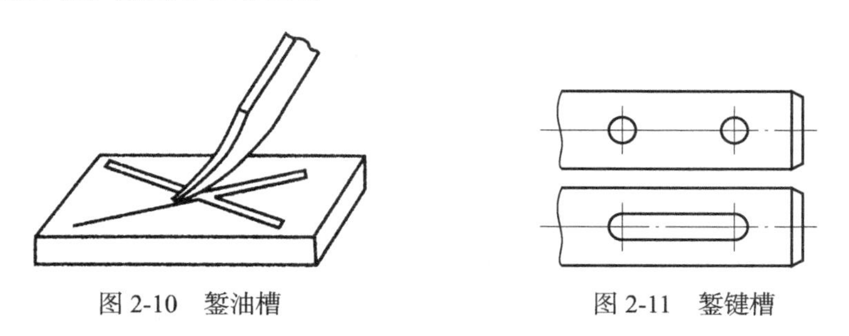

图 2-10 錾油槽　　图 2-11 錾键槽

3. 錾子损坏的原因

錾子损坏的原因见表 2-6。

4. 錾削时产生废品的原因及预防方法

錾削工作是一项粗中有细的操作，不但要敢于挥锤击錾，而且要做到稳、准、狠。錾削时产生废品的原因和预防方法，见表 2-7。

表 2-6 錾子损坏的原因

损坏形式	损坏原因
卷边	（1）錾子硬度太低 （2）楔角太小，錾子强度降低 （3）錾削量太大
切削刃崩口	（1）工件硬度太高或硬度不均匀 （2）錾子硬度太高，回火不好 （3）锤击力过猛，錾子打滑

表 2-7 錾削时产生废品的原因和预防方法

废品种类	原因	预防方法
工件变形	（1）立握錾切断时，工件下面垫得不平 （2）刃口过厚，将工件挤变形 （3）夹伤	（1）放平工件，较大工件由一人扶持 （2）修磨錾子刃口 （3）较软金属应加钳口铁，夹持力量应适当
工件表面不平	（1）錾子楔入工件 （2）錾子刃口不锋利 （3）錾子刃口崩伤 （4）锤击力不均	（1）调好錾削角度 （2）修磨錾子刃口 （3）修磨錾子刃口 （4）注意用力均匀，速度适当
錾伤工件	（1）錾掉边角 （2）起錾时，錾子没有吃进就用力錾削 （3）錾子刃口忽上忽下 （4）尺寸不对	（1）快到尽头时调转方向 （2）起錾要稳，从角上起錾，用力要小 （3）拿稳錾子，用力平稳 （4）划线时注意检查，錾削时注意观察

5．錾削时应注意的安全事项

① 錾削脆性金属时，要戴防护眼镜，以免碎屑崩伤眼睛。

② 錾子头部的毛刺要经常磨掉，以免伤手。

③ 发现锤柄松动和损坏，要立即装牢或更换。

④ 錾削时，要装上安全罩，以免錾下的切屑飞出伤人。

⑤ 錾削快到尽头时，击锤要轻，以免錾子滑脱伤手。

⑥ 錾子要经常刃磨锋利，因为刃口钝时不但效率不高，而且錾削出的表面较粗糙，切削刃也容易崩裂。

⑦ 要保持正确的錾削角度，如果錾子拿得太平，锤击时，錾子容易飞出伤人。

⑧ 錾削工具均不可沾油。

⑨ 錾削时，握锤的手不准戴手套，以免锤子滑出伤人。

2.2 锯削

锯削是锯切工具旋转或往复运动，把工件、半成品切断或把板材加工成所需形状的切削加工方法。

2.2.1 锯削工具

装配钳工主要用手锯进行锯削。手锯由锯弓和锯条两部分组成。

1．锯弓

锯弓是用来张紧锯条的工具。它分为固定式和可调式两种，如图 2-12 所示。

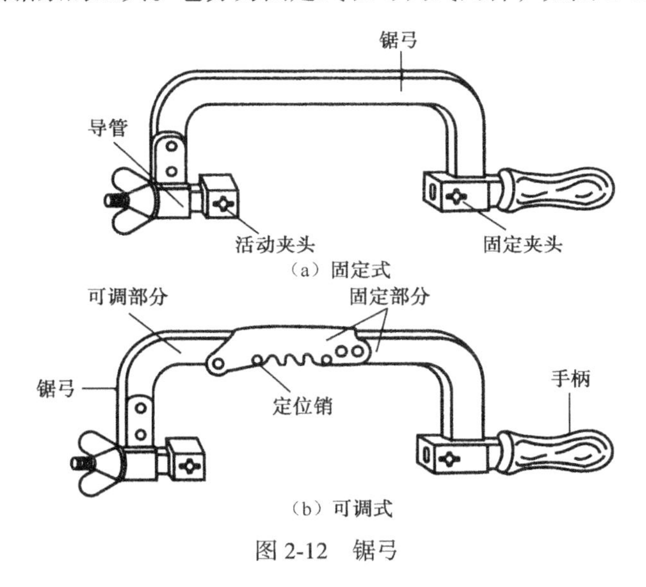

图 2-12 锯弓

2．锯条

锯条属于切削部分，一般用薄而窄的钢条制成，并经过淬火处理。

手用锯条的长度一般为 300mm，在一边上开有锯齿。一排齿的作用相当于一排同样形状的錾子。根据所锯材料的不同，锯条的锯齿角度也不相同。锯削时，可根据表 2-8 进行选择。

表 2-8 锯齿角度的选择

材 料	后角 α_0	楔角 β_0	前角 γ_0
一般	40°	50°	0°
硬性	20°	65°	5°
软性	30°	50°	10°

锯齿有粗、中、细之分，其粗细必须与工件材料的软硬和厚薄相适应。一般说来，锯软性的、断面较大的工件用粗齿锯条，锯硬性的、断面较小的工件用细齿锯条。另外，对于不同的材料，锯削速度也不一样。锯削时，锯削速度和锯齿粗细可根据表 2-9 进行选择。

表 2-9 锯削速度和锯齿粗细的选择

材料种类	每分钟往复次数	锯齿粗细程度	每 25mm 长齿数
轻金属、紫铜和其他软性材料	80～90	粗	14～16
强度在 6MPa 以下的钢	60	中	22
工具钢	40	细	32
壁厚中等的管子和型钢	50	中	22
薄壁管子	40	细	32
压制材料	40	粗	14～16
强度超过 6MPa 的钢	30	细	32

安装锯条时，必须使齿尖朝前。并且，锯条不能装扭，否则容易锯斜。锯条的松紧可用锯弓上的蝶形螺母进行调节，不能过松或过紧。过松会使锯条在锯削时产生弯曲、摆动，易使锯缝歪斜和锯条折断；过紧则会使锯条失去应有的弹性，也会折断。

锯条损坏的原因和预防方法，见表 2-10。

表 2-10 锯条损坏的原因和预防方法

锯条损坏形式	原因	预防方法
锯条折断	（1）锯条装得过松或过紧 （2）工件抖动或松动 （3）锯缝歪斜，借正时锯条扭曲折断 （4）压力太大 （5）新锯条在旧锯缝中卡住	（1）锯条松紧度应适中 （2）工件装夹应稳固，且使锯缝尽量靠近钳口 （3）握稳锯弓，使锯缝与划线重合 （4）压力应适当 （5）调换新锯条从新的方向锯割
锯齿崩裂	（1）锯条粗细选择不当 （2）起锯方向不对 （3）突然碰到砂眼或杂质	（1）正确选用粗、细锯条 （2）纠正起锯方向和起锯角度 （3）锯割铸件碰到砂眼时应减小压力
锯齿很快磨损	（1）锯割时不加冷却液 （2）速度太快（新工人易犯这个毛病）	（1）注意选用冷却液 （2）锯割速度应适当

2.2.2 锯削方法

夹持工件时，伸出端要尽量短，锯缝尽量放在钳口的左侧。对较小的工件，既要夹牢，又要防止工件变形。

锯削时，右手握住锯柄，左手握住锯弓的前上部。起锯时，速度要慢，用力不要过大；推锯时，锯齿起切削作用，要给予适当压力；向回拉时，不切削，应将锯稍微抬起，以减少对锯齿的磨损。

1．几种典型原材料的锯割方法

① 锯薄板：比较薄的板料，锯削时会发生弯曲和颤动，使锯削无法进行。因此，锯削时，应将板料夹在两块废木板的中间，连同木板一齐锯开，如图 2-13 所示。

② 锯扁钢：为了得到整齐的锯口，应从扁钢较宽的面下锯，这样锯缝较浅，锯条不致卡住，如图 2-14 所示。

③ 锯圆管：锯圆管一般不采用一锯到底的办法，而是将管壁锯透时，把管子向推锯方向转动，直到锯掉为止，如图 2-15 所示。

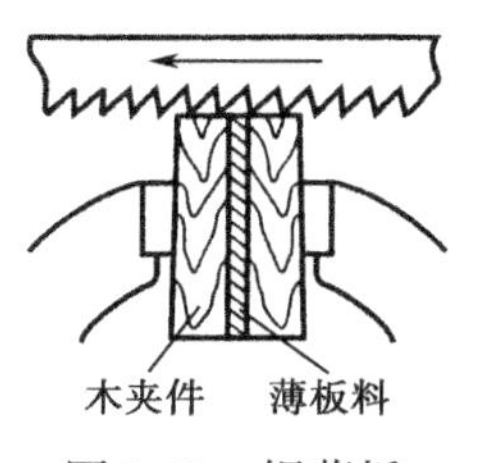

图 2-13　锯薄板

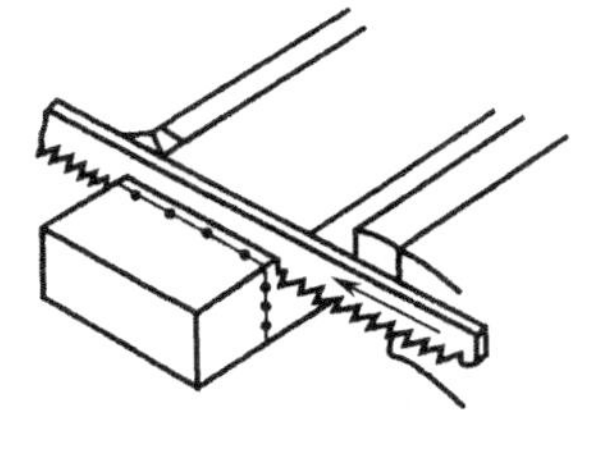
图 2-14　锯扁钢

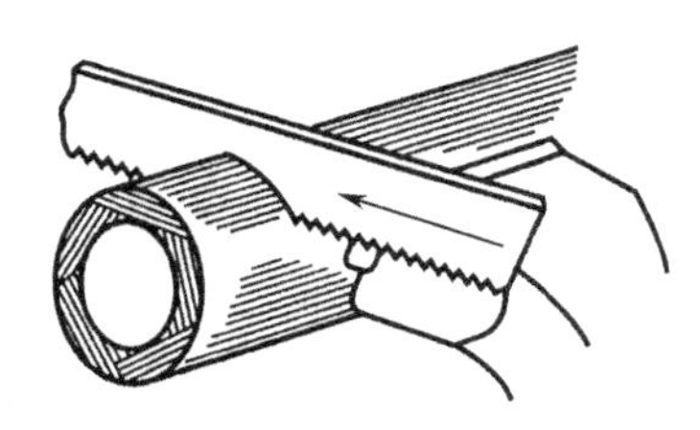
图 2-15　锯圆管

2．锯削时产生废品的原因和预防方法

锯削时产生废品的原因和预防方法见表 2-11。

表 2-11　锯削时产生废品的原因和预防方法

废品形式	原　因	预防方法
尺寸不对	（1）划线不准 （2）没按线加工	（1）看清图纸，划线时注意检查 （2）锯削时留有尺寸线
锯缝歪斜	（1）锯条扭曲 （2）锯齿一侧磨钝 （3）工件夹斜 （4）压力过大	（1）重新调整锯条松紧度 （2）新锯条 （3）注意检查工件夹持 （4）减轻压力
拉伤表面	（1）起锯时压力不均 （2）跑锯	（1）速度放慢，压力均匀 （2）注意握稳锯弓

2.3　锉削

用锉刀对工件表面进行切削加工，使工件达到所要求的尺寸、形状和表面粗糙度的操作叫锉削。锉削精度可以达到 0.01mm，表面粗糙度可达 $Ra0.8\mu m$。

锉削的应用范围很广，可以锉削平面、曲面、外表面、内孔、沟槽和各种形状复杂的表面，还可以配键、做样板、修整个别零件的几何形状等。

锉削分为粗、精两种。锉削后的表面质量取决于锉齿的粗细，加工后的表面形状则取决于锉刀断面的形状和锉刀运动的形式。因此，锉削时，要根据所要求的形状和加工精度正确选用各种不同的锉刀。

2.3.1 锉刀

锉刀是锉削的主要工具，用碳素工具钢制成，并经过淬火与回火处理。

1．锉刀的构造

锉刀是一种切削刀具，它由锉身和锉柄组成。锉身部分制有锉齿，用于切削。锉刀的构造如图 2-16 所示。

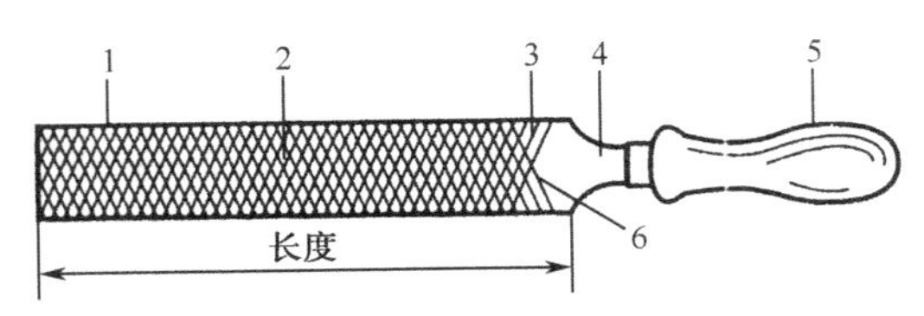

1—锉齿；2—锉刀面；3—底齿纹；4—锉柄；5—把手；6—面齿纹

图 2-16　锉刀的构造

2．锉刀的类别和用途

锉刀的类别和用途见表 2-12。

表 2-12　锉刀的类别和用途

锉 刀 类 别	用　　途
扁　锉	锉平面、外圆面、凸弧面
方　锉	锉方孔、长方孔、窄平面
圆　锉	锉圆孔、半径较小的凹弧面、椭圆面
半圆锉	锉凹弧面、平面
三角锉	锉内角、三角孔、平面
刀　锉	锉内角、窄槽、楔形槽，锉方孔、三角孔、长方孔内的平面
椭圆锉	锉内外凹面、椭圆孔、边圆角和凹圆角
菱形锉	锉齿轮轮齿、链轮
圆肚锉	锉削厚层金属（是最粗的锉刀）

3．锉刀的形式和尺寸

各种锉刀的横截面形状如图 2-17 所示，常用锉刀基本尺寸见表 2-13～表 2-15。

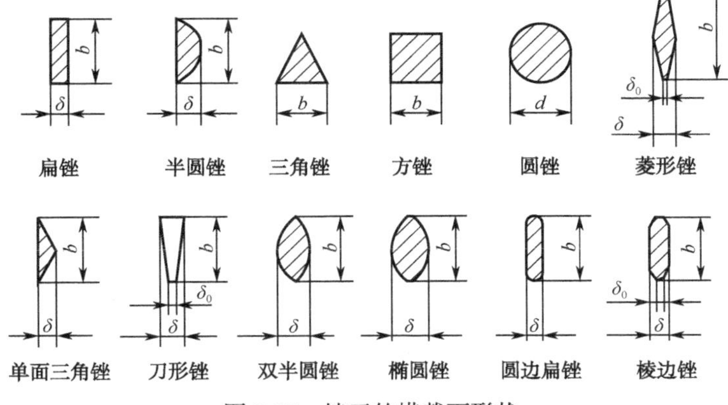

图 2-17 锉刀的横截面形状

表 2-13 钳工锉的基本尺寸

单位：mm

规格	扁锉（尖头、齐头）		半圆锉			三角锉	方锉	圆锉
				薄型	厚型			
L	b	δ	b	δ	δ	b	b	d
100	12	2.5（3.0）	12	3.5	4.0	8.0	3.5	3.5
125	14	3.0（3.5）	14	4.0	4.5	9.5	4.5	4.5
150	16	3.5（4.0）	16	4.5	5.0	11.0	5.5	5.5
200	20	4.5（5.0）	20	5.5	6.5	13.0	7.0	7.0
250	24	5.5	24	7.0	8.0	16.0	9.0	9.0
300	28	6.5	28	8.0	9.0	19.0	11.0	11.0
350	32	7.5	32	9.0	10.0	22.0	14.0	14.0
400	36	8.5	36	10.0	11.5	26.0	18.0	18.0
450	40	9.5	—	—	—	—	22.0	—

表 2-14 整形锉的基本尺寸

单位：mm

规格	扁锉（尖头、齐头）		半圆锉		三角锉	方锉	圆锉	单面三角锉		刀形锉			双半圆锉		椭圆锉		圆边扁锉		菱形锉	
L	b	δ	b	δ	b	b	d	b	δ	b	δ	δ_0	b	δ	b	δ	b	δ	b	δ
100	2.8	0.6	2.9	0.9	1.9	1.2	1.4	3.4	1.0	3.0	0.9	0.3	2.6	1.0	1.8	1.2	2.8	0.6	3.0	1.0
120	3.4	0.8	3.3	1.2	2.4	1.6	1.9	3.8	1.4	3.4	1.1	0.4	3.2	1.2	2.2	1.5	3.4	0.8	4.0	1.3
140	5.4	1.2	5.2	1.7	3.6	2.6	2.9	5.5	1.9	5.4	1.7	0.6	5.0	1.8	3.4	2.4	5.4	1.2	5.2	2.1
160	7.3	1.6	6.9	2.2	4.8	3.4	3.9	7.1	2.7	7.0	2.3	0.8	6.3	2.5	4.4	3.4	7.3	1.6	6.8	2.7
180	9.2	2.0	8.5	2.9	6.0	4.2	4.9	8.7	3.4	8.7	3.0	1.0	7.8	3.4	5.4	4.3	9.2	2.1	8.6	3.5

表 2-15 异形锉的基本尺寸

单位：mm

规格	齐头扁锉		尖头扁锉		半圆锉		三角锉	方锉	圆锉	单面三角锉		刀形锉			双半圆锉		椭圆锉	
L	b	δ	b	δ	b	δ	b	b	d	b	δ	b	δ	δ_0	b	δ	b	δ
170	5.4	1.2	5.2	1.1	4.9	1.6	3.3	2.4	3.0	5.2	1.9	5.0	1.6	0.6	4.7	1.6	3.3	2.3

4. 锉刀的选择

锉刀除具有各种截面形状以外，还分为 3 个等级：粗锉、中锉、细锉。锉削时，选择哪一种形状的锉刀取决于加工表面的形状；选择哪一级锉刀则取决于工件的加工余量、精度和材料的性质，详见表 2-16。

表 2-16 按加工质量选择锉刀

锉刀	适用场合		
	加工余量/mm	尺寸精度/mm	表面粗糙度 Ra/μm
粗锉	0.5～1	0.2～0.5	50～25
中锉	0.2～0.5	0.04～0.2	12～5
细锉	0.05～0.2	0.01 或更高	6.3～3.2

粗锉刀用于锉软金属、加工余量大、精度等级低和表面质量要求不高的工件。

细锉刀用于和粗锉刀相反的场合。

5. 锉刀的使用规则

① 新锉刀要先就一面使用，只有在该面磨钝后，或必须用锐利的锉齿加工时才用另一面。

② 有硬皮或砂粒的铸件、锻件，要用砂轮磨掉后才可以用半锋利的锉刀或旧锉刀锉削。

③ 细锉刀不允许锉软金属。

④ 使用什锦锉用力不宜过大，以免折断。

⑤ 锉削时要经常用钢丝刷清除锉齿上的切屑。

⑥ 使用后的锉刀不可重叠，或者和其他工具堆放在一起。

⑦ 不得用手摸刚锉过的表面，以免再锉时打滑。

⑧ 锉刀要避免沾水、油或其他脏物。

2.3.2 锉削操作

1. 确定锉削顺序的一般原则

① 选择工件所有锉削面中最大的平面先锉，达到规定的平面度要求后作为其他平面锉削时的测量基准。

② 先锉平行面达到规定的平面度、平行度要求后，再锉与其相关的垂直面，以便于控制尺寸和精度要求。

③ 平面与曲面连接时，应先锉平面再锉曲面，以便于圆滑连接。

2. 锉削时工件的夹持方法

① 工件要夹在虎钳的中间。

② 夹紧时，工件不能露出钳口太高，以免振动。

③ 较小的工件既要夹牢，又不能使其变形。

④ 较长的薄板料要加夹板夹持。

⑤ 不规则的平面，夹持时要以划线与钳口水平为准。

⑥ 不规则的工件要加衬垫（如木块、V 形铁等）夹持。

⑦ 精密工件要用铜垫夹持，以免损坏工件。

3. 锉削方法

（1）锉平面

锉平面是锉削中最基本的操作，为了易于锉平，通常采取以下几种锉法。

① 普通锉法：锉刀的运动是单向的，并且要沿工件的横向表面进行锉削，如图 2-18 所示。

② 交叉锉法：锉刀的运动方向是交叉的，因此工件的锉面上会显示出高低不平的阴影（痕迹），如图 2-19 所示。这样容易锉出准确的平面。当平面还没有锉平时，常采用交叉锉法来找平。

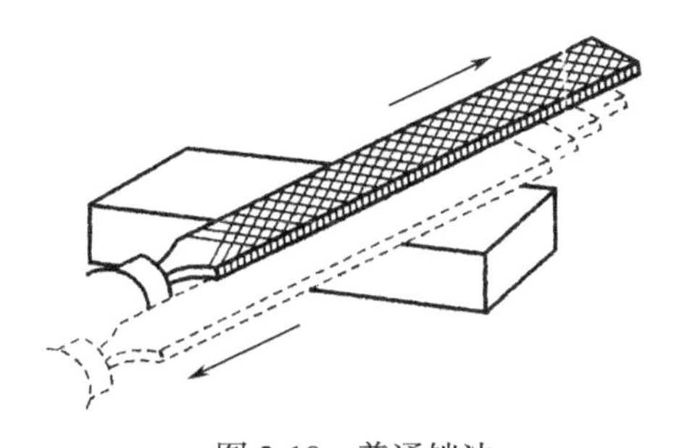

图 2-18 普通锉法

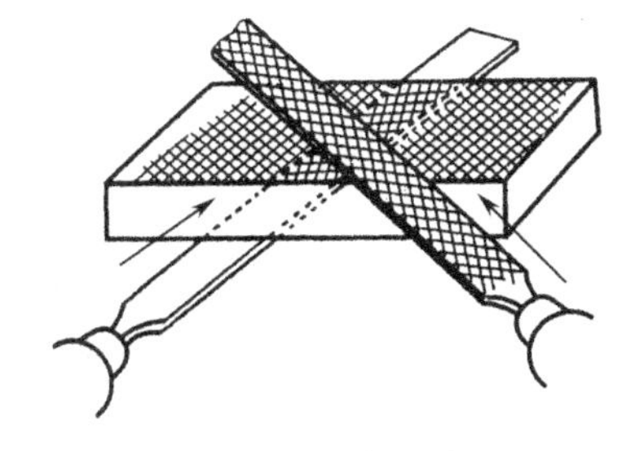

图 2-19 交叉锉法

③ 顺向锉法：它一般用在交叉锉法之后，主要是把锉纹锉顺，起锉光的作用，如图 2-20 所示。

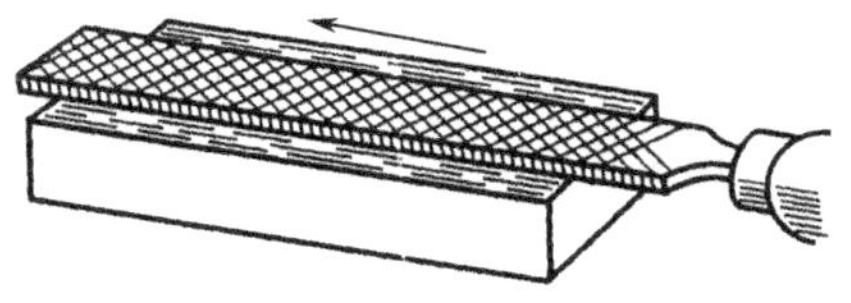

图 2-20 顺向锉法

（2）锉曲面

① 锉圆柱面（或凸弧面）：锉圆柱面时，锉刀要同时完成两种运动（图 2-21）：前进运动和绕圆弧面中心转动。两手的运动轨迹近似于两条渐开线。如果是将方形零件锉成圆柱形，应先锉棱，使之变成八角形、十六角形，再用上述方法锉成圆柱形。

② 锉圆孔（或凹弧面）：锉圆孔时，锉刀要同时完成 3 种运动，如图 2-22 所示。只做前进运动或只做向左移动都锉不好圆孔，只有同时完成前进运动、左移运动和绕中心线的转动，才能锉好圆孔。

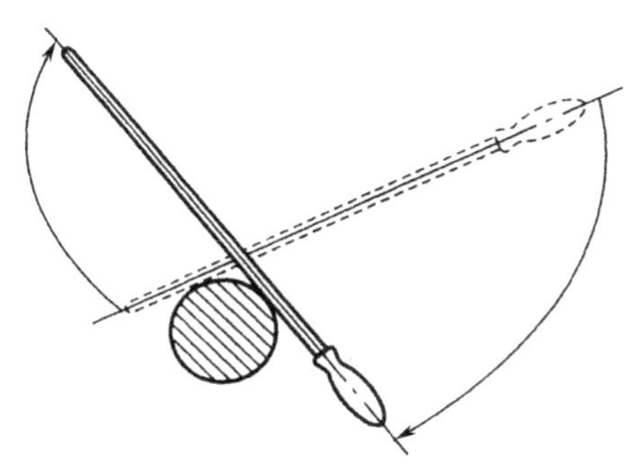

图 2-21　锉圆柱面时锉刀运动示意图

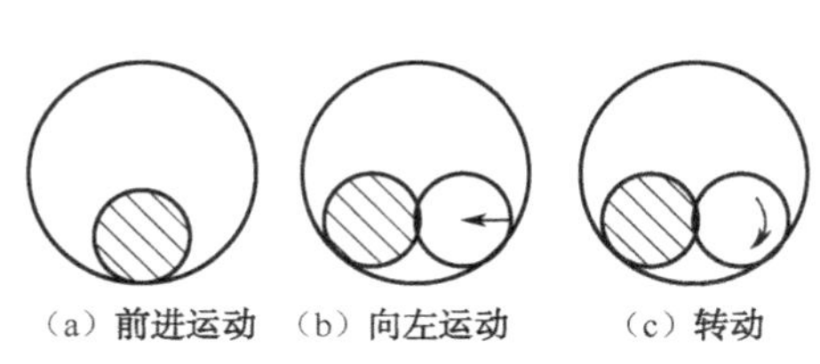

图 2-22　锉圆孔时锉刀运动示意图

（3）配键

配键牵涉 3 个零件：键、轴、轴套（或轮）。三者之间的装配关系如图 2-23 所示。

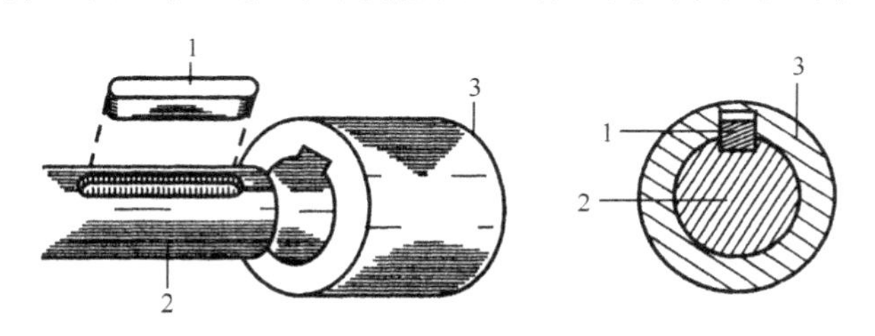

1—键；2—轴；3—轴套（或轮）

图 2-23　零件装配关系

配键前，轴和孔上的键槽已加工好，只是在键宽上留有 0.2mm 左右的锉修余量。现以平键为例说明锉配的方法。

① 测量孔和轴上的键槽尺寸，如果宽度不等，要修整一致，并去掉毛刺。

② 按键槽宽度尺寸锉削键的两侧余量，锉时要保持两侧平行，并与底面垂直。在锉削过程中，要经常试配，以达到与键槽的配合松紧适度。

③ 将键的两端锉成半圆形，同时锉准长度并倒角。应注意键配入轴槽内在长度方向要保证有 0.1mm 左右的间隙，否则硬打入槽内，将引起轴或键的变形。

④ 修去键上的毛刺，擦净后上油，用木锤将键打入轴槽内。

⑤ 连轴带键一起推入孔内，如发现太紧，可将键的发亮部分锉去一些（此时键可不必从轴上取下），但应注意不要损伤轴的表面。

4. 锉削质量的检查

在精加工时，必须经常对锉削质量加以检查。检查方法有以下几种。

① 测量孔和轴上的键槽尺寸，如果宽度不等，要修整一致，并去掉毛刺。

② 按键槽宽度尺寸锉削键的两侧余量，锉时要保持两侧平行，并与底面垂直。在锉削过程中，要经常试配，以达到与键槽的配合松紧适度。

③ 将键的两端锉成半圆形，同时锉准长度并倒角。应注意键配入轴槽内在长度方向要保证有 0.1mm 左右的间隙，否则硬打入槽内，将引起轴或键的变形。

④ 修去键上的毛刺，擦净后上油，用木锤将键打入轴槽内。

⑤ 连轴带键一起推入孔内，如发现太紧，可将键的发亮部分锉去一些（此时键可不必从轴上取下），但应注意不要损伤轴的表面。

5. 设备安装中经常遇到的锉削工作

① 锉削机架、基础板、减速器壳体、轴承等的支承面，以保证紧密贴合。

② 锉削以软垫片互相结合的零件表面，如盖板、端盖等。

③ 锉削零件表面以清除毛刺、斑痕和其他缺陷，并将不平处锉平。

6. 锉削时产生废品的原因和预防方法

锉削时产生废品的原因和预防方法，见表 2-17。

表 2-17　锉削时产生废品的原因和预防方法

废品形式	原　因	预防方法
工件夹坏	（1）虎钳将精加工过的表面夹出凹痕来 （2）夹紧力太大，把空心件夹扁 （3）薄而大的工件没夹好，锉削时变形	（1）夹紧精加工工件应加护口片 （2）夹紧力不要太大，夹薄管最好用两块弧形木垫 （3）夹持薄而大的工件要用辅助工具
平面中凸	（1）操作技术不熟练，锉刀摇摆 （2）使用了凹面锉刀	（1）掌握正确的锉削姿势，采用交叉锉法 （2）选用锉刀时要检查锉刀的锉面，弯的锉刀、凹面锉刀不能用
工件形状不正确	（1）划线不对 （2）没掌握锉刀每锉一次所锉的厚度，锉出尺寸界限	（1）根据图样正确划线 （2）对每锉一次的锉削量要心中有数，锉削时思想要集中，并经常测量
表面不光洁	（1）锉刀粗细选择不当 （2）粗锉时锉痕太深 （3）锉屑嵌在锉纹中未清除	（1）合理选用锉刀 （2）锉削时应始终注意表面的光洁程度，避免出现深痕 （3）经常清除锉屑
锉掉了不应锉的部位	（1）没选用光边锉刀 （2）锉刀打滑把邻近平面锉伤	（1）锉削垂直面时应选用光边锉刀，如没有光边锉刀，则用普通锉刀改制 （2）注意不要打滑

7. 锉削时的安全事项

① 放置锉刀不准露出工作台外，以免掉下来，摔断锉刀或伤人。

② 不使用无木柄的或柄已裂开的锉刀进行工作；锉刀柄应装紧，否则不但用不上力，而且会伤手。

③ 锉削时，禁止用嘴吹锉屑，以防止锉屑飞入眼里；也不许用手清除锉屑，以免手上扎入铁刺。

④ 锉削时，不应撞击锉刀柄，否则锉刀尾易滑出伤人。

⑤ 锉刀不能作为撬棒使用，否则会断裂，甚至会造成事故。

2.4 刮削

刮削是指用刮刀在加工过的工件表面上刮去微量金属，以提高表面形状精度、改善配合表面间接触状况的钳工作业。刮削是机械制造和修理中最终精加工各种型面（如机床导轨面、连接面、轴瓦、配合球面等）的一种重要方法。刮削真正的作用是提高互动配合零件之间的配合精度和改善存油条件。刮削的同时工件之间研磨挤压对工件表面的硬度有一定的提高。刮削后留在工件表面的小坑可存油，从而使配合工件在往复运动时得到足够的润滑，不致过热而引起拉毛现象。

刮削在机械制造中应用非常广泛，特别是在缺少导轨磨床的情况下，大型和精密机床导轨面的最后加工大多数是通过刮削来完成的。刮削工作具有以下特点。

① 刮削的加工余量较其他的加工方法少。

② 刮削是手工操作，简便灵活，不受工件大小和位置环境的限制。

③ 刮削过程不会引起工件的受力和热变形，因而加工精度较高。

④ 刮削表面接触点分布均匀，存油能力好，耐磨性能好。

⑤ 可以根据特殊要求把机床导轨面有意地刮成中凸或中凹等形状。

⑥ 在装配中可用刮削来修整尺寸链中的误差。

2.4.1 刮刀

刮刀是刮削的主要工具，随着使用范围的不同，其构造和形状也不一样，常用的刮刀有平面刮刀和曲面刮刀两种。

1. 平面刮刀

平面刮刀用于刮削平面或刮花，为了能够顺利地推挤金属，其切口要有较高的硬度并经常保持锋利。

（1）平面刮刀的材料

① 刀头材料：随着刮削零件的不同，常用的刀头材料有以下几种。

- 碳素工具钢：T10～T12，淬火后硬度为 HRC62～64。
- 高速工具钢：$W_{18}Cr_4V$ 或 $W_9Cr_4V_2$，淬火后硬度为 HRC62～65。
- 硬质合金刀片：刮削较硬的铸铁时采用镶硬质合金刀片的刀头，寿命较长。

② 刀杆材料：根据刮刀的尺寸可以灵活选用刀杆的材料。小刮刀用中碳钢即可。大刮刀的刀杆要有良好的弹性，建议选用弹簧钢（碳素钢或锰钢）制作。

（2）平面刮刀的种类和用途

① 普通刮刀：又叫直头刮刀，它是平面刮刀中最常用的一种，如图 2-24 所示，其主要尺寸和用途见表 2-18。

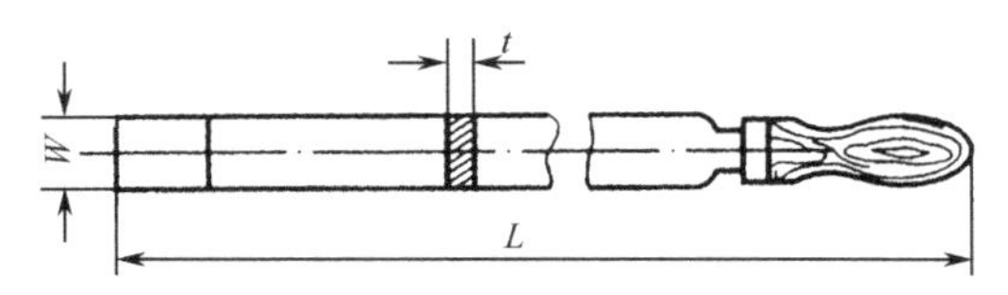

L—总长；W—宽度；t—厚度

图 2-24 普通刮刀

表 2-18 普通刮刀的主要尺寸和用途

种　类	尺寸/mm			用　途
	总 长 L	宽 度 W	厚 度 t	
长刮刀	450～600	25～32	3～5	粗刮
中刮刀	350～450	25	3	刮大花
窄刮刀	300～350	20	2～3	精刮
小刮刀	200～300	12	1～2	高精刮

② 弯头刮刀：这种刮刀的特点是刀头薄，一面有刃，有弹性，不像普通刮刀那样硬。图 2-25（a）是装木柄的弯头长刮刀，图 2-25（b）是装木柄的弯头刮刀。不装木柄时，刮刀的刀身要比装木柄的长一些。

（3）平面刮刀的刮削角度

刮削时，刮刀与工件表面形成的角度叫刮削角度。刮削角度对刮削表面的质量有很大的影响。平面刮刀的刮削角度如图 2-26 所示。

平面刮刀刮削角度：前角γ_0为-15°～+35°，后角α_0为 20°～40°，切削角δ_0为 125°～145°；楔角β_0粗刮时为 90°～92.5°，细刮时为 95°左右，精刮时为 97.5°左右。

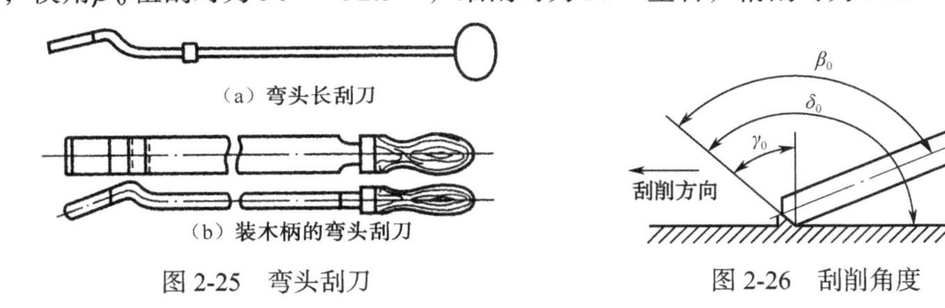

图 2-25 弯头刮刀　　图 2-26 刮削角度

2. 曲面刮刀

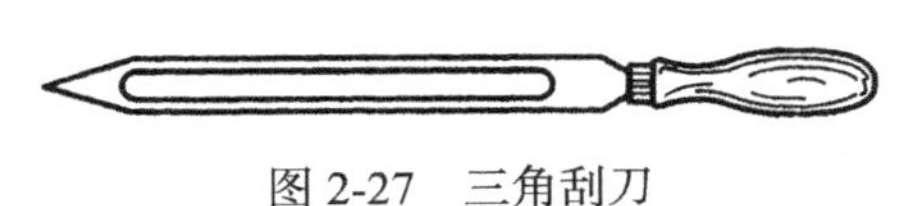

图 2-27 三角刮刀

曲面刮刀用于刮削内曲面，如滑动轴承内沟等。常用的曲面刮刀有以下 3 种。

① 三角刮刀：它的 3 个刃口互成三角形，削尖角为 60°，在棱面上有纵向槽，如图 2-27 所示。三角刮

刀可用三角锉改制。

② 匙形刮刀：它的形状像小汤匙，有较长的弧形刃口，最适于刮削曲面，如图 2-28 所示。

③ 圆头刮刀：它的形状如图 2-29 所示。

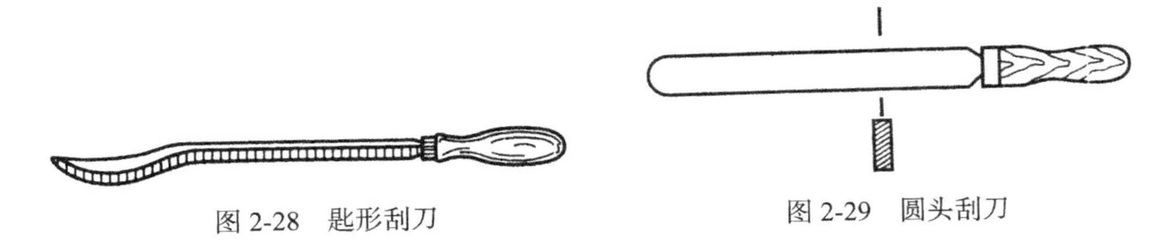

图 2-28　匙形刮刀　　图 2-29　圆头刮刀

3．刮刀的刃磨

① 粗磨：粗磨一般在砂轮机上进行。粗磨时，把淬硬的刮刀顶端放在砂轮搁架上，对着砂轮轮缘平稳地左右移动，使刮刀端面磨平，并且各对面要平行（图 2-30）。刃磨刮刀时，要充分用水冷却，防止刮刀发热而退火变软。

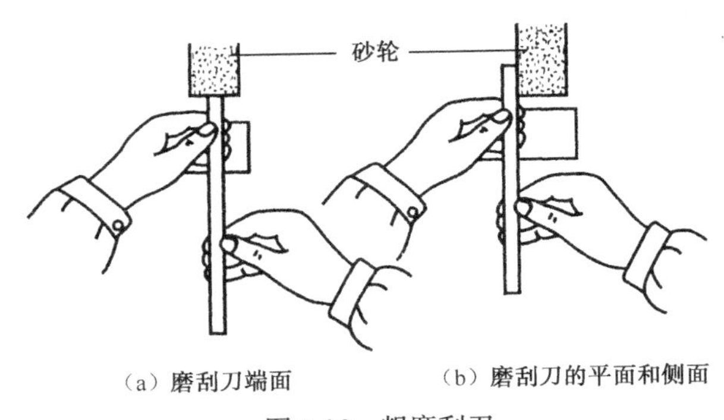

（a）磨刮刀端面　　（b）磨刮刀的平面和侧面

图 2-30　粗磨刮刀

② 细磨：在砂轮机上粗磨后的刮刀，刀刃上留有极微细的凹痕和毛刺，这时可在油石上细磨，以使刃部更加锋利。经过油石细磨的刮刀表面，可以达到很高的粗糙度。

4．检验工具

检验工具主要用来检查刮削面的准确度，从而发现加工表面的不平部位。常用的检验工具有以下几种。

① 标准平板：它用组织严密且具有高度耐磨性的铸铁经过刮研精加工而成，常用来检验较宽的刮削平面。

② 校准直尺：用于检验窄而长的刮削平面。

③ 角度平尺：刮削内部互成角度的棱面（燕尾导轨等）时用。它可用机床的旧镶条刮出两个标准面来代替。

④ 检验轴：刮削圆柱、圆锥形内孔时用。一般都以与孔相配的轴作为检验轴。

2.4.2 刮削操作

1. 平面刮削

平面刮削适用于各种互相配合的平面和滑动平面，如平板、角度垫铁和机床导轨的滑动面等。

平面刮削的方法：刮削时，刮刀做前后直线运动，前推进行切削，后退为空行程。所加压力的大小视加工材料的性质和加工精度而定。金属较硬及粗刮时，所加的压力应大；精刮较软的材料时，所加的压力应小。

根据工件的精度要求，刮削分为粗刮、细刮、精刮和刮花 4 种，现分述如下。

① 粗刮：当机械加工后，表面刀痕显著、刮削余量较大或者工件表面生锈时，都需要首先进行粗刮。粗刮时，用长刮刀，刀口端部要平，刮过的刀迹较宽（10mm 以上），行程较长（10～15mm），刀迹要连成一片，不可重复。当凸高起的接触点达到每 25mm×25mm 面积内有 4～6 个时，粗刮就算达到了要求。

② 细刮：粗刮后的表面高低相差很大，细刮就是将高点刮去，让更多的点子显示出来。细刮时，刮刀磨得中间略凸些，刀迹宽 6mm 左右，长 5～10mm，刀迹依点子而分布。连续两次的刮削方向，应呈 45° 或 60° 的网纹。当点子达到每 25mm×25mm 面积内有 10～16 个时，细刮就算完成了。

③ 精刮：在细刮后要进一步提高质量，则须进行精刮。精刮时，用小刮刀轻刮，刀迹宽 4mm 左右，长约 5mm。当点子逐渐增多时，可将点子分为 3 种类型刮削：最大、最亮的点子全部刮去，中等的点子在中部刮去一小片，小的点子留下不刮。经推磨第二次刮削时，小点子会变大，中等点子会分为两个点子，大点子则会分为几个点子，原来没有点子的地方也会出现新点子。经过几次反复，点子就会越来越多。当达到每 25mm×25mm 面积内有 20～25 个点子时，细刮工作即可结束。

④ 刮花：它是在已刮好的平面上，再经过有规律的刮削，形成各种花纹。这些花纹既能增加美观度，又能在滑动表面起着存油的作用；并且，还可借助刮花的消失来判断平面磨损的程度。

常见刮花的花纹如图 2-31 所示。

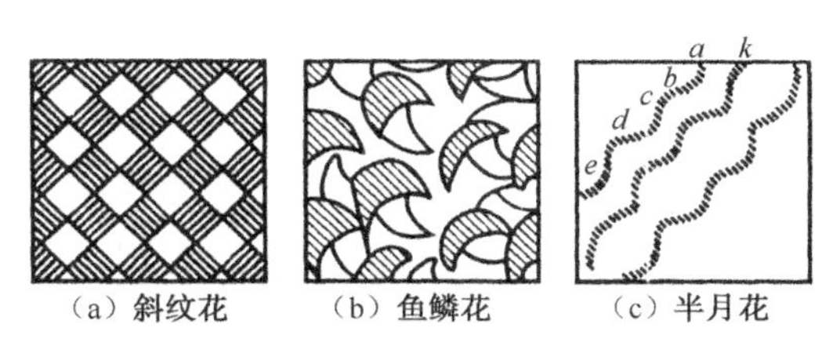

（a）斜纹花　（b）鱼鳞花　（c）半月花

图 2-31　刮花的花纹

常见花纹的刮法见表 2-19。

表 2-19　常见花纹的刮法

花纹种类	刮削方法
斜纹花	用精刮刀沿与工件边缘成 45° 角的方向刮成。花纹的大小按刮削面大小而定，为了排列整齐和大小一致，可先用铅笔画格子，一个方向刮完再刮另一个方向
鱼鳞花	先用刮刀的一边与工件接触，再用左手把刮刀逐渐压平并逐渐向前推进，即在左手向下压的同时，还要把刮刀有规律地扭动一下，扭动结束立即起刀，这样完成一个花纹
半月花	刮刀与工件成 45° 角左右。刮刀除了推挤外，还要靠手腕的力量扭动，这种刮花操作要有熟练的技巧

2. 曲面刮削

曲面刮削的原理和平面刮削一样，但刮削内曲面时采用的是三角刮刀或匙形刮刀，刮削所做的运动是螺旋运动，并且以标准芯棒或相配合的轴作为内曲面研点的工具。研磨时，将显示剂均匀地涂在轴面上，用轴在孔中来回转动几下，点子即可显示出来，然后对高点进行刮削。在刮削过程中，刮刀只可左右移动，不能顺着长度方向刮削，以免留下刀痕。

为了有效地减少摩擦和轴在运转过程中产生的热量，刮削轴瓦时，轴和轴瓦之间必须留有适当的间隙。刮削后应留的间隙见表 2-20。

表 2-20　刮削后应留的间隙

单位：mm

轴瓦直径	刮削后应留间隙	油膜厚度	实际间隙
20～30	0.015	0.015～0.025	0.03
35～50	0.03	0.015～0.025	0.05
60～80	0.045	0.015～0.025	0.06
90～110	0.06	0.015～0.025	0.075
120～150	0.08	0.015～0.025	0.095
160～200	0.10	0.015～0.025	0.115
210～300	0.15	0.015～0.025	0.17

3. 原始平板的刮削

平板是检查工具中最基本、最重要的一种，所以必须做得非常精密。如果要刮削的平板只有一块，则必须用标准平板合研。如果连标准平板也没有，则必须用三块原始平板相互配刮，称为三块互刮法。

刮前先将三块平板编号（如 1、2、3），接着分别粗刮一遍，除去机械加工留下的刀痕。然后，按照下列步骤进行合研刮削。

① 以 1 为基准，将 2 和 3 与 1 合研后刮削[图 2-32（a）]，达到密合后，再将 2 和 3 合研并同时刮削[图 2-32（b）]。

② 以 2 为基准，将 1 与 2 合研后刮削[图 2-32（c）]，达到密合后，再将 1 和 3 合研并同时刮削[图 2-32（d）]。

③ 以 3 为基准，将 2 与 3 合研后刮削[图 2-32（e）]，达到密合后，再将 1 和 2 合研并同时刮削[图 2-32（f）]。

接着仍以 1 为基准，按上述步骤循环进行，直至达到平板所要求的精确度为止。

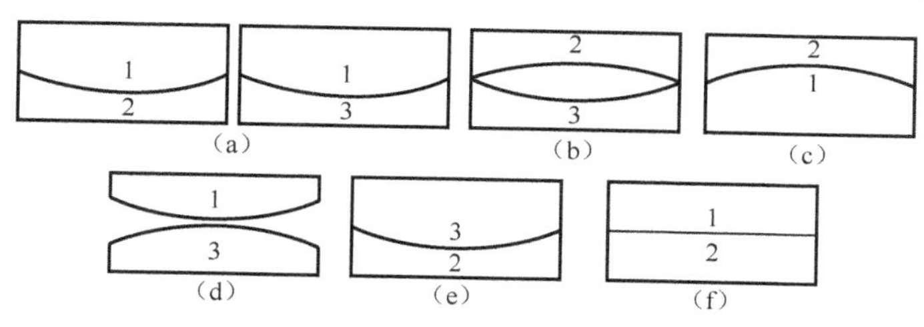

图 2-32　原始平板的刮削法

4．刮削余量

刮削是一种繁重的体力劳动，每次的刮削量很小，因此刮削余量不能太大。但是为了保证刮削质量，余量也不能太小。刮削余量的大小与工件的表面积有关。机械加工时，可根据表 2-21 选择适宜的刮削余量。

表 2-21　刮削余量

单位：mm

平面的刮削余量					
平 面 宽 度	平 面 长 度				
	100～500	>500～1000	>1000～2000	>2000～4000	>4000～6000
≤100	0.10	0.15	0.20	0.25	0.30
>100～500	0.15	0.20	0.25	0.30	0.40

孔的刮削余量			
孔　　径	孔　　长		
	≤100	>100～200	>200～300
≤80	0.05	0.08	0.12
>80～180	0.10	0.15	0.25
>180～360	0.15	0.20	0.35

5．显示剂

在刮削表面或检具表面涂上一种辅助材料，在推磨时用来显示高点的部位，以便进行刮削，这种辅助材料叫显示剂。

由于刮削是一种精加工方法，所以显示剂必须具有色泽鲜明、颗粒微细、容易松散、无腐蚀性、价廉易得等特点。常用的几种显示剂，见表 2-22。

表 2-22　常用的显示剂

名　称	配制方法	适用场合
红丹油	氧化铅粉、氧化铁粉用 N32（20 号）或 N46（30 号）机油调和	用于铸铁件的刮削显点
蓝油	普鲁士蓝粉用 N46（30 号）机油或蓖麻油调和	用于有色金属件的刮削显点
油彩、油墨	—	用于精密滑动轴承的刮削显点

6. 刮削的精度检验

刮削时常用的精度检验方法有以下两种。

① 检查 25mm×25mm 面积内的接触点数，各种工件刮削的质量要求见表 2-23。

表 2-23　各种工件刮削的质量要求

工件种类	在 25mm×25mm 面积内的接触点数
0 级、1 级平板	25
2 级平板	20
3 级平板	12
机床主要导轨	20～25
机床次要滑动平面	12～18
轴承和轴	10～12
密封性零件	5
最差的刮研接触面	3

② 计算实际贴合面积占全部面积的百分率。百分率的大小根据工件的工作性质而定。

7. 刮削中产生的弊病和防止方法

刮削中产生的弊病和防止方法，见表 2-24。

表 2-24　刮削中产生的弊病和防止方法

弊病形式	产生原因	防止方法
深凹痕	（1）刮削时刮刀倾斜 （2）用力太大 （3）刃口磨得弧度过大	（1）刮削时应拿稳刮刀，不使它倾斜 （2）减轻压力 （3）刃口圆弧应适当
振痕	（1）刮削只在一个方向进行 （2）刮工件边缘时刮刀平行于边缘 （3）刀刃伸出工件太多	（1）刮削时必须交叉进行 （2）刮刀应与工作边缘成 45° 角 （3）刀刃伸出工件，应不超过刮刀宽的 1/4
丝纹	（1）刮刀刃口不锋利或不光滑 （2）刮刀刃口有缺口或裂纹	（1）刃口必须磨锐 （2）刃口应磨得光滑、平整
刮削面不精确	（1）显示点子时，推磨的压力不匀；标准工具伸出工件太多，显示出来的是假点子，按假点子刮，刮坏了表面 （2）检验工具不正确 （3）工件没放平稳	（1）显示点子时，使用正确的推磨方法 （2）检验工具要经常检查，要采用正确的检验工具 （3）工件应放稳，刮时不能摇动

2.5 研磨

研磨是利用涂敷或压嵌在研具上的磨料颗粒，通过研具与工件在一定压力下的相对运动对加工表面进行的精整加工（如切削加工）。研磨可用于加工各种金属和非金属材料，加工的表面形状有平面，内、外圆柱面和圆锥面，凸、凹球面，螺纹，齿面及其他型面。加工精度可达IT5～01，表面粗糙度可达*Ra*0.63～0.01μm。

2.5.1 研磨方法

研磨方法一般可分为湿研、干研和半干研3类。

1. 湿研

湿研又称敷砂研磨，把液态研磨剂连续加注或涂敷在研磨表面，磨料在工件与研具间不断滑动和滚动，形成切削运动。湿研一般用于粗研磨，所用微粉磨料粒度大于W7。

2. 干研

干研又称嵌砂研磨，把磨料均匀压嵌在研具表层中，研磨时只要在研具表面涂以少量的硬脂酸混合脂等辅助材料。干研常用于精研磨，所用微粉磨料粒度小于W7。

3. 半干研

半干研类似湿研，所用研磨剂是糊状研磨膏。研磨既可用手工操作，也可在研磨机上进行。工件在研磨前须先用其他加工方法获得较高的预加工精度，所留研磨余量一般为5～30μm。

2.5.2 研磨工具

1. 对研具的要求

① 研具的设计应考虑到研具磨损后的补偿调整。

② 研具的几何形状应尽可能与工件一致，并且表面要光滑，无裂纹、斑点等缺陷。

③ 研具的材料应比工件软，并且要组织均匀，变形小，具有一定弹性，研磨性要好，寿命要长。

2. 研具的材料

① 灰铸铁：是做研具的最好材料，它具有润滑性能好、研磨效率高、磨耗相当小等优点，尤其适合于精研；铸铁研磨材料的成分见表2-25。

表 2-25　铸铁研磨材料的成分

用于精研磨的铸铁材料成分		用于一般粗研磨的铸铁材料成分	
碳	2.7%～3.0%	碳	0.35%～3.7%
锰	0.4%～0.7%	锰	0.4%～0.7%
锑	0.45%～0.55%	锑	0.45%～0.55%
硅	1.3%～1.8%	硅	1.5%～2.2%
磷	0.65%～0.7%	磷	0.1%～0.15%

② 软钢：它的强度高于灰铸铁，并且不易折断、变形，常用于研磨螺纹和小孔（直径一般在 8mm 以下）。

③ 铜：铜多用于余量较大的粗研磨，精研磨仍用铸铁。

④ 铅：铅适用于软金属的光研磨。

⑤ 沥青：多用于玻璃、水晶及其他透明材料的研磨。

3. 常用研具

（1）研磨棒

① 整体式研磨棒：用于研磨内孔，其外径尺寸按零件的精度要求制作。每一种规格孔径的研磨，需要 2～3 个具有粗、半精、精研余量的研具来进行。对于要求较高的孔，每组研具常达 5 件之多。每组研具的直径差可参照表 2-26。

表 2-26　研具的直径差

单位：mm

编　号	尺寸的确定	备　注
1	比被研孔小 0.015	开沟槽
2	比第 1 号大 0.01～0.015	开沟槽
3	比第 2 号大 0.005～0.008	开沟槽
4	比第 3 号大 0.005	开沟槽
5	比第 4 号大 0.003～0.005	不开沟槽

整体式研磨棒制造简便，但磨损后无法进行补偿，所以一般在单件研磨中使用。

② 可调式研磨棒：它是借芯棒锥体的作用来调节外套直径的。这种研磨棒由外锥体和带内锥孔的套组成。调节时，将螺母拧紧，即可使外套的外径增大；反之，将螺母松开，则可使外径尺寸缩小。

可调式研磨棒制造时比整体式复杂，但由于其尺寸可在一定范围内调整，使用寿命较长，故可用来研磨成批生产的工件。

（2）研磨套

研磨套用于研磨轴径，它常做成可调式的。可调式轴用研磨套的结构和孔用可调式研磨棒相反，它由一个可调的外套夹和一个研磨套组成。

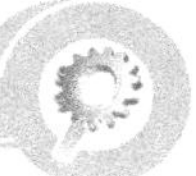

研磨时，将工件夹在机床上，工件外圆上涂一层薄而均匀的研磨剂，套上研磨套，调整好研磨间隙。然后开动机床，手捏研磨套，在工件轴向的全长上来回移动，进行研磨。

（3）研磨平板

研磨平板用于研磨平面，常用的有以下两种。

① 压砂平板：它是工件进行超精研磨时用的平板。研磨前，将细微的研磨剂均匀撒在两平板之间，然后使平板相互对研，细微粉粒嵌入平板的工作表面，构成具有一定牢固性的“多刃研磨面”。

经过压砂平板研磨后，工件表面的纹路细密，能得到准确的尺寸和很高的表面质量。

使用压砂平板研磨时常见的问题和解决方法，见表2-27。

表2-27 使用压砂平板时常见的问题和解决方法

序　号	问　题	原　因	解决方法
1	切削不均匀	研磨剂不均匀	将研磨剂涂匀
2	切削规律划伤	混进粗砂粒	用天然油石打掉粗砂粒
3	表面颜色发黄	平板表面已无切削力	重新压砂
4	无规律划伤	平板表面有研屑混入	清洗表面，滴一滴硬脂酸后用汽油稀释

② 玻璃平板：它用于研磨不允许加研磨剂的工件，但这些工件研磨中又必须加水，因而要求平板具有很好的防锈能力。

玻璃平板通常由玻璃和普通平板用环氧树脂黏结而成，黏结后进行研磨，其表面质量根据工件的要求确定。

4．研磨剂

（1）研磨剂的种类

① 研磨粉：其种类和用途、粒度和应用见表2-28和表2-29。

表2-28 研磨粉的种类和用途

系列	研磨粉名称	代号	颜色	强度和硬度	用途	
					工件材料	应用范围
刚玉类	棕刚玉	A	棕褐色	比碳化硅稍软，韧性高，能承受很大压力	钢、铸铁、黄铜	初研磨（要求不太高时，也可用于最后研磨）
	白刚玉	WA	灰白色	切削性能优于普通刚玉，而韧性稍低		
	铬刚玉	PA	浅紫色	韧性较高		
	单晶刚玉	SA	棕色	透明、无色、多棱、硬度大、强度高		
碳化物类	黑碳化硅	C	黑色不透明	比刚玉硬，性脆而锋利	铸铁、钢、青铜、黄铜	
	绿碳化硅	GC	绿色半透明	较黑碳化硅性略脆		
	碳化硼	BC	黑色	比碳化硅硬	硬质合金、硬铬	初研磨、最后研磨

续表

系列	研磨粉名称	代号	颜色	强度和硬度	用途	
					工件材料	应用范围
金刚石类	人造金刚石		灰色至黄白色	最硬	硬质合金	
	天然金刚石					
	氧化铁		红色至暗红色和紫色	比氧化铬软	钢	极细的最后研磨（抛光）
	氧化铬		深绿色	较硬	钢	

表 2-29 研磨粉的粒度和应用

加工方法	粒度	应用
粗研磨	100～240	一般产品零件的研磨
精研磨	W40～W14	
粗研磨	W14～W10	精密零件、量具、刃具的精研磨
半精研磨	W7～W5	
精研磨	W5 以下	

② 研磨膏：研磨膏是在研磨粉中加入黏结剂和润滑剂调制而成的。常用的添加剂有硬脂酸、石蜡、动物脂肪、凡士林、煤油、油酸等，其主要作用是使研磨粉均匀分布；另外，部分添加剂含有活性化学附加物，可提高研磨效率和表面质量。一般情况下，研磨膏可按表 2-30 配制。

表 2-30 研磨膏的成分及其应用

加工种类	研磨粉		配制成分/%				
	名称	粒度	研磨粉	油酸	混合脂	凡士林	煤油
粗研	刚玉	W14～W10	52	7	26	15	
半精研	刚玉	W7	45	22.4	31.5		1.1
精研	刚玉	W5	40.8	20.5	36.7		2
抛光	刚玉	W5	6.5	29	45.1		6.5
	氧化铬	W5	12.9				
	氧化铬	W2.5	11.6	31	54		3.4
	氧化铬	W2.5	19.4	32.2	45.1		3.3
	氧化铬	W2.5	56	8	12	24	
	氧化铬	W5	23.3	26.7	46.7		3.3

注：煤油的加入量视天气而定，天暖应少加些，天冷可多加些。油酸与混合脂之和为一定数，如油酸减少 5%，则混合脂应增加 5%。

③ 研磨液：研磨液的作用在于使研磨粉均匀分布、润滑，并在工作表面形成氧化膜，

从而加速研磨过程。常用的研磨液有以下几种。

- 机油：应用较普遍，一般用 N15（10 号）机油。在精研中常将 1 份机油和 3 份煤油混合使用。
- 煤油：主要用于要求研磨速度快，而对工件表面粗糙度要求不高的粗研磨。
- 猪油：最适于精密研磨，因为猪油中含有动物性油酸，有助于研磨，能细化表面粗糙度。
- 水：适用于玻璃、水晶的研磨。

为了达到更好的研磨效果，当使用不同的研磨粉和不同材料的研具时，所加的研磨液亦不相同，见表 2-31。例如，使用研磨膏时，加少量机油作为研磨液即可。

表 2-31 研磨液的选择

研磨粉	研具材料	研磨液
碳化硅	铸铁	汽油、煤油、松节油、猪油
	软钢	机油、猪油
	铜	机油、松节油、猪油
刚玉	铸铁	汽油、猪油
	铜	苏打水、松节油
氧化铁	铜合金、锡合金	煤油
	铝合金	煤油
氧化铬	坩埚、铸铁	酒精
	软钢	松节油

（2）研磨剂的配制

在磨料和研磨液中加入适量的石蜡、蜂蜡等填料和黏性较大且氧化作用较强的油酸、脂肪酸等，即可配成研磨剂。

例如，粗研磨用研磨剂的配方：白刚玉（W14）16g，硬脂酸 8g，蜂蜡 1g，油酸 15g，航空汽油 80g，煤油 80g。精研磨用研磨剂的配方，除白刚玉的粒度改为 W7 或 W3.5，不加油酸，并多加煤油 15g 外，其余相同。

研磨剂的调法：先将硬脂酸和蜂蜡加热融化，冷却后加汽油搅拌，过滤后加入研磨粉及油酸（精研磨不加油酸）。

2.5.3 研磨操作

根据磨料是否嵌入磨具，研磨的方式分为两种：嵌砂研磨（又叫干磨）和涂砂研磨（又叫湿磨）。常用的研磨方法有手工研磨和机械研磨。

通过研磨能否达到很高的几何精度和表面质量，研磨时的运动轨迹是很重要的影响因素，应十分重视。

1. 平面研磨

平面研磨分为粗研和精研两种：粗研在带有沟槽的平板上进行，精研在光滑的平板上进行。

研磨前，先将研磨平板和工件的表面用煤油清洗，擦净后均匀地涂上研磨剂，然后把工件放在研磨平板上，用手按住进行研磨。研磨时，工件按“8”字形轨迹运动，并要很细心地把平板每一个角落都研磨到，使平板磨耗均匀，以保持平板的准确性。每研半分钟后，把工件旋转 90°，这样才不至于把工件磨偏。

2. 内孔研磨

内孔研磨是利用研磨棒进行的。研磨时，可将研磨棒装夹在机床主轴上，使之转动，手持工件做往复运动；也可以手拿着研磨棒使它在工件孔中转动并做往复运动。

研磨棒的直径一般比内孔小 0.01～0.015mm，其长度为工件内孔长度的 2～3 倍。为了保证和工件内孔的配合，大部分都采用可调式研磨棒。

3. 螺纹研磨

研磨外螺纹时，将工件装夹在机床主轴上做正、反转运动，用手握持带有内螺纹的研磨环，使之在工件上做往复运动。

研磨内螺纹时，将表面带有相同螺纹的研磨棒安装在机床主轴上做正、反转运动，用手握持工件使之在研磨棒上往复运动。

研磨螺纹时的转速可参照表 2-32 确定。

表 2-32　研磨螺纹时的转速

单位：r/min

螺纹直径/mm	螺距/mm			
	0.5～0.8	1～2	2.5～3.5	4～6
≤6	600	500	—	—
>6～30	500	500	400	300
>30～60	400	350	300	200
>60～120	—	350	250	150

4. 研磨余量

研磨是一道精加工工序，要使工件达到要求的精度和表面质量，必须选择适当的研磨余量。

研磨余量的大小可参照表 2-33～表 2-36 确定。小而短的工件可采用较大的数值，大而长的工件则采用较小的数值，不淬硬工件外圆的研磨余量可以将表 2-33 中的数值增大 1/3 左右。

表 2-33　外圆的研磨余量

单位：mm

直　径	余　量	直　径	余　量
<10	0.005～0.008	51～80	0.008～0.012
11～18	0.006～0.008	81～120	0.010～0.014
19～30	0.007～0.010	121～180	0.012～0.016
31～50	0.008～0.010	181～260	0.015～0.020

表 2-34 内孔的研磨余量

单位：mm

孔径	铸铁	钢
25～125	0.020～0.100	0.010～0.040
150～275	0.080～0.160	0.020～0.050
300～500	0.120～0.200	0.040～0.060

表 2-35 平面的研磨余量

单位：mm

平面长度	平面宽度		
	≤25	26～75	75～150
≤25	0.005～0.007	0.037～0.010	0.010～0.014
26～75	0.007～0.010	0.010～0.016	0.016～0.020
76～150	0.010～0.014	0.014～0.020	0.020～0.024
151～260	0.014～0.018	0.020～0.024	0.024～0.030

表 2-36 其他表面的研磨余量

单位：mm

加工面	余量	加工面	余量
圆锥面	0.01～0.02	部分球面	0.02～0.025
内螺纹面	0.06～0.10	整球面	0.01～0.05
外螺纹面	0.003～0.005	齿轮面	0.01～0.04

5. 研磨时产生废品的原因和预防方法

研磨时产生废品的原因和预防方法，见表 2-37。

表 2-37 研磨时产生废品的原因和预防方法

废品形式	产生原因	预防方法
表面不光洁	（1）磨料过粗 （2）研磨液不当 （3）研磨剂涂得太薄	（1）正确选用研磨料 （2）正确选用研磨液 （3）研磨剂涂布应适当
表面拉毛	研磨剂中混入杂质	重视并做好清洁工作
平面呈凸形或孔口扩大	（1）研磨剂涂得太厚 （2）孔口或工件边缘被挤出的研磨剂未擦去就继续研磨 （3）研磨棒伸出孔口太长	（1）研磨剂应涂得适当 （2）被挤出的研磨剂应擦去后再研磨 （3）研磨棒伸出长度应适当
孔呈椭圆形或有锥度	（1）研磨时没有更换方向 （2）研磨时没调头研	（1）研磨时应变换方向 （2）研磨时应调头研
薄形工件拱曲变形	（1）工件发热了仍继续研磨 （2）装夹不正确引起变形	（1）不使工件温度超过 50℃，发热后应暂停研磨 （2）装夹要稳固，不能夹得太紧

2.6 划线

划线是机械加工中的重要工序之一，广泛用于单件或小批量生产之中。在铸造企业中，对新模具首件进行划线检测，可以及时发现铸件尺寸和形状上存在的问题，采取措施避免批量不合格造成的损失。根据图样和技术要求，在毛坯或半成品上用划线工具划出加工界限，或划出作为基准的点、线的操作过程称为划线。

划线分为平面划线和立体划线两种。只要在工件一个表面上划线后即能明确表明加工界限的，称之为平面划线；需要在工件几个互成不同角度（一般是互相垂直）的表面上划线，才能明确表明加工界限的，称为立体划线。

对划线的基本要求是线条清晰匀称，定型、定位尺寸准确。由于划线的线条有一定宽度，一般要求精度达到 0.25～0.5mm。应当注意，工件的加工精度不能完全由划线确定，而应该在加工过程中通过测量来保证。

2.6.1 划线前的准备

1. 工具准备

划线前必须根据工件划线的图形及各项技术要求，合理地选择所需要的各种工具，并且要对每件工具进行检查和校验。如有缺陷，应进行修理和调整，否则将影响划线的质量。

2. 工件准备

① 工件清理：毛坯上的污垢、氧化皮、飞边、泥土，铸件上残留的型砂、浇注冒口，以及半成品上的毛刺、铁屑和油污等，都必须清除干净。尤其是划线的部位，更应仔细清理，以保证划线质量。

② 工件检查：检查工件是为了预先发现工件上的缩孔、砂眼、裂纹、歪斜及形状和尺寸等方面的缺陷。在认定经过划线之后能够消除缺陷或这些缺陷不致造成废品时，才可进行下一步工作。

③ 工件表面涂色：为了使划出的线清晰，工件上的划线部位应该涂色。常用的划线涂料见表 2-38。

表 2-38　常用的划线涂料

名　称	配制方法及主要特点	应 用 场 合
石灰水	熟石灰用水泡开，再加入适量的熬成糊状的牛皮胶	铸件、锻件的毛坯表面
品紫	用 2%～4%紫颜料（如青莲、蓝油等）、3%～5%虫胶漆和 91%～95%乙醇混合而成	一般工件的已加工表面

续表

名　称	配制方法及主要特点	应用场合
无水涂料	醋酸丁酯（香蕉水）100g、人造树脂 0.7g、火棉胶 39g、甲基紫适量配制而成 配制方法：先将粉末状的人造树脂缓缓加入醋酸丁酯里，搅拌均匀，再将研细的甲基紫倒入调匀，最后按配比将称好的火棉胶慢慢加入，并使三者均匀混合、沉淀 4h 后进行试涂。若不易附着，可再加入适量的人造树脂与醋酸丁酯混合液；若附着过牢，则易脱落，可再加入少量火棉胶。该涂料中所含水分极少，使用后工件不易锈蚀。但醋酸丁酯易挥发，故必须置于密闭容器内，使用时须注意防火	精密工件的已加工表面
锌钡白（俗名立德粉）	成品是粉末，主要成分为硫化锌和硫酸钡。使用时加水和适量熬成糊状的牛皮胶调匀 特点是颜色纯白，遮盖能力强且耐热抗碱	重要的铸件、锻件毛坯表面
硫酸铜溶液	由硫酸铜加水和少量硫酸混合而成	还需要精加工的已加工表面

④ 在工件孔中装中心塞块：划线时，为了划出孔的中心以便于用圆规划圆，在孔中要装入中心塞块，常用的中心塞块如图 2-33 示。

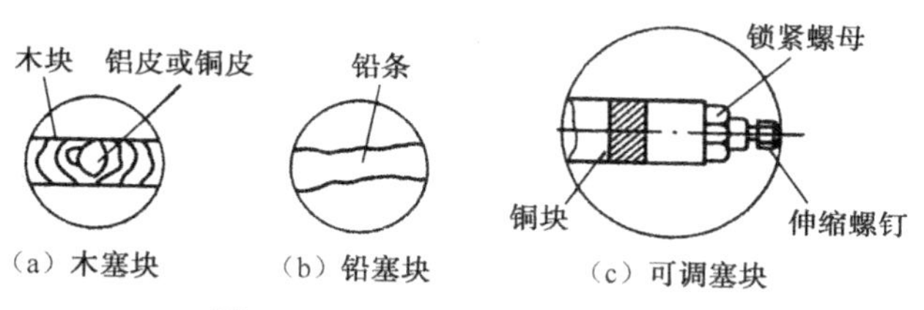

图 2-33　划中心孔用的中心塞块

2.6.2　划线操作

1. 划线基准的选择

（1）划线基准

工件在划线时，必须首先选定一个或几个平面（或线）作为划线的根据，划其余的尺寸都从这些线或面开始，这样的线或面就是划线的基准。正确地选择划线基准是划好线的关键，有了合理的基准，才能使线划得准确、清晰、迅速。因此，划线前对图纸要进行认真、细致的分析，选择正确的基准。

（2）选择划线基准的原则

① 根据图纸尺寸：划线基准要和设计基准一致。

② 根据加工情况：

- 毛坯上只有一个表面是加工面，则以该面作为基准；

- 工件不是全部加工，则以不加工面作为基准；
- 工件全是毛坯面，则以较平整的大平面作为基准。

③ 根据毛坯形状：

- 圆柱形工件，以轴线为基准；
- 有孔、凸起部或毂面时，以孔、凸起部或毂面作为基准。

（3）平面划线基准的 3 种基本类型

① 以两个互成直角的外平面（或线）为基础：如图 2-34 所示，划线前先把这两个外表面加工平，使其互成 90° 角，然后其他尺寸都以这两个平面为基准，划出加工线。

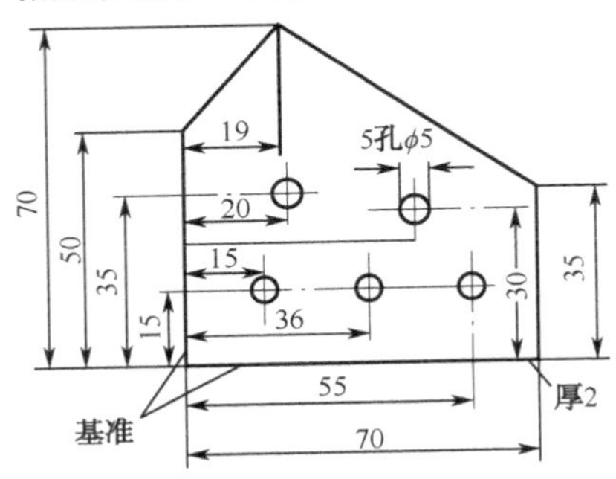

图 2-34　以两个互成直角的外平面为基准

② 以两条中心线为基准：如图 2-35 所示，划线前首先找出工件相对的两个位置，划出两条中心线，再根据中心线划出其他加工线。

③ 以一个外平面和一条中心线为基准：如图 2-36 所示，划线前先将底平面加工平，然后划出中心线，再划其他加工线。

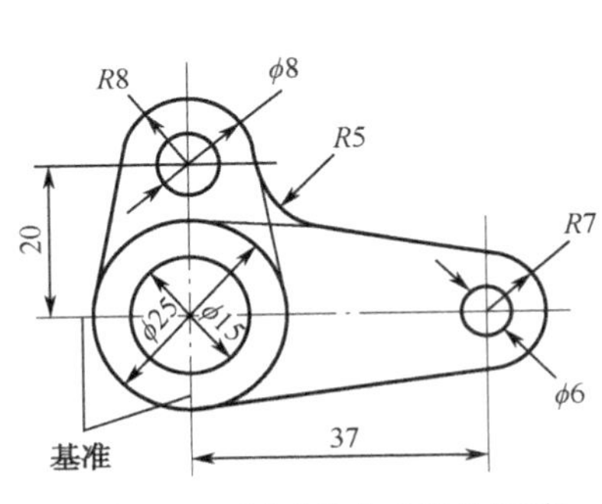

图 2-35　以两条中心线为基准

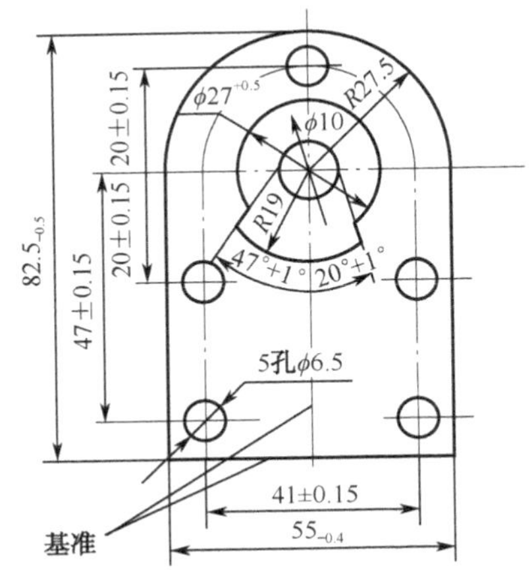

图 2-36　以一个外平面和一条中心线为基准

2. 划线前的找正

找正就是利用划线工具（如划规、划线盘、角尺等）使工件上有关的毛坯表面处于合适的位置。找正的目的如下。

① 当毛坯没有不加工表面时，通过各加工表面自身位置找正后再划线，可使各加工表面的加工余量得到合理和均匀的分布。

② 当毛坯有不加工表面时，通过找正后再划线，可使加工表面和不加工表面之间保持尺寸均匀。

③ 当工件有两个以上的不加工表面时，可选择其中面积较大、较重要的表面找正、划线，使各主要不加工表面之间的尺寸达到合理分布。

3. 划线中的借料

对于形状和尺寸偏差较小的毛坯，可以通过划线，把每一部分待加工余量重新分配，使不合格的毛坯变为合格的毛坯，这种划线方法叫借料。借料的作用是使某些铸、锻件毛坯在尺寸、形状和位置上存在的一些缺陷通过划线得以消除，从而提高毛坯的利用率。

借料的步骤和方法如下。

① 测量毛坯各部分的尺寸，找出偏移部位并确定偏移量。

② 确定借料方向、尺寸，划基准线。

③ 按图纸要求划出所有的加工线。

④ 检查各表面加工余量是否合理。如不合理，则须重新划线，继续借料，直至各表面都有合理的加工余量。

如图 2-37 所示为偏心轴承架铸件，该毛坯上ϕ40mm 孔的中心和外轮廓的中心向下、向右各偏移 6mm。如果划线时不借料，只根据ϕ40mm 铸件孔的中心来划线，加工后ϕ60mm 的孔和外轮廓就偏移太大了，而且底面也没有加工余量，此铸件就会成为废品，所以必须通过划线借料加以补救。其方法是把ϕ40mm 孔的中心线向上移动 4mm，并向左移动 6mm。这样，ϕ60mm 孔的最小余量约为 4mm，底面的加工余量为 4mm，而且孔和外轮廓左右对称。这样就把废品变成了合格品。

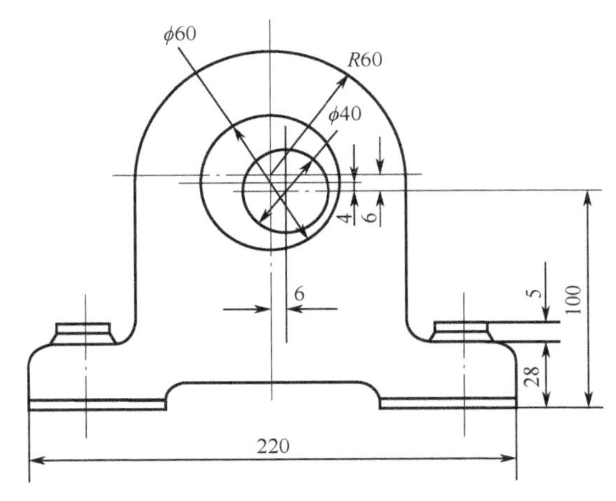

图 2-37 偏心轴承架铸件的借料

4．划线方法

（1）划线的步骤

① 认真分析图样的实物，选定划线基准并考虑下道工序的要求，确定加工余量和需要划出哪些线。

② 划线前，检查毛坯是否合格。

③ 划线时，应先划水平线，再划垂直线、斜线，最后划圆、圆弧和曲线等。

④ 对照图样或实物，检查划线的正确性及是否有漏划的线。

⑤ 检查无误后，在划好的线上打出样冲眼。

（2）几何作图法

① 在已知圆内作正方形：如图 2-38 所示，在圆内划互相垂直的中心线，和圆周相交于 *A*、*B*、*C*、*D* 四点，连接 *AC*、*AD*、*BC*、*BD* 即得所作的正方形。

② 在已知圆内作内接正三角形：如图 2-39 所示，过已知圆的中心 *O* 划直线与圆周交于 *A* 点和 *B* 点；以 *A* 点为圆心，以 *OA* 为半径划弧与圆周交于 *C* 点和 *D* 点；连接 *B*、*C*、*D* 点，△*BCD* 即为已知圆的内接正三角形。

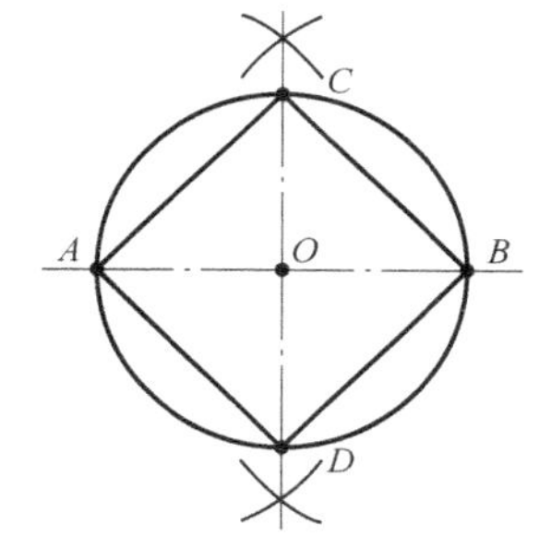

图 2-38　在已知圆内作正方形

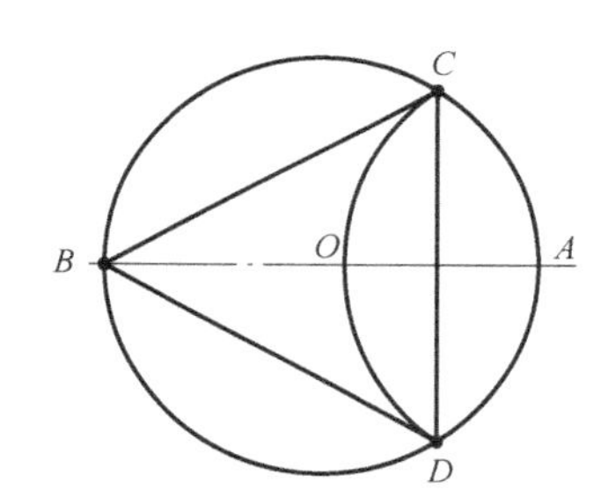

图 2-39　在已知圆内作内接正三角形

③ 已知一边作正方形：如图 2-40 所示，在已知边 *AB* 直线外取一点 *O*，使 *OA*=*OB*；以 *O* 为圆心，*OB* 为半径划一段圆弧，作 *OA* 的延长线，和圆弧相交于 *D* 点，作 *BD* 直线，并取 *BE*=*AB*；以 *AB* 为半径，分别以 *A*、*E* 为圆心各划圆弧，相交于 *F* 点，连接 *AF* 和 *EF*，则 *ABEF* 就是所作的正方形。

④ 内接任意正多边形的划法：如图 2-41 所示，通过圆心，作直径 *AB*，根据要划正多边形的边数，把直径也分成相应等份。例如，要作正五边形，就把 *AB* 分成 5 等份，分别以直径的两端点 *A* 和 *B* 为圆心，*AB* 为半径各划一段圆弧，相交于 *C* 点。连接 *C*2（作任何正多边形都是这样），并延长使它相交在圆周上一点 *D*，连接 *AD*，则 *AD* 就是所求的正多边形一边的长。用 *AD* 的长等分圆周，连接各等分点，即得所求的正多边形。

⑤ 椭圆的划法：如图 2-42 所示，已知长轴 *AB* 和短轴 *CD*，连接 *AC*，以 *O* 为圆心，*AO* 为半径划弧，和 *OC* 的延长线相交于 *E* 点；再以 *C* 点为圆心，*CE* 为半径划弧，和 *AC* 相交于 *F* 点；作 *AF* 的垂直平分线，和长轴相交于点 1，和短轴相交于点 2，并在这两点相对称的地

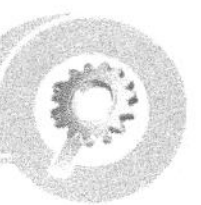

方定出点 3 和点 4；然后，分别以 1、2、3、4 为圆心，$A1$、$C2$、$B3$、$D4$ 为半径划圆弧，在切点的地方相接，就可以划出椭圆。

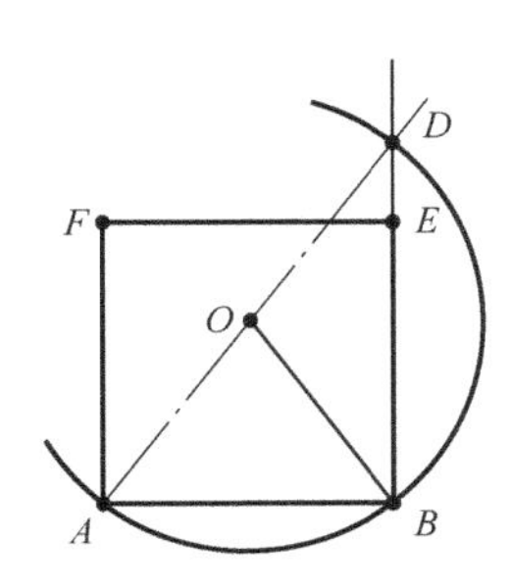

图 2-40 正方形的划法

图 2-41 内接任意正多边形的划法

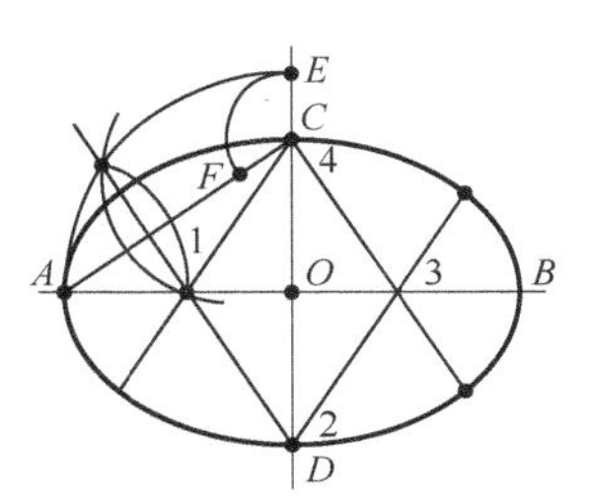

图 2-42 椭圆的划法

（3）找中心法

如果要在有孔的工件端面划线，或者在圆料的端面划线，均要先划出中心来，找中心的方法有以下几种。

① 用几何划法找中心：首先将硬木或铅块紧嵌于圆孔内，表面与端面高低一致，然后在孔内边缘上选三点 A、B、C（图 2-43），作 AB 弦与 BC 弦的垂直平分线，相交点 O 即为圆心。

② 用划针盘找中心：将工件放在 V 形铁上，把划针调整在接近于工件的中心位置上划一条线，然后把工件转 180°，并把刚才划的线找平，用原划针盘（划针高度不变）再划一条线（图 2-44），如果两条线恰好重合，说明它就是中心线。如果不重合，说明中心线在这两条平行线之间，于是把划针调整到两条线中间，再划一条线，然后转 180° 校正一次，这样就能划出正确的中心线。中心线找出后，将工件任意转过一个角度（最好是 90° 左右），再划一条中心线，二者的交点就是所找的中心。

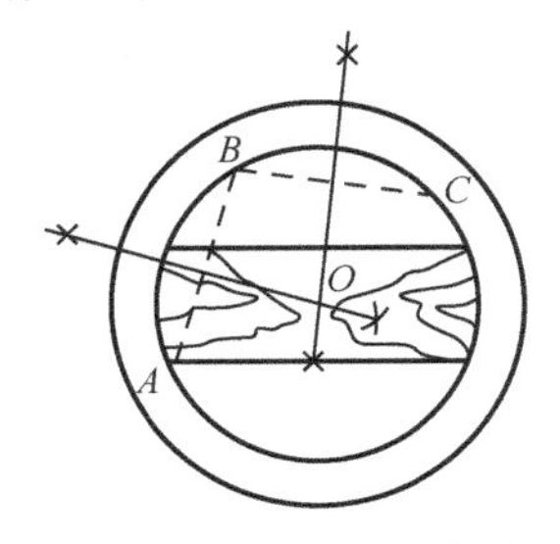

图 2-43 找中心的方法

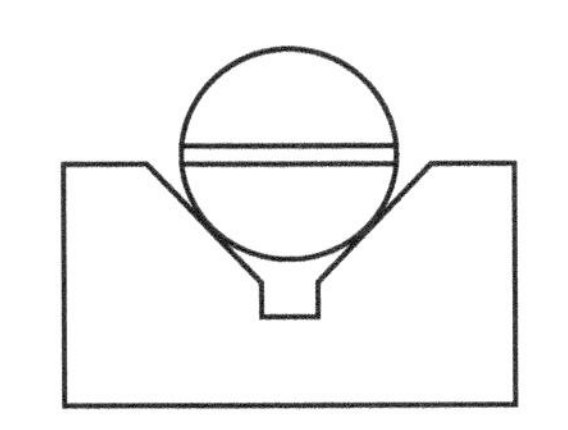

图 2-44 用划针盘在 V 形铁上找中心

③ 用定心角尺找中心：定心角尺是在角尺的上边铆一个直尺，将角尺直角分成两半。使用时，把角尺放在工件的端面上，使角尺内边和工件的圆柱表面相切，沿直尺划一条线，然后转一个角度再划一条线，两线的交点就是所找的中心（图 2-45）。

（4）按样板划线法

对某些经常重复制造的形状不变的工件，可以先制作出样板，按样板划线。样板多采用 1.5～5mm 厚的钢板制成，需要时，可进行淬火处理。划线时，将样板放于工件表面上，按外形用划针划出线，如图 2-46 所示。

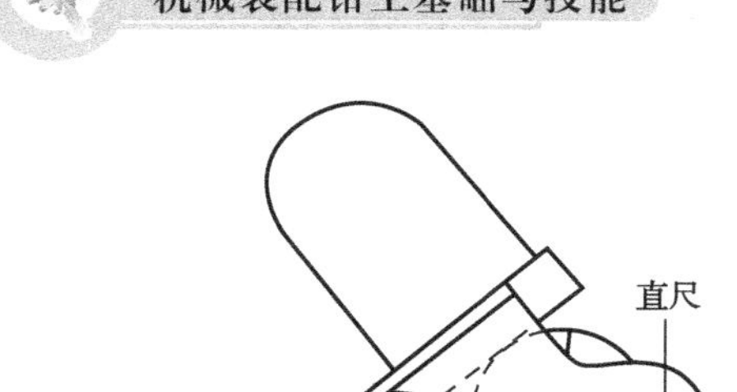
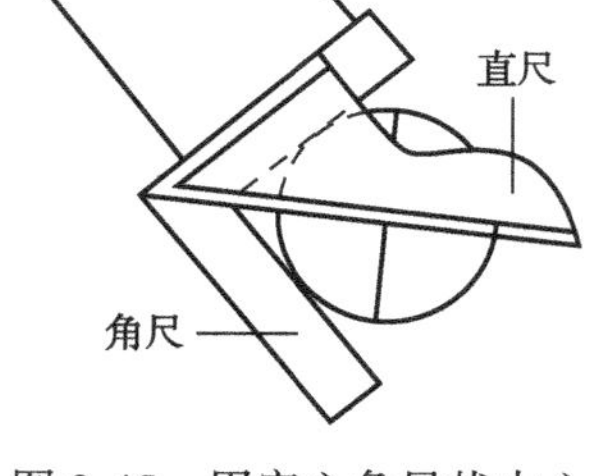

图 2-45 用定心角尺找中心

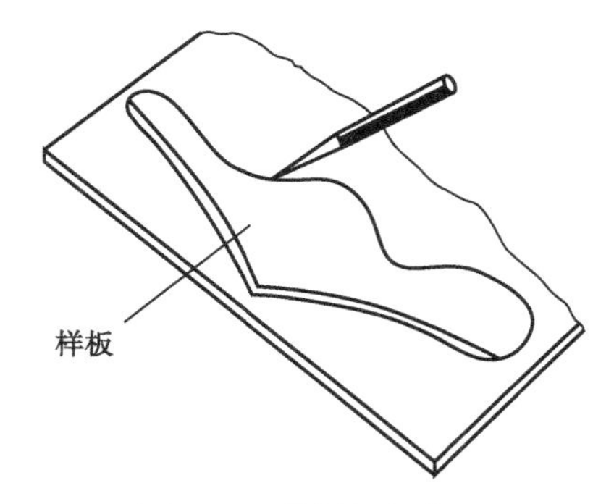

图 2-46 按样板划线法

制作金属构件时所用样板的质量要求，见表 2-39。

表 2-39 样板制作允差及划线允差

测量部位的名称	允差/mm	
	样板上划线	工件上划线
零件的几何尺寸	±1	±2
两相邻轴线间的距离	±0.5	±1
相邻孔中心的间距	±1	±1
孔中心与基准线的偏移量	±0.5	±0.5
平行孔边缘的间距	±1	±1.5
轴线间角的正切值	1/1000	1/700
矩形对角线	±2	±3
直线度	1/1000，但不大于 10	1/1000，但不大于 15
焊接对接接头的切割线	±0.5	±1
自由端口及搭接端口的切割线	±1	±2

（5）配划线法

按已加工好的零件配划与其相配合零件加工线的方法叫配划线法。

常用的配划线法有以下几种。

① 用零件直接配划。

② 用纸片反印配划：当需要划线的零件装卸不便时，可采用这种方法。它适用于不通的螺纹孔配划螺钉过孔。反印时，将强度高、薄而耐油的描图纸用黄油粘贴在有螺纹孔的平面上，用铜棒沿螺纹孔边缘轻轻击穿，然后揭下纸片再粘贴在配划的零件上。按照纸片的孔确定配划件上过孔的位置，冲上样冲眼即可。

③ 按印迹配划：当有些零件受形状的限制，不能采用纸片反印时，可采用印迹配划法，如电动机支座固定孔的划线。划线时，将电动机放在底板上，找一个与其固定孔大小差不多的圆管，一端涂上一层薄薄的显示剂，插入孔内转动几下，便可在底板上留下印迹，然后按此印迹划线即可。

5. 划线时产生废品的原因和预防方法

划线时产生废品的原因和预防方法，见表 2-40。

表 2-40 划线时产生废品的原因和预防方法

序　号	产生废品的原因	预 防 方 法
1	图纸有错误	划线前要认真检查工作图，发现错误及时提出并改正
2	划线人员粗枝大叶，没有弄清图纸尺寸和要求就急于划线	要认真熟悉图纸，按图纸要求进行划线
3	没有选定基准就盲目划线	划线前一定要选好基准
4	工件放得不稳，划针固定得不牢，划线时出现移位，致使划线歪斜	划线前一定要将工件安置稳妥，并将划针紧固
5	划线工具、量具本身有缺陷，划线前未能及时修理和校正	划线前一定要对工具、量具进行认真检查、修理和校正
6	划线后不经仔细检查，便进行加工	划完线后，一定要认真检查和校对
7	划线人员缺乏工作经验和操作不得法，量错和算错尺寸	划线人员要加强学习和锻炼，不断提高操作水平

2.7 孔加工

孔加工一般分为钻孔、铰孔、扩孔、镗孔。机床上可以用钻头、镗刀、扩孔钻头、铰刀进行钻孔、镗孔、扩孔和铰孔。

2.7.1 钻孔

用钻头在实体材料上加工孔叫钻孔。各种零件的孔加工，除去一部分由车、镗、铣等机床完成外，很大一部分是由钳工利用钻床和钻孔工具（钻头、扩孔钻、铰刀等）完成的。

在钻床上钻孔时，一般情况下，钻头应同时完成两个运动；主运动，即钻头绕轴线的旋转运动（切削运动）；辅助运动，即钻头沿着轴线方向对着工件的直线运动（进给运动）。钻孔时，钻头结构上存在的缺点会影响加工质量，加工精度一般在 IT10 级以下，表面粗糙度为 $Ra12.5\mu m$ 左右，属粗加工。

1. 钻孔设备

（1）台式钻床

台式钻床属于小型钻床，是装配和安装工作中常用的一种设备。台式钻床通常安装在钳台上，用来钻削直径在 12mm 以下的孔。

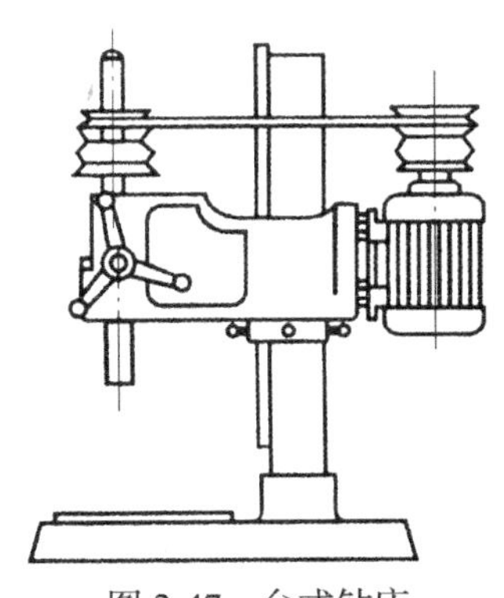

图 2-47 台式钻床

如图 2-47 所示为普通的台式钻床。这种钻床结构简单、调整方便，适用于单件和小批量生产。

（2）立式钻床

立式钻床是钻床中最普通的一种，具有不同的型号，可用来加工各种尺寸的孔。

图 2-48 为 Z525B 立式钻床，其最大钻孔直径为 25mm，主轴有 6 种转速，可以手动进刀，也可以自动进刀。它的钻孔运动是通过变速箱和进给箱来实现的。

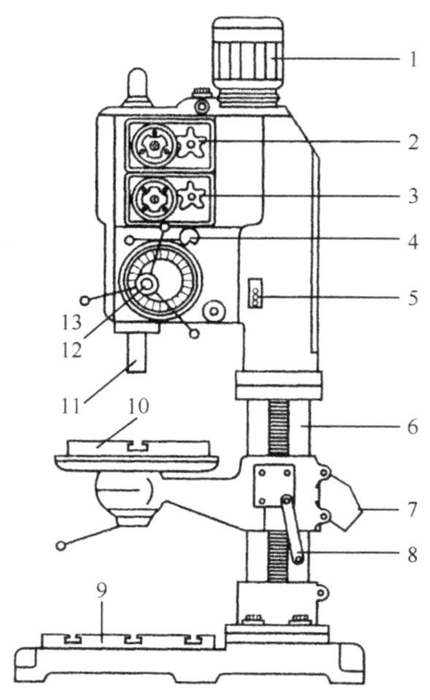

1—电动机；2—主轴变速手柄；3—进给变速手柄；4—离合器手柄；5—按钮；6—立柱；7—锁紧手柄；8—工作台升降手柄；9—方形工作台；10—圆形工作台；11—主轴；12—自动端盖；13—进刀手柄

图 2-48　Z525B 立式钻床

（3）摇臂钻床

摇臂钻床是一种精度较高、技术规格较大的钻床。其自动化程度较高，应用范围非常广泛，最适合于较大工件的孔加工。

摇臂钻床的主轴箱可以在摇臂上移动，横臂可绕立柱中心线转动和沿立柱上下滑动。横臂的位置可由制动装置固定。因此，在横臂长度允许的范围内，可以把主轴对准工件的任何位置。

摇臂钻床可用来对位于同一平面上有相互位置要求的许多孔进行加工，如钻孔、扩孔、锪孔、铰孔和攻丝等。

2. 钻孔夹具

（1）钻头夹具

① 钻夹头：是用来夹持直径较小、尾部为圆柱体的钻头的一种夹具。钻夹头的构造如图 2-49 所示，在夹头的三个斜孔内装有带螺纹的夹爪，夹爪上的螺纹和夹头套筒内的螺纹相配合，旋转套筒可使三个夹爪同时合拢或张开，从而将钻头夹紧或松开。

② 钻套：又叫钻库，是用来夹持尾部为圆锥体的钻头的一种夹具。由于钻头（或钻夹

头）尾部圆锥体的尺寸大小不同，为了适应各种钻床主轴的锥孔（如一般立式钻床主轴的锥孔为莫氏锥度 3 号或 4 号，摇臂钻床主轴的锥孔为莫氏锥度 5 号或 6 号等），常常用钻套做过渡连接。一般钻套都按不同锥度组成一套（图 2-50），在一个钻套不适用的情况下，还可以用两个以上的钻套做过渡连接。钻套尾部的长方通孔，是由钻套上卸下钻头时，打入楔铁用的。钻套的规格见表 2-41。

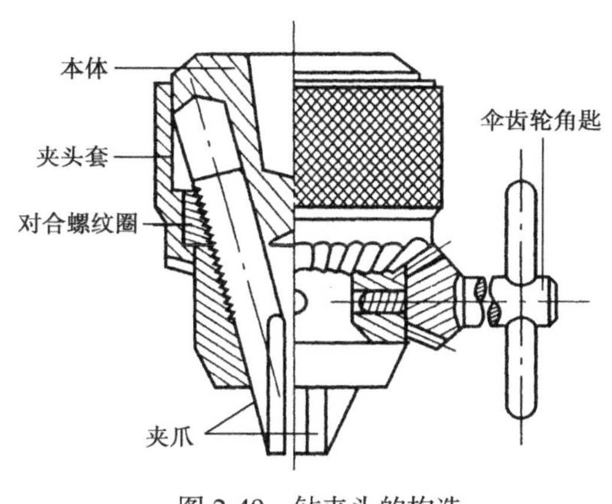

图 2-49 钻夹头的构造

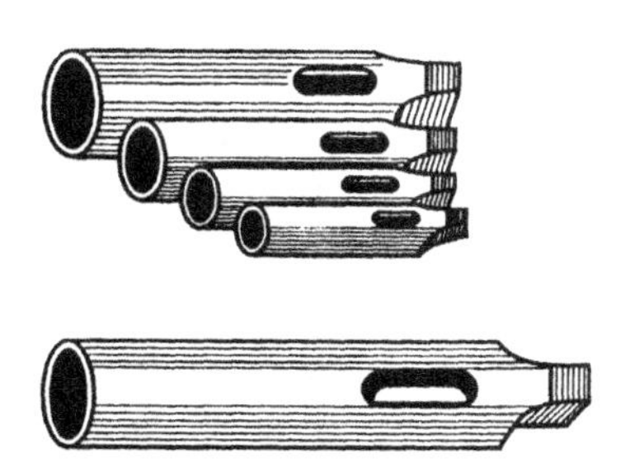

图 2-50 钻套

表 2-41 钻套的规格

莫氏圆锥号		全长 /mm	外锥体大端直径 /mm	内锥体大端直径 /mm
外锥	内锥			
1	0	80	12.963	9.045
2	1	95	18.805	12.065
3	1	115	24.906	12.065
3	2	115	24.906	17.781
4	2	140	32.427	17.781
4	3	140	32.427	23.826
5	3	170	45.495	23.826
5	4	170	45.495	31.269
6	4	220	63.892	31.269
6	5	220	63.892	44.401

（2）工件夹具

① 钻模：是使工件定位和夹紧的一种夹具。它由定位、夹紧装置和确定刀具位置与方向的钻套及夹具体等组成。

钻孔中使用钻模具有以下优点。

- 减少划线工序，缩短工艺过程和生产周期。
- 钻模是根据工件的形状、特点而设计的定位安装基准和夹紧装置，使工件在安装时能达到迅速而方便的目的，从而减少辅助时间。
- 因有钻套确定钻孔位置和限制刀具产生较大的摆动，所以能保证加工孔的正直和孔与孔、孔与基准面之间的位置精度，提高加工质量。

- 操作简单、安全，容易掌握，能减轻体力劳动。

② 平口钳：又叫机用虎钳，用于装夹平整的工件。

③ 手虎钳：用来夹持小型工件和薄板件。手虎钳的各部尺寸见表 2-42。

表 2-42　手虎钳的各部尺寸

钳口宽度 *B*/mm	36	40	45	50	56
钳口开度/mm（不小于）	28	30	40	50	55
H	100	125	150	170	180
L	70	75	90	105	112
l	36	40	45	50	55

④ 弯板：用于将工件竖直地进行装夹。

3. 钻头

钻头是一种双刃或多刃刀具，由碳素工具钢或高速钢制成，并经淬火和回火处理。

钻头的种类很多，如中心钻、扁钻、麻花钻、群钻等。它们的几何形状虽不相同，但切削原理是一样的，都有两个对称排列的切削刃，使得钻削时产生的力量保持平衡。

（1）中心钻

中心钻用来在回转体工件上钻中心孔，使之适合机床上顶尖的角度。中心钻有 3 种形式：A 型、B 型和 R 型，分别用于加工 A 型、B 型和 R 型中心孔。各种中心钻的规格见表 2-43～表 2-45。

表 2-43　A 型（不带护锥）中心钻规格

单位：mm

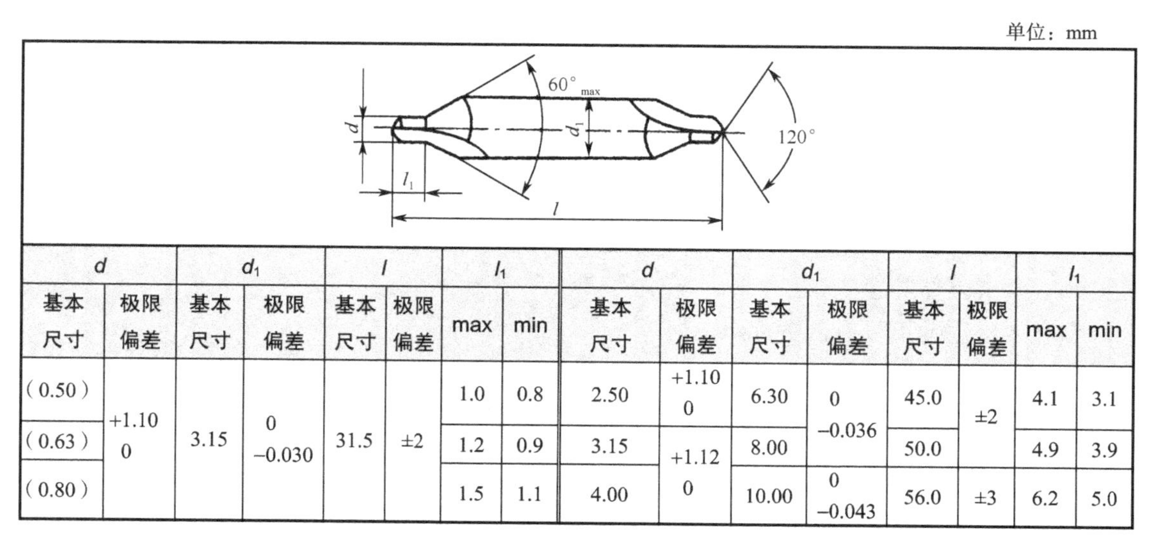

d 基本尺寸	*d* 极限偏差	d_1 基本尺寸	d_1 极限偏差	*l* 基本尺寸	*l* 极限偏差	l_1 max	l_1 min	*d* 基本尺寸	*d* 极限偏差	d_1 基本尺寸	d_1 极限偏差	*l* 基本尺寸	*l* 极限偏差	l_1 max	l_1 min
（0.50）	+1.10 0	3.15	0 −0.030	31.5	±2	1.0	0.8	2.50	+1.10 0	6.30	0 −0.036	45.0	±2	4.1	3.1
（0.63）						1.2	0.9	3.15	+1.12 0	8.00		50.0		4.9	3.9
（0.80）						1.5	1.1	4.00		10.00	0 −0.043	56.0	±3	6.2	5.0

续表

d		d_1		l		l_1		d		d_1		l		l_1	
基本尺寸	极限偏差	基本尺寸	极限偏差	基本尺寸	极限偏差	max	min	基本尺寸	极限偏差	基本尺寸	极限偏差	基本尺寸	极限偏差	max	min
1.00						1.9	1.3	(5.00)		12.50		63.0		7.5	6.3
(1.25)						2.2	1.6	6.30	+1.15 0	16.00		71.0		9.2	8.0
1.60		4.00		35.5		2.8	2.0	(8.00)		20.00	0 −0.052	80.0		11.5	10.1
2.00		5.00		40.0		3.3	2.5	10.00		25.00		100.0		14.2	12.8

注：括号内的尺寸尽量不采用。

表 2-44　B 型（带护锥）中心钻规格

单位：mm

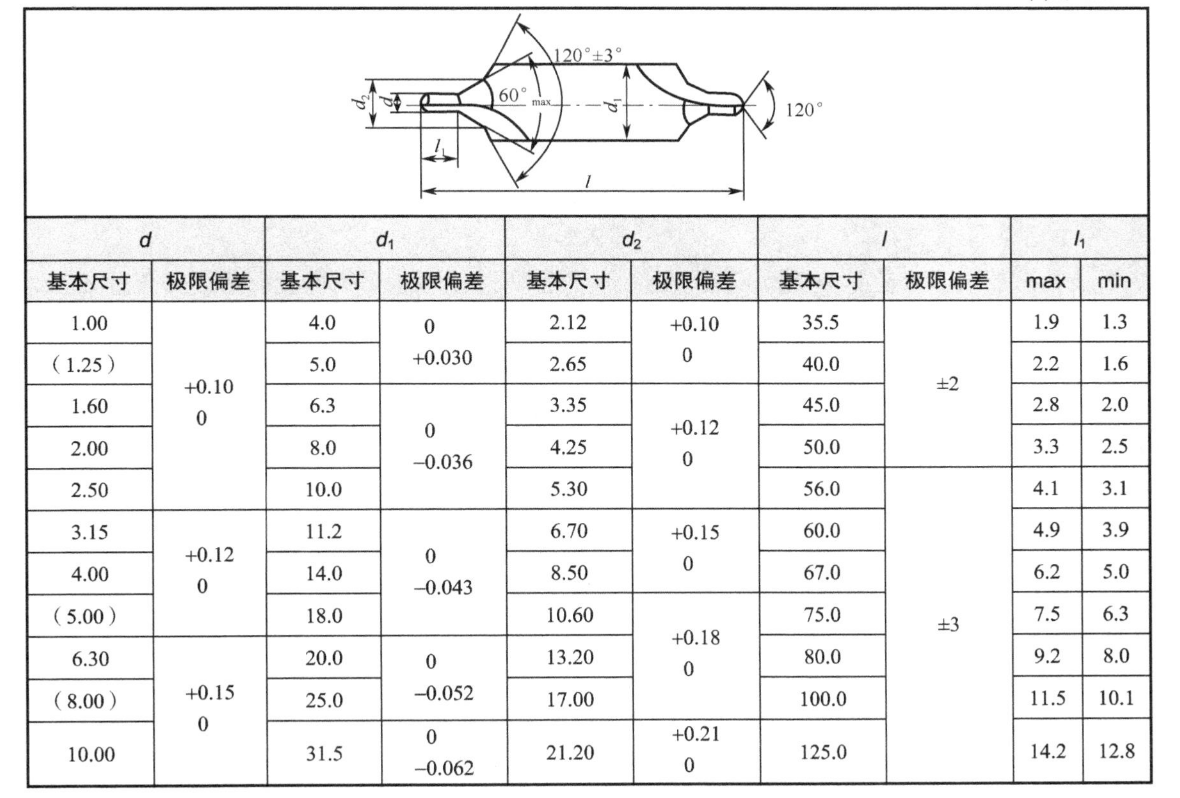

d		d_1		d_2		l		l_1	
基本尺寸	极限偏差	基本尺寸	极限偏差	基本尺寸	极限偏差	基本尺寸	极限偏差	max	min
1.00	+0.10 0	4.0	0 +0.030	2.12	+0.10 0	35.5	±2	1.9	1.3
(1.25)		5.0		2.65		40.0		2.2	1.6
1.60		6.3	0 −0.036	3.35	+0.12 0	45.0		2.8	2.0
2.00		8.0		4.25		50.0		3.3	2.5
2.50		10.0		5.30		56.0	±3	4.1	3.1
3.15	+0.12 0	11.2	0 −0.043	6.70	+0.15 0	60.0		4.9	3.9
4.00		14.0		8.50		67.0		6.2	5.0
(5.00)		18.0		10.60	+0.18 0	75.0		7.5	6.3
6.30	+0.15 0	20.0	0 −0.052	13.20		80.0		9.2	8.0
(8.00)		25.0		17.00		100.0		11.5	10.1
10.00		31.5	0 −0.062	21.20	+0.21 0	125.0		14.2	12.8

注：括号内的尺寸尽量不采用。

表 2-45　R 型（弧形）中心钻规格

单位：mm

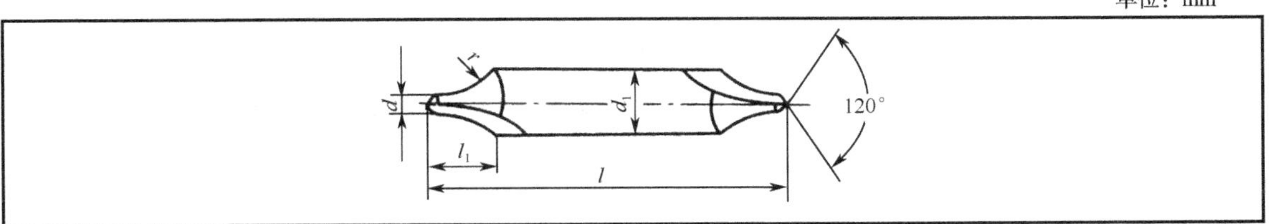

续表

<table>
<tr><th colspan="2">d</th><th colspan="2">d_1</th><th colspan="2">l</th><th>l_1</th><th colspan="2">r</th></tr>
<tr><th>基本尺寸</th><th>极限偏差</th><th>基本尺寸</th><th>极限偏差</th><th>基本尺寸</th><th>极限偏差</th><th>基本尺寸</th><th>max</th><th>min</th></tr>
<tr><td>1.00</td><td rowspan="5">+0.10
0</td><td rowspan="2">3.15</td><td rowspan="4">0
−0.030</td><td rowspan="2">31.5</td><td rowspan="6">±2</td><td>3.00</td><td>3.15</td><td>2.50</td></tr>
<tr><td>（1.25）</td><td>3.35</td><td>4.00</td><td>3.15</td></tr>
<tr><td>1.60</td><td>4.00</td><td>35.5</td><td>4.25</td><td>5.00</td><td>4.00</td></tr>
<tr><td>2.00</td><td>5.00</td><td>40.0</td><td>5.30</td><td>6.30</td><td>5.00</td></tr>
<tr><td>2.50</td><td>6.30</td><td rowspan="3">0
−0.036</td><td>45.0</td><td>6.70</td><td>8.00</td><td>6.30</td></tr>
<tr><td>3.15</td><td rowspan="3">+0.12
0</td><td>8.00</td><td>50.0</td><td>8.50</td><td>10.00</td><td>8.00</td></tr>
<tr><td>4.00</td><td>10.00</td><td>56.0</td><td rowspan="5">±3</td><td>10.60</td><td>12.50</td><td>10.00</td></tr>
<tr><td>（5.00）</td><td>12.50</td><td rowspan="2">0
−0.043</td><td>63.0</td><td>13.20</td><td>16.00</td><td>12.50</td></tr>
<tr><td>6.30</td><td rowspan="3">+0.015</td><td>16.00</td><td>71.0</td><td>17.00</td><td>20.00</td><td>16.00</td></tr>
<tr><td>（8.00）</td><td>20.00</td><td rowspan="2">0
−0.052</td><td>80.0</td><td>21.20</td><td>25.00</td><td>20.00</td></tr>
<tr><td>10.00</td><td>25.00</td><td>100.0</td><td>26.50</td><td>31.50</td><td>25.00</td></tr>
</table>

注：括号内的尺寸尽量不采用。

（2）扁钻

扁钻（图 2-51）是一种结构比较简单的钻头，它的导向性差，不易排屑，一般只在没有麻花钻的情况下才使用。

扁钻一般用碳素工具钢或高速钢锻出，经车削、热处理、刃磨而成。刃磨时，锋角按工件的材料来选择：材料硬时，磨得大些；材料软时，磨得小些。一般为 116°～118°。

（3）麻花钻

由于这种钻头的工作部分呈麻花状，所以称之为麻花钻。它是钻孔的主要工具。麻花钻由碳素钢或高速钢制成，经过热处理，硬度可达 HRC62～65，并且在 600℃的切削温度下也不降低。

麻花钻的构造如图 2-52 所示，它主要由以下几个部分组成。

① 切削部分：包括一条横刃和两条主切削刃，主要起切削作用。

② 导向部分：由螺旋槽、刃带、齿背和钻芯组成。其主要作用是导引钻头、排除切屑和输入冷却液等。

③ 颈部：它是为磨削尾部而设计的，钻头的规格、标号一般都刻在这里。

④ 钻柄部分：它的主要作用是和机床主轴连接，传递动力。钻柄的末端叫钻舌，其作用是防止钻头在锥孔内旋转，并且便于将钻头从锥孔中退出。

4．钻削

（1）孔的钻削方法

① 零件的一般钻孔方法。

- 钻孔前，应先用样冲把孔中心处的样冲眼冲大些，以免钻头偏离中心。
- 钻孔时，钻头要对正钻孔中心，为此可先钻一浅坑，无偏差时再正式钻削。
- 孔快钻透时，要改用手动进给。
- 钻不通孔时，要按孔的深度调整好自动进给挡铁。

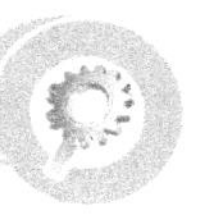

● 当加工孔径小于 35mm 时，可一次钻出；大于 35mm 时，可先钻孔，再扩孔完成。

● 加工深孔，一般钻到孔深达直径的 3 倍时，钻头要退出排屑。

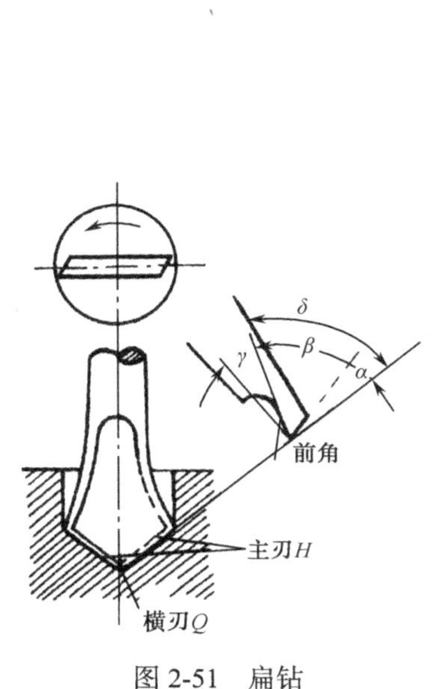

图 2-51 扁钻

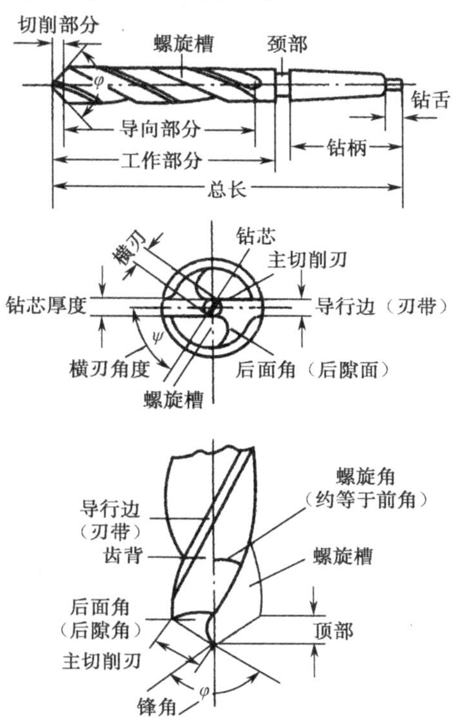

图 2-52 麻花钻的构造

② 半圆孔的钻削：为了在工件上钻出半圆孔，可用同样材料的垫块与工件合在一起，用虎钳夹住，在两件的接合处找出中心，然后钻出一个圆孔；或者先将同样的材料嵌在工件内，与工件合钻一个圆孔，然后去掉这块材料，工件上就留下了半圆孔。

③ 斜孔的钻削：在斜面上钻孔时，由于钻头切削刃上的负荷不均，会使钻头的轴线偏斜，很难保证孔的正确位置，钻头也容易折断。这时，可先在斜面上铣出（或錾出）一个与钻孔中心线相垂直的浅平窝，然后再钻出孔来。

④ 小孔与深孔的钻削：这类孔是指加工直径小于 5mm 或深度与直径之比大于 10 的孔。这种孔加工起来比较困难，因为排屑不畅，润滑冷却较难，钻头也容易折断。为此，可采取以下办法来提高钻头寿命和加工效率。

● 尽量使用短钻头，以增强刚性。

● 提高转速，利用甩削的作用促使切屑排出。

● 开始钻进时，进给力要小，以防钻头弯曲和滑移。

● 钻孔时，应及时退出钻头进行排屑。

● 钻孔时，应设法加入足够的润滑冷却液。

（2）孔加工方法的选择

为了保证产品质量、提高生产效率，可根据孔的精度（孔径精度和孔距精度）要求选择合适的加工方法。孔加工方法的选择见表2-46和表2-47。

表2-46　根据孔径精度选择加工方法

工　　序	孔径精度	表面粗糙度 Ra/μm
钻、铰	IT8～IT9	3.2～1.6
钻、扩、铰	IT7～IT8	1.6～0.8
钻、扩、粗铰、精铰	IT7～IT8	0.8～0.4
钻、镗、铰	IT7～IT8	1.6～0.8
钻、粗镗、精镗、铰	IT7～IT8	0.8～0.4
镗、铰	IT8～IT9	3.2～1.6
粗镗、精镗、铰	IT7～IT8	0.8～0.4

表2-47　根据孔距精度选择加工方法

孔距精度/mm	加工方法	适用范围
±（0.25～0.5）	划线找正，可找十字线和圆线两种，主要靠目测，也可配合测量	各类钻床的单件与小批量生产
±（0.1～0.25）	用十字工作台靠刻线尺读数定位 用普通钻模板或组合夹具配合快换夹头 盘形工件可采用等分钻夹具 采用多轴头配以钻夹具或采用多轴钻床	各类钻床的单件与小批量生产 立钻和摇臂钻的中小批量生产 立钻和台钻的中小批量生产 立钻的大批量生产
±（0.03～0.1）	利用坐标工作台或采用坐标钻床 采用专用夹具	坐标摇臂钻、坐标立钻的单件、小批量生产 摇臂钻和立钻的成批生产

（3）钻孔时的切削用量

这包括切削速度、切削深度和进给量。

① 钻孔时的切削速度（v）：指钻削时钻头直径上一点的线速度，可由下式计算。

$$v=\frac{\pi Dn}{1000}\quad (\text{m/min})$$

式中：D—钻头直径（mm）；

n——钻头转速（r/min）。

② 钻孔时的切削深度：等于钻头的半径。

③ 钻孔时的进给量：钻头每转一周向下移动的距离。

5. 钻孔时钻头损坏的原因及预防方法

钻孔时钻头损坏的原因及预防方法见表2-48。

表2-48　钻孔时钻头损坏的原因及预防方法

损坏形式	损坏原因	预防方法
工作部分折断	（1）用钝钻头工作 （2）进刀量太大 （3）钻屑塞住钻头的螺旋槽	（1）把钻头磨锋利 （2）减小进刀量，合理提高切削速度 （3）钻深孔时，钻头退出几次，使钻屑能向

续表

损坏形式	损坏原因	预防方法
	（4）钻孔将穿通时，由于进刀阻力迅速降低而突然增大进刀量 （5）工件松动 （6）钻铸件时碰到缩孔	外排出 （4）钻孔将穿通时减小进刀量 （5）将工件可靠固定 （6）钻预计有缩孔的铸件时要减少走刀量
切削刃迅速磨损	（1）切削速度过高 （2）钻头刃磨角度与工件硬度不适应	（1）降低切削速度 （2）根据工件硬度选择钻头刃磨角度

6. 钻孔时容易出现的问题和产生原因

钻孔时容易出现的问题和产生原因见表 2-49。

表 2-49 钻孔时容易出现的问题和产生原因

出现的问题	产生原因
孔大于规定尺寸	（1）钻头中心偏，角度不对称 （2）机床主轴摆动，钻头弯曲
孔壁粗糙	（1）钻头不锋利，角度不对称 （2）后角太大 （3）进给量太大 （4）切削液选用不当或切削液供给不足
孔位移	（1）工件划线不正确 （2）工件装夹不当或未紧固 （3）钻头横刃太长，找正不准，定心不良 （4）开始钻孔时，孔钻偏而没有找正
孔歪斜	（1）工件与钻头不垂直，钻床主轴与台面不垂直 （2）横刃太长，或进给量太大，使钻头轴向力过大，造成钻头弯曲 （3）工件内部组织不均，有砂眼（气孔）
钻头折断	（1）钻头磨钝，仍继续钻孔 （2）钻头螺旋槽被切屑堵住，没有及时排屑 （3）孔快钻通时，没有减小进给量 （4）钻黄铜等易扎刀材料时，没有减小钻头前角 （5）钻刃修磨得过于锋利，产生崩刃现象，而没能迅速退刀
切削刃迅速磨损或碎裂	（1）切削速度过高，切削液选用不当或切削液供给不足 （2）没有根据材料的特性和工艺特性来刃磨钻头的切削角度 （3）工件内部硬度不均或有砂眼 （4）钻刃过于锋利，进给量过大 （5）怕钻头安装不牢，用钻刃往工件上蹾

7. 钻孔时应注意的安全事项

① 操作钻床时不能戴手套，袖口必须扎紧；长发者必须戴工作帽。

② 工件必须夹紧，特别是在小工件上钻较大直径的孔时装夹必须牢固；孔将钻穿时，要尽量减小进给量。

③ 开动钻床前，应检查是否有钻夹头钥匙或斜铁插在钻轴上。

④ 钻孔时不可用手和棉纱头或用嘴吹来清除切屑，必须用毛刷清除；钻出长条切屑时，要用钩子钩断后除去。

⑤ 操作者的头部不准与旋转着的主轴靠得太近，停车时应让主轴自然停止，不可用手去刹住，也不能用反转制动。

⑥ 严禁在开机状态下装拆工件。检验工件和变换主轴转速，必须在停车状态下进行。

7）清洁钻床或加注润滑油时，必须切断电源。

2.7.2　扩孔

用扩孔工具扩大工件孔径的加工方法叫扩孔。

对于直径较大的孔，一般至少要分两次钻出，即先用小直径的钻头钻出小孔，然后用麻花钻或专用的扩孔钻扩大。用麻花钻扩孔时，底孔直径为要求直径的 50%～70%；用扩孔钻扩孔时，底孔直径约为要求直径的 90%。

扩孔可以作为孔的最后加工工序，也可以作为铰孔、磨孔前的预加工工序。

1．扩孔钻

（1）扩孔钻的优点

扩孔钻和麻花钻相比具有以下优点。

① 扩孔钻刀齿较多（一般有 3～4 个），这样就增强了刀具的导向作用，因而切削较平稳，加工质量和生产效率都高于麻花钻。

② 由于扩孔钻没有横刃，这就避免了横刃对切削造成的不良影响。

③ 由于切削深度小，切屑窄，易排出，所以不易擦伤已加工表面。

④ 由于排屑容易，所以可将容屑槽做得较小、较浅，从而增大了钻芯直径，大大提高了扩孔钻的刚度。

⑤ 由于扩孔钻刚度提高，所以扩孔时的切削用量和加工质量也随之得以改善。例如，扩孔时的进给量为钻孔时的 1.2～2 倍，切削速度约为钻孔时的 1/2，扩孔时的加工精度一般可达 4～5 级，孔的表面质量也大大提高。

（2）扩孔钻的形式和尺寸

常用的扩孔钻有整体式和套式两种，如图 2-53 所示。套式扩孔钻多用于扩大直径的孔。直柄扩孔钻的规格见表 2-50。

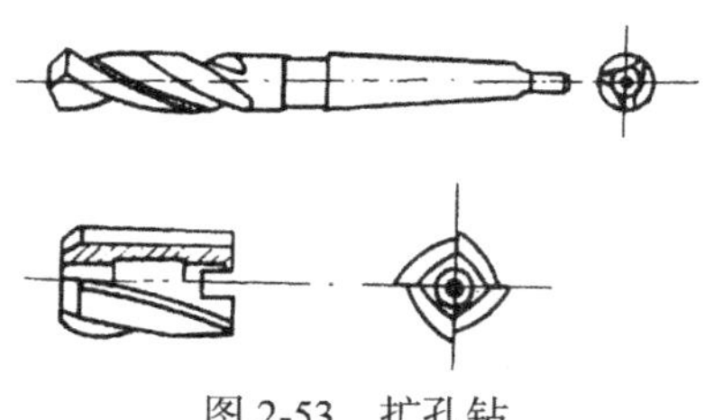

图 2-53　扩孔钻

表 2-50　直柄扩孔钻的规格

单位：mm

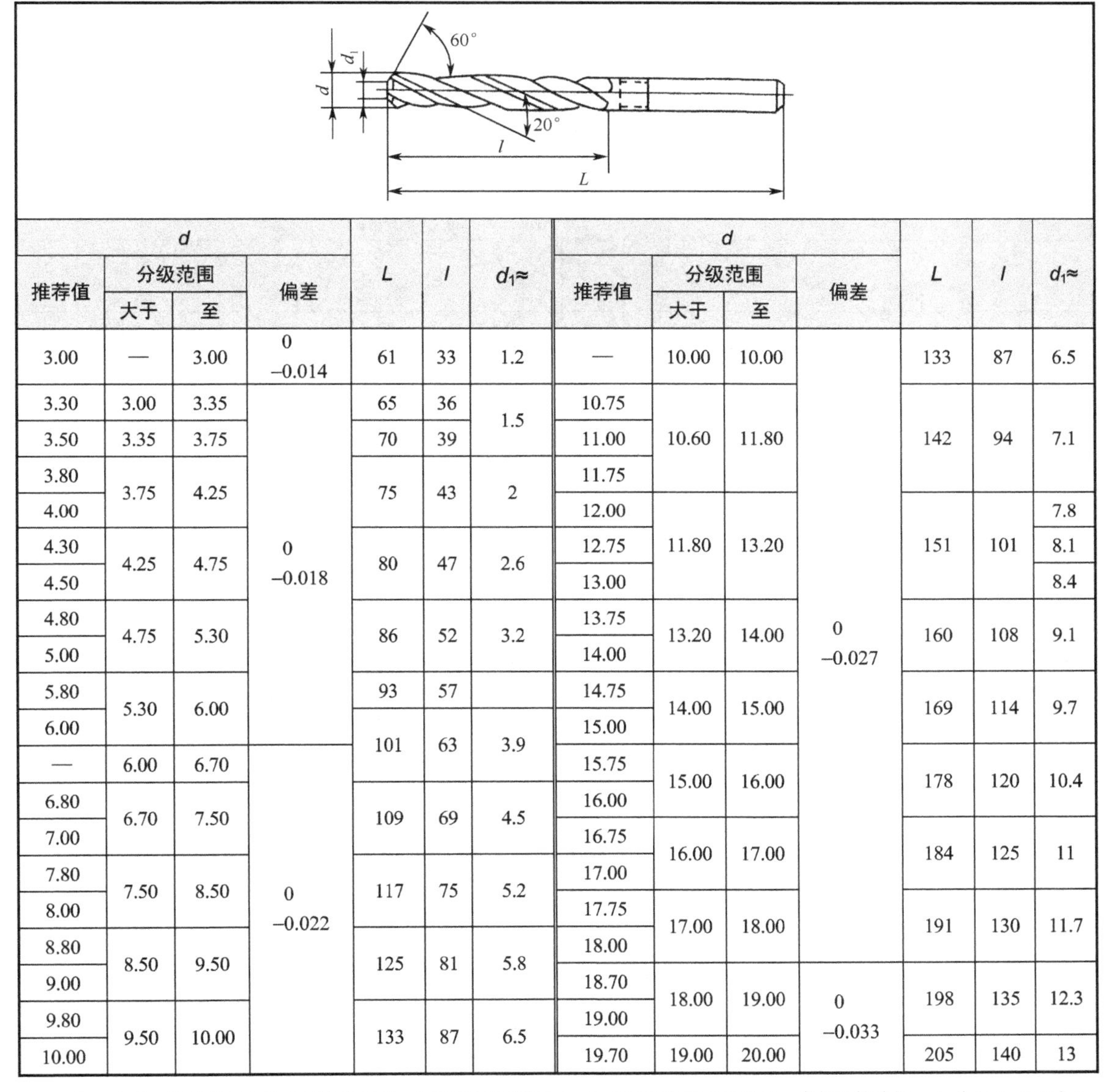

d				L	l	$d_1 \approx$
推荐值	分级范围		偏差			
	大于	至				
3.00	—	3.00	0 −0.014	61	33	1.2
3.30	3.00	3.35	0 −0.018	65	36	1.5
3.50	3.35	3.75		70	39	
3.80	3.75	4.25		75	43	2
4.00						
4.30	4.25	4.75		80	47	2.6
4.50						
4.80	4.75	5.30		86	52	3.2
5.00						
5.80	5.30	6.00		93	57	3.9
6.00				101	63	
—	6.00	6.70	0 −0.022			
6.80	6.70	7.50		109	69	4.5
7.00						
7.80	7.50	8.50		117	75	5.2
8.00						
8.80	8.50	9.50		125	81	5.8
9.00						
9.80	9.50	10.00		133	87	6.5
10.00						

d				L	l	$d_1 \approx$
推荐值	分级范围		偏差			
	大于	至				
—	10.00	10.00	0 −0.027	133	87	6.5
10.75	10.60	11.80		142	94	7.1
11.00						
11.75						
12.00	11.80	13.20		151	101	7.8
12.75						8.1
13.00						8.4
13.75	13.20	14.00		160	108	9.1
14.00						
14.75	14.00	15.00		169	114	9.7
15.00						
15.75	15.00	16.00		178	120	10.4
16.00						
16.75	16.00	17.00		184	125	11
17.00						
17.75	17.00	18.00		191	130	11.7
18.00						
18.70	18.00	19.00	0 −0.033	198	135	12.3
19.00						
19.70	19.00	20.00		205	140	13

注：直径 d 推荐值系常备的扩孔钻规格，用户有特殊需要时，也可采用分级范围内任一直径的扩孔钻。d=（0.15～0.25）D

2．扩孔时的切削用量

① 切削深度α_p的计算公式如下。

用麻花钻扩孔时：

$$\alpha_p=(0.15\sim0.25)D \quad D\text{——钻头直径（mm）}$$

用扩孔钻扩孔时：

$$\alpha_p=0.5D$$

② 进给量：用麻花钻扩孔时，其进给量为钻孔进给量的 1.2～1.8 倍；用扩孔钻扩孔时，其进给量为钻孔进给量的 2.2～2.4 倍。

③ 切削速度：扩孔时，其切削速度约为钻孔切削速度的 1/2。

扩孔时的切削用量见表 2-51 和表 2-52。

表 2-51　铸铁扩孔时的切削用量

铸铁扩孔	扩孔钻直径/mm										
	15	18	20	25	30	35	40	45	50	60	80
	扩孔钻进给量/（mm/r）										
HBS≤170	1.2	1.4	1.6	2.0	2.2	2.6	2.8	3.0	3.0	3.5	4.5
HBS>170	0.8	1.0	1.2	1.6	1.8	2.0	2.2	2.4	2.4	2.6	3.5
进给量/（mm/r）	铸铁扩孔时，在各种扩孔钻直径及进给量下的切削速度/（m/min）										
0.6	32										
0.7	30	31									
0.8	28	29	29								
1.0	26	27	27	27							
1.2	24	25	25	25	25	25					
1.4		25	24	24	24	24	20	21			
1.6			22	22	22	23	19	20	19		
1.8				21	21	22	18	19	18	18	
2.0				21	21	21	17	18	17	17	17

表 2-52　钢件扩孔时的切削用量

钢件扩孔	扩孔钻直径/mm										
	15	18	20	25	30	35	40	45	50	60	80
	扩孔钻进给量/（mm/r）										
σ_b≤600MPa	0.7	1.0	1.2	1.4	1.6	1.8	2.0	2.0	2.2	2.4	2.8
σ_b =60～900MPa	0.6	0.8	1.0	1.2	1.4	1.4	1.8	1.8	2.0	2.2	2.2
σ_b≥950MPa	0.6	0.6	0.8	1.0	1.2	1.2	1.6	1.6	1.8	2.0	2.0
进给量/（mm/r）	钢件扩孔时，在各种扩孔钻直径及进给量下的切削速度/（m/min）										
0.5	37	37	36	33							
0.6	34	34	33	30	31						
0.7	31	31	31	28	29	29	29	21	21		
0.8		29	29	26	27	27	27	20	20	19	
1.0		26	26	23	24	24	24	18	18	16	
1.2			23	21	22	22	22	16	16	15	13
1.4					19	21	20	15	15	14	12
1.6						19	19	14	14	13	12
1.8							18	13	13	12	11
2.0								12	13	11	10

2.7.3 铰孔

1. 铰刀

（1）铰刀的分类

铰刀的分类见表 2-53。

表 2-53 铰刀的分类

分类方法	种类
按使用方法分	手用铰刀、机用铰刀
按装夹方法分	柄式铰刀、套式铰刀
按铰刀材料分	高速钢铰刀、硬质合金铰刀
按铰刀外形分	圆柱铰刀、圆锥铰刀
按构造形式分	整体式铰刀、可调式铰刀
按刃沟形状分	直槽铰刀、螺旋槽铰刀

（2）铰刀的选择

① 工件材料很硬或经过淬火的工件，应选用硬质合金铰刀。

② 铰削锥孔时，应按孔的锥度选择相应锥度的铰刀。

③ 铰削带键槽的孔时，应选择螺旋槽铰刀，以防刀齿卡在槽内。

④ 加工大批量工件时，应选择机用铰刀。

⑤ 加工小批量工件时，可选择整体式或可调式手用铰刀。

（3）常用铰刀的形式和规格

常用铰刀的形式和规格见表 2-54 和表 2-55。

表 2-54 可调式手用铰刀的规格

铰刀调节范围/mm	>6.5～7，>7～7.75，>7.75～8.50，>8.5～9.25，>9.25～10，>10～10.75，>10.75～11.75，>11.75～12.75，>12.75～13.75，>13.75～15.25，>15.25～17，>17～19，>19～21，>21～23，>23～26，>26～29.5，>29.5～33.5，>33.5～38，>38～44，>44～54，>54～68，>68～84，>84～100

表 2-55 手用 1∶50 锥度销子铰刀的形式和规格

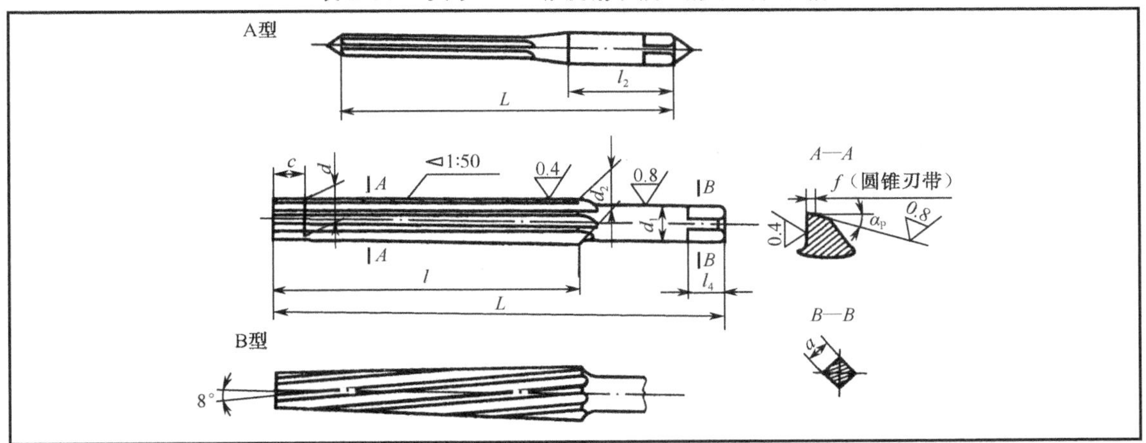

续表

d		*L*		*l*		*c*	d_2	d_1		*a*	l_4	参考			
基本尺寸	偏差	基本尺寸	偏差	基本尺寸	偏差			基本尺寸	偏差			l_2	α_p	*f* 最大	齿数
0.6		35		10			0.70								
0.8				12			0.94								
1.0		40		16	±1		1.22					16			
1.2	0 −0.014	45		20			1.50	3.15		2.5	5		16°	0.05	
1.5		50		25			1.90		0 −0.075						
2.0		60	±1.5	32			2.54					20			4
2.5		65		36		5	3.12								
3				40			3.70	4		3.15	6				
4		75		50			4.9	5		4	7		14°		
5	0 −0.018	85		60	±1.5		6.1	6.3		5	8			0.10	
6		95		70			7.3	8	0 −0.09	6.3	9				
8	0 −0.022	125		95			9.8	10		8	11		12°		
10		155		120			12.3	12.5		10	13				
12	0 −0.027	180		140			14.6	14	0 −0.11	11.2	14	15		0.15	6
16		200		160		10	19.0	18		14	18				
20		225	±2	180			23.4	22.4		18	22				
25	0 −0.033	245		190	±2		28.5	28	0 −0.13	22.4	26		9°		8
30		250				15	33.5	31.5		25	28			0.20	
40	0 −0.039	285		215			44.0	40	0 −0.16	31.5	34				10
50		300		220			54.1	50		40	42				

注：1. 工业生产的铰刀按 A 型；

2. 直径 $d\leqslant$6mm 的铰刀可制成反顶尖；

3. 柄部方头的偏差按 GB 4267—84《直柄回转工具用柄部直径和传动方头尺寸》标准的规定。

（4）铰刀的研磨

由于圆柱铰刀的直径留有研磨余量，而且刃带表面也比较粗糙，所以铰削 3 级以上精度的孔时，一定要先将铰刀的直径研磨到所需要的尺寸精度。

研磨时，在铰刀表面涂上研磨剂，把铰刀装在机床上，开反车（转速 40～60r/min），使铰刀沿与铰削相反的方向旋转，同时用手捏住研具，沿铰刀轴线方向往复移动及慢速做正向转动。

研磨中，要经常清除研屑，勤换新研磨剂，要随时注意检查铰刀的尺寸精度和几何形状，一直研磨到符合要求为止。

2. 铰削

（1）铰孔前的预加工

铰孔前的预加工见表 2-56。

表 2-56 铰孔前的预加工

孔的精度	在实体工件上加工孔	在铸或锻出孔的工件上加工
IT8	≤15mm 的孔：钻孔后一次铰孔	一次或两次镗孔，然后铰孔
	>15mm 的孔：钻孔后用扩孔钻扩孔，然后铰孔；或钻孔后用车刀车孔，然后铰孔	两次镗孔，然后铰孔
IT7	钢料≤12mm、铸铁≤15mm 的孔：钻孔后一次铰孔或两次铰孔；钢料>12mm、铸铁>15mm 的孔：一次钻孔后，用车刀车孔或扩孔钻扩孔，然后铰孔，或钻孔后两次铰孔	用车刀分粗车与精车后一次铰出，或用车刀一次车孔后，两次铰成

（2）机动铰孔的操作要点

① 装夹工件时，要使铰孔的中心线垂直于钻床的工作台面，并且铰刀的中心要和工件预铰孔的中心相重合。

② 铰孔开始时，为了引导铰刀，可先采用手动进给。当铰进 2～3mm 后，再采用机动进给。

③ 使用浮动铰刀时，未吃刀前，最好用手扶正并慢慢引导铰刀接近孔的边缘，以防铰刀撞上工件。

④ 在铰削中，特别是铰不通孔时，应分几次不停车退出铰刀，以清除切屑。

⑤ 铰孔时，要加入充足的切削液。

⑥ 铰孔结束，要不停车退出铰刀，以免在孔表面留下刀痕。

（3）铰孔方法

① 铰圆柱孔：铰孔时，首先根据孔径、孔的精度和表面质量要求，确定孔的加工工序和工序间的加工余量（表 2-57），然后按照需要进行钻孔或扩孔，最后进行铰孔。

表 2-57 基孔制 IT7 和 IT8 级精度孔钻、扩、铰工序间的加工余量

单位：mm

在实心材料上加工孔						
加工孔径	钻孔	扩孔		铰孔		
				IT7		IT8
		粗	精	粗	精	粗
3	2.9	—	—	—	3	3
4	3.9	—	—	—	4	4
5	4.8	—	—	—	5	5
6	5.8	—	—	—	6	6
8	7.8	—	—	7.96	8	8
10	9.8	—	—	9.96	10	10
12	11.0	—	11.85	11.95	12	12
14	13.0	—	13.85	13.95	14	14
15	14.0	—	14.85	14.95	15	15

续表

在实心材料上加工孔						
加工孔径	钻　孔	扩　孔		铰　孔		
				IT7		IT8
		粗	精	粗	精	粗
16	15.0	—	15.85	15.95	16	16
18	17.0	—	17.85	17.94	18	18
20	18.0	—	19.80	19.94	20	20
22	20.0	—	21.80	21.94	22	22
24	22.0	—	23.80	23.94	24	24
25	23.0	—	24.80	24.94	25	25
26	24.0	—	25.80	25.94	26	26
28	26.0	—	27.80	27.94	28	28
30	15.0	23.0	29.80	29.93	30	30
32	15.0	30.0	31.75	31.93	32	32
35	20.0	33.0	34.75	34.93	35	35
38	20.0	36.0	37.75	37.93	38	38
40	25.0	38.0	39.75	39.93	40	40
42	25.0	40.0	41.75	41.93	42	42
45	25.0	43.0	44.75	44.93	45	45
48	25.0	46.0	47.75	47.93	48	48
50	25.0	48.0	49.75	49.93	50	50

手铰时，两手用力要均匀，并且只能正转，不能倒转，否则会挤住切屑，使刀刃崩裂或损坏，影响加工质量。铰孔时应不断加切削液，铰完后铰刀顺转退出。

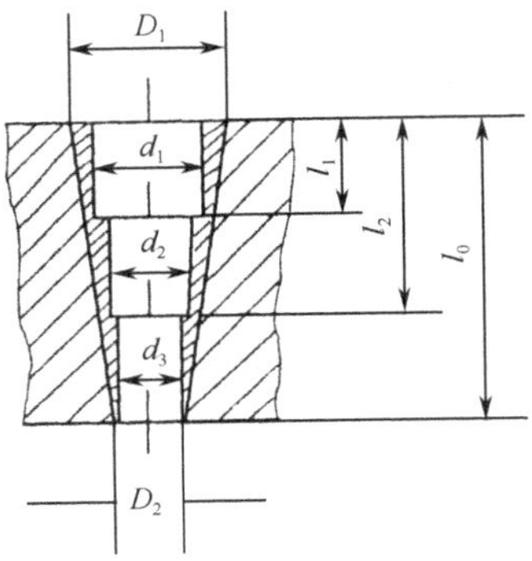

机铰时，最好在工件一次装好后，连续进行钻孔、扩孔和铰孔，这样可保证刀具轴心线的位置不变。当不便采用连续加工时，可采用浮动夹头，以减少铰孔后孔径扩大的现象。

② 铰圆锥孔：尺寸较小的圆锥孔可先按小头直径钻出圆柱孔，然后用圆锥铰刀铰削即可。对于尺寸较大的孔，为了节省时间，铰孔前首先钻出阶梯孔（图 2-54），然后用铰刀铰削。铰削过程中，要经常用相配的锥销来检查铰孔的尺寸。

图 2-54　铰圆锥孔的方法

（4）铰削用量：

① 吃刀深度：铰孔时的吃刀深度就是铰削余量。铰孔时的铰削余量见表 2-58。

表 2-58 铰削余量

单位：mm

铰刀直径	铰削余量
<6	0.05～0.1
>6～18	一次铰：0.1～0.2 二次铰精铰：0.1～0.15
>18～30	一次铰：0.2～0.3 二次铰精铰：0.1～0.15
>30～50	一次铰：0.3～0.4 二次铰精铰：0.15～0.25

注：二次铰时，粗铰余量可取一次铰余量的较小值。

② 切削速度：机铰时应采用较低的切削速度。用高速钢铰刀铰削钢件时，*v*=4～8m/min；铰削铸件时，*v*=6～8m/min；铰削铜件时，*v*=8～12m/min。

③ 进给量：铰削时的进给量见表 2-59 和表 2-60。

表 2-59 手动铰圆柱孔时的进给量

加工的材料	孔径/mm												
	6	8	10	15	20	25	30	35	40	50	60	70	80
	进给量 *f*/（mm/r）												
钢，抗拉强度/MPa													
<900	0.4	0.55	0.65	0.9	1.1	1.2	1.4	1.5	1.6	1.9	2.1	2.2	2.4
≥900	0.3	0.45	0.5	0.8	0.9	1.1	1.1	1.2	1.3	1.5	1.7	1.8	1.9
<HBSl70 的铸铁、青铜、黄铜、铝合金	0.95	1.35	1.6	2	2.4	2.8	3.2	3.6	4	4.5	5.1	5.6	6
≥HBS170 的铸铁	0.65	0.9	1.05	1.3	1.6	1.8	2.1	2.3	2.5	2.9	3.4	3.6	4

表 2-60 机动铰圆柱孔时的进给量

铰孔直径/mm	加工材料			
	钢，抗拉强度/MPa		≤HBS170 的铸铁、黄铜、铝合金	>HBS170 的铸铁
	≤900	>900		
	进给量 *f*/（mm/r）			
5	0.2～0.5	0.15～0.35	0.6～1.2	0.4～0.8
8	0.3～0.7	0.25～0.6	0.85～1.7	0.55～1.1
10	0.4～0.9	0.35～0.7	1 ～2	0.65～1.3
15	0.55～1.2	0.45～1	1.25～2.5	0.8～1.6
20	0.65～1.4	0.55～1.2	1.5 ～3	1～2
25	0.7～1.6	0.6～1.3	1.75～3.5	1. 15～2.3
30	0.8～1.8	0.65～1.5	2～4	1.3～2.6

续表

铰孔直径/mm	加工材料			
	钢，抗拉强度/MPa		≤HBS170 的铸铁、黄铜、铝合金	>HBS170 的铸铁
	≤900	>900		
	进给量 *f*/（mm/r）			
35	0.9～2	0.7～1.6	2.25～4.5	1.45～2.9
40	0.95～2.1	0.8～1.8	2.5～5	1.6～3.2
50	1.1～2.5	0.9～2	2.8～5.6	1.8～3.6
60	1.3～2.8	1.2～3	3.2～6.4	2.1～4.2
80	1.5～3.2	1.2～2.6	3.75～7.5	2.5～5

（5）铰孔时用的切削液

铰孔时用的切削液见表 2-61。

表 2-61　铰孔时用的切削液

工 件 材 料	适用的切削液
碳素钢、工具钢、合金钢、铸钢	机油、菜籽油
黄铜、铸铁、青铜	不加切削液
紫铜	肥皂水
铝及铝合金	煤油、柴油、菜籽油
贵重零件	鱼油、猪油、蓖麻油

3. 铰孔时废品的产生原因和预防方法

铰孔时废品的产生原因和预防方法见表 2-62。

表 2-62　铰孔时废品的产生原因和预防方法

废 品 种 类	产 生 原 因	预 防 方 法
表面粗糙度达不到要求	（1）铰孔余量太大或太小 （2）铰刀切削刃不锋利 （3）不用切削液或采用不合适的切削液 （4）铰刀退出时反转 （5）切削速度太高 （6）刀槽内切屑黏积过多 （7）刀刃上粘有切屑 （8）刀刃上有崩裂、缺口	（1）留必要的铰孔余量 （2）刃磨铰刀 （3）选择适当的切削液 （4）铰刀退出时应顺转 （5）降低切削速度 （6）清除切屑 （7）用油石轻轻将切屑磨去 （8）重新刃磨或更换新刀
孔呈多边形	（1）铰削余量太大，铰刀振动 （2）铰削前钻孔不圆	（1）减小铰削余量或将铰削余量分 2～3 次铰削 （2）铰削前先用钻头扩孔
孔径扩张	（1）铰刀与孔中心不重合 （2）铰孔时两手用力不匀 （3）铰铸铁时没加煤油 （4）铰锥孔时没及时用锥销检查，铰得太深 （5）进给量与加工余量过大	（1）钻孔后立即铰孔或采用浮动夹头 （2）注意两手用力平衡 （3）加煤油 （4）铰锥孔时经常用相配的锥销检查 （5）减小进给量与加工余量

续表

废品种类	产生原因	预防方法
孔径缩小	(1)铰刀磨损，尺寸减小 (2)铰刀磨钝 (3)铰铸铁时加了煤油	(1)调节铰刀尺寸或更换新铰刀 (2)刃磨铰刀 (3)不加煤油

4. 铰刀损坏的原因

铰刀损坏的原因见表 2-63。

表 2-63 铰刀损坏的原因

损坏形式	损坏原因
过早磨损	(1)刃磨时未及时冷却，使切削刃退火 (2)切削刃表面粗糙，使耐磨性减弱 (3)切削液选用不当，或切削液未能顺利地流入切削处 (4)工件材料过硬
崩刃	(1)前后角太大，使切削刃强度降低 (2)机铰时，铰刀偏摆过大，切削负荷不均匀 (3)铰刀退出时反转，使切屑卡入切削刃与孔壁之间 (4)刃磨时切削刃已有裂纹
折断	(1)铰削用量太大，工件材料过硬 (2)铰刀已被卡住，仍继续猛力扳转，使铰刀受力过大 (3)两手用力不均，铰刀中心线与孔的中心线不重合，向下压，进给量过大

5. 铰孔时应注意的事项

① 工件要夹正，对薄壁零件的夹紧力不要过大。

② 铰削过程中如果铰刀被卡住，不能猛力扳转铰刀，以防损坏铰刀。

③ 手铰过程中，两手用力要平衡，旋转铰刀的速度要均匀，铰刀不得偏摆。

④ 机铰孔时，要注意机床主轴、铰刀和工件上所要铰的孔三者间的同轴度误差是否符合要求。

⑤ 铰刀不能反转，退出时也要顺转。

2.8 攻、套螺纹

2.8.1 常用螺纹

常用螺纹的名称、精度和用途，见表 2-64。

表 2-64　常用螺纹的名称、精度和用途

螺纹名称		牙型代号	精度等级	标记说明	螺纹用途
普通螺纹	粗牙普通螺纹	M	6	M10 左—5g6g： 粗牙普通螺纹，左旋（右旋不标注），直径 10mm，5g（中径公差带代号），6g（顶径公差带代号）	应用最广。一般连接多用粗牙螺纹。细牙螺纹用于薄壁零件，还可用于微调机构。细牙螺纹也可用于液压系统的管接头
	细牙普通螺纹			M10×1—6H： 细牙普通螺纹，右旋，直径 10mm，螺距 1mm，6H（中径和顶径公差带代号相同）	
英寸制螺纹		—	—	3/16″： 英寸制螺纹（英制）直径 3/16″	只在制造修配机件时使用，我国设计新产品不使用
管螺纹	圆柱管螺纹（牙型角 55°）	R_p	6	R_p3/4—LH： 公称直径（管子孔径）3/4″，左旋（右旋不标注）	用于圆柱管螺纹连接
	55°圆锥管螺纹（牙型角 55°）	R_c（R）	6	R_c2—LH R2—LH： 55°圆锥管螺纹，公称直径（管子孔径）2″，左旋（右旋不标）	此种螺纹可不用填料（麻纱、铅丹等），就能防止渗漏。用于水管和油管的高压连接
	60°圆锥管螺纹（牙型角 60°）	NPT	6	NPT3/4—LH： 60°圆锥管螺纹，公称直径（管子孔径）3/4″，左旋（右旋不标）	用于燃料管、油管、水管、气管的连接

2.8.2　攻螺纹

用丝锥加工工件内螺纹的方法叫攻螺纹。

1．螺纹底孔直径的确定

攻螺纹前螺纹底孔的直径取决于加工螺纹底孔的钻头直径，常用钻头直径见表 2-65 和表 2-66。

表 2-65　常用普通螺纹钻底孔用钻头的直径

单位：mm

公称直径 D	螺距 P		钻头直径 d	公称直径 D	螺距 P		钻头直径 d
5	粗	0.8	4.2	18	粗	2.5	15.5
	细	0.5	4.5		细	2	16

续表

公称直径 *D*	螺 距 *P*		钻头直径 *d*
6	粗	1	5
	细	0.75	5.2
8	粗	1.25	6.8
	细	1 0.75	7 7.2
10	粗	1.5	8.5
	细	1.25 1 0.75	8.8 9 9.2
12	粗	1.75	10.2
	细	1.5 1.25 1	10.5 10.8 11
14	粗	2	12
	细	1.5 1.25 1	12.5 12.8 13
16	粗	2	14
	细	1.5 1	14.5 15
20	粗	2.5	17.5
	细	2 1.5 1	18 18.5 19
22	粗	2.5	19.5
	细	2 1.5 1	20 20.5 21
24	粗	3	21
	细	2 1.5 1	22 22.5 23
27	粗	3	24
	细	2 1.5 1	25 25.5 26
30	粗	3.5	26.5
	细	3 2 1.5 1	27 28 28.5 29

表 2-66 圆锥管螺纹钻底孔用钻头的直径

55° 圆锥管螺纹			60° 圆锥管螺纹		
公称直径/in	每英寸牙数	钻头直径/mm	公称直径/in	每英寸牙数	钻头直径/mm
1/8	28	8.4	1/8	27	8.6
1/4	19	11.2	1/4	18	11. 1
3/8	19	14.7	3/8	18	14.5
1/2	14	18.3	1/2	14	17.9
3/4	14	23.6	3/4	14	23.2
1	11	29.7	1	$11\frac{1}{2}$	29.2
$1\frac{1}{4}$	11	38.3	$1\frac{1}{4}$	$11\frac{1}{2}$	37.9
$1\frac{1}{4}$	11	44.1	$1\frac{1}{2}$	$11\frac{1}{2}$	43.9
2	11	55.8	9	$11\frac{1}{2}$	56

2. 攻螺纹的方法

（1）手攻螺纹的技术要点

① 工件装夹要正，并且要将工件需要攻螺纹的一面置于水平或垂直位置，以便在攻螺纹时，容易判断和保持丝锥垂直于工件的方向。

② 在开始攻螺纹时，要尽量把丝锥放正。然后用一只手压住丝锥柄的中部，用另一只手轻轻转动铰杠。当丝锥的切削部分全部进入工件时，就不需要再施加轴向力，靠螺纹自然旋进即可。

③ 攻螺纹时，每次扳转铰杠，丝锥旋进不应太多，一般以每次旋进 0.5～1 圈为宜。

④ 扳转铰杠时，两手用力要平衡。切忌用力过猛或左右晃动，否则容易将螺纹牙型撕裂，导致螺纹孔扩大或出现锥度。

⑤ 在塑性材料上攻螺纹时，要经常浇注足够的切削液。

⑥ 攻不通的螺纹时，要经常把丝锥退出，将切屑清除，以保证螺纹孔的有效长度。

⑦ 丝锥用完后，要擦洗干净，涂上机油，隔开放好。切不可混在一起，以免将丝锥刃口碰伤。

（2）机攻螺纹的技术要点

① 丝锥装夹在机床主轴上后，其径向振摆一般不得超过 0.05mm；工件夹具的定位支承面和丝锥中心线的垂直度偏差不得大于 0.05/100；工件螺纹底孔和丝锥的同轴度允差应不大于 0.05mm。

② 当丝锥即将进入螺纹底孔时，进刀要轻、要慢，以防止丝锥与工件发生撞击。

③ 攻螺纹时，应在钻床进给手柄上施加均匀的压力，以协助丝锥进入工件。但当校准部分进入工件时，压力即应解除，靠螺纹自然旋进。

④ 攻螺纹时的切削速度：钢材为 6～15m/min，调质后的或较硬的钢材为 5～10 m/min，不锈钢为 2～7m/min，铸铁为 8～10m/min。

⑤ 通孔攻螺纹时，丝锥的校准部分不能伸出另一端太多，否则在倒转退出丝锥时，将会产生乱扣。

3. 攻螺纹时常用的切削液

攻螺纹时常用的切削液见表 2-67。

表 2-67　攻螺纹时常用的切削液

加工材料	切削液	机加工时的流量
钢	机加工可用浓度较大的乳化油或含硫量在 1.7%以上的硫化切削油；工件表面粗糙度要求较高时，可加菜籽油及二硫化钼等；手工加工时用机油	8～21L/min
灰铸铁	一般不用；如工件表面粗糙度要求高或材质较硬，可用煤油；机加工速度在 8m/min 以上时，可用浓度为 10%～15%的乳化液	不少于 4L/min
可锻铸铁	浓度为 15%～20%的乳化液	不少于 6L/min
青铜、黄铜、锌合金、铝合金	手工加工时可不用切削液，机加工时用浓度为 15%～20%的乳化液	不少于 6L/min

续表

加工材料	切削液	机加工时的流量
不锈钢	（1）硫化切削油 60%，油酸 15%，煤油 25% （2）黑色硫化油 （3）机油	不少于 6L/min

4．攻螺纹时丝锥折断的原因和预防方法

攻螺纹时丝锥折断的原因和预防方法见表 2-68。

表 2-68 攻螺纹时丝锥折断的原因和预防方法

折断原因	预防方法
（1）螺纹底孔太小 （2）丝锥太钝，工件材料太硬 （3）丝锥扳手过大，扭转力矩大，操作者手部感觉不灵敏，往往丝锥卡住仍感觉不到，继续扳动使丝锥折断 （4）没及时清除丝锥屑槽内的切屑，特别是韧性大的材料，切屑在孔中堵住 （5）韧性大的材料（不锈钢等）攻螺纹时没用切削液，工件与丝锥咬住 （6）丝锥歪斜，单面受力太大 （7）不通孔攻螺纹时，丝锥尖端与孔底相顶，仍旋转丝锥，使丝锥折断	（1）正确计算与选择底孔直径 （2）磨锋丝锥后角 （3）选择适当规格的扳子，要随时注意出现的问题，并及时处理 （4）按要求反转割断切屑，及时排除，或把丝锥退出清理切屑 （5）应选用切削液 （6）攻螺纹前要用 90° 角尺找正丝锥与工件孔的同轴度 （7）应事先做出标记，攻螺纹时注意观察丝锥旋进深度，防止相顶，并及时清除切屑

5．折断丝锥的取出方法

丝锥折断时，可根据不同情况采取以下几种方法取出。

① 用气焊在折断的丝锥上焊一个螺钉，转动螺钉即可取出断丝锥。

② 用冲子顺着丝锥旋出的方向敲打，开始用力轻一点，慢慢加重，必要时可反向敲一下，使断丝锥松动后取出。

③ 用气焊将断丝锥退火，然后用一个比螺纹内径略小的钻头把它钻掉，再清除掉残余的部分即可。

6．攻螺纹时经常出现的废品形式和产生原因

攻螺纹时经常出现的废品形式和产生原因见表 2-69。

表 2-69 攻螺纹时经常出现的废品形式和产生原因

废品形式	产生原因
烂牙	（1）螺纹底孔直径太小，丝锥不易切入，孔口烂牙 （2）换用二锥、三锥时，与已攻出的螺纹没有旋合好就强行攻削 （3）头锥攻螺纹不正，用二锥、三锥时强行纠正 （4）对塑性材料未加切削液或丝锥不经常倒转来断屑、排屑，使已切出的螺纹被啃伤 （5）丝锥磨钝或刀刃有黏屑 （6）铰杠掌握不稳，攻强度较低的材料时，螺纹容易被切烂 （7）当丝锥磨钝、崩刃或刀口有黏屑时，也会将螺纹牙型刮烂

续表

废品形式	产生原因
滑牙	（1）攻不通孔螺纹时，丝锥已到底，仍继续转动丝锥 （2）在强度较低的材料上攻较小螺纹孔时，丝锥刚切入并已切出螺纹时，仍继续加压力；或攻完退出时，还有几扣螺纹未退出，仍连铰杠一起转出
螺孔攻歪	（1）丝锥位置不正 （2）机攻时丝锥与螺孔不同心
螺纹牙深不够	（1）攻螺纹前底孔直径太大 （2）丝锥磨损

2.8.3 套螺纹

用板牙或螺纹切头加工工件螺纹的方法叫套螺纹。

1. 套螺纹的方法

① 为了使板牙容易对准工件和切入，圆杆端部要倒成15°～20°的斜角，锥体的最小直径要比螺纹小径小，以避免切出的螺纹端部出现锋口；否则，螺纹端部容易发生卷边而影响螺母的拧入。

② 套螺纹时，切削力矩很大，圆杆要用硬木或厚铜板垫好，才能可靠地夹紧。圆杆套螺纹部分离钳口也要尽量近。

③ 开始时，为了使板牙切入工件，要在转动板牙时施加轴向压力。但等板牙面旋入并切出螺纹时，则不需要再加压力，以免损坏螺纹和板牙。

④ 套螺纹时，应保持板牙的端面与圆杆的轴线垂直，否则切出的螺纹牙一面深一面浅。

⑤ 在钢料上套螺纹要加切削液，以提高螺纹表面质量和延长板牙寿命。常用的切削液为加浓的乳化液或机油，要求较高时可用菜籽油或二硫化钼。

2. 套螺纹时圆杆的直径

用板牙在圆杆上套螺纹时，牙尖要被挤高一些，因而圆杆直径应比螺纹的大径小些。

圆杆直径可用经验公式算出：

$$d_0=d-0.13P$$

式中：d_0——圆杆直径；

d——螺纹大径；

P——螺距。

圆杆直径也可由表2-70中查得。

表 2-70 套螺纹时圆杆的直径

公制螺纹				英制螺纹			管螺纹		
螺纹大径/mm	螺距/mm	圆杆直径/mm		螺纹大径/in	圆杆直径/mm		螺纹大径/in	圆杆直径/mm	
		最小直径	最大直径		最小直径	最大直径		最小直径	最大直径
M6	1.00	5.80	5.80	1/4	5.9	6.0	1/8	9.4	9.5
M8	1.25	7.80	7.90	5/16	7.5	7.6	1/4	12.7	13.0
M10	1.50	9.75	9.85	3/8	9.1	9.2	3/8	16.2	16.5
M12	1.75	11.76	11.88	—	—	—	1/2	20.5	20.7
M14	2.00	13.70	13.82	—	—	—	—	—	—
M16	2.00	15.70	15.82	1/2	12.1	12.2	5/8	22.4	22.7
M18	2.50	17.70	17.82	—	—	—	—	—	—
M20	2.50	19.72	19.86	5/8	15.3	15.4	3/4	25.9	26.2
M22	2.50	21.72	21.86	—	—	—	—	—	—
M24	3.00	23.65	23.79	3/4	18.4	18.5	7/8	29.7	30.0
M27	3.00	26.65	26.79	—	—	—	—	—	—
M30	3.50	29.60	29.74	7/8	21.5	21.6	1	32.7	33.0
M36	4.00	35.66	35.83	1	24.6	24.8	$1\frac{1}{8}$	37.3	37.6
M42	4.50	41.55	41.72	—	—	—	$1\frac{1}{4}$	41.4	41.7
M48	5.00	47.55	47.72	—	—	—	—	—	—
M52	5.00	51.60	51.80	$1\frac{1}{4}$	30.8	31	$1\frac{3}{8}$	43.7	44.1
M60	5.50	59.50	59.70	—	—	—	—	—	—
M64	6.00	63.50	63.70	—	—	—	$1\frac{1}{2}$	47.1	47.5
M68	6.00	67.50	67.70	$1\frac{1}{2}$	37.1	37.3	—	—	—

3．套螺纹时产生废品的原因及预防方法

套螺纹时产生废品的原因及预防方法见表 2-71。

表 2-71 套螺纹时产生废品的原因及预防方法

废品形式	产生原因	预防方法
螺纹乱扣	（1）低碳钢及塑性好的材料套螺纹时，没用切削液，螺纹被撕坏 （2）套螺纹时没有反转割断切屑，造成切屑堵塞，啃坏螺纹 （3）套螺纹圆杆直径太大 （4）板牙与圆杆不垂直，由于偏斜太多又强行找正，造成乱扣	（1）按材料性质选用切削液 （2）按要求反转，并及时清除切屑 （3）将圆杆加工得合乎尺寸要求 （4）要随时检查和找正板牙与圆杆的垂直度，发现偏斜及时修整
螺纹偏斜和螺纹深度不均	（1）圆杆倒角不正确，板牙与圆杆不垂直 （2）两手旋转板牙架用力不均衡，摆动太大，使板牙与圆杆不垂直	（1）按要求正确倒角 （2）两手用力要保持均衡，使板牙与圆杆保持垂直

续表

废品形式	产生原因	预防方法
螺纹太瘦	（1）扳手摆动太大，由于偏斜多次借正，使螺纹中径小了 （2）板牙起削后，仍加压力扳动 （3）活动板牙与开口板牙尺寸调得太小	（1）要握稳板牙架，旋转套螺纹 （2）起削后只用平衡的旋转力，不要加压力 （3）准确调整板牙的标准尺寸
螺纹太浅	圆杆直径太小	正确确定圆杆直径

2.9 锡焊

锡焊是将低熔点的金属焊料加热熔化后，渗入并充填金属件连接处间隙的焊接方法。

加热被焊接的工件表面和焊料，使焊料熔化，填满被焊接工件的缝隙，把工件连接起来，这种操作叫焊接。

焊接的种类很多。用熔点高于 500℃的焊料进行的焊接叫硬焊，用熔点低于 400℃的焊料进行的焊接叫软焊。锡焊属于软焊。

锡焊的主要特点在于工件不产生变形（因其本身并不熔化），设备简单，操作方便。大部分金属和合金都可进行锡焊。因此，其应用非常广泛。

2.9.1 锡焊工具

1．烙铁

烙铁是一种贮存热量的传热体，外形如图 2-55 所示，其头部用紫铜制作。紫铜吸收热量多、传热快，焊接时能迅速放出大量的热，使焊料熔化。

烙铁头部锉成 30°～40° 的夹角，加热温度为 250～550℃。温度过低，不能使焊料熔化；温度过高，会形成氧化铜，不能粘锡，这时就需要锉去氧化铜。因此，焊接时应掌握好烙铁的温度。

2．电烙铁

电烙铁是利用电流通过电阻丝来加热的。应用电烙铁焊接最为方便，不但加热均匀，而且可以长时间地使用。电烙铁要根据焊接件的大小来选择（图 2-56）。

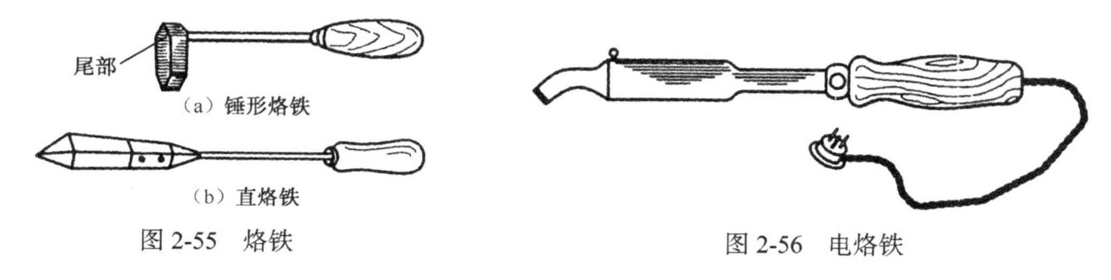

（a）锤形烙铁

（b）直烙铁

图 2-55　烙铁

图 2-56　电烙铁

3．喷灯

使用喷灯的目的是加热工具或工件。喷灯的规格见表2-72。

表2-72 喷灯的规格

品　种	型　号	燃　料	火焰有效长度/mm	火焰温度/℃	贮油量/kg	每小时耗油量/kg	灯净重/kg
煤油喷灯	MD—1	灯用煤油	60	>900	0.8	0.35～0.45	1.5
	MD—2.5		110		2.1	1～1.25	2.9
	MD—3.5		130		3.1	1.45～1.60	4.0
汽油喷灯	QD—4.5	工业汽油	70	>900	0.4	0.35～0.45	1.4
	QD—1		85		0.8	0.55～0.65	1.95
	QD—2.5		150		1.6	2	3.2
	QD—3.5		150		3.1	2.1	4.0

2.9.2 锡焊操作

1．焊料和焊剂

（1）焊料

锡焊用的焊料叫焊锡，它是锡和铅的合金，一般熔点为180～300℃。焊料的含锡量越高，越易熔化，流动性越好。焊接时可根据表2-73来选择焊料。

表2-73 焊料的成分和用途

成　分		熔点/℃	用　途
锡/%	铅/%		
25	75	257	火焰焊接
30	70	249	建筑上或粗的白铁工件
33	67	242	锌皮、镀锌铁皮
40	60	223	黄铜皮、马口铁皮
90	10	219	餐具和厨房用具

（2）焊剂

焊剂又叫焊药，它的作用是清除焊缝处的金属氧化膜等污物，保护金属不受氧化，帮助焊锡流动，提高焊接强度。

常用的焊剂有以下几种。

① 稀盐酸：配制时，把浓盐酸用水冲淡，直到不冒烟为止。它只适用于焊接镀锌铁皮。

② 氯化锌：把锌皮放入稀盐酸中溶解而成。一般锡焊均可应用。

③ 焊膏：是粉末状焊锡和焊剂的混合物。它只适用于小的焊件和涂锡。

④ 松香：它的吸氧作用比较小，适用于黄铜、紫铜和表面光洁的工件。它对于铅是一种有效的焊剂。

2. 锡焊的方法

（1）锡焊前的准备

① 准备好工具和辅助材料：如钢丝刷、小毛刷、焊接剂、锤形烙铁、硇砂（氯化铵）、木压板、砂布、抹布等。

② 清理烙铁：焊接前须用钢丝刷把附着的氧化铜刷掉。使用中要防止烙铁口过热。

③ 清理工件：焊接前应先用工具清理焊接处，使之出现金属光泽。焊接面上如有不清洁的地方，就会使被焊接的工件接合不牢。

（2）锡焊的操作步骤

① 固定焊缝位置，清洁焊缝。

② 加热烙铁到需要的温度。

③ 取出烙铁，蘸上焊剂，熔化焊锡，使焊锡粘在烙铁头上。

④ 在焊缝处涂上焊剂。

⑤ 把粘有焊锡的烙铁放在焊缝处，稍停一会儿，使焊件发热，然后均匀地慢慢移动，使焊锡填满焊缝。

⑥ 清理焊缝，检查焊接质量。

3. 焊缝

① 对接焊缝如图 2-57 所示。薄板的接缝可以做成斜面，以扩大焊接面。

② 搭接焊缝如图 2-58 所示。配合较好的搭接焊缝，焊料层应薄而均匀。

③ 盖板焊缝如图 2-59 所示。采用盖板焊缝时，盖板必须适合工件的形状。如果板料配合得好，焊接后能保证足够的强度。

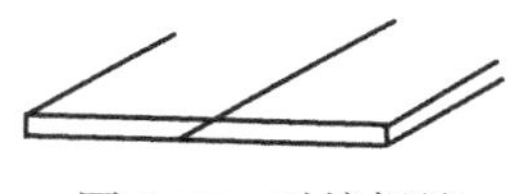

图 2-57　对接焊缝

图 2-58　搭接焊缝

图 2-59　盖板焊缝

4. 焊接时应注意的事项

① 锡焊前，必须认真搞好焊接表面的清洁处理工作。

② 锡焊时，为了防止焊料变脆而影响结合强度，焊料的加热温度不宜过高。

③ 烙铁加热时，不得超过 600℃（暗红色）。因为温度在 600℃以上时，紫铜会氧化并与锡结合成青铜，涂不上锡。

④ 在使用喷灯时，切不可过度充气，否则会发生爆炸，引起火灾。不可把燃料注入未冷却的喷灯内。

⑤ 在用酸性焊剂时，工件焊完之后必须冲洗干净；否则，残余的酸剂将与金属产生化学反应，引起金属腐蚀。

⑥ 由于酸有毒，在配焊剂时，一定要有完善的劳动保护条件和良好的通风设备，以免

影响工人的身体健康。

2.10 铆接

使用铆钉连接两件或两件以上的工件叫铆接。

2.10.1 铆接的种类

1. 按使用情况分类

① 活动铆接：它的接合部分可转动，如手钳、剪刀、卡钳、圆规等。

② 固定铆接：它的接合部分是固定不动的。固定铆接按用途又可分为以下 3 种。

- 坚固铆接：用于钢结构，如屋架、桥梁、车辆和起重设备等。
- 紧密铆接：用于制造低压容器（如液体、气体的容器）及各种液体、气体管路的铆接。这种铆接的铆钉排列较密，接缝中常夹有橡皮或其他填料，以防漏气或漏液。
- 坚固紧密铆接：用于高压容器（如蒸气锅炉）。它既要承受巨大的压力，又要保持紧密。

2. 按照铆接方法分类

按照铆接方法可分为冷铆和热铆。

3. 按照铆接形式分类

按照铆接形式可分为搭接和对接，对接又分为单盖板和双盖板两种，如图 2-60 所示。

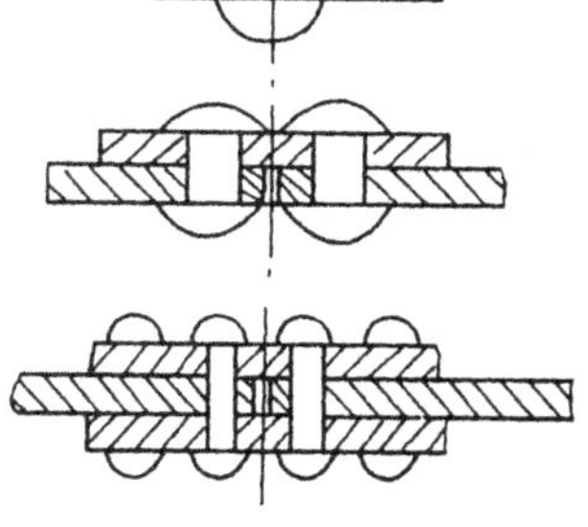

图 2-60 铆接的形式

2.10.2 铆接操作

1. 铆接工具

（1）手锤

手工铆接用的手锤多为圆头手锤。手锤的规格按铆钉直径来选定，最常用的是 0.2～0.5kg 的小手锤。

（2）压紧冲头

压紧冲头如图 2-61（a）所示。当铆钉插入孔内后，常用它来压紧被铆接的板料。

（3）罩模和顶模

罩模和顶模如图 2-61（b）和图 2-61（c）所示。二者的工作部分都是半圆形的凹球面，并且都经过淬火和抛光。

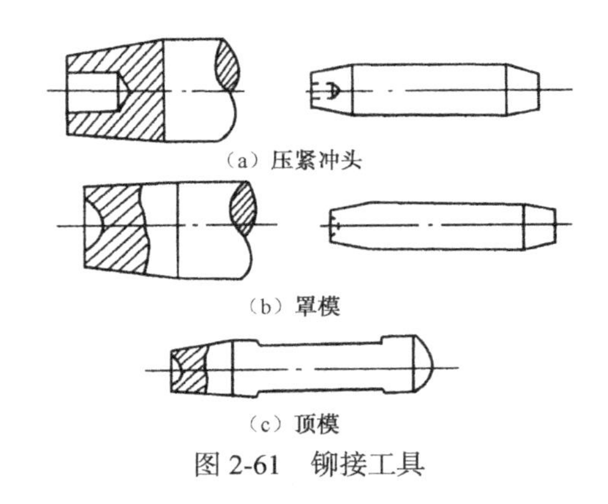

图 2-61　铆接工具

2. 铆钉

(1) 铆钉的直径和长度

① 铆钉直径的确定：铆钉的直径是根据铆接板的厚度确定的。一般情况下，可根据表 2-74 来选择。

表 2-74　铆钉直径的选择

单位：mm

构件计算厚度	9.5～12.5	13.5～18.5	9～24	24.5～28	28.5～31
铆 钉 直 径	19	22	25	28	31

表 2-74 中的计算厚度可根据下列原则加以确定。

- 钢板与钢板搭接铆接时，为厚钢板的厚度。
- 厚度相差较大的钢板互相铆接时，为较薄钢板的厚度。
- 钢板与型钢铆接时，为两者的平均厚度。

根据上述原则，铆钉直径一般等于板厚的 1.8 倍。标准铆钉直径见表 2-75。

表 2-75　标准铆钉直径

单位：mm

铆钉直径	公 称 直 径	2.0	2.5	3.0	4.0	5.0	6.0	7.0	8.0	10.0	13.0	16.0
	允差	±0.1			+0.2 −0.1			+0.3 −0.2			+0.4 −0.2	

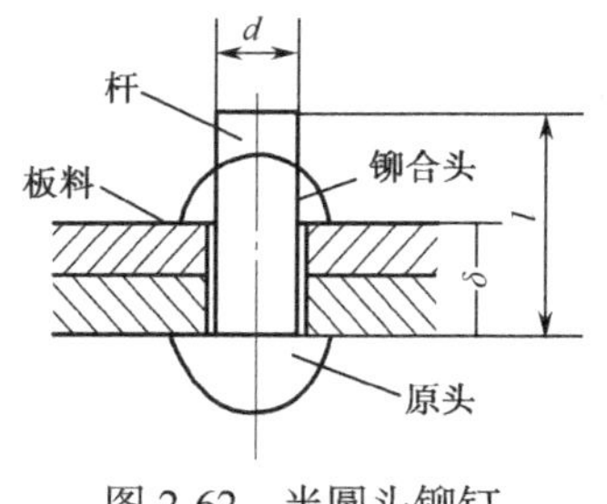

图 2-62　半圆头铆钉

② 铆钉长度的确定：铆接时所用的铆钉，除了铆接件的厚度外，留作铆合头用的部分，其长度必须足够用来做出完整的铆合头。

常用的半圆头铆钉如图 2-62 所示。其长度可用下列公式计算：

$$l=1.12\delta+(1.25\sim1.5)d\ (\text{mm})$$

式中：l——铆钉杆的长度（mm）；

δ——铆件的总厚度（mm）;

d——铆钉直径（mm）。

半圆头铆钉伸出部分的长度，应为铆钉直径的1.25～1.5倍。

埋头铆钉伸出部分的长度，应为铆钉直径的0.8～1.2倍。

确定铆钉的直径和长度时，应根据结构要求按照标准进行选择。

（2）常用铆钉的规格

半圆头铆钉的规格见表2-76。

表2-76 半圆头铆钉的规格

公称直径 d	头部尺寸		钉杆长度 L
	直径 D	厚度 H	精制
mm			
0.6	1.1	0.4	1～6
0.8	1.4	0.5	1.5～8
1	1.8	0.6	2～8
（1.2）	2.1	0.7	2.5～8
1.4	2.5	0.8	3～12
（1.6）	3	1	3～12
2	3.5	1.2	3～16
2.5	4.6	1.6	5～20
3	5.3	1.8	5～26
（3.5）	6.3	2.1	7～26
4	7.1	2.4	7～50

公称直径 d	头部尺寸		钉杆长度 L	
	直径 D	厚度 H	粗制	精制
mm				
5	8.8	3		7～55
6	11	3.6		8～60
8	14	4.8		16～65
10	17	6		16～85
12	21	8	20～90	20～90
（14）	24	9	22～100	22～100
16	29	10	26～110	26～110
（18）	32	12.5	32～150	—

续表

公称直径 d	头部尺寸		钉杆长度 L	
	直径 D	厚度 H	粗　制	精　制
mm				
20	35	14	32～150	—
（22）	39	15.5	38～180	—
24	43	17	52～180	—
（27）	48	19	55～180	—
30	53	21	55～180	—
36	62	25	58～200	—

注：1. 括号内的直径尽可能不采用；

2. 钉杆长度系列（mm）：1，1.5，2，2.5，3，3.5，4，5，6，7，8，9，10，11，12，13，14，15，16，17，18，19，20，22，24，26，28，30，32，34*，35+，36*，38，40，42，44*，45+，46*，48，50，52，55，58，60，62*，65，68*，70，75，80，85，90，95，100，10，120，130，140，150，160，170，180，190，200。其中带*号的长度只有精制铆钉，带+号的长度只有粗制铆钉。

沉头铆钉的规格见表 2-77。

表 2-77　沉头铆钉的规格

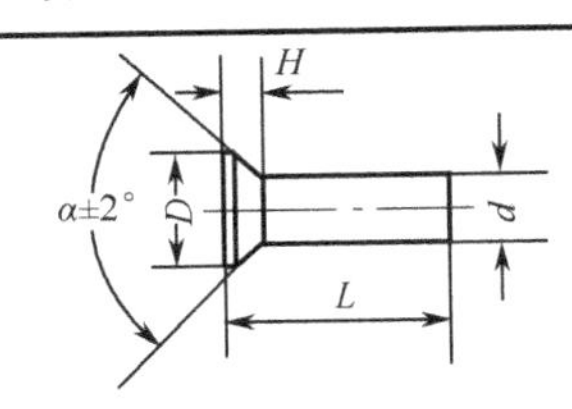

d=1～10，*α*=90°；*d*=12～36，*α*=60°

公称直径 d	头部尺寸 直径 D	头部尺寸 厚度 H	钉杆长度 L 精制	公称直径 d	头部尺寸 直径 D	头部尺寸 厚度 H	钉杆长度 L 粗制	钉杆长度 L 精制
mm				mm				
1	1.9	0.5	2～8	10	17.6	4	—	16～75
1.2	2.1	0.5	2.5～8	12	18.6	6	20～75	18～75
（1.4）	2.7	0.7	3～12	（14）	21.5	7	20～100	20～100
1.6	2.9	0.7	3～12	16	24.7	8	24～100	24～100
2	3.9	1	3.5～16	（18）	28	9	28～150	—
2.5	4.6	1.1	5～18	20	32	11	30～150	—
3	5.2	1.2	5～22	（22）	36	12	38～180	—
（3.5）	6.1	1.4	6～24	24	39	13	50～180	—
4	7	1.6	6～30	（27）	43	14	55～180	—

续表

公称直径 d	头部尺寸		钉杆长度 L	公称直径 d	头部尺寸		钉杆长度 L	
	直径 D	厚度 H	精　制		直径 D	厚度 H	粗　制	精　制
mm				mm				
5	8.8	2	6～50	30	50	17	60～200	—
6	10.4	2.4	6～50	36	58	19	65～200	—
8	14	3.2	12～60					

注：1. 括号内的直径尽可能不采用；

2. 钉杆长度系列（mm）：2，2.5，3，3.5，4，5，6，7，8，9，10，11，12，13，14，15，16，17，18，19，20，22，24，26，28，30，32，34*，35+，36*，38，40，42，44*，45+，46*，48，50，52，55，58，60，62*，65，68*，70，75，80，85，90，95，100，110，120，130，140，150，160，170，180，190，200。其中带*号的长度只有精制铆钉，带+号的长度只有粗制铆钉。

3. 铆接方法

铆接方法有手工铆接和机械铆接两种。每种方法又分为热铆接和冷铆接。

热铆接是将铆钉加热到一定温度，再进行铆合。一般铆钉直径大于 10mm 时，均采用热铆接；铆钉直径小于 10mm 时，多采用冷铆接。冷铆接时，铆钉不必加热，直接冷作铆接。

（1）手工铆接

先在铆件上钻孔，去掉毛刺、倒角，然后插入铆钉。铆接时，针对不同的铆钉，采取不同的操作方法。

① 半圆头铆钉：首先将铆钉的半圆头放在顶模上，把压紧冲头有孔的一端套在铆钉伸出部分上，用手锤敲击压紧冲头，使铆接件压紧贴合；接着取下压紧冲头，用手锤逐渐将铆钉伸出部分镦粗成不够完整的铆合头；最后用罩模罩在上面，用手锤敲击罩模上端，以形成铆合头。其操作方法如图 2-63 所示。

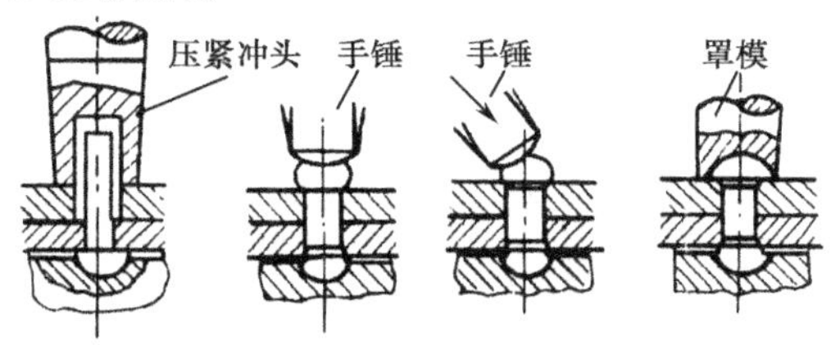

图 2-63　半圆头铆钉的铆接方法

② 埋头铆钉：将截断的圆钢棒插入孔内，首先镦粗，然后铆第二个面，最后铆第一个面。其操作步骤如图 2-64 所示。

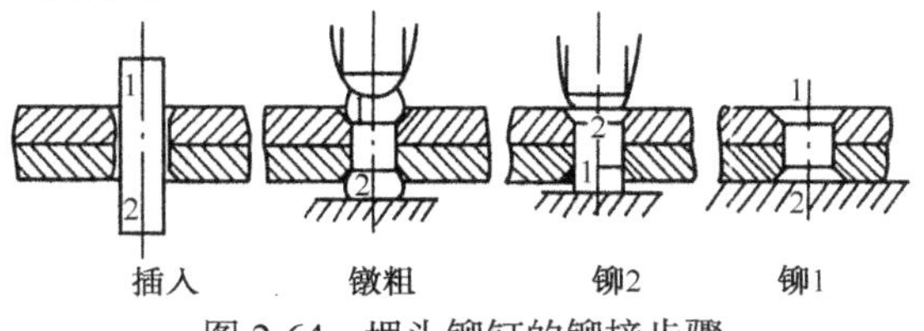

图 2-64　埋头铆钉的铆接步骤

③ 空心铆钉：将铆钉插入孔中后，先用样冲冲一下，再用特别的冲子做好铆合头，如图 2-65 所示。

（2）机械铆接

由于手工铆接的效率低、劳动强度大，所以，在大批量生产中，常采用机械铆接的方法。它主要利用机械化铆钉枪和铆接机进行铆接。

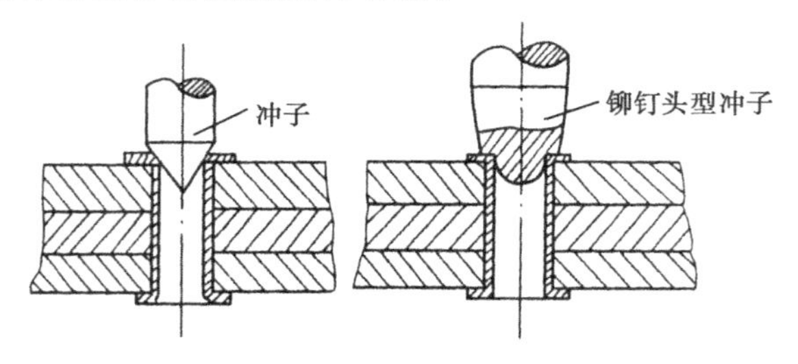

图 2-65　空心铆钉的铆接方法

（3）铆接前的钻孔直径

铆接前，须在铆件上钻出铆钉孔来。钻孔时，应按照铆钉的直径合理地选择钻头。孔钻得过大或过小都会影响铆接的质量。合理的钻孔直径可按照表 2-78 来选择。

表 2-78　铆钉直径和钻孔直径

单位：mm

铆钉直径		4	5	6	7	8	10	11.5	13	16	19	22	25	28	30	34	38
钻孔直径	精配	4.1	5.2	6.2	7.2	8.2	10.5	12	13.5	16.5	20	23	26	29	31	35	39
	中等配	4.2	5.5	6.5	7.5	8.5	10.5	12	13.5	6.5	20	23	26	29	31	35	39
	粗配	4.5	5.8	6.8	7.8	8.8	11	12.5	14	17	21	24	27	30	32	36	40

4．铆接时产生废品的原因和防止方法

铆接时产生废品的原因和防止方法，见表 2-79。

表 2-79　铆接时产生废品的原因和防止方法

废品形式	产生原因	防止方法
铆合头偏斜	（1）铆钉杆太长 （2）铆钉孔偏斜，孔未对准 （3）镦粗铆合头时，不垂直	（1）正确计算铆钉杆长度 （2）孔要钻正，插入铆钉孔应同心 （3）镦粗时，锤击力要保持垂直
铆合头不光洁，有凹痕	（1）罩模工作表面不光洁 （2）锤击时用力过大，连续快速锤击，将罩模弹回时，棱角碰伤铆合头	（1）检查罩模并抛光 （2）锤击力要适当，速度不要太快，把稳罩模
铆合头太偏	铆钉杆长度不够	正确计算及选定铆钉杆长度
埋头孔没填满	（1）铆钉杆长度不够 （2）镦粗时，方向与板料不垂直	（1）正确选定铆钉杆长度 （2）铆钉方向与锤击力要和工件垂直
原铆合头没贴紧工件	（1）铆钉孔直径太小 （2）孔口没倒角	（1）正确选定铆钉孔直径 （2）孔口应倒角

续表

废品形式	产生原因	防止方法
工件上有凹痕	（1）罩模放置太歪斜 （2）罩模太大	（1）罩模应放正 （2）罩模应与铆合头相符
铆钉杆在孔内弯曲	（1）铆钉孔太大 （2）铆钉杆直径太小	（1）正确选定铆钉孔直径 （2）铆钉杆直径应符合标准要求
工件之间有间隙	（1）工件板料不平整 （2）板料没压紧贴合	（1）铆接前应平整板料 （2）用压紧冲头将板料压紧贴合

2.11 矫正和弯形

2.11.1 矫正

1. 概述

条料、棒料、板料和某些零件由于加工、搬运、热处理、使用等原因经常产生弯曲、翘曲或扭曲等缺陷，消除这些缺陷的操作叫做矫正。

矫正的原理是，材料在外力作用下，其内部组织发生变化，晶格之间产生滑移，从而达到矫正的目的。

矫正工作不适于脆性材料，韧性材料经过锤击后，性质也要发生明显的变化：一种是表面硬度增加，这种现象称为冷作硬化；一种是材料变脆。因此，在矫正后应进行退火处理，以恢复其原有的机械性能。

矫正分为手工矫正和机械矫正两种：手工矫正是用手工工具在平台、铁砧或虎钳上进行的，包括扭转、弯曲、延展、伸张等操作；机械矫正是在矫直机、压力机、冲床等设备上进行的。这里主要介绍手工矫正。

2. 矫正的工具和设备

① 支承矫正件的工具有矫正平板、V形铁、铁砧等。
② 加力用的工具有手锤、铜锤、木锤、压力机和矫直机等。
③ 检验用的工具有平板、角尺、划针盘和百分表等。

3. 矫正方法

（1）条料的桥直

条料产生弯曲变形时，须用扭转的方法进行矫直，操作方法如图 2-66 所示。矫直时，将工件夹在虎钳上，用特制的工具将条料扭转到原来的形状。

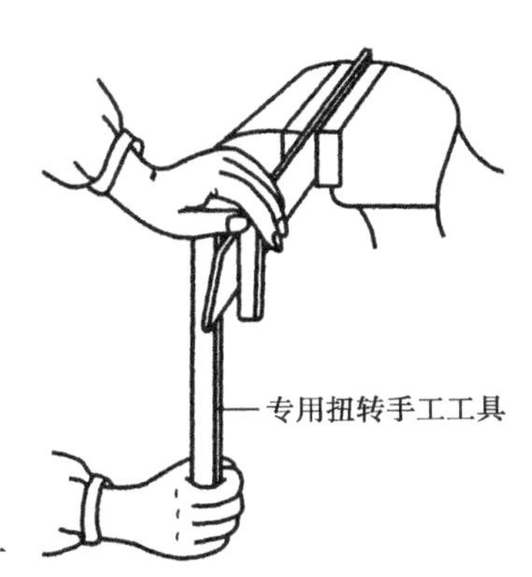

图 2-66 用扭转法矫直

当条料在厚度方向上弯曲时，应首先在虎钳上利用弯曲法进行矫直（图 2-67），然后放到平板上用手锤继续敲直，直至平直度达到要求为止。

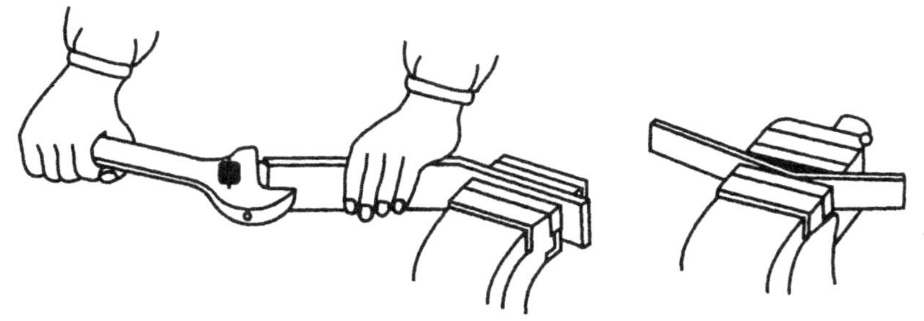

（a）在虎钳上用扳手把弯曲条料初步扳直　（b）利用虎钳口把条料初步夹直

图 2-67　用弯曲法矫直

条料在宽度方向上弯曲时，必须用延展法矫直（图 2-68）。矫直时，锤击弯形里面的材料，使下边逐渐伸长而变直。

（2）棒料和轴类零件的矫直

弯曲的棒料，一般采用锤击法矫直。首先用目测或光隙法确定弯曲的部位和程度，用粉笔做好记号，然后把棒料放到平板上（凸起部位向上，如图 2-69 所示），用手锤锤击凸起部位，使之变直。

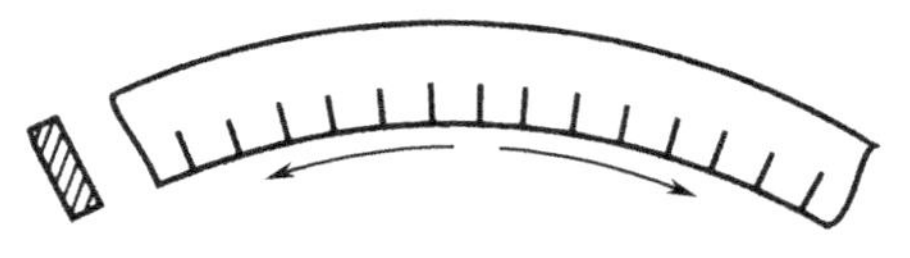

图 2-68　用延展法矫直

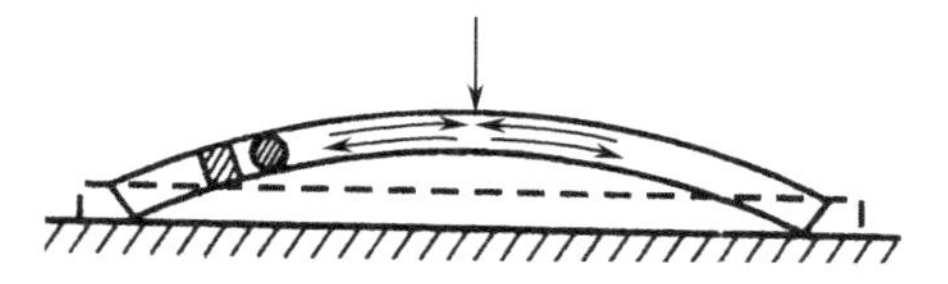

图 2-69　用锤击法矫直棒料

小直径的棒料可夹在虎钳上，用手扳直；大直径的棒料和轴类零件等则须装在压力机上进行矫直（图 2-70）。工件用平垫铁或 V 形垫铁支承，支承位置可根据变形情况进行调节。

对于精度要求较高的轴类零件，在矫直前可用百分表对各部分进行测量。在需要和条件允许的情况下，也可一边加热，一边矫直。

（3）线材和薄板的矫正

弯曲的细长线材，可用伸张法来矫直，如图 2-71 所示。矫直时，将线材的一端夹在虎钳上，在靠近钳口处把线材在一圆木上绕一圈，用左手握住圆木向后拉，右手展开线材，把它拉直。

图 2-70　用压力机矫直　　图 2-71　线材的矫直

翘曲的金属薄板，可在平板上用木锤矫平，也可以用平木块来矫平，如图 2-72 所示。

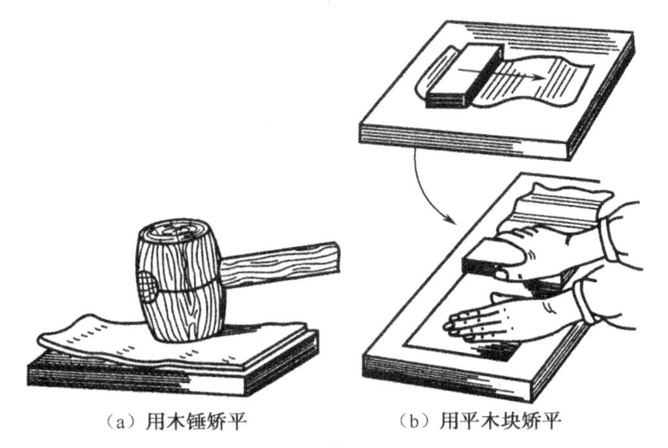

（a）用木锤矫平　　（b）用平木块矫平

图 2-72　薄板的矫平

2.11.2　弯形

1. 弯形的概念

将板料、棒料、条料、型材、钢丝、管子等弯成所要求的形状或一定的角度，这种操作叫弯形。

弯形会使材料产生塑性变形。因此，只有塑性好的材料才适合弯形。

弯曲变形的大小与下列因素有关（图 2-73）。

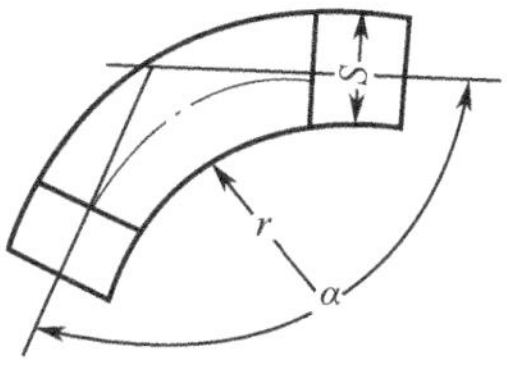

① r/S 值越小，变形越大；r/S 值越大，变形越小（r 为弯曲半径，S 为材料厚度）。

② 弯曲角 α 越小，变形越大；弯曲角 α 越大，变形越小。

图 2-73　弯曲半径和弯曲角

由弯曲变形而引起的内应力和弯曲处的冷作硬化，可用退火的方法加以消除。

2. 弯形前毛坯长度的计算

在弯形时，如果图纸上没有注明毛坯的展开长度，就要计算出来，才能下料和弯形。计算时，先把图纸上的工件形状分成最简单的几何形状，然后把各段的计算结果加起来，即可得到毛坯的总长度。图 2-74 是三种弯形工件的图形。图中的直线部分不用计算，圆弧部分可用下列公式计算：

$$A=\pi\left(r+\frac{S}{2}\right)\frac{\alpha}{180^\circ}$$

式中：A——圆弧长度（mm）；

　　r——内弯曲半径（mm）；

S——材料厚度（mm）；

α——与圆弧相对的圆心角（°）。

图 2-75 是一个肘形工件图。现要求出毛坯的展开长度。已知：圆心角α =120°，内弯曲半径 r=5mm，材料厚度 S=2mm，一边长 27mm，另一边长 30mm。

$$L=l_1+l_2+A$$

式中：L——毛坯总长度；

l_1、l_2——各直线部分长度；

A——圆弧部分长度。

因为 $l_1=27-(5+2)=20$（mm）

$l_2=30-(5+2)=23$（mm）

$$A=\pi\left(r+\frac{S}{2}\right)\frac{\alpha}{180^\circ}$$

$$=3.1416\times\left(5+\frac{2}{2}\right)\times\frac{120^\circ}{180^\circ}$$

$$=12.56\text{(mm)}$$

所以 $L=20+23+12.56=55.56$（mm）

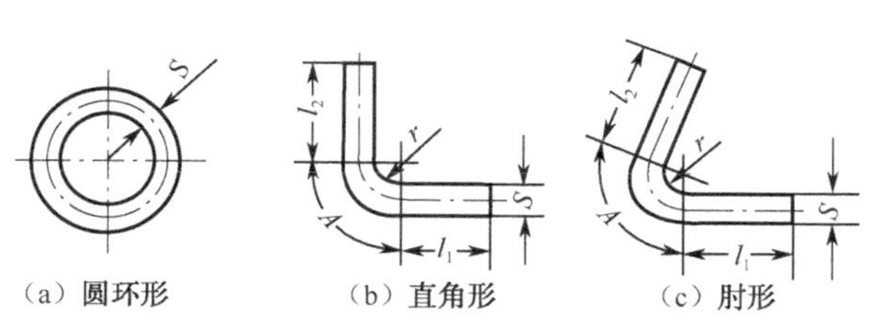

图 2-74　三种弯形工件的图形

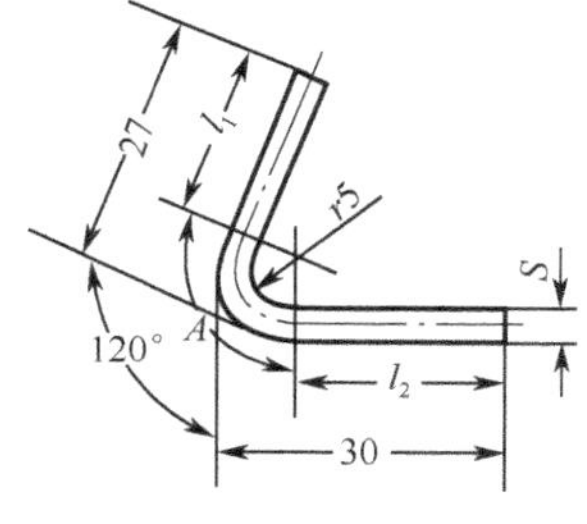

图 2-75　肘形工件图

3．弯形方法

弯形的方法有两种：冷弯和热弯。在常温下进行弯形工作叫冷弯；将工件的被弯部分加热，使之呈现樱红色，然后进行弯形叫热弯。

一般情况下，厚度在 5mm 以上的板料，进行热弯。热弯通常由锻工进行，安装钳工只进行冷弯操作。

（1）弯直角形工件

先在弯形的地方划好线，然后夹在虎钳上，使线和钳口平齐，两边与钳口垂直，用锤敲打根部，使之呈直角形，如图 2-76 所示。如果虎钳钳口比工件短或深度不够，可用角铁做的夹具来夹持工件，如图 2-77 所示。

（2）咬口

将板料的两个边弯曲，使之互相紧紧扣合的操作叫咬口。图 2-78 是单扣平卧式咬口的操作程序。

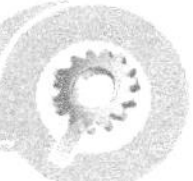

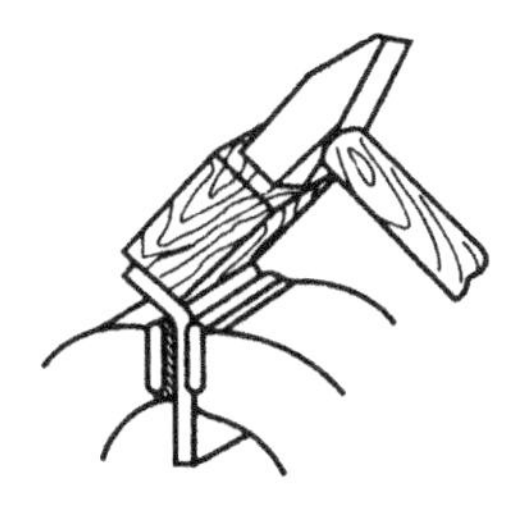

图 2-76 弯直角的方法

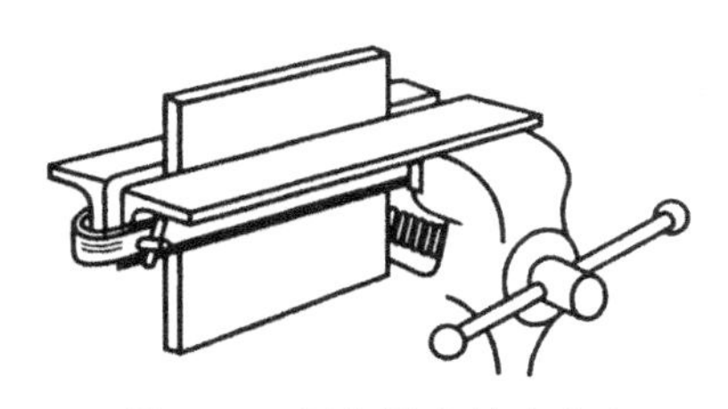

图 2-77 用角铁夹持弯直角

(a) 将板料弯成直角形

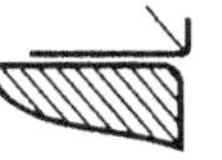

(b) 翻转板料，再弯成75°～80°

(c) 伸出板料

(d) 锤打伸出部分，使弯角缩小并下凹

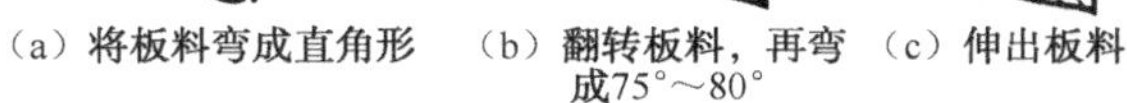

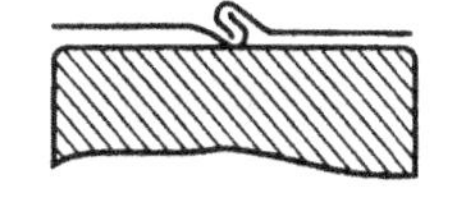

(e) 把板料的两个边扣合起来

(f) 敲紧咬口

图 2-78 单扣平卧式咬口的操作程序

(3) 管材的弯形

① 弯形方法。

- 冷弯：适用于直径较小的钢管或铜管的弯形。当管径 D<40mm 时，常用手扳弯管器弯形，如图 2-79 所示；当管径 D 为 40～100mm 时，应在弯管机上弯形。

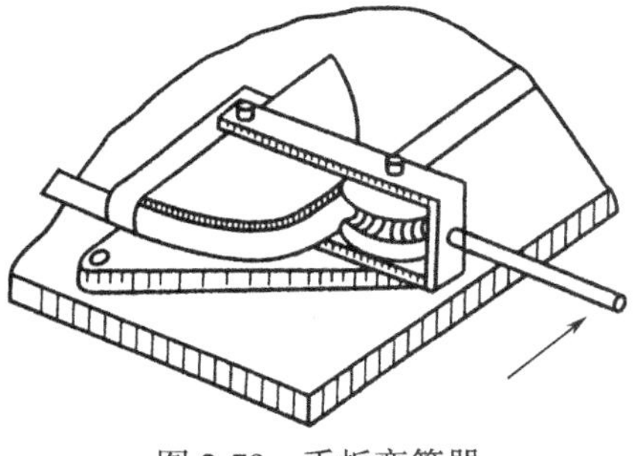

图 2-79 手扳弯管器

铜管在弯形前应对弯形部分进行退火处理，方法是将铜管烧红后在水或油中冷却。

- 热弯：适用于直径较大的钢管的弯形。弯形前，要在管内灌满干沙（灌沙时，要不断地敲击管壁使其充实），并用木塞塞紧两端（图 2-80），然后加热弯形。对于有焊缝的管子的弯形，焊缝必须放在中性层的位置上（图 2-81），否则会使焊缝裂开。

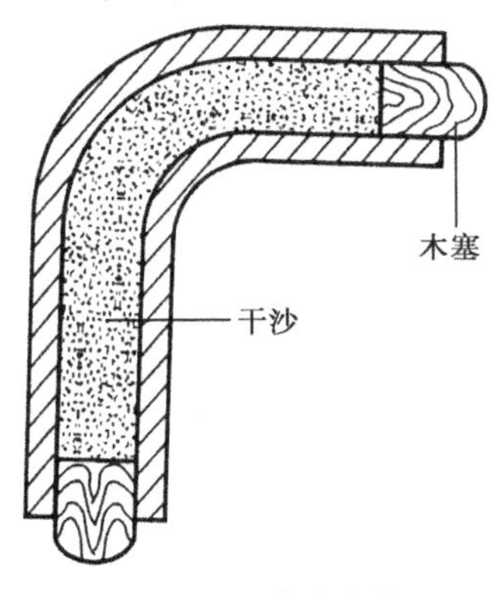

图 2-80 灌沙弯管

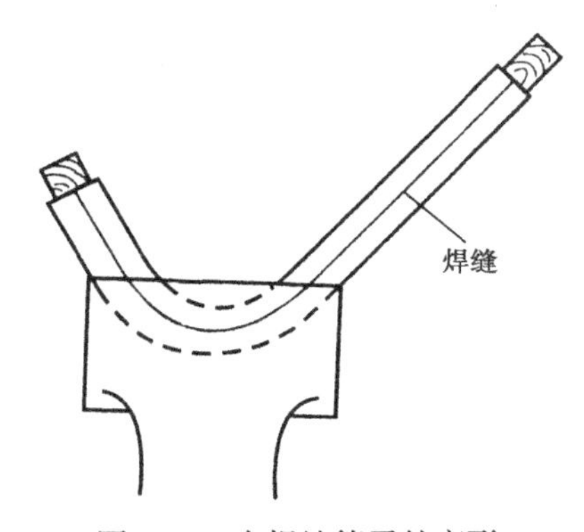

图 2-81 有焊缝管子的弯形

② 最小弯曲半径。

相关计算公式见表2-80。

表2-80　型材、管材最小弯曲半径的计算公式

名　称	简　图	状　态	计算公式
等边角钢外弯	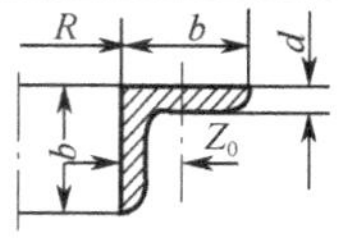	热	$R_{\min}=\frac{b-Z_0}{0.14}-Z_0$
		冷	$R_{\min}=\frac{b-Z_0}{0.04}-Z_0$
等边角钢内弯	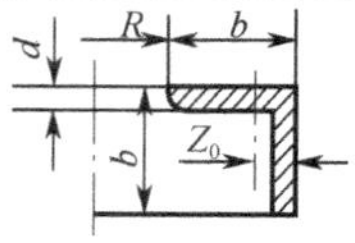	热	$R_{\min}=\frac{b-Z_0}{0.14}-b+Z_0$
		冷	$R_{\min}=\frac{b-Z_0}{0.04}-b+Z_0$
不等边角钢小边外弯	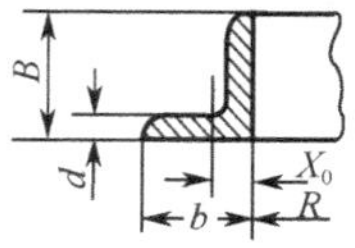	热	$R_{\min}=\frac{b-X_0}{0.14}-X_0$
		冷	$R_{\min}=\frac{b-X_0}{0.04}-X_0$
不等边角钢大边外弯	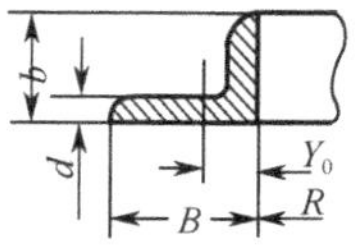	热	$R_{\min}=\frac{B-Y_0}{0.14}-Y_0$
		冷	$R_{\min}=\frac{B-Y_0}{0.04}-Y_0$
不等边角钢小边内弯	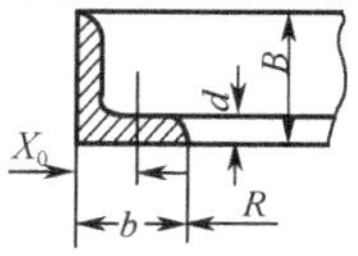	热	$R_{\min}=\frac{b-X_0}{0.14}-b+X_0$
		冷	$R_{\min}=\frac{b-X_0}{0.04}-b+X_0$
不等边角钢大边内弯	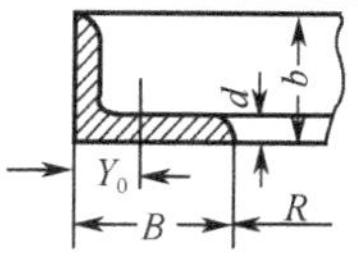	热	$R_{\min}=\frac{B-Y_0}{0.14}-B+Y_0$
		冷	$R_{\min}=\frac{B-Y_0}{0.04}-B+Y_0$
工字钢以Y_0-Y_0轴弯曲	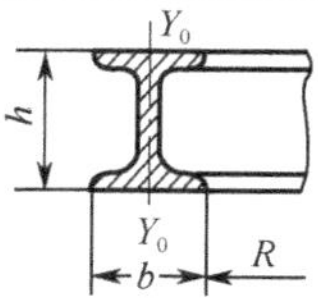	热	$R_{\min}=\frac{b}{2\times0.14}-\frac{b}{2}=3.07b$
		冷	$R_{\min}=\frac{b}{2\times0.04}-\frac{b}{2}=12b$
工字钢以X_0-X_0轴弯曲	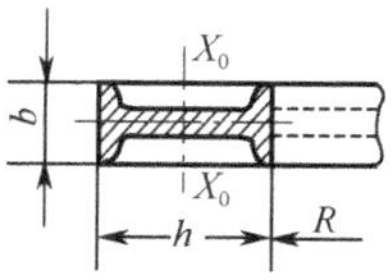	热	$R_{\min}=\frac{h}{2\times0.14}-\frac{h}{2}=3.07h$
		冷	$R_{\min}=\frac{h}{2\times0.04}-\frac{h}{2}=12h$
槽钢以X_0-X_0轴弯曲	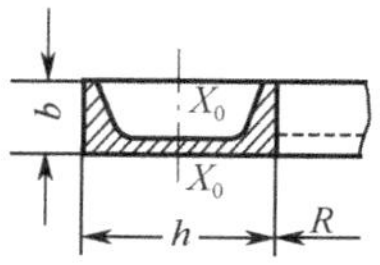	热	$R_{\min}=\frac{h}{2\times0.14}-\frac{h}{2}=3.07h$
		冷	$R_{\min}=\frac{h}{2\times0.04}-\frac{h}{2}=12h$

续表

名　称	简　图	状　态	计算公式
槽钢以 Y_0–Y_0 轴外弯	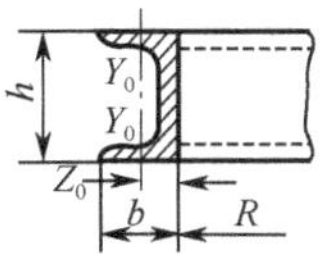	热	$R_{min}=\frac{b-Z_0}{0.14}-Z_0$
		冷	$R_{min}=\frac{b-Z_0}{0.04}-Z_0$
槽钢以 Y_0–Y_0 轴内弯	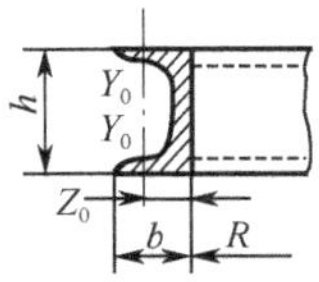	热	$R_{min}=\frac{b-Z_0}{0.14}-b+Z_0$
		冷	$R_{min}=\frac{b-Z_0}{0.04}-b+Z_0$
碳钢板弯曲	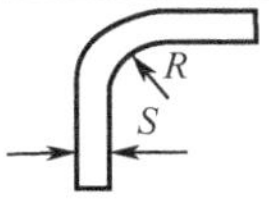	热	$R_{min}=S$
		冷	$R_{min}=2.5S$

4．弯形时常见的弊病和产生原因

弯形时常见的弊病和产生原因见表 2-81。

表 2-81　弯形时常见的弊病和产生原因

弊病形式	产生原因
断裂	（1）弯形过程中多次折弯 （2）工件材料塑性差 （3）弯曲半径与材料厚度的比值太小
管子有瘪痕或焊缝开裂	（1）弯形前沙未灌满 （2）弯曲半径超过了规定的最小值 （3）焊缝未放在中性层位置上进行弯形
形状或尺寸不准确	（1）夹持不稳，弯形时出现松动现象 （2）模具尺寸、形状不准确

2.12 轴瓦浇注巴氏合金

2.12.1　浇注巴氏合金前的准备

1．轴瓦的清洁和加热

首先要去掉轴瓦上的污垢和油迹，放在煤油中洗净并擦干。然后把轴瓦放在锻炉内预热到 300～350℃。最后还要对轴瓦的浇注面进行脱脂和除锈。

2．轴瓦镀锡

所谓镀锡，就是将薄薄的锡层或锡合金层与铅层包衬在工件表面上。镀锡的作用是防止零件遭受腐蚀，并能使巴氏合金很好地附着在轴承轴瓦上。

镀锡前，要把准备好镀锡的轴瓦表面，用毛刷涂刷或在溶槽内浸注上一层焊剂（氯化锌水溶液），然后进行镀锡。

轴瓦镀锡可采用两种方法进行：一种是把轴瓦浸注到熔融锡液的槽子内，另一种是将镀锡粉撒在轴瓦表面上。

用巴氏合金浇注轴瓦时，使用的锡粉要用纯锡。如使用其他牌号的含锡巴氏合金浇注轴瓦，可采用含有 70%铅和 30%锡的合金。

轴瓦涂好焊剂后放到锻炉内或用喷灯在 10～30min 时间内预热到 150～200℃，然后浸注到熔融的锡液内（锡液温度为 300～320℃）。轴瓦在熔融的锡液内保持到全部热透（2～8min）为止，然后从槽子中取出，把多余的焊料抖动甩掉。

从镀好锡层到开始浇注的时间不得超过 2min。

2.12.2 浇注操作

1. 熔化巴氏合金

熔化巴氏合金可采用钢坩埚或铸铁坩埚。先预热坩埚，然后把重 1～2kg 的巴氏合金碎块装入。把坩埚放在电炉上，根据巴氏合金的不同牌号加热到 400～500℃即可。

轴承巴氏合金可采用锡合金或铅合金。

2. 浇注轴瓦

浇注轴瓦时使用由空腔金属型芯、板子和紧固轴瓦用的零件装配成的工具，如图 2-82 所示。

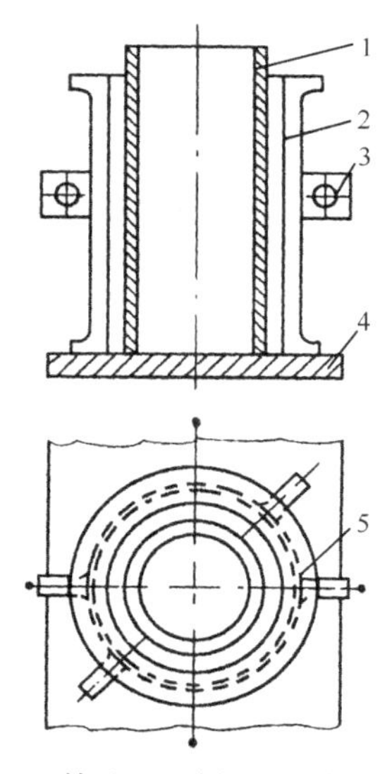

1—芯管；2—轴瓦；3—夹圈；4—底板；5—密封涂料

图 2-82 垂直浇注轴瓦用的工具

组装好工具以后，把轴瓦的接口用油灰封填。油灰采用以下成分（重量比）：3 份耐火黏土、1 份石棉粉、3 份沙，其余为水。

浇注轴瓦的工具组装好后要预热到 200～250℃，并尽可能放置在坩埚附近。

离心浇注轴瓦要在专用机床上进行。采用离心浇注法时，把轴瓦镀好锡并加热到 230～250℃后，装到离心机加热的紧固夹具内。当离心机根据轴瓦的内径达到一定的转速时，即可进行浇注。

浇注巴氏合金轴瓦时，离心机宜采用的转速见表 2-82。

表 2-82 离心机转速

轴瓦内径（mm）	70	90	110	130	150	170	200	230
离心机转速（r/min）	1050	900	850	750	700	650	600	550

为使轴瓦的浇注层达到所需的厚度，应使用定量的铁勺子进行浇注。

CHAPTER 3
第3章 机械设备装配技术基础

机械产品一般由许多零件和部件组成。零件是机械制造的最小单元，如一根轴、一个螺钉等。部件是由两个或两个以上零件结合而成的。按技术要求，将若干零件结合成部件或若干个零件和部件结合成机器的过程称为装配。前者称为部件装配，后者称为总装配。部件是个通称，部件的划分是多层次的，直接进入产品总装的部件称为组件，直接进入组件装配的部件称为第一级分组件，直接进入第一级分组件装配的部件称为第二级分组件，其余类推，产品越复杂，分组件的级数越多。装配通常是产品生产过程中的最后一个阶段，其目的是根据产品设计要求和标准，使产品达到其使用说明书的规格和性能要求。大部分的装配工作都是由手工完成的，高质量的装配需要丰富的经验。

3.1 设备装配程序

3.1.1 装配工作的组织形式

1. 单件生产的装配

单个地制造不同结构的产品，并很少重复，甚至完全不重复，这种生产方式称为单件生产。单件生产的装配工作多在固定的地点，由一个工人或一组工人，从开始到结束进行全部的装配工作。如夹具、模具的装配就属于此类。对于大件的装配，由于装配的设备是很大的，装配时需要几组操作人员共同进行操作，如生产线的装配。这种组织形式的装配周期长，占地面积大，需要大量的工具和设备，并要求工人具有全面的技能。

2. 成批生产的装配

在一定的时期内，成批地制造相同的产品，这种生产方式称为成批生产。成批生产时装配工作通常分为部件装配和总装配，每个部件由一个或一组工人来完成，然后进行总装配。如机床的装配属于此类。

将产品或部件的全部装配工作安排在固定地点进行的装配，称为固定式装配。

3．大量生产的装配

产品制造数量很庞大，每个工作地点经常重复地完成某一工序，并具有严格的节奏，这种生产方式称为大量生产。大量生产中，把产品装配过程划分为部件、组件装配，使某一工序只由一个或一组工人来完成。同时只有当从事装配工作的全体工人，都按顺序完成了所担负的装配工序以后，才能装配出产品。工作对象（部件或组件）在装配过程中，有顺序地由一个或一组工人转移给另一个或另一组工人。这种转移可以是装配对象的转移，也可以是工人移动。通常把这种装配组织形式叫做流水装配法。为了保证装配工作的连续性，在装配线所有工作位置上，完成某一工序的时间都应相等或互成倍数。在大量生产中，由于广泛采用互换性原则，并使装配工作工序化，因此装配质量好，效率高，生产成本低，是一种先进的装配组织形式。如汽车、拖拉机的装配一般属于此类。

4．现场装配

现场装配共有两种，第一种为在现场进行部分制造、调整和装配工作。这里，有些零部件是现成的；而有些零件则需要在现场根据具体的尺寸要求进行制造，然后才可以进行现场装配。第二种为与其他现场设备有直接关系的零部件必须在工作现场进行装配。例如，减速器的安装就包括减速器与电动机之间的联轴器的现场校准，以及减速器与执行元件之间的联轴器的现场校准，以保证它们的轴线在同一条直线上，从而使联轴器的螺母在拧紧后不会产生任何附加的载荷，否则就会引起轴承超负荷运转或轴的疲劳破坏。

3.1.2 装配的工艺过程

产品的装配工艺包括以下 4 个过程。

1．准备工作

准备工作应当在正式装配之前完成。准备工作包括资料的阅读和装配工具与设备的准备等。充分的准备可以避免装配时出错，缩短装配时间，有利于提高装配的质量和效率。

准备工作包括下列几个步骤：

① 熟悉产品装配图、工艺文件和技术要求，了解产品的结构、零件的作用及相互连接关系；

② 检查装配用的资料与零件是否齐全；

③ 确定正确的装配方法和顺序；

④ 准备装配所需要的工具与设备；

⑤ 整理装配的工作场地，对装配的零件、工具进行清洗，去掉零件上的毛刺、铁锈、切屑、油污，归类并放置好装配用零部件，调整好装配平台基准；

⑥ 采取安全措施。

各项准备工作的具体内容与装配任务有关。图 3-1 为装配准备工作内容简图。

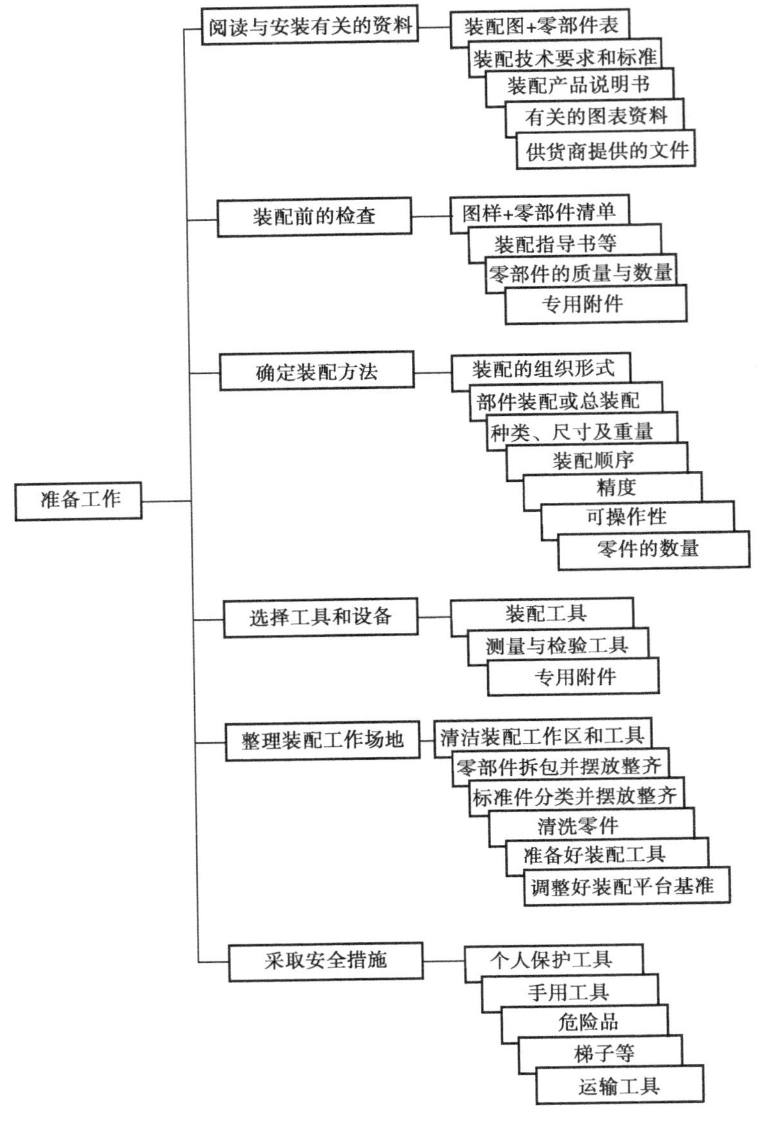

图 3-1 装配准备工作内容简图

2. 装配工作

在装配准备工作完成之后，才可开始进行正式装配。结构复杂的产品，其装配工作一般分为部件装配和总装配。

① 部件装配指产品在进入总装配以前的装配工作。凡是将两个以上的零件组合在一起或将零件与几个组件结合在一起，成为一个装配单元的工作，均称为部件装配。

② 总装配指将零件和部件组装成一台完整产品的过程。

在装配工作中需要注意的是，一定要先检查零件的尺寸是否符合图样的尺寸精度要求，只有合格的零件才能运用连接、校准、防松等技术进行装配。

3. 调整、精度检验和试车

① 调整工作是指调节零件或机构的相互位置、配合间隙、结合程度等，目的是使机构或机器工作协调，如轴承间隙、镶条位置、蜗轮轴向位置的调整。

② 精度检验包括几何精度和工作精度检验等，以保证满足设计要求或产品说明书的要求。

③ 试车是试验机构或机器运转的灵活性、振动、工作温升、噪声、转速、功率等性能是否符合要求。

4. 喷漆、涂油、装箱

机器装配好之后，为了使其美观、防锈和便于运输，还要做好喷漆、涂油、装箱工作。

3.1.3 装配工艺规程

1. 装配程序的确定

零件是用机械加工的方法制造而成的，如车削、钻孔、铣削等。但这些零件最终通过某种连接技术装配成机器而发挥其作用。零件的装配涉及许多装配操作，如零件的准确定位、零件的紧固、固定前的调整和校准等，但最为重要的是这些操作必须以一个合理的顺序进行，这就是装配程序。因此，必须事先考虑好装配程序，以便使装配工作能迅速有效地完成。

合理的装配程序在很大程度上取决于装配产品的结构、零件在整个产品中所起的作用和零件间的相互关系、零件的数量。

安排装配程序一般应遵循的原则：首先选择装配基准件，它是最先进入装配的零件，多为机座或床身导轨，并从保证所选定的原始基面的直线度、平行度和垂直度的调整开始；然后根据装配结构的具体情况和零件之间的连接关系，按先下后上、先内后外、先难后易、先重后轻、先精密后一般的原则去确定其他零件或组件的装配顺序。

2. 装配工序及装配工步的划分

通常将整台机器或部件的装配工作分成装配工序和装配工步顺序进行。由一个工人或一组工人在不更换设备或地点的情况下完成的装配工作，叫做装配工序。用同一工具，不改变工作方法，并在固定的位置上连续完成的装配工作，叫做装配工步。在一个装配工序中可包括一个或几个装配工步。部件装配和总装配都是由若干个装配工序组成的。

3. 装配工艺规程

装配工艺规程是规定产品或零部件装配工艺过程和操作方法等的工艺文件。执行工艺规程能使生产有条理地进行，能合理使用劳动力和工艺设备，能降低成本并提高劳动生产率。

（1）装配单元

为了便于组织装配流水线，使装配工作有秩序地进行，装配时，将产品分解成独立装配的组件或分组件。编制装配工艺规程时，为了便于分析研究，要将产品划分为若干个装配单元。装配单元是装配中可以进行独立装配的部件。任何一个产品都能分解成若干个装配单元。

（2）装配基准件

最先进入装配的零件称为装配基准件。它可以是一个零件，也可以是最低一级的装配单元。

（3）装配单元系统图

表示产品装配单元的划分及其装配顺序的图称为装配单元系统图。如图 3-2 所示为锥齿轮轴组件的装配图，它的装配顺序如图 3-3 所示，而图 3-4 则为其装配单元系统图。

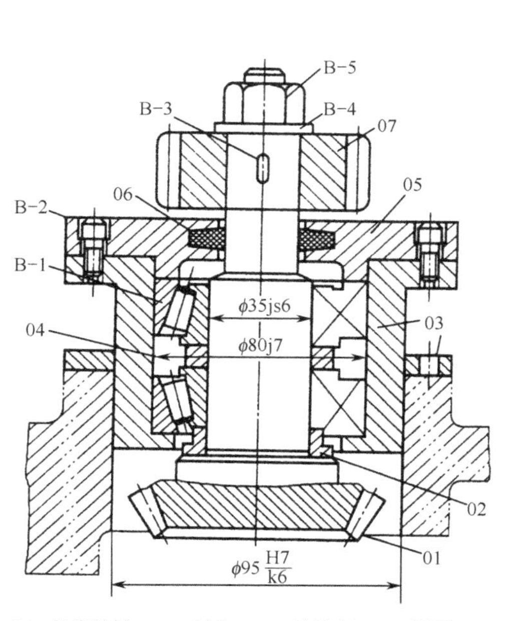

01—锥齿轮轴；02—衬垫；03—轴承套；04—隔圈；
05—轴承盖；06—毛毡圈；07—圆柱齿轮；B-1—轴承；
B-2—螺钉；B-3—键；B-4—垫圈；B-5—螺母

图 3-2　锥齿轮轴组件装配图

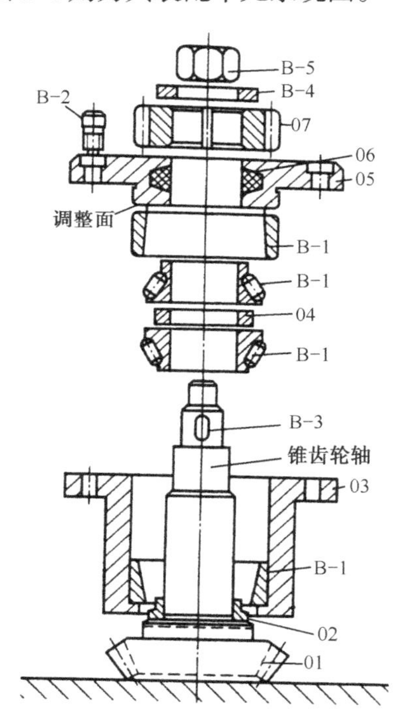

图 3-3　锥齿轮轴组件装配顺序

绘制装配单元系统图时，先画一条横线，在横线左端画出代表基准件的长方格，在横线右端画出代表产品的长方格。然后按装配顺序从左向右将代表直接装到产品上的零件或组件的长方格从水平线引出，零件画在横线上面，组件画在横线下面。用同样的方法可把每一组件及分组件的系统图展开画出。长方格内要注明零件或组件名称、编号和件数（图3-4）。

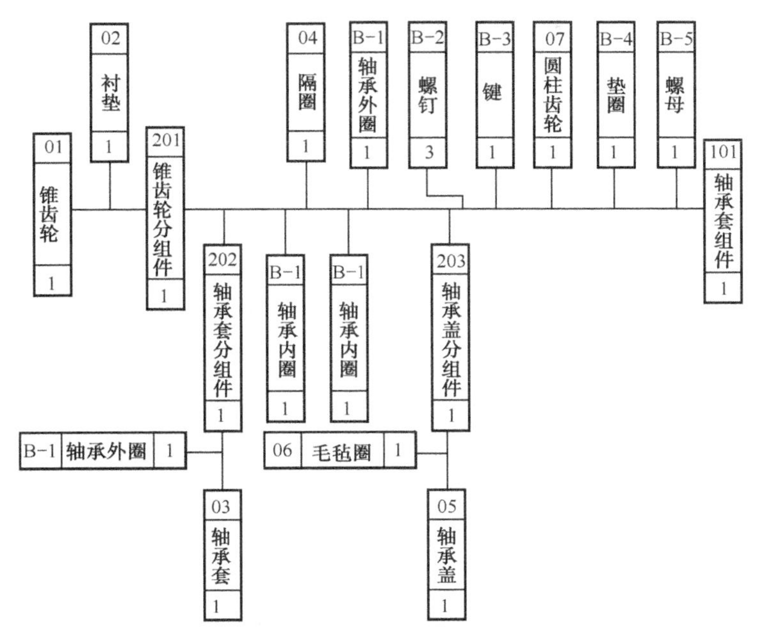

图3-4　锥齿轮轴组件装配单元系统图

（4）装配工艺规程的制订

① 制定装配工艺规程应具备的原始条件。

- 产品的全套装配图样；
- 零件明细表；
- 装配技术要求、验收技术标准和产品说明书；
- 现有的生产条件及资料（包括工艺装备、车间面积、操作工人的技术水平等）。

② 制定装配工艺规程的基本原则。

- 保证并力求提高产品质量，而且要有一定的精度储备，以延长机器使用寿命；
- 合理安排装配工艺，尽量减少钳工装配工作量（钻、刮、锉、研等），以提高装配效率，缩短装配周期；
- 所占车间生产面积尽可能小，以提高单位装配面积的生产率。

③ 制订装配工艺规程的步骤。

- 研究产品的装配图及验收技术标准；
- 确定产品或部件的装配方法；
- 分解产品为装配单元，规定合理的装配顺序；
- 确定装配工序内容、装配规范及工夹具；
- 编制装配工艺系统图，装配工艺系统图是在装配单元系统图上加注必要的工艺说明（如焊接、配钻、攻丝、铰孔及检验等）形成的，可较全面地反映装配单元的划分、装配顺序及方法；

- 确定工序的时间定额；
- 编制装配工艺卡片（具体格式参见《机械加工工艺手册》）。

3.1.4 装配技术术语

1. 装配技术术语的作用

装配技术术语是描述装配操作工作方法时使用的一种通用技术语言，它具有描述准确、通俗易懂的特点，便于装配技术人员之间的交流。这种技术用语是由那些为说明工具和操作而定义的术语所组成的。技术术语不仅是学会一种技能所必需的，它还是技术人员同其他部门（如设计和工作准备部门）员工在车间中进行沟通所必需的技术语言。

通过运用装配技术术语，装配技术人员能够使用大量的短语，以简洁的方式来描述装配工作方法，从而清楚地表示出机械装配所必需的各种活动。装配技术术语有以下 3 个特点。

① 通用性：装配技术术语在机械装配工作领域中广泛适用。

② 功能性：装配技术术语是以描述装配操作及其功能为基础的。

③ 准确性：装配技术术语在任何情况下只有一种含义，不会使装配技术人员发生误解。

装配工作方法的描述是为了十分准确地详述以正确方法进行装配所必需的装配操作活动，并逐步地给出操作流程和操作方法。其中，每一步装配操作可能由不同的子操作活动所组成，而这些子操作活动又会出现在其他装配操作步骤中，我们把这些子操作活动称为“标准操作”。因此，标准操作的各种名称必须被每一个装配技术人员所理解，并要以同一种方式去解释。

2. 技术术语各标准操作的功能

（1）熟悉任务

装配之前，应当首先阅读与装配有关的资料，包括图样、技术要求、产品说明书等，以熟悉装配任务。

（2）整理工作场地

整理工作场地是为了确保装配工作能够顺利开始，且不会受到干扰。这就要求必须准备一块装配场地并对其进行认真整理、整顿，打扫干净，将必需的工具和附件备齐并定位放置，以保证装配的顺利进行。

（3）清洗

去除那些影响装配或零件功能的污物，如油、油脂和污垢。选用哪种清洗方法取决于具体条件状况。

（4）采取安全措施

采取安全措施是为了确保操作的安全。它既包含个人安全措施，也包含预防损坏装配件的措施（如静电放电的安全工作）。

（5）定位

定位是将零件或工具放在正确的位置上以进行后续的装配操作。

（6）调整

调整是为了达到参数上的要求而采取的操作，如距离、时间、转速、温度、频率、电流、电压、压力等的调整。

（7）夹紧

夹紧是利用压力或推力使零件固定在某一位置上，以便进行某项操作。例如，为了使胶粘剂固化或孔的加工而将零部件夹紧。

（8）按压（压入/压出）

按压是利用压力工具或设备使装配或拆卸的零件在一个持续的推力作用下移动，如轴承的压入或压出。

（9）选择工具

选择工具是指当有多种工具可以用来进行相应的操作时，我们要选择其中某种较好的工具。

（10）测量

测量是借助测量工具进行量的测定，如长度、时间、速度、温度、频率、电流和压力等的测量。

（11）初检

初检是着重于装配开始前，对装配准备工作的完备情况进行检查，如零件和标准件的检查等。初检应具备必需的文件，如图样和说明书。

（12）过程检查

过程检查是为了确定装配过程或操作是否依照预定的要求进行。

（13）最后检查

最后检查是为了确定在装配结束时各项操作的结果是否符合产品说明书的规格要求。

（14）紧固

紧固是通过紧固件来连接两个或多个零件的操作。例如，用螺栓连接零件，或者用弹性挡圈固定滚动轴承。

（15）拆松

拆松是与紧固相反的操作。

（16）固定

固定是紧固那些在装配中用手指拧紧的零件，其目的是防止零件移动。

（17）密封

密封是为了防止气体或液体的渗漏，或者预防污物的渗透。

（18）填充

填充是指用糊状物、粉末或液体来完全或部分地填满一个空间。

（19）腾空

腾空是从一个空间中除去填充物，是填充的相反操作。

（20）标记

标记是指在零件上做记号。例如，在装配时，可以利用标记来帮助我们按照零件原有方向和位置进行装配。

（21）贴标签

贴标签是指用标签来给出设备有关数据、标识等。

3.2 装配操作

3.2.1 装配前的准备

① 熟悉装配图和有关技术文件，了解所装机械的用途、构造、工作原理，以及各零部件的作用、相互关系、连接方法和有关技术要求，掌握装配工作的各项技术规范。

② 确定装配的方法和程序，准备必要的工艺装备。

③ 准备好所需的各种物料（如铜皮、铁皮、保险垫片、弹簧垫圈、止动铁丝等）。所有皮质油封在装配前必须在加热至 66℃的机油和煤油各半的混合液中浸泡 5～8min，橡胶油封应在摩擦部分涂以齿轮油。

④ 检查零部件的加工质量及其在搬运和堆放过程中是否有变形和碰伤，并根据需要进行适当的修整。

⑤ 所有的耦合件和不能互换的零件，要按照拆卸、修理或制造时所做的记号妥善摆放，以便成对、成套地进行装配。

⑥ 装配前对零件进行彻底清洗，因为任何脏物或灰尘都会引起严重的磨损。

3.2.2 零件的平衡和密封试验

1．旋转零件的平衡

机械设备中的旋转零件（如带轮、飞轮、叶轮和各种转子等）由于材料密度不均匀、本身形状对旋转中心不对称、加工或装配产生误差等原因，会造成重心与旋转中心发生偏移，在其径向截面上产生不平衡量。当零件旋转时，因有不平衡量而产生离心力，其大小与不平衡量大小、不平衡量偏心距离及转速的平方成正比，其方向随旋转而周期性变化，使旋转中心无法固定，引起机械振动，从而使机械设备工作精度降低，零件寿命缩短，噪声增大，甚至发生破坏性安全事故。

对旋转零件做消除不平衡的工作，称为平衡。旋转零件的平衡方法分为静平衡法和动平衡法两种。

（1）静平衡法

消除旋转零件静不平衡的方法称为静平衡法。进行静平衡时，首先确定旋转零件上不平衡量的大小和位置，然后去除或抵消不平衡量对旋转的不良影响。

① 静平衡的步骤。

将要做静平衡的旋转零件装上心轴后放在平衡支架上。平衡支架的支承应采用圆柱形或窄棱形，如图 3-5 所示。支承面应坚硬、光滑，并有较高的直线度和平行度，准确调至水平，以使旋转件在其上有较高的灵敏度。

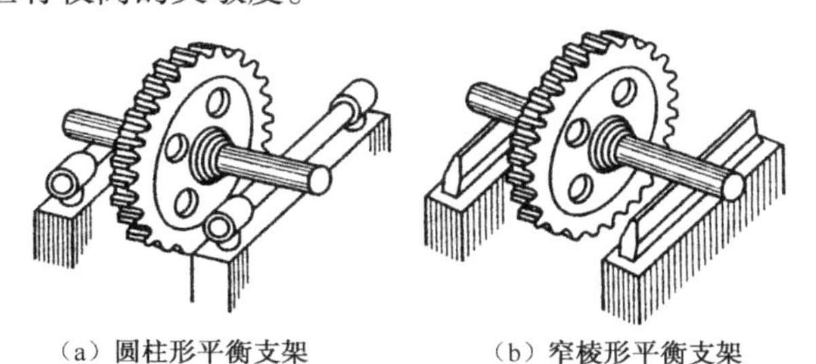

（a）圆柱形平衡支架　（b）窄棱形平衡支架

图 3-5　静平衡装置

用手轻推旋转体使其缓慢移动，待自动静止后，在旋转件正下方做记号，重复转动若干次，若所做记号位置确定不变，则为不平衡方向。

在与记号相对部位粘贴一定质量 m 的橡皮泥，使 m 对旋转中心产生的力矩恰好等于不平衡量 G 对旋转中心产生的力矩，即 $mr=Gl$，如图 3-6 所示。此时，旋转零件获得平衡。

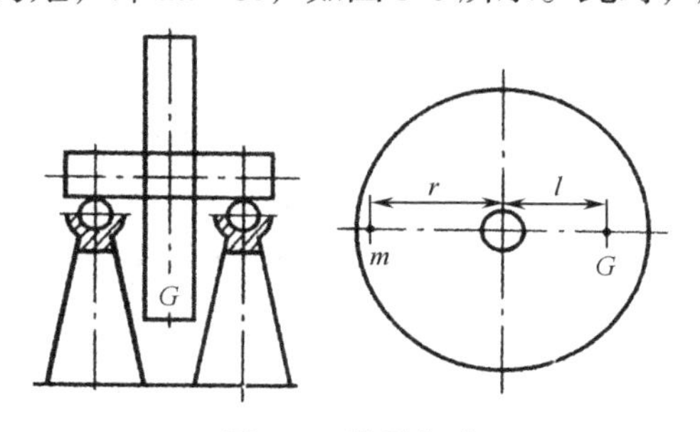

图 3-6　静平衡法

去掉橡皮泥，在其所在部位加上质量为 m 的重块，或在不平衡处（与 m 相对直径上 l 处）去除一定重量（G）。待旋转零件在任意角度均能在支架上停留时，静平衡即告结束。

② 静平衡的应用。

静平衡只能清除旋转零件重心的不平衡，无法消除不平衡力矩。因此，静平衡只适用于长径比较小（如盘类旋转零件）或长径比虽较大但转速不太高的旋转零件。

（2）动平衡法

消除旋转零件动不平衡的方法称为动平衡法。对于长径比较大或转速较高的旋转零件，通常都进行动平衡。

动平衡不仅要平衡惯性力，而且要平衡惯性力所形成的力矩。动平衡在动平衡机上进行，把被平衡转子按其工作状态安装在动平衡机的轴承中，转子旋转时由于不平衡量产生惯性力造成动平衡机轴承振动，通过仪器测量轴承振动值，便可确定需要增减平衡量的大小和位置。经过反复转动、测量和增减平衡量后，转子逐步获得动平衡。

2．零件的密封试验

对于某些要求密封的零件，如机床的液压元件、汽缸、阀体、泵体等，要求在一定压力下不允许发生漏油、漏水或漏气的现象，也就是要求这些零件在一定的压力下具有可靠的密封性。但是由于零件在铸造过程中容易出现砂眼、气孔及疏松等缺陷，致使工作中液体或气体产生渗漏。因此，在装配前应进行密封试验，否则将对机器的质量带来很大的影响。

成批生产中，可以对零件进行有意识的抽查，对加工表面有明显的疏松、砂眼、气孔、裂痕等缺陷的零件不能轻易放过。密封试验有气压法和液压法两种。试验的压力可按图样或技术文件的规定。

（1）气压法

气压试验如图 3-7 所示，它适用于承受工作压力较小的零件。试验前，首先将零件各孔全部封闭（用压盖或塞头），然后浸入水中，并向工件内部通入压缩空气。正常情况下，密封的零件在水中应没有气泡。当有渗漏时，可根据气泡密度来判定零件是否符合技术要求。

（2）液压法

对于容积较小的密封试验零件，可采用手动油泵进行液压试验。如图 3-8 所示为五通滑阀阀体液压试验。试验前，两端装好密封圈和端盖，并用螺钉均匀紧固。各螺钉孔用锥螺塞拧紧，装上接头，使之与油泵相连接。然后用手动油泵将油注入阀体内部，并使液体达到一定压力，仔细观察阀体各部分是否有泄漏、渗透等现象，即可判定阀体的密封性。

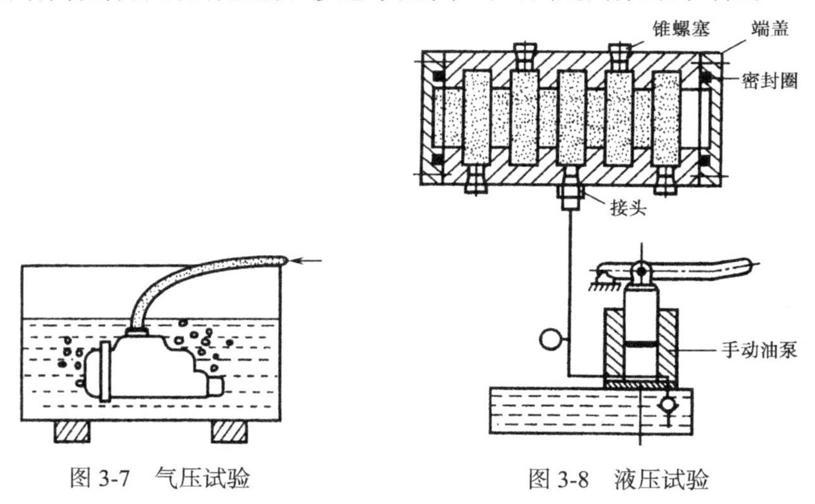

图 3-7　气压试验　　图 3-8　液压试验

3.2.3　装配方法

1．装配的一般方法

（1）完全互换法

装配时，在同类零件中，任取一个装配零件，不经修配即可装入部件中，并能达到规定

的装配要求，这种装配方法称为完全互换法。按完全互换法进行装配时，装配精度完全由零件的制造精度来保证。

（2）选配法

装配时，按公差范围选择相应的配合件进行装配，以达到要求的装配精度，此种装配方法称为选配法。选配法有直接选配法、分组选配法和复合选配法。

直接选配法是由装配工人直接从一批零件中选择合适的配合件进行装配；分组选配法是将一批零件逐一测量后，按实际尺寸的大小分成若干组，然后按组根据实际尺寸选择相应的配合件进行装配；复合选配法也是首先分组，然后由装配工人凭自己的经验选择相应的配合件进行装配。

采用选配法，可在不增加加工费用的情况下提高装配精度。

（3）修配法

装配时，通过修配指定零件上预留的调整量以达到规定精度的装配方法，称为修配法。

采用修配法，在加工零件时不必太精确，可留适当余量，在装配时进行修配。这样，既能达到要求的精度，又可减少机床加工时间。

（4）调整法

装配时，通过调整某一零件的位置或尺寸来达到装配要求的方法，称为调整法。此种方法比修配法方便，并且也能达到很高的装配精度。

应根据具体情况选择合适的装配方法，一般装配方法的选择见表3-1。

表3-1　一般装配方法的选择

<table>
<tr><th colspan="2">装配方法</th><th colspan="2">工艺内容</th><th>特点</th><th>适用范围</th><th>实例</th></tr>
<tr><td rowspan="2">互换法</td><td>完全互换法</td><td colspan="2">控制零件的制造误差，精度高，零件完全互换</td><td>（1）操作简单，质量稳定
（2）便于流水作业
（3）有利于专业化生产
（4）维修方便</td><td>零件数少，批量大，按经济精度制造；或零件数较多，装配精度不高</td><td>汽车、柴油机部分零件的装配，应用广泛</td></tr>
<tr><td>不完全互换法</td><td colspan="2">按经济精度制造，即将公差适当放大，但有少部分装配精度超差</td><td>对超差部分应退修或补偿偏差；或事先经济核算，保证生产废品损失小，预先制造公差可以适当放大</td><td>零件数略多，批量大，加工精度不高</td><td>汽车、柴油机部分零件的装配</td></tr>
<tr><td rowspan="3">选配法</td><td>直接选配法</td><td rowspan="3">互换法公差过严，甚至超过工艺可能性</td><td>工人凭经验试装，挑选合适的互配件</td><td>时间长，工人技术水平要求高，不宜在节拍严格的流水线上生产</td><td rowspan="3">生产批量小。大批量生产中，零件数量少，装配精度高，又不便用调整法</td><td rowspan="3">内燃机活塞与缸套、滚动轴承内外环与滚珠的配合</td></tr>
<tr><td>分组选配法</td><td>事先测量分组，一般分2～4组，对应组装配</td><td>组内互换。零件精度不高，但装配精度高。增加测量、保管、运输工作量</td></tr>
<tr><td>复合选配法</td><td>预先分组，装配时凭工人经验挑选</td><td>组内互换，保证装配节奏</td></tr>
</table>

续表

装配方法		设备或工具	工艺特点	应用举例
热装法	火焰加热	喷灯、氧乙炔、丙烷加热器、炭炉	加热温度低于 350℃。使用加热器，热量集中，易于控制，操作简便	适用于局部加热的中型或大型连接件
	介质加热	沸水槽、蒸汽加热槽、热油槽	沸水槽加热温度为 80～100℃，蒸汽槽可达 120℃，热油槽为 90～320℃，均可使连接件去污干净，热胀均匀	适用于过盈量较小的连接件，如滚动轴承、连杆衬套等
	电阻和辐射加热	电阻炉、红外线辐射加热箱	加热温度可达 400℃以上，热胀均匀，表面洁净，加热温度易于自动控制	适用于中、小型连接件成批生产
	感应加热	感应加热器	加热温度可达 400℃以上，加热时间短，调节温度方便，热效率高	适用于采用特重型和重型过盈配合的中型、大型连接件
冷装法	干冰冷缩	干冰冷缩装置（或以酒精、丙酮、汽油为介质）	可冷至-78℃，操作简便	适用于过盈量小的小型连接件和薄壁衬套等
	低温箱冷缩	各种类型低温箱	可冷至-40～-140℃，冷缩均匀，表面洁净，冷缩温度易于自动控制，生产率高	适用于配合面精度较高的连接件、在热态下工作的薄壁套筒件
	液氮冷缩	移动或固定式液氮槽	可冷至-195℃，冷缩时间短，生产率高	适用于过盈量较大的连接件
液压套合法		高压油泵、扩压器或高压油枪、高压密封件、接头等	油压常达（1.5～2）×10^8Pa，操作工艺要求严格，套合后拆卸方便	适用于过盈量较大的大型、中型连接件，如大型联轴器、化工机械和轧钢设备部件；特别适用于套合定位要求严格的部件，如大型凸轮轴的凸轮与轴的套合
爆炸压合法		炸药、安全设施	在空旷地进行，注意安全	适用于中型和大型连接件，如高压容器的薄壁衬套等

2. 过盈连接的装配

过盈连接是依靠包容件和被包容件配合后的过盈量达到紧固连接的。装配后，孔（包容件）的直径被胀大，轴（被包容件）的直径被缩小。由于材料的弹性变形，在包容件和被包容件配合面间产生压力。工作时，就是依靠此压力产生摩擦力来传递扭矩的。

过盈连接结构简单、同轴度高、承载能力强，能承受变载和冲击力，同时可避免由于采用键连接须切削键槽而削弱零件的强度。但过盈连接配合表面的加工精度要求较高，装配比较困难。

过盈连接的装配要点如下：

① 配合表面应具有足够的粗糙度，并要十分注意配合件的清洁，零件经加热或冷却后，配合面要擦拭干净。

② 在压合前，配合表面必须用油润滑，以免装配时擦伤表面。

③ 压入过程应保持连续，速度不宜太快。压入速度通常为 2～4mm/s（不超过 10mm/s），并须准确控制压入行程。

④ 压合时必须保证轴与孔的中心线一致，不允许存在倾斜的现象，要经常用角尺检查。

⑤ 对于细长的薄壁件，要特别注意检查其过盈量和形状偏差，装配时最好垂直压入，以防变形。

1）圆柱面过盈连接的装配

圆柱面过盈连接是依靠轴、孔尺寸差来获得过盈的，按照过盈量的不同可采用不同的装配方法。

（1）压装法

将具有过盈量配合的两个零件压装到配合位置上的装配方法，称为压装法。它是过盈连接最常用的一种装配方法。根据施压方式的不同，压装法分为冲击压装、工具压装和压力机压装 3 种。

对于过盈量较小的小零件（如销子、套筒等）的压装，可用软锤（如木锤、铜锤等）打入，如图 3-9 所示；对于数量较多的零件，可用压力机（图 3-10）代替手工操作。

图 3-9 用锤击法压装

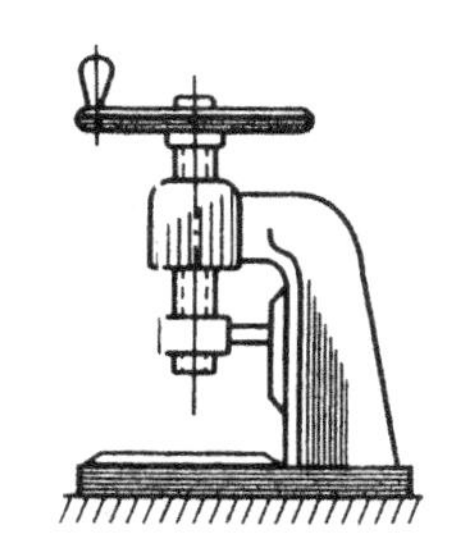

图 3-10 螺旋压力机

在不方便操作的地方进行操作时，可使用各种手动工具，如千斤顶（图 3-11）或弓形夹具（图 3-12）等进行压装。

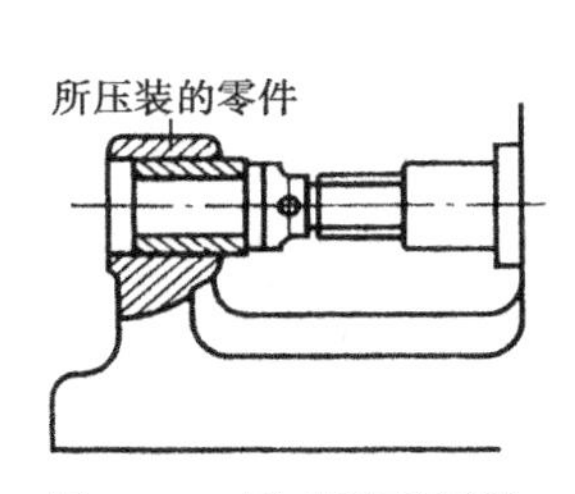

图 3-11 用千斤顶压装

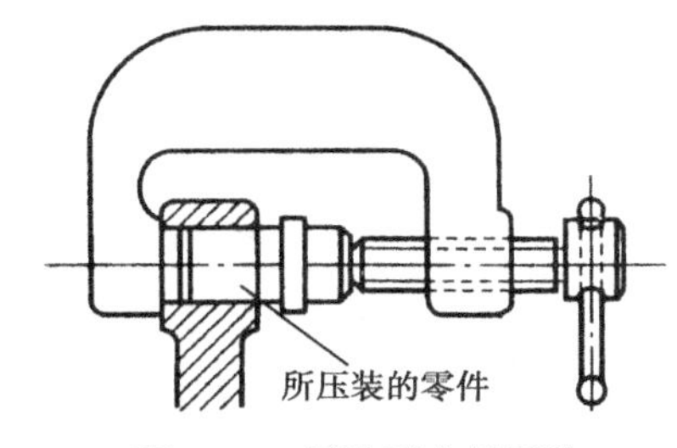

图 3-12 用弓形夹具压装

过盈配合采用压装法时的要求如下：

① 如图 3-13 所示，配合零件的前端最好有一定的倾斜角ϕ，以使压装力减小。通常，ϕ约为 10°。

② 压装前，必须用油润滑，以防卡住，同时也可提高结合强度。

③ 压装时，必须保证轴与孔的中心线一致，不允许有倾斜现象。

④ 对于薄壁轴套，压装时要防止变形。

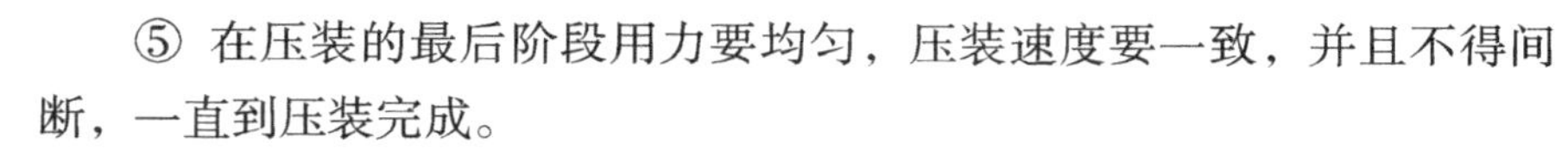

⑤ 在压装的最后阶段用力要均匀，压装速度要一致，并且不得间断，一直到压装完成。

压装时，所需的轴向压合力 p 可根据配合零件的材料、壁厚、形状和过盈量的大小来决定。最大压合力按下列公式计算：

$$p_{\max}=f\pi dLP\ (\mathrm{N})$$

式中：f——压合时的摩擦因数；

d——配合面的公称直径（mm）；

L——压合长度（mm）；

P——配合表面上的压应力（N/mm²）。

图 3-13　压装零件的倾斜角示意图

其中，P 按下式计算：

$$P=\frac{10^{-3}\delta}{\left(\dfrac{c_1}{E_1}+\dfrac{c_2}{E_2}\right)d}\ (\mathrm{N/mm^2})$$

$$c_1=\frac{d^2+d_0^2}{d^2-d_0^2}-u_1$$

$$c_2=\frac{D^2+d^2}{D^2-d^2}+u_2$$

式中：d_0——被包容件的内孔直径（mm）；

D——包容件的外圆直径（mm）；

E_1 和 E_2——被包容件和包容件的弹性模数（N/mm²）；

u_1 和 u_2——被包容件和包容件的“波桑”系数（钢：$u_1=u_2=0.30$；青铜：$u_1=u_2=0.36$；铸铁：$u_1=u_2=0.25$）；

δ——计算过盈量（μm）。

压合时的摩擦系数是由许多因素决定的，如零件的材料、两配合面的粗糙度、压应力和有无润滑油等。表 3-2 列出了钢轴和各种材料的套压合时的摩擦系数（f）。

表 3-2　压合时的摩擦因数

材料	被包容件	中碳钢				
	包容件	中碳钢	优质铸铁	铝镁合金	黄铜	塑料
润滑油		机油	干	干	干	干
摩擦系数（f）		0.06～0.22	0.06～0.14	0.02～0.08	0.05～0.10	0.54

（2）热装法

热装法是指对具有过盈配合的两个零件，装配时先将包容件加热胀大，再将被包容件装入配合位置的装配方法。

小型零件的热装，可以把零件放在润滑油中加热。利用润滑油加热时，必须随时测试温度，严防超过闪点，防止火灾发生。

尺寸较大或过盈量较大零件的热装，通常采用火焰加热法、感应加热法、加热炉或电阻电流加热法等。利用火焰喷嘴加热时，其温度可用焊锡触试法来测量，熔化即为 220℃左右。孔的膨胀量在大于过盈公差的 3～4 倍时即可装入。如果装长轴、大的套件，应在达到其膨胀量后，一边保持加热温度，一边进行装配；否则会在套装过程中，因温度下降使套装件中途咬住。

为了传递一定的轴向力和转矩，采用热装法装配时，过盈量必须适当，一般可根据下面的经验公式确定：

$$\delta = \frac{d}{25} \times 0.04(\text{mm})$$

式中：δ——轴孔间的过盈量（mm）；

d——轴和孔的基本尺寸（mm）。

即每 25mm 直径需 0.04mm 过盈量。

表 3-3 列出了基本尺寸为 25～750mm 过盈配合轴、孔的偏差。

表 3-3 过盈配合轴、孔的偏差

单位：mm

基本尺寸	轴的偏差	孔的偏差	基本尺寸	轴的偏差	孔的偏差
25	+0.06 +0.04	+0.015 0	400	+0.69 +0.64	+0.040 0
50	+0.10 +0.08	+0.015 0	425	+0.73 +0.68	+0.040 0
75	+0.14 +0.12	+0.015 0	450	+0.77 +0.72	+0.050 0
100	+0.18 +0.16	+0.016 0	475	+0.81 +0.76	+0.050 0
125	+0.23 +0.20	+0.016 0	500	+0.85 +0.80	+0.050 0
150	+0.27 +0.24	+0.018 0	525	+0.89 +0.84	+0.050 0
175	+0.31 +0.28	+0.018 0	550	+0.93 +0.88	+0.060 0
200	+0.35 +0.32	+0.020 0	575	+0.97 +0.92	+0.060 0
225	+0.40 +0.36	+0.020 0	600	+1.02 +0.96	+0.060 0
250	+0.44 +0.40	+0.025 0	625	+1.06 +1.00	+0.060 0
275	+0.48 +0.44	+0.025 0	650	+1.10 +1.04	+0.060 0

续表

基本尺寸	轴的偏差	孔的偏差	基本尺寸	轴的偏差	孔的偏差
300	+0.52 +0.48	+0.030 0	675	+1.14 +1.08	+0.070 0
325	+0.57 +0.52	+0.030 0	700	+1.18 +1.12	+0.070 0
350	+0.61 +0.56	+0.035 0	725	+1.22 +1.16	+0.070 0
375	+0.65 +0.60	+0.035 0	750	+1.26 +1.20	+0.070 0

下面举例说明加热装配的方法。

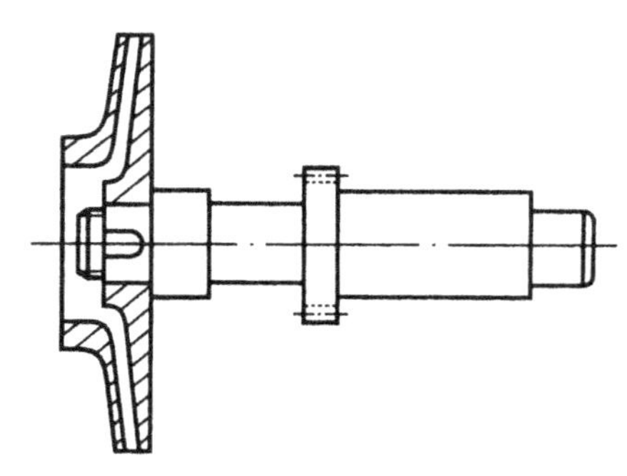

图 3-14　风机转子轴与叶轮装配图

图 3-14 为风机转子轴与叶轮的装配图。叶轮外径为 992mm，转子轴公称直径为 120mm，转子轴和叶轮的材料均为 30CrMnSiA 钢。叶轮与转子轴配合的过盈量为 $^{+0.11}_{+0.15}$ mm。

① 加热温度的计算。

$$T=\frac{\delta_{T\max}+\delta_0}{\alpha d}+t_0=\frac{0.15+0.015}{11\times10^{-6}\times120}+30=115+30=145\ (℃)$$

式中：$\delta_{T\max}$——选出配合种类后的最大配合过盈量（mm）；

δ_0——热装时表面摩擦所需的最小间隙，一般取公称直径的 2 级精度第二种动配合的最小间隙（mm）；

α——零件加热或冷却时的线膨胀系数[mm/（℃·mm）]；

d——轴径公称直径（mm）；

t_0——热装时的环境温度（℃）。

根据公式计算出油的加热温度为 145℃，这个温度能使孔膨胀至轴的最大配合过盈量。但在热装时，实际温度应高于计算温度，上述温度须达 200℃左右。加热零件从加热油池取出后要经过起重运输吊往已准备好的平台，这一过程中温度要下降，必须及时进行装配。

② 热装前的准备工作。

- 做好叶轮和转子轴的清洁工作。
- 检查键与键槽的尺寸及配合情况，热装后如有角度要求，须提前做好角度定位夹具。
- 准备好吊装转子轴用的辅助夹具，并进行试吊。

③ 加热装配。

将叶轮吊进油池，加热至 200℃，保温约 40min 后吊出。用量规测量孔径，应比轴的上限

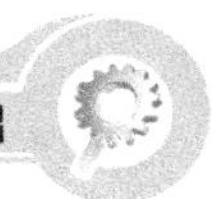

尺寸大 0.25mm，即孔径=轴颈+装配间隙=120.15+0.25=120.40（mm）。如已胀大至这一数值，即可将叶轮吊至平台上，随后吊装转子轴，对准键槽与叶轮孔进行套合。

（3）冷装法

冷装法是指对具有过盈配合的两个零件，装配时先将被包容件用冷却剂冷却，使其尺寸收缩，再装入包容件使其达到配合位置的装配方法。

① 冷却温度的计算。

冷装时，配合零件的温度为

$$\Delta t=\frac{\Delta d}{\alpha d\times10^{3}}\ （℃）$$

式中：α——低温时零件的冷缩系数（1/℃或 1/K），见表 3-4；

d——零件配合尺寸（mm）；

Δd——被冷缩零件的最大收缩量（μm），见表 3-5。

若操作室内的温度为 t_0，则零件所需的冷却温度为

$$t=t_0-\Delta t$$

表 3-4 材料的冷缩系数

单位：1/℃或 1/K

序号	材料名称	冷缩系数α（$\times10^{-6}$）
1	钢（含碳量<1%）经淬火	9.5
2	铸钢	8.5
3	铸铁	8
4	可锻铸铁	8
5	铜	14
6	青铜	15
7	黄铜	16
8	铝合金	18
9	锰合金	21

表 3-5 不同配合尺寸的Δd值

单位：μm

配合尺寸/mm	过渡配合				过盈配合		
	n6	m6	k6	js6	s7，u5，u6	s6	r6
>30～50	47	39	32	20	99	64	59
>50～80	55	45	38	25	135	80	70
>80～120	65	55	46	32	180	115	90
>120～180	77	65	55	39	245	150	110
>180～260	90	75	65	46	330	195	135

续表

配合尺寸/mm	过渡配合				过盈配合		
	n6	m6	k6	js6	s7，u5，u6	s6	r6
>260～360	110	90	80	58	440	260	175
>360～500	130	110	95	70	595	350	220

【例】挖掘机履带架的青铜套的配合尺寸为ϕ180r6，车间温度为 20℃，求冷装时的冷却温度 t_0。

解：查表 3-4 知，材料为青铜时，冷缩系数α=15×10^{-6}/℃；查表 3-5 知，配合尺寸为ϕ180r6 时，Δd=110μm。

代入公式得

$$\Delta t=\frac{\Delta d}{ad\times 10^3}=\frac{110}{15\times 10^{-6}\times 180\times 10^3}=41\ ℃$$

已知 t_0=20℃，所以冷装时的冷却温度为

$$t=t_0-\Delta t=20-41=-21℃$$

② 冷却剂的选择。

常用的冷却剂有固体二氧化碳（俗称干冰）、液态氮、液态氧和液态空气，其主要性能见表 3-6。

表 3-6　冷却剂的主要性能

序号	冷却剂名称	状态	沸点/℃（标准压力下）	汽化潜热/（kJ/kg）（标准压力下沸点时）	密度/（kg/m^3）
1	干冰（固体 CO_2）	固态	−78.5	575	1190（固态）
2	液态氮	液态	−195.8	201	808（液态）
3	液态氧	液态	−182.5	217	1140（液态）
4	液态空气	液态	−190～−195	197	861（液态）

冷却剂一般是根据冷却温度来选择的。冷却温度高于−78℃，属于一般性冷却范围，用干冰比较适宜，干冰的汽化潜热高，冷却效率也高；冷却温度低于−78℃，属深冷范围，则须用液态氮或液态空气，也可用液态氧。

③ 冷却剂耗量的计算。

冷却剂的耗量按下式计算：

$$N=\frac{1000Q}{K\beta\rho}+A\text{（L）}$$

式中：K——冷却剂的汽化潜热（kJ/kg），见表 3-6；

β——热损失系数，一般为 0.5～0.9；

ρ——液态气体的密度（kg/m^3），见表 3-6；

A——零件冷却完毕，槽内残存的冷却剂（L）；

Q——冷却时所放出的热量（kJ）。

冷却时所放出的热量可按下式计算：

$$Q=(Gc+G_1c_1)\Delta t \text{（kJ）}$$

式中：G——被冷却零件的质量（kg）；

G_1——容器的质量（kg）；

c——被冷却零件材料的比热容[kJ/（kg·K）]，见表 3-7；

c_1——容器材料的比热容[kJ/（kg·K）]，见表 3-7；

Δt——温差（K）。

表 3-7 金属材料的比热容

材料名称	比热容/[kJ/（kg·K）]	材料名称	比热容/[kJ/（kg·K）]
灰铸铁	0.54	青铜	0.38
铸钢	0.48	紫铜	0.37
软钢	0.50	铝	0.90
黄铜	0.40	铅	0.14

④ 冷却使用的设备。

冷却槽：它是对零件进行冷却的主要设备，一般做成圆形，有内外双层壁，中间放置绝缘材料。槽底垫有木料，槽盖上亦有绝热层，盖上有小孔供观察用，其结构如图 3-15 所示。

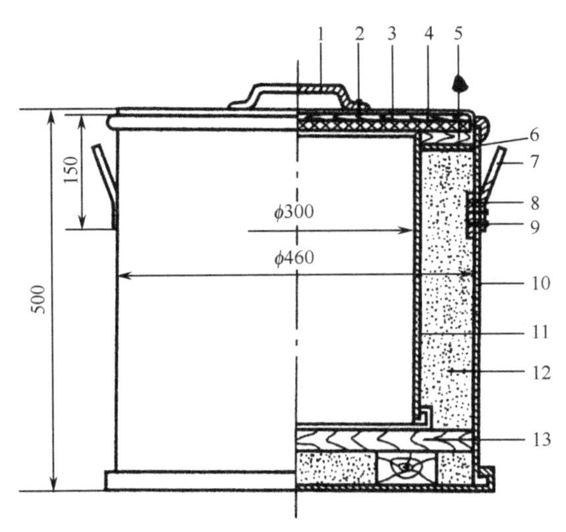

1—提手；2—木螺钉；3—槽盖；4—毡垫；5—压环；6—毡圈；7—手柄；8—垫板；9—螺钉；10—外壳；11—圆筒；12—碳酸镁；13—槽座

图 3-15 冷却槽的结构

贮存罐：贮存罐是贮存和运输冷却剂的特制容器。因为液态氮、液态氧和液态空气都是深冷物质，所以必须装在贮存罐内，否则很快就会蒸发。小型液态气体贮存罐的规格和性能，见表 3-8。

表 3-8　小型液态气体贮存罐的规格和性能

容　量		容器质量/kg		尺寸/mm		贮存损失/（g/h）
L	kg	空　重	装　满　后	直　径	高	
5	5.7	4.5	10.2	240	500	50
10	11.3	7.5	18.8	295	620	45
15	17	17	34	360	690	40

⑤ 操作方法。

首先将需要冷却的零件清洗干净，装入冷却槽中，每次最好装 10kg 左右。然后注入冷却剂（每 15L 冷却剂可冷缩 8～10kg 零件），并立即盖好盖。约经 5min，冷却即告结束。开盖后，用钳子将零件夹出，放在木板上，然后即可把它装入孔内。冷装时，要注意调整好零件在孔内的位置，约 1min 后零件温度才能回升。

操作时，工人必须穿全身防护工作服，戴好手套，并严格遵守安全操作规程。

2）圆锥面过盈连接的装配

圆锥面过盈连接是利用轴和孔产生相对轴向位移互相压紧而获得的，常用的装配方法有以下两种。

（1）螺母压紧法

如图 3-16 所示，当圆锥面过盈连接处于轴端时，拧紧螺母可使配合面压紧形成过盈连接，配合面的锥度小时，所需的轴向力小，但不易拆卸；锥度大时，拆卸方便，但轴向力增大。通常锥度为 1∶30～1∶80。

（2）液压装配法

圆锥面过盈连接可以用高压油进行装配，如图 3-17 所示。装配时，用高压油泵将油从包容件上的油孔和油沟压入配合面间；高压油也可以从被包容件上的油孔和油沟压入配合面间，使包容件内径胀大，被包容件外径缩小。同时，施加一定的轴向力，使之互相压紧。当压缩至预定的轴向位置后，排出高压油，即可形成过盈连接。同样，也可利用高压油进行拆卸。

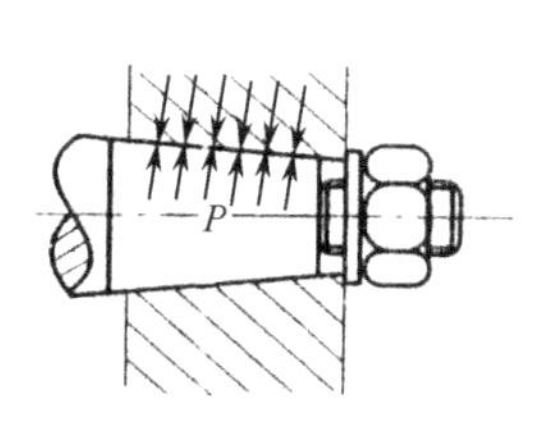

图 3-16　螺母压紧圆锥面过盈连接

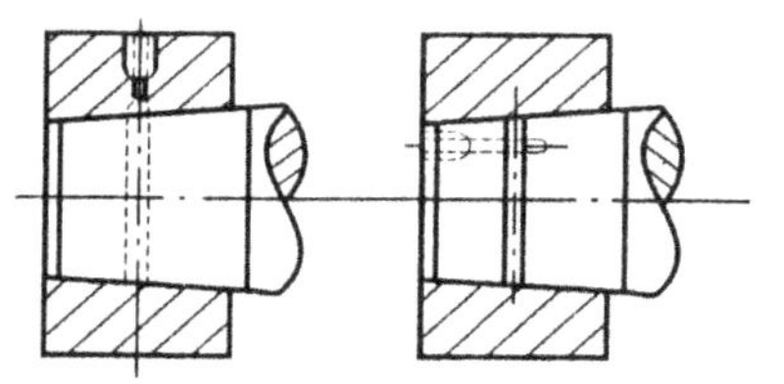

（a）油从包容件上压入　（b）油从被包容件上压入

图 3-17　液压装配圆锥面过盈连接

利用液压法装配过盈连接时，不需要很大的轴向力，配合面也不易擦伤；但对配合面接触精度要求较高，并且需要用高压油泵等专用设备。这种连接多用于承载较大且须多次装拆的场合，尤其适用于大型零件。

3）过盈连接装配方法的选择

过盈连接装配方法的选择见表 3-9。

表 3-9 过盈连接装配方法的选择

<table>
<tr><th colspan="2">装配方法</th><th>设备或工具</th><th colspan="2">工艺特点</th><th>应用举例</th></tr>
<tr><td rowspan="3">压装法</td><td>冲击压装</td><td>用手锤或重物冲击</td><td colspan="2">简便，但导向性不易控制，易出现歪斜</td><td>适用于配合要求低、长度小的零件装配，如销、短轴等。多用于单件生产中</td></tr>
<tr><td>工具压装</td><td>螺旋式、杠杆式、气动式压装工具</td><td colspan="2">导向性比冲击压装好，生产效率较高</td><td>适用于小尺寸连接件的装配，如套筒和一般要求的滚动轴承等。多用于中小批量生产</td></tr>
<tr><td>压力机压装</td><td>齿条式、螺旋式、杠杆式气动压力机或液压机</td><td colspan="2">压力范围为（1～1000）×10^4N。配合夹具使用，可提高导向性</td><td>适用于采用轻、中型过盈配合的连接件，如齿圈、轮毂等。成批生产中广泛采用</td></tr>
<tr><td colspan="2">修配法</td><td>在零件上预留修配量，制造精度放宽，手工锉、刮、研修去除零件上多余部分材料，达到高装配精度
应尽量用精密机械加工修配
特殊情况可自动配磨或配研（如油泵油嘴自动配研）</td><td>（1）劳动量大，对工人技术水平要求高
（2）不便于流水生产
（3）修配只能与本装配精度有关，不能影响其他精度项目
（4）应考虑防松措施</td><td>单件小批量生产、装配精度高、不便于组织流水作业的场合。可用于多种装配场合。零件数较多，装配精度高</td><td>主轴箱底面加工，更换新的大尺寸键、汽轮机叶片轮主轴上的调节环</td></tr>
<tr><td rowspan="3">调整法</td><td>一般调整法</td><td>用一个可调零件（补偿件）调整零件位置（可动补偿）；或增加一个定尺寸的零件（固定补偿件），起补偿装配累积误差的作用
按经济精度制造</td><td>（1）用可动调整，调整因磨损、热变形、弹性变形等引起的误差
（2）增加调整件，零件量增加，制造费用增加
（3）对工人技术要求高</td><td>零件多、装配精度高、不宜修配的场合，选用定尺寸调整件（如垫片、套筒等）或可调件</td><td>滚动轴承中调整间隙的隔圈、机床导轨的镶条</td></tr>
<tr><td>误差抵消法（定向装配）</td><td>装配多个零件后，调整其相对位置，使零件加工误差相互抵消</td><td>是一般调整法的发展</td><td></td><td>滚动轴承的径向跳动，机床主轴回转精度</td></tr>
<tr><td>合并法</td><td>组装调整后作为整体加工，进入总装配</td><td>装配精度更高</td><td></td><td>分度蜗轮与工作台的组装</td></tr>
</table>

CHAPTER 4
第4章 机械设备的拆卸、清洗和润滑

4.1 机械设备的拆卸

4.1.1 拆卸的准备及原则

由于运输或长期存放会导致设备保护油脂变质、零部件加工表面生锈或被脏物污染，所以在设备安装前必须进行清洗。为了清洗，首先要对设备进行拆卸。因此，拆卸工作是设备安装的一个重要组成部分。

1. 拆卸前的准备工作

① 查阅设备说明书和有关图纸，了解设备的性能和结构原理，弄清零部件的连接和固定方法。

② 熟悉零部件的构造，了解每个零件的作用和相互之间的关系。

③ 了解被拆零件的相对位置和装配间隙，并做出标记和记录。

④ 研究并确定合理的拆卸方法。

⑤ 准备好拆卸工具和设备（如铜锤、铜棒、拉卸器、零件箱、存放架、起吊绳索和索具及必需的各种工具等）。

2. 机械设备拆卸的一般原则

机械设备的种类繁多，结构特点各异，拆卸时不能硬打乱拆，一般应遵守以下原则。

① 机械设备拆卸时，应按照与装配相反的顺序进行，一般是从外到内、从上到下，先拆成部件或组件，再拆成零件。

② 对可以不拆或拆卸后将会降低连接质量和损坏一部分零件的连接尽量不拆卸，如密

封连接、过盈连接、铆接和焊接件等。有些零件标明不准拆卸时，应严禁拆卸。

③ 对于比较精密的细长件（如长轴和丝杠等），拆下后应随即清洗、涂油、垂直悬挂；重型零件可用多支点支承卧放，以免变形。

④ 拆下的零件应尽快清洗，并涂上防锈油。对精密零件，要用油纸包好，以防生锈腐蚀或碰伤表面。零件较多时，要按部件分门别类做好标记，有次序、有规则地安放，切忌杂乱堆积。

⑤ 拆下的较细小、容易丢失的零件，如紧固螺钉、螺母、垫圈和销子等，清理后尽可能再装到主要零件上，以防丢失。轴上的零件拆下后，最好按原次序、方向临时装回轴上，或用钢丝串起来放置，这样将给以后的装配工作带来很大方便。

⑥ 对成套加工或选配的零件以及不可互换的零件，拆卸时应按原来的部位或顺序做好标记，以免装配时发生差错而影响其原有的配合性质。

4.1.2 常用的拆卸方法

在拆卸过程中，常常需要根据具体零部件结构的不同情况采用相应的拆卸方法。机械设备常用的拆卸方法有以下几种。

1. 击卸

击卸是用锤击的力量使配合零件移动。这是一种最简便的拆卸方法，适用于结构比较简单、坚实或不重要的场合。锤击时，要谨慎小心，因为如果方法不当，就可能打坏零件。击卸常用的工具有锤子、铜锤、木锤、冲子，以及铜、铝、木质垫块等。击卸滚动轴承时，要左右对称交换地敲击，不可只在一面敲击，以免座圈破裂。

2. 压卸和拉卸

压卸和拉卸比击卸好，加力比较均匀，方向也可以控制，因而零件偏斜和损坏的可能性较小。这种方法适用于拆卸尺寸较大或过盈较大的零件。它常用的工具有压床和拉模。如图 4-1 所示为用压床压卸轴承。拉模常用于拉卸带轮等。

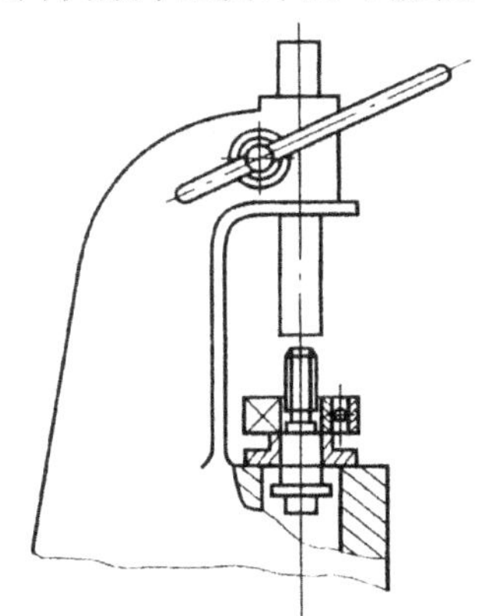

图 4-1　用压床压卸轴承

3. 加热拆卸

加热拆卸即利用金属热胀的特性来拆卸零件。这样，在拆卸时，就不会像击卸或压卸那样产生卡住或损伤零件的现象。这种方法常常在过盈大（超过 0.1mm）、尺寸大、无法压卸时采用。

在实际应用中，零件的加热温度不宜超过 120℃；否则，零件容易变形，失去它原有的精度。

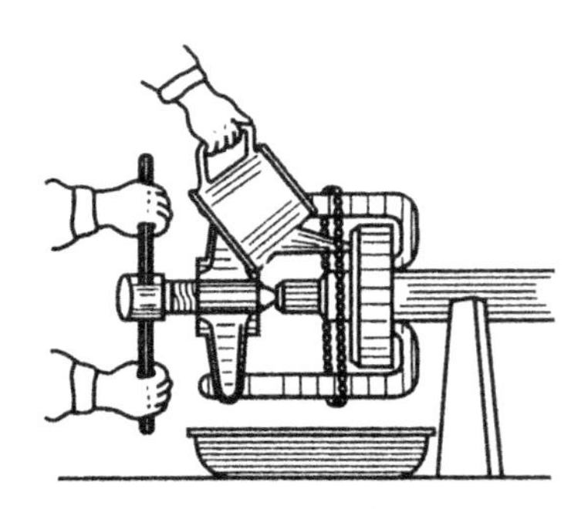

图 4-2　加热拆卸轴承

如图 4-2 所示为加热拆卸轴承，除了用拉模向外拉以外，还要用加热到 90～100℃的机油浇到轴承的内圈上。为了不使热油浇到轴上，在靠近轴承内圈的轴端包上石棉或硬纸板。这样，当轴承内圈受热膨胀与轴配合松动时，就可以轻松地将轴承卸下来。拆卸的时候，拉模的爪抓在轴承内圈上，以拉模的丝杠顶住轴端，然后拧紧丝杠即可。

在实际应用中，要根据零部件的配合情况选择合理的拆卸方法。如果是过渡配合，可选用击卸；如果是过盈配合，则可选用压卸或加热拆卸的方法。

4.1.3　典型零部件的拆卸

1．螺纹连接的拆卸

普通的螺纹连接是容易拆卸的，只要使用各种扳手向左旋拧即可松扣。

对于日久失修、生锈腐蚀的螺纹连接，可采用以下方法拧松：

① 用煤油浸润，即把连接件放到煤油中，或者用布头浸上煤油包在螺钉头或螺母上，使煤油渗入连接处。一方面可以浸润铁锈，使它松软；另一方面可以起润滑作用，便于拆卸。

② 用锤子敲击螺钉头或螺母，使连接受到振动而自动松开少许，以便于拧卸。

③ 试着把螺扣拧松一下。

上面几种方法应依次使用，如果都用过以后仍然拆不下来，那就只好用力旋转，这有可能损坏螺钉或螺母。

从螺纹孔中拆卸螺钉头已经被扭断的螺钉时，可采用以下办法：

① 如果螺钉仍然有一部分在孔外面，可以在顶面上锯出一槽口，用螺钉旋具旋动；或者把两侧锉平，用扳手转动。

② 断在孔中的螺钉，可以在螺钉中钻孔，在孔中插入取钉器旋出。

③ 对于实在无法拆出的螺钉，可以选用直径比螺纹小径小 0.5～1mm 的钻头，把螺钉钻除，再用丝锥旋去。

除了普通螺纹连接以外，还有一些螺纹连接属于过盈配合。拆卸时，可将带内螺纹的零件加热，使其直径增大，然后旋出来。

2．销连接的拆卸

拆卸销钉时可用冲子冲出（冲锥销时要冲小头）。冲子的直径要比销钉直径小一些，打冲时要猛而有力。当遇到销钉弯曲打不出来时，可用钻头钻掉销钉。这时，所用钻头的直径应比销钉直径小一些，以免钻伤孔壁。

圆柱形的定位销，在拆去被定位的零件之后，常常留在主体上，如果没有必要，不必去动它；必须拆下时，可用尖嘴钳拔出。

3．键连接的拆卸

（1）平键连接的拆卸

轴与轮的配合一般采用过渡配合和间隙配合。拆去轮子后，如果键的工作面良好，不需要更换，一般都不要拆下来。如果键已经损坏，可以用油槽铲铲入键的一端，然后把键剔出来；当键松动的时候，可用尖嘴钳拔出来。滑键上一般都有专门供拆卸用的螺纹孔，拆卸时可将适合的螺钉旋入孔中，顶住槽底轴面，把键顶出来。当键在槽中配合很紧，又需要保存完好，而且必须拆出的时候，可在键上钻孔、攻螺纹，然后用螺钉把它顶出来。这时，键上虽然开了一个螺纹孔，但对键的质量并无影响。

（2）斜键连接的拆卸

斜键的上、下面均为工作面，装入后会使轮和轴产生偏心，因此在精密装配中很少采用。拆卸斜键时，只要注意拆卸方向就行了。拆卸时，应用冲子从键较薄的一端向外冲出。如果斜键带有钩头，可用钩子拉出；如果没有钩头，就只能在键的端面开螺纹孔，拧上螺钉把它拉出来。

4．轴的拆卸

（1）用手锤击卸

轴的拆卸，一般可采用击卸法。较小的轴可用手锤和冲子（或铜棒）冲出来。冲击时，冲子的直径应稍小于轴的直径，放在轴的端面并与轴的中心线重合。手锤应重一些，锤击的力量要与零件的强度相适应。对于稍大的轴，如果用手锤直接打击比用冲子方便，可用铜锤或铅锤；若用钢锤，必须加软质衬垫，以免损坏零件。

图 4-3 为采用手锤击卸的例子。击卸时，下面用垫铁垫好，轴端加垫块保护，只要手锤选用合理、施力大小适当，很容易即可把轴拆卸下来。

（2）用拔销器拆卸

图 4-4 为用拔销器拆卸轴件的例子。拆卸时，首先要弄清轴的构造和轴上零件的结合形式，只要适合拉卸，就可像拉拔带螺尾锥销一样拆下轴件。

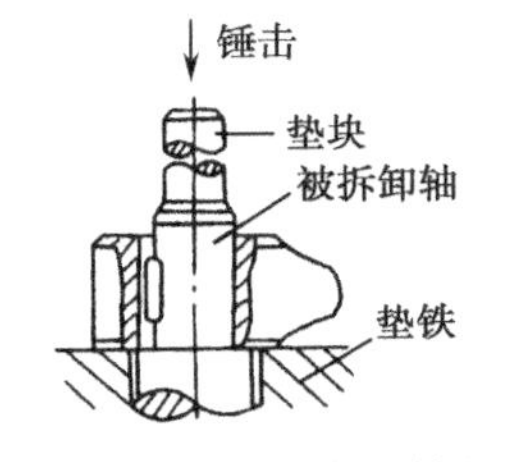

图 4-3 用手锤击卸轴件

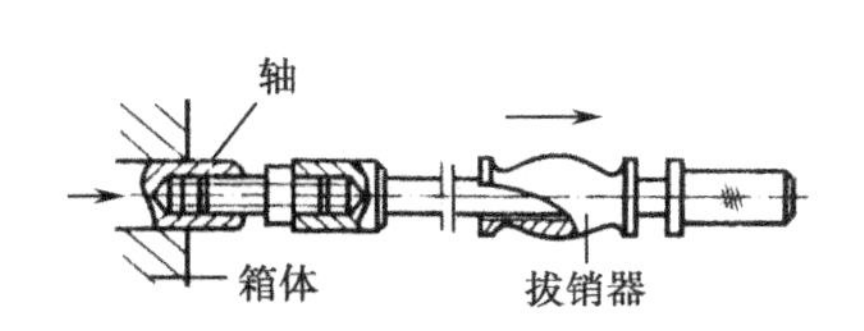

图 4-4 用拔销器拆卸轴件

5. 套的拆卸

（1）采用击卸法

如图 4-5 所示为利用自重击卸轴套。这种方法操作简单，拆卸迅速。

（2）用阶梯冲子冲出

由于衬套一般较薄，仅用手锤击卸，容易变形，所以常用阶梯冲子冲出。为了拆卸顺利，可先用润滑油或溶剂浸润，然后将阶梯冲子插入衬套内冲出，如图 4-6 所示。冲子大端要比衬套外径小 0.5mm 以上。冲击时，一定要垫上软金属垫，以防打坏衬套端面。

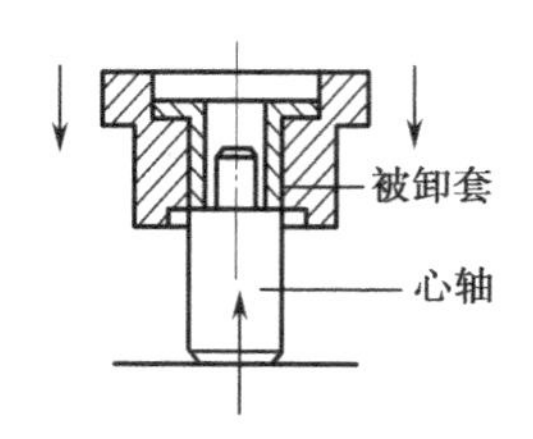

图 4-5　利用自重击卸轴套

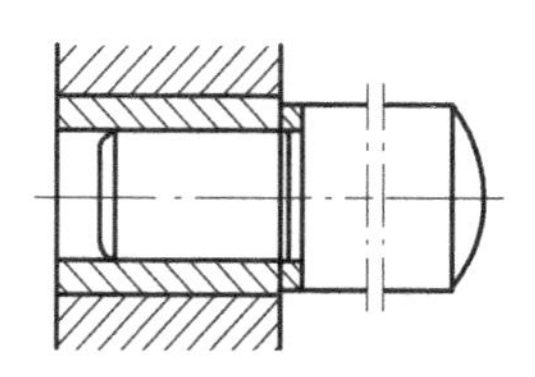

图 4-6　用阶梯冲子冲出衬套

（3）用压力机压出

这种方法比用手锤击卸好。它不仅能拆卸尺寸较大、过盈量较大的套件，而且压力比较均匀，方向也容易控制。压力机种类繁多，按传动形式分为螺旋式压力机、齿条式压力机；按结构形式分为立式压力机、卧式压力机；按动力来源分为气动压力机、液压压力机、电动压力机等，可根据具体情况选用。

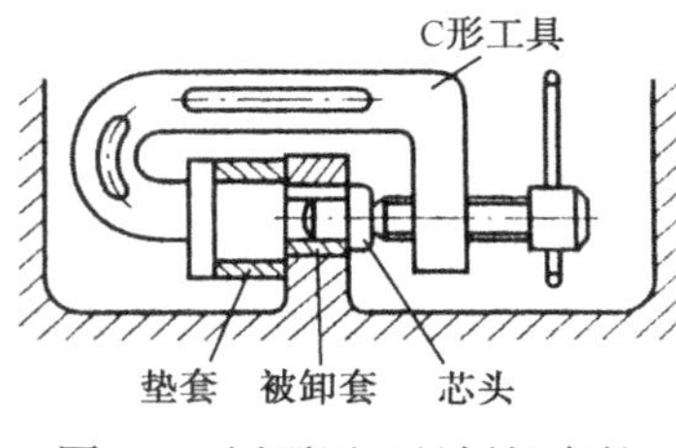

图 4-7　用顶压工具拆卸套件

压卸和击卸的方法基本相同，但是压出速度要均匀，不允许间断。对于薄壁套，为防止变形，压出时最好采用心轴。

（4）采用顶压法拆卸

如图 4-7 所示为采用顶压工具拆卸套件。拆卸时，为防止套件变形，须在套端加一芯头。顶压力根据配合情况和零件的大小确定。

（5）用热胀法拆卸

对于过盈量较大或加热后压配的轴套，可采用此法。加热套件时，可用湿布将轴包起来，用拆卸器或压力机压出。拆卸时加热的温度可按下式计算：

$$t=\frac{i}{d\times\alpha}$$

式中：t——拆卸套件的加热温度（℃）；

i——轴套配合的过盈量（mm）；

d——轴套的配合直径（mm）；

α——套件材料的线胀系数（钢套为 0.000012，铜套为 0.000016，铸铁套为 0.001）。

为了拆卸顺利，可用煤油湿润轴套配合处，使煤油充分渗入间隙，溶解影响拆卸的脏物以减少摩擦，同时也起润滑作用。

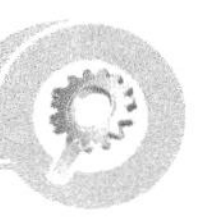

6．滚动轴承的拆卸

拆卸滚动轴承时，可根据和轴承相连接的零件的构造采用不同的方法和工具。

（1）采用击卸法

拆卸带轴的滚动轴承，可以将轴承环垫好，夹在虎钳口上，用铅锤敲击轴端，便可拆下轴承。用钢锤敲击时，必须垫上软质垫片。

拆卸位于轴端的滚动轴承时，可用小于轴承内径的铜棒或软金属抵住轴端，轴承下垫一垫块，用手锤敲击便可卸下，如图 4-8 所示。

（2）采用拉卸法

如图 4-9 所示为采用拉卸法拆卸滚动轴承。拉卸时，应注意使两根拉杆保持平衡。采用这种方法比较安全，不易损坏零件，适用于拆卸高精度或无法敲击而过盈量较小的滚动轴承。

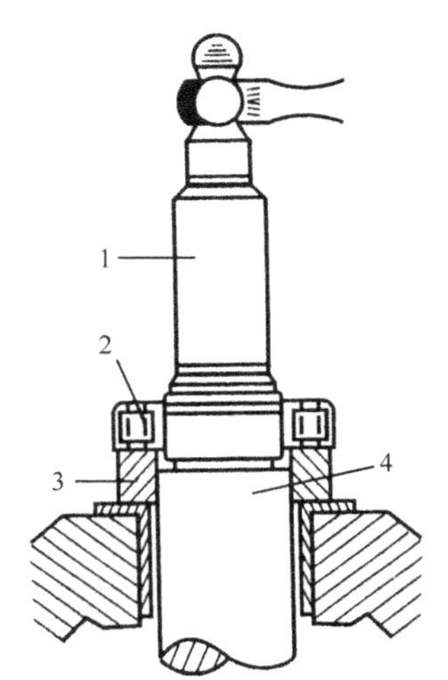

1—铜棒；2—轴承；3—垫块；4—轴

图 4-8 用击卸法拆卸滚动轴承

（3）用压力机拆卸

滚动轴承与轴是紧配合、与箱体孔为较松配合时，可将轴承与轴一起从箱体中取出，然后用压力机将轴承从轴上卸下，如图 4-10 所示。为防止损坏轴承端面，其下要垫一衬套。

（4）用热胀法拆卸

当拆卸尺寸较大、与轴配合过盈量较大的滚动轴承时，可用感应加热器将轴承的内圈感应通电加热，当轴承内圈在轴上已松动时，切断电源，即可拆下轴承。

为了安全起见，感应加热器应使用安全电压。

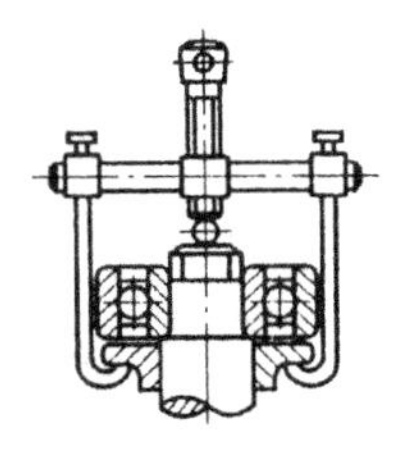

图 4-9 采用拉卸法拆卸滚动轴承

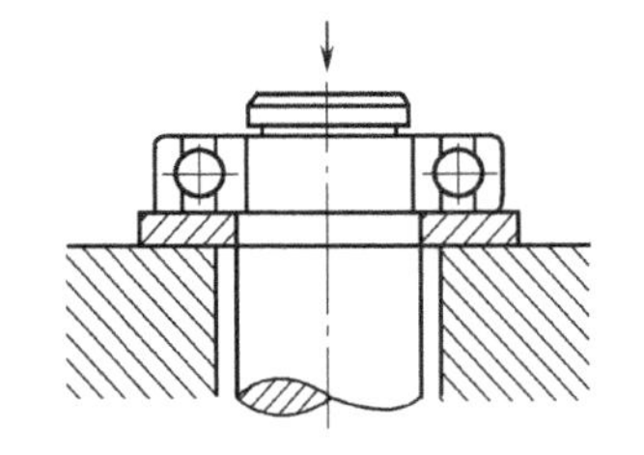

图 4-10 压卸滚动轴承

另外，拆卸轴承时必须注意施力的位置。从轴上拆卸轴承必须施力于轴承的内环；从孔中打出轴承时，必须施力于轴承的外环。否则，环中滚珠槽就会被滚珠压伤和加大环在配合面上的偏斜。用冲子冲击时，冲子要沿环的周围十字交叉移动，以免轴承偏斜和损伤与轴承配合的零件表面。

（5）采用液压拆卸法

对于有锥孔的滚动轴承可以采用液压拆卸法。这种方法是用油泵将高压油压入配合表面之间以形成油膜，减少配合面之间的摩擦力。这样就可以很容易地拆掉轴承。图 4-11 即为用液压法拆卸装在锥度轴颈上的滚动轴承的情况。

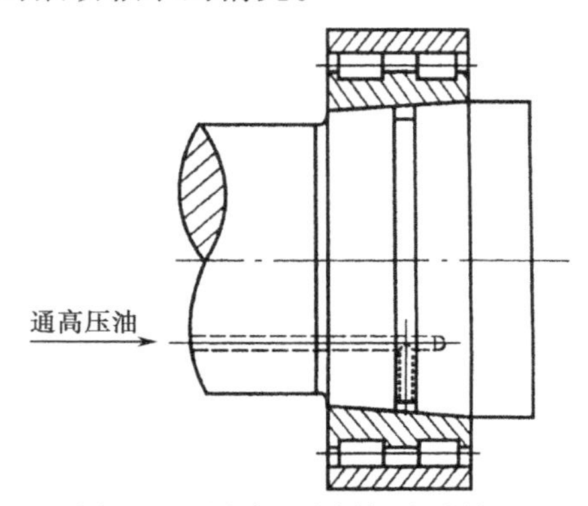

图 4-11　用液压法拆卸滚动轴承

7. 齿轮传动的拆卸

为了提高齿轮传动的精度，对传动比为 1 的齿轮副通常采用误差相消法进行装配，即将一齿轮的最大径向跳动处的齿间与另一齿轮的最大径向跳动处的齿顶互相啮合。为了避免拆卸再装后误差不能相消，拆卸时，要在两齿轮的互相啮合处做记号，以便装配时恢复原来的精度。

8. 平带传动的拆卸

平带传动是靠平带张紧在带轮上所产生的摩擦力来传递运动的。平带传动的拆卸主要是将带轮从轴上拆下来。

带轮装在轴上，一般采用加键过渡配合，轴端的固定方法如图 4-12 所示。要想把带轮从轴上拆卸下来，必须根据它和轴的固定方法采取相应的措施：如果采用图 4-12（a）所示的固定方法，用手锤轻敲轮毂便可拆下；如果采用图 4-12（b）、（c）所示的固定方法，拧下螺母和螺钉后，可用压力机压出或用螺旋拉卸器拉出（图 4-13）；如果采用钩头楔键连接，可采用拆钩头楔键的方法拆卸。

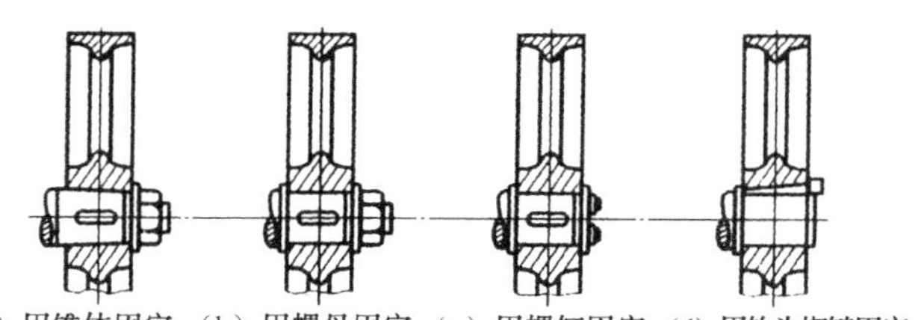

（a）用锥体固定　（b）用螺母固定　（c）用螺钉固定　（d）用钩头楔键固定

图 4-12　带轮轴端的固定方法

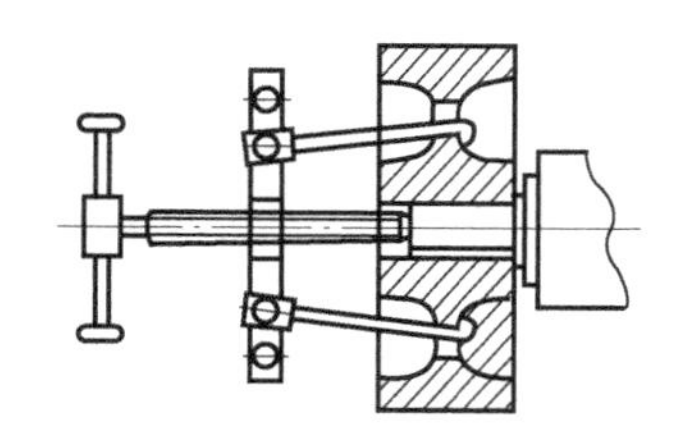

图 4-13　用螺旋拉卸器拆卸带轮

4.1.4 拆卸时的注意事项

① 拆卸时，必须牢记设备的构造和零件的装配关系，以便拆卸、修理后再装配时能有把握地进行。

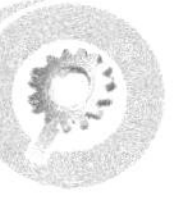

② 拆卸中，对于螺纹的旋向、零件的松开方向、大小头和厚薄端一定要辨别清楚。

③ 必须采取正确的拆卸方法，如拆卸锥销时，只能从大端压出。不了解零件结构和固定方法就大力锤击，往往会造成零件的损坏。

④ 用击卸法冲击零件时，必须垫好软衬垫，或者用软材料（如紫铜）做的锤子或冲棒，以免损坏零件表面。特别是要注意保护好主要零件，不使其发生任何损坏。

⑤ 在拆卸经过平衡的旋转部件时，应注意尽量不破坏原来的平衡状态。

⑥ 拆下的导管、润滑或冷却用的管道以及各种液压件等，在清洗后均应将进出口封好，以免灰尘和杂质侵入。

⑦ 起吊拆卸的零件时，应防止零件变形或发生人身事故。

4.2 设备零部件的清洗

在装配过程中，零件的清洗工作对提高装配质量、延长产品使用寿命具有重要的意义。特别是对于轴承、精密配合件、液压元件、密封件以及有特殊清洗要求的零件更为重要。清洗工作做得不好，会使轴承发热和过早失去精度，也会因为污物和毛刺划伤配合表面，甚至发生咬合等严重事故。由于油路堵塞，相互运动的零件之间得不到良好的润滑，会使零件磨损加快。为此，装配过程中必须认真做好零件的清洗工作。

清洗是将影响零件工作的污物移到一个不影响零件工作的地方，如将污物从产品中转移到清洗剂中。通过清洗，所有对零件有不良影响的污物均被清除。

脱脂主要是清除掉诸如油和油脂之类的有机污染物，附在油或油脂上的尘粒也一同被清除，其清除的程度在很大程度上取决于所采用的清除方法。

切削加工的产品上，往往还附着切削液的残余物。在搬运过程中，一般会在产品表面留下指纹。此外，由于残余的金属切削液的存在，各种固体颗粒会粘在产品表面并干结。因此，清洗的目的可以是使产品有一个漂亮的外观，但这种清洗一般要求不高。不过，对于那些有后续操作的产品，在清洁方面通常有较高的要求，如无尘室内的装配、电镀、涂漆、热处理等。

要定义出清洁度并不容易，这很大程度上取决于该零件的功能或后续操作的要求。在一个生产过程中，清洁度通常被定义为清洁至对后续工艺过程没有影响的程度。要测量清洁度也是不容易的，只有用复杂和昂贵的仪器才能测出清洁过的表面上的最后残余污物。但这些实验室的技术不适合生产车间。在生产中可以使用某些简单的方法，如目测、称重、水中折射率测试、接触角测量、硫酸铜试验等。不过在实际操作中，通常根据经验来判断实际允许的清洁程度。

4.2.1 零部件的清洗工艺

1. 零件的清洗工艺过程

通常根据清洁度的要求和产品的特性确定零件的清洗工艺过程，一般分为预清洗、中间清洗、精细清洗、最终清洗、漂洗和干燥。

（1）预清洗

在许多情况下，有必要通过预清洗先除去大部分的污物，然后才进行精细清洗或最终清洗工作。如果根据产品要求，产品必须存放一定的时间才进行清洗，则通常对其进行人工预清洗。预清洗可以防止污物干结在产品上，以免以后很难清除。当然，对于预清洗的要求，没有精细清洗和最终清洗的要求高。

（2）中间清洗

在一系列的机械操作中，有时产品需要在下一步操作前进行清洗，这就是中间清洗。中间清洗的要求并不高，但产品的清洁度必须满足其后续工序的操作要求。

（3）精细清洗

精细清洗的要求较高。精细清洗工作以后的加工过程对清洁度的要求通常是很高的，如涂胶、上漆、焊接或电镀。

（4）最终清洗

最终清洗的要求最高。这方面的实例有装饰性的金属表面，或者那些必须符合高规格的军用印制线路板。

除了装配以外，大多数情况是工件在最终清洗后就不再有任何的清洗操作了。

（5）漂洗

在漂洗槽中漂洗的目的是通过大量的清洗液将附着在零件表面的清洗液进行充分的稀释，从而获得清洁的表面。

漂洗时产品的运动会对清洗有帮助。漂洗后，纯清洗液变成被充分稀释的清洗液。此稀释的清洗液还会附在清洗过后的产品上，因此有必要进行重复漂洗。这里有一个重要的原则，即让尽量少的清洗液附在零件上而传至下一个漂洗槽中。因此，产品在放入下一个漂洗槽之前，必须让其滴干。带不通孔或凹槽的中空物件或产品必须悬挂晾干。但滴干并不适用于所有的场合。在用热清洗液进行漂洗时，漂洗槽内的热液体有助于使附在零件表面上的清洗液很快蒸发，附在零件上的清洗液蒸发后，会在零件表面留下漂洗溶剂造成的斑点。此时，在漂洗以后，应将喷雾清洗作为一种漂洗后的操作。

有一种漂洗办法是利用前后几个相互隔开的漂洗槽进行漂洗，称为串级漂洗。在这种系统中，清洗液流经每一个漂洗槽，从而只需要较少的清洗液。第一级的漂洗槽是最脏的，因为它是产品最先清洗的地方。接下来，产品到达中间的漂洗槽并最后到达装有干净清洗液的漂洗槽。如图 4-14 所示，产品的流向与清洗液的流向正好是相反的。在漂洗过程中，产品会接触到越来越清洁的清洗液。

（6）干燥

在使用水溶液清洗剂来清洗时，必须把干燥工作当做漂洗后的一个附加操作来进行。最经济的干燥方法是产品在前一个操作步骤中被加热过，如用热清洗液漂洗。否则，就要用冷风或氮气来吹干产品，此时存在于产品表面的液体会从不通孔和缝隙中被吹出。采用热风干燥、烘干箱或红外线等方法会更为有效，此时的干燥效果是通过蒸发获得的。

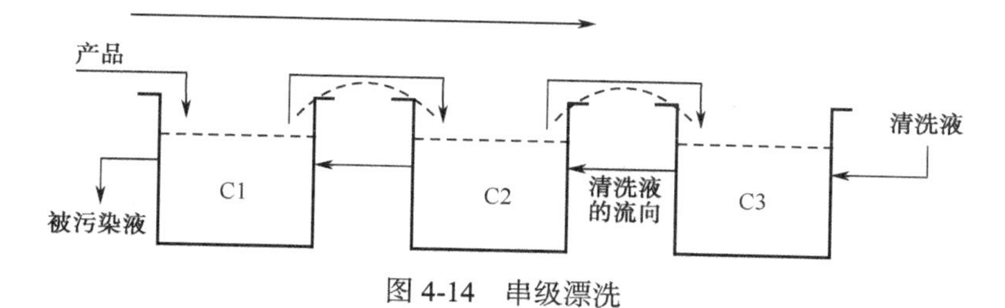

图 4-14 串级漂洗

另外一种方法是借助于防水剂或溶液。也可采用真空干燥，由于蒸气压力下降，从而使水或溶剂更早地挥发掉。温度越高，干燥过程越快。

2．影响清洗过程的因素

影响清洗过程的 4 个因素为化学作用、时间、温度、运动。

（1）化学作用

化学作用是指使用的清洗剂在清洗时所起的作用。清洗剂可以分为两类，即水溶液清洗剂和有机溶剂。

（2）时间

这是指产品与清洗剂所接触的时间。时间越长，另外三种因素的影响越小。

（3）温度

清洗剂的温度可决定清洗效果。例如，当用肥皂做清洗工作时，在 40℃以上每升高10℃，可有双倍的清洗效果；而在 60℃时，可获得 4 倍的清洗效果；70℃时，可达 8 倍的清洗效果。因此，提高温度能大大缩短清洗的时间。此外，提高温度还能使干燥变得简单。

（4）运动

运动可通过多种途径实现，如摩擦、刷磨、喷射、振动（超声波清洗）、起泡（泡沫浴）、产生气体（电解清洗）等。所有这些运动方法的目的都是使产品表面的液体移动，同时借助外力确保清除污物。

根据上述影响清洗的 4 个因素的描述，可认为清洗效果是 4 个因素的综合作用。如果有一种因素的影响程度变得很大，则其他因素的影响程度可能会变小而达到相同的效果。

除清洗过程的 4 个因素外，选择清洗工艺类型时，产品特性同样很重要，如产品是被什么东西所污染的，产品的材料是什么，生产批量有多大，产品尺寸是多少，产品是什么形状的，产品是否需要后续处理等。

4.2.2 清洗剂

清洗剂主要分为有机熔剂和水溶液清洗剂两大类。

1．有机溶剂

有机溶剂可分为易燃和非易燃（大多数）溶剂。矿物油产品诸如汽油、煤油、柴油、松香水等都属于易燃溶剂类。其他的有机溶剂还有丙酮和酒精。这些溶剂用来对油污进行常温脱脂。

常温脱脂的方法用于小规模清除油污，如用布来进行手工清洗，或者在一个清洗容器中清洗产品。使用清洗容器的好处在于那些使用后多余的溶剂会被保存在一个存储器中，并可以被提炼和再使用。

使用溶剂进行高温脱脂的方法是将待清除油污的物件悬吊在除油溶剂的蒸气之中。

2. 水溶液清洗剂

根据酸含量可将水溶液清洗剂分为三类，即酸性（acid）、中性（neutral）和碱性（alkaline）。

中性和碱性清洗剂专门用于脱脂处理。水溶液清洗剂最好在加温的条件下使用。温度越高，油的黏度越低，清洗效果就越好。

① 强碱性清洗剂，用于钢和镁材料以及严重的污染。

② 弱碱性至中等碱性清洗剂，用于轻金属、铜、铝、锌等材料以及中度的污染。

③ 中性清洗剂，用于敏感的金属材料以及轻微的污染。

表 4-1 列出了水溶液清洗剂的分类、组成及适用场合。

表 4-1　水溶液清洗剂的分类、组成及适用场合

pH 值	成　分	温度/℃	适用场合
强碱，pH 值 11～14	表面活性剂 氢氧化钠（钾） 碳酸盐 硅酸盐 磷酸盐 防腐剂 合成药剂	>50	钢 重污染
弱碱，pH 值 8～11	表面活性剂 磷酸盐 硅酸盐 硼酸盐 防腐剂 合成药剂	>40	轻金属、铜、铝、锌 中度污染
中性，pH 值 6～8	表面活性剂	>20	敏感金属 轻度污染
弱酸，pH 值 3～6	表面活性剂 有机酸 防腐剂	>50	钢 磷化物 氧化物
强酸	表面活性剂 无机酸 防腐剂	20	腐蚀清除 除锈

清洗剂是根据所要清洗的材料来选用的。对于钢和铁，可以用以氢氧化钠和碳酸盐为基础、pH 值在 10～14 范围内的强碱性清洗剂，而在有电镀的后处理时，通常不能使用硅酸盐。对于铜和铜合金，可使用弱碱性清洗剂。对于锌、铝及它们的合金，pH 值要在 9～11 范围内，因为在更高的 pH 值下，金属会被溶解。

脱脂使用最多的清洗剂种类是强碱性清洗剂和弱碱性清洗剂，且逐渐使用中性清洗剂。

碱性清洗剂可清除植物油、动物油以及矿物油和油脂，也可以清除固体污物颗粒。在清洗时，植物油和动物油被皂化；矿物油和油脂被乳化（并非所有的碱性清洗剂都具有乳化功能）；固体颗粒则先从粘附的表面上被除下，再被封裹起来，这样它们就能被漂洗掉。在乳化时，清洗剂中的某种表面活性物质与油污相互作用，从而使油污分解成很小的微滴而被清洗剂吸收。

清洗时所产生的油污漂浮在液体表面，要用撇去浮沫的办法来清除，也可以让液体溢出到一个收集油污的地方，还可配置撇除手臂等装置清除这些油污。

4.2.3 设备零部件的清洗方法

1. 常用的清洗方法

（1）手工清洗

除了在工作台上使用清洁布或者用焦油刷子来清洗小的物件外，还广泛地使用清洗容器。适用的清洗剂有汽油、煤油、柴油、乙醇和中性水溶液清洗剂。如图 4-15 所示为手工清洗装置，这种清洗装置包含一个工作面，在其下面有一个装清洗剂的容器；清洗剂由泵抽上来，再通过一根管道至刷子或喷头；利用刷子，可获取足够的外力以去除污物。

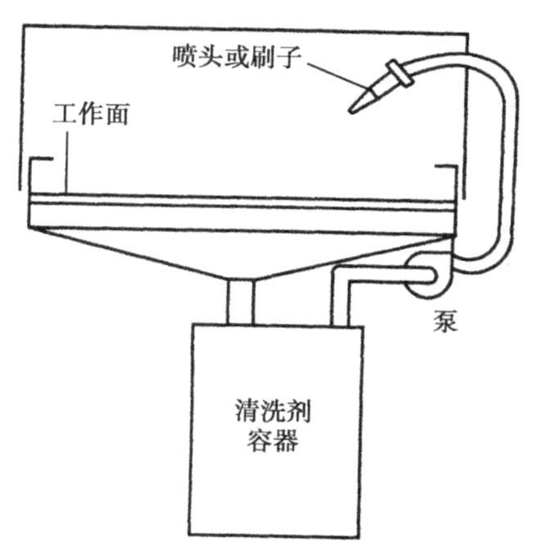

图 4-15　手工清洗装置

如果对清洁度的要求不是很高，则该方法即具有足够的清洗效果。对于精加工表面的预清洗来说，这种清洗方法并不是太好，随后还要进行更高清洁度的清洗。

手工清洗操作简单，但生产率低，适用于单件和小批量生产的中小型零件及大件的局部清洗，特别在预清洗中应用较多。预清洗作为最终清洗的一项预先操作，其优点是易于去除那些较粗的污物，使其不会在干燥时黏附在工件表面，否则在以后的操作中就会很难清除。这种方法主要用于那些在下一步加工处理之前，要先存放一段时间的零部件的清洗。

（2）浸洗法

在浸洗机中清洗金属产品是一种广泛应用的方法，它既可用有机溶剂，又可用水溶液清洗剂。该方法是将产品在清洗槽的清洗剂中浸泡一定的时间（2～20min）。所需的时间取决于使用的清洗剂、物品是否运动以及清洗剂温升情况。该方法操作简单，多用于批量较大、粘附油垢较少且形状复杂的零件的清洗。

浸洗法常用于串级清洗系统，如图 4-16 所示。在此系统中，使用少量的溶剂即可达到较高的清洁度。

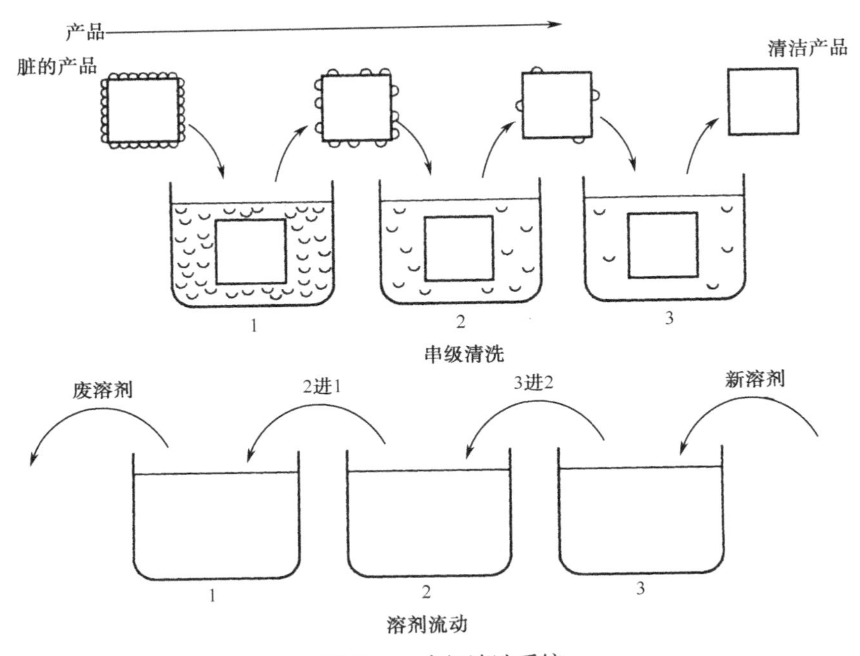

图 4-16　串级清洗系统

通常，产品在液体中所放置的位置也是很重要的。产品安放的位置或者产品相互的间隔情况都会影响清洗效果。在放置产品时要小心，不可损伤那些有粗糙度要求的表面。对于产品上的不通孔和洞穴，必须把里面倾空。为使产品能被安放得妥当，会用到各种各样的支承装置，这些产品支承装置主要是由塑料制成的。将产品放在支撑装置上时，应使产品表面与支撑装置的接触尽量少。对于薄壁产品要小心轻放，防止变形。

（3）喷洗法

喷洗装置就像家用餐具洗涤机（图 4-17）。产品放在盛具中，再放置在喷洗装置内，根据装置的类型来进行清洗操作。适用的清洗剂有汽油、煤油、柴油、化学清洗液、碱液和三

氯乙烯等。这种方法清洗效果好，生产效率高，劳动条件好，但设备较复杂，多用于粘附油垢严重或粘附半固体油垢且形状简单的零件的清洗。

喷洗后零件的干燥是通过产品由喷雾获得更高的温度，或通过向喷洗室吹热空气来进行的。

（4）高压清洗法

在此方法中，产品是在一个清洗装置内通过高压喷射进行清洗的，如图4-18所示。适用的清洗剂有汽油、煤油、柴油、乙醇和中性水溶液清洗剂等。

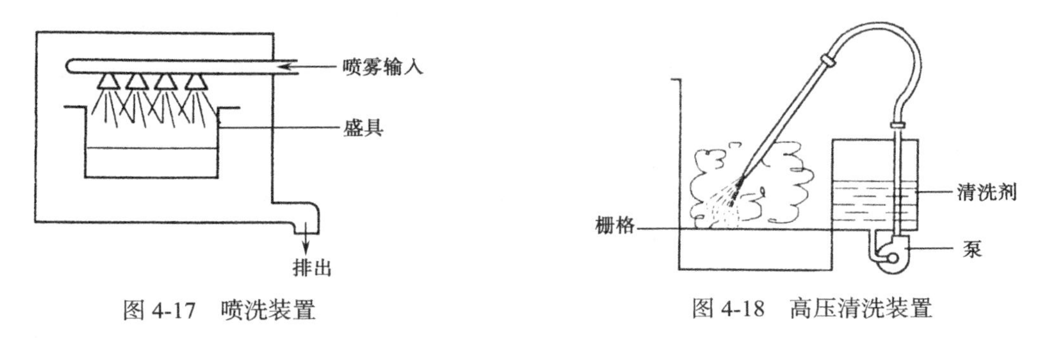

图4-17 喷洗装置　　图4-18 高压清洗装置

高压清洗法特别适合于那些小批量生产的大型产品或单件生产的工件。

（5）蒸气脱脂法

蒸气脱脂法是利用冷凝原理来工作的，如图4-19所示。在蒸气脱脂法中，使用沸腾的溶剂。当温度低于溶剂沸点的产品被放入蒸气区域时，产品上的蒸气就会冷凝，这样便可溶解污染物并将其从产品上清洗掉。

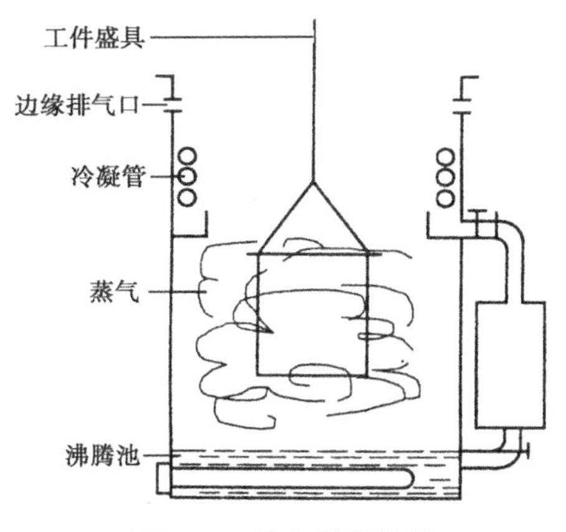

图4-19 蒸气脱脂装置

冷凝的溶剂和溶解下来的油脂会掉入沸腾池中。由于油脂的沸点比溶剂高，所以清洁的溶剂就会从污染的液体中蒸发出来，使装置内继续充满着清洁的蒸气。随着更多的油脂溶入溶剂，其沸点会升高。当溶剂的沸点升高很多时，则必须更换溶剂，以防止带有污染的溶剂蒸发。

在冷凝过程中，产品的温度会逐渐升高，直至达到蒸气的温度。此时，蒸气不再会冷凝。当将产品从蒸气区中取出时，由于产品上的热量，一小部分仍留在产品上的溶剂将会蒸发，因此不需要额外的干燥操作。由于溶剂蒸气比空气重，它会像液体那样留在容器中。但将产品移入或移出蒸气区域时仍要缓慢和平稳，这样可防止蒸气溢出和使蒸气紊乱而导致蒸气流失。同时，在蒸气区的上端装有冷却盘管以限制蒸气的流失，因为蒸气在上升到蒸气区的上面时会冷凝在管子上。此外，冷却盘管的上方装有边缘排气口，用来排除溢出的蒸气。

产品和蒸气之间的温度差是溶剂在产品上充分冷凝的条件。为此，通常先将产品放在冷的溶剂中浸洗后再放入蒸气中。温差越大，产品被加热到蒸气温度的时间越长，冷凝过程也就越长。如果产品在经过一次清洗后仍不够清洁，可用蒸气脱脂法进行重复清洗。通常，产品在进入蒸气区前先经过一次或多次的热浸浴及一次冷浸浴。通过这种方式，把浸洗法和蒸气脱脂法两种方法结合起来，提高清洗效果。

蒸气脱脂法常用三氯乙烯蒸气，清洗效果好，但设备复杂，劳动保护条件要求高，多用于成批生产、黏附油垢中等的中小型零件的清洗。

2. 搅动浸洗法

搅动浸洗法是在浸洗中采用各种搅动（运动）方式，从而提高清洗的效率，包括反复浸洗、沸腾、充气搅动、液体注射和超声波清洗。

（1）反复浸洗

将所清洗的零件在清洗剂中重复浸泡或转动进行清洗。在此方法中，污染物和清洗剂之间的交换能力增强，从而提高了清洗的效果。自动清洗装置的运动由机器人提供，其他装置有安放盛具的可移动沉淀盘，如图 4-20 所示。

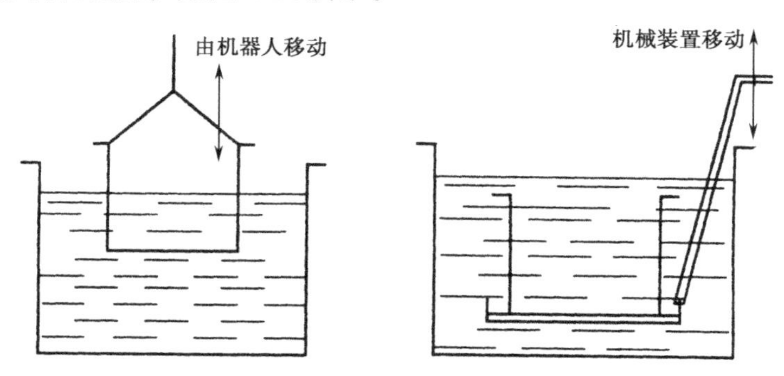

图 4-20　反复浸洗装置

（2）沸腾

如图 4-21 所示，沸腾会产生气泡而搅动整个液体，在气泡上升时会起到清洗作用。这里的一个先决条件就是要清洗的产品是耐高温的。沸腾的缺点是产生大量的蒸气而对环境不利，同时还需要很多的能量来煮沸清洗液体。

（3）充气搅动

充气搅动浸洗时，空气从液体底部的管子中吹出而产生气泡。此方法的缺点在于有大量

的泡沫出现。

（4）液体注射

如图 4-22 所示，从液体容器的一侧排出清洗剂，并借助泵的作用再从另一侧注射，这样清洗剂就会沿着要清洗的零部件表面流动。污物被连续不断流动的清洗剂液流清洗掉，而新的清洗剂被不断地注入。

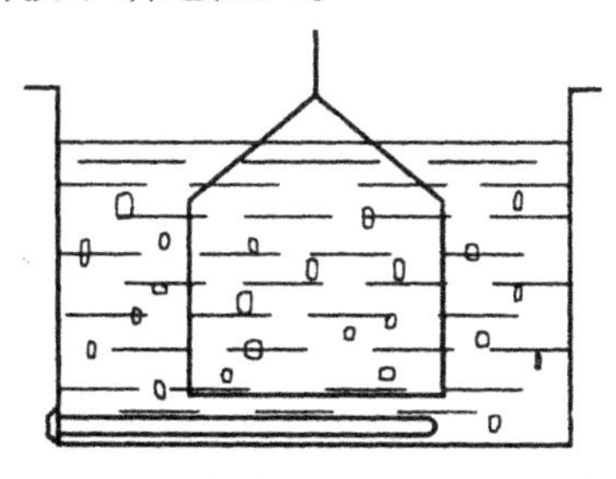

图 4-21 沸腾或充气时产生气泡

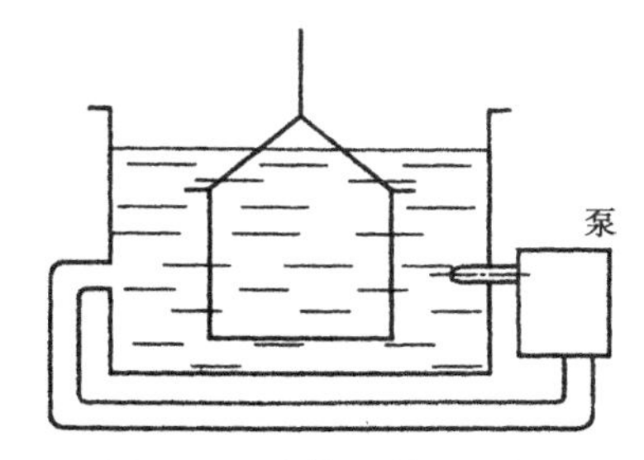

图 4-22 液体注射浸洗装置

（5）超声波清洗（ultrasonic cleaning）

在图 4-23 所示的超声波清洗装置中，气蚀效应十分强烈。由超声波发生器产生的高频电能，通过安装在清洗槽中的换能器被转变成机械振动。这些振动以声波传到液体中，造成极微小的真空空穴，它们经过一段很短的成长时间后就会发生内爆，从而产生一个振动波。产品就是通过这些振动波来清洗的。

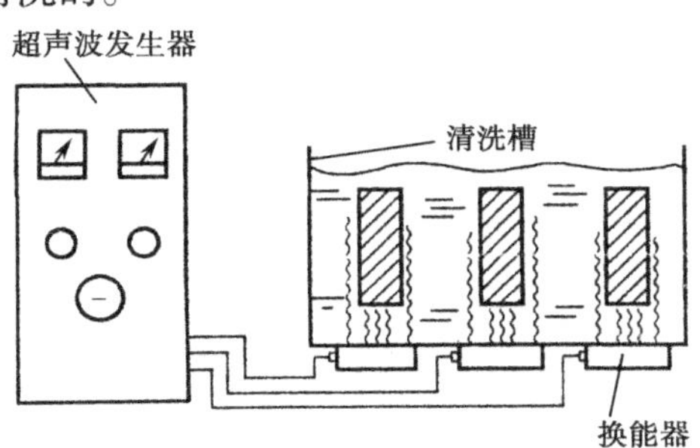

图 4-23 超声波清洗装置

超声波清洗特别适用于那些具有复杂的几何形状、细孔和盲孔的产品。超声波清洗时，既可使用有机溶剂，也可使用水溶液清洗剂。

4.2.4 清洗工作中的安全措施

当使用易燃的溶剂来脱脂时，会有燃烧与爆炸的危险；当所使用的溶剂有毒性时，会污染环境，危害人的身体健康。因此，在清洗操作中要加以注意并采取有效的安全防护措施。

1. 燃烧和爆炸的危险

所有的溶剂都能燃烧，因此都有着火的危险。有的溶剂相对更容易着火，如汽油比煤油更易燃烧。易燃的程度取决于闪点，闪点越低，溶剂越容易燃烧。一般来说，总是溶剂的气体先开始燃烧。在一个装有溶剂的清洗槽中，当其上部的气体开始燃烧时，只要盖住清洗槽就可以扑灭火焰。如果液体本身被烧了很长时间的火焰所加热，甚至开始沸腾，就不能这样做了。

溶剂气体要能够燃烧，必须有氧气。特别是当溶剂气体和氧气达到一定比例时，燃烧会十分迅速，甚至导致爆炸。如果空气中含有大量的溶剂气体，就等于形成一种爆炸性混合物，可能被电火花、工具或摩擦产生的火花所点燃。因此，在操作时，要防止溶剂气体溢出清洗槽，清洗槽附近更不能有火花产生的设备存在。

2. 溶剂的毒性

MAC 值通常用来表示各种物质的毒性和危险性。MAC 是英文“Maximum Acceptable Concentration（可接受的最大浓度）”的缩写。MAC 值小时，表示毒性较强；而 MAC 值大时，表示毒性较弱。MAC 值表示有害物质在 8h 的工作时间内，存在于空气中的浓度。表 4-2 给出了部分溶剂的 MAC 值和闪点。

表 4-2 部分溶剂的 MAC 值和闪点

溶　剂	MAC 值/$\times10^{-6}$	闪点/℃	溶　剂	MAC 值/$\times10^{-6}$	闪点/℃
甲醇	200	11	乙烷	25	−22
乙醇	1000	12	苯	10	−11
丙酮	750	19	NMP	100	96

碱性清洗剂的使用安全在于其成分的化学性质。碱性清洗剂对于眼睛来说是十分危险的，它们会直接损伤眼角膜。所以，在混合、装填和使用碱性清洗剂时，始终要戴好全封闭的护目镜或面罩。

浓碱会软化皮肤，导致严重的烧伤。大量稀释后的清洗液对皮肤、皮肤伤口会有很强的脱脂作用，导致抗感染能力大大地降低。因此，在使用这类清洗剂时，始终要穿戴专门的防护装和手套。

4.3 润滑

为了避免机件间直接接触和减少机件相对运动部分的摩擦，在设备安装和使用中必须进行润滑。设备润滑一般采用润滑剂。润滑剂还起散热的作用。

润滑剂分为润滑油和润滑脂两种。

4.3.1 润滑油

1. 对润滑油的要求

① 润滑油应具有一定的黏度，以保证在相对运动的零件上具有持久的油膜，保持润滑能力。

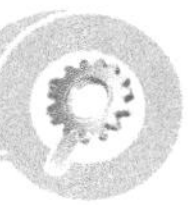

② 润滑油不得腐蚀机械零件，不得含有水分和机械杂质。温度变化时，其黏度改变的幅度要小。

③ 润滑油在使用中不得形成大量的积灰和沥青层。

④ 润滑油必须经过化验，确定符合规定要求后才能使用。

⑤ 加入设备内的润滑油必须经过过滤，并且所加油量必须达到规定的油标位置。

⑥ 凡需要两种油料混合使用时，应先按比例配好，然后使用。

⑦ 液压系统的油液，必须特别注意清洁，不得使用再生油液。

2．常用润滑油的主要性能

常用润滑油的主要性能见表 4-3 和表 4-4。

表 4-3　机械油的主要性能（GB 443—84）

项　目	质 量 指 标									
	N5	N7	N10	N15	N22	N32	N46	N68	N100	N150
运动黏度（40℃，mm^2/s）	4.14～5.06	6.12～7.48	9.00～11.00	13.5～16.5	19.8～24.2	28.8～35.2	41.4～50.6	61.2～74.8	90.0～110	135～165
倾点/℃	实测	实测	实测	实测	实测	实测	实测	实测	实测	实测
凝点/℃　不高于	-10	-10	-10	-15	-15	-15	-10	-10	0	0
残炭/%　不大于	—	—	—	0.15	0.15	0.15	0..25	0.25	0.5	0.5
灰分/%　不大于	0.005	0.005	0.005	0.007	0.007	0.007	0.007	0.007	0.007	0.007
水溶性酸或碱	无	无	无	无	无	无	无	无	无	无
酸值（mgKOH/g）不大于	0.04	0.04	0.04	0.14	0.14	0.16	0.2	0.35	0.35	0.35
机械杂质/%　不大于	无	无	无	0.005	0.005	0.005	0.007	0.007	0.007	0.007
水分/%	无	无	无	无	无	无	无	无	痕迹	痕迹
闪点（开口，℃）　不低于	110	110	125	165	170	170	180	190	210	220
腐蚀（T3，100℃，3h）	合格	合格	合格	合格	合格	合格	合格	合格	合格	合格
色度/号　不深于	8（1.5）	8（1.5）	8（1.5）	9（1.5）	13（2.5）	15（3.0）	20（5.5）	20（5.5）	24（7.5）	24（7，5）

注：①括号内数据为相当于 ASTM1500 的色度号，做参考用；②用户要求不加降凝剂时，N5～N68 允许凝点不高于-5℃出厂；③用糠醛或酚精制的各号机械油规定不含糠醛和酚。

表 4-4　常用齿轮油、蜗杆油的主要性能和用途

名　称		代　号	运动黏度/（mm^2/s）		闪点（开口，℃）≥	凝点/℃ ≤	主要用途
			40℃	50℃			
SY1172—80	抗氧防锈工业齿轮油	N68	61.2～74.8	37.1～44.4	170	-8	一般齿轮，齿面应力小于 500N/mm^2 时的润滑
		N100	90～110	52.4～63.0			
		N150	135～165	75.9～91.2			
		N220	198～242	108～129	200		
		N320	288～352	151～182			
		N460	414～506	210～252			
		N680	612～748	300～360	220		
GB5903—86	中负荷工业齿轮油	N68	61.2～74.8	37.1～44.4	170	-8	有冲击的低负荷齿轮及中负荷齿轮，齿面应力为 500～1000N/mm^2，如化工、冶金、矿山等机械的齿轮
		N100	90～110	52.4～63.0			
		N150	135～165	75.9～91.2			
		N220	198～242	108～129	200		
		N320	288～352	151～182			
		N'460	414～506	210～252			
		N680	612～748	300～360			
GB3141	重负荷工业齿轮油	N68	61.2～74.8	37.1～44.4	170	-8	高负荷齿轮，齿面应力大于 1100N/mm^2，如冶金、轧钢、井下采掘机械用齿轮
		N100	90～110	52.4～63.0			
		N150	135～165	75.9～91.2			
		N220	198～242	108～129	200		
		N320	288～352	151～182			
		N460	414～506	210～252			
		N680	612～748	300～360	220		
蜗轮蜗杆油		N220	198～242	108～129	—	—	—
		N320	288～352	151～182			
		N460	414～506	210～220			
		N680	612～748	300～360			
		N1000	900～1100	425～509			

4.3.2　润滑脂

润滑脂俗称黄油或黄干油，颜色从淡黄到深褐色。当机件不适于用润滑油时，可采用高黏度的润滑脂。

1．对润滑脂的要求

① 润滑脂在任何负荷下均须保持良好的润滑性能，并具有适当的流动性。

② 当温度变化时，润滑脂只应稍稍改变其黏稠度，但在使用和保管期内绝不允许变质。

2．润滑脂的性能和用途

润滑脂的性能和用途见表 4-5、表 4-6 和表 4-7。

表 4-5 常用润滑脂的主要性能和用途

名 称	代 号	滴点≥/℃	工作针入度（25℃，150g）（1/10mm）	用 途
钠基润滑脂（GB 429—89）	2 3	160 160	265～295 220～250	工作温度在-10～110℃的一般中负荷机械设备轴承润滑，不耐水（或潮湿）
钙钠基润滑脂（ZBE 36001—88）	ZGN—1 ZGN—2	120 135	250～290 200～240	在 80～100℃、有水分或较潮湿环境中工作的机械润滑，多用于铁路机车、列车、小电动机、发电机滚动轴承（温度较高者）润滑，不适于低温工作
压延机用润滑脂（GB 493—65）①	ZGN40—1 ZGN40—2	80 85	310～355 250～295	轧钢机、滚道、矫正机等重型设备轴承润滑；ZGN40—1 适用于集中润滑系统，ZGN40—2 适用于单机润滑
石墨钙基润滑脂（ZBE 36002—88）	ZG—S	80	—	人字齿轮、起重机、挖掘机的底盘齿轮、矿山机械、绞车钢丝绳等高负荷、高压力、低速度的粗糙机械润滑及一般开式齿轮润滑，能耐潮湿
滚珠轴承脂（SY 1514—82）①	ZGN69—2	120	250～290 -40℃时为 30	机车、汽车、电动机及其他机械的滚动轴承润滑
通用锂基润滑脂（GB 7324—87）	ZL—1 ZL—2 ZL—'3	170 175 180	310～340 265～295 220～250	适用于-20～120℃宽温度范围内各种机械的滚动轴承、滑动轴承及其他摩擦部位的润滑
二硫化铝锂基脂	ZL—1E ZL—2E ZL—3E ZL—4E ZL—5E	175	310～340 265～295 220～250 175～205 130～160	具有良好的极压性能。用于高负荷和高温下操作的冶金、矿山、化工机械设备的润滑，使用温度不高于 145℃，同类型产品有二硫化钼复合锂基脂
7407 号齿轮润滑脂（SY 4036—84）	—	160	75～90	适用于各种低速，中、重载荷齿轮、链和联轴器等部位的润滑，使用温度≤120℃，可接受冲击载荷≤25000MPa

注：①该标准经 1988 年确认，继续执行。

表 4-6　二硫化钼润滑脂的主要性能和用途

名　称	代　号	滴点≥/℃	工作针入度（1/10mm）	用　途
润滑脂	1	230	260～300	（1）适用于圆周速度为 15m/s、温度在 140℃以下的高温、高速滚动轴承，如丝锥铲磨机，板牙铲床，内、外圆磨床，万能工具磨床，20000r/min 电动机等高速机床轴承 （2）用做金属和设备的表面防护剂
	2	240	180～220	有耐湿、耐热性能，用于工作温度低于 180℃的滚动轴承，如离心浇注机、热处理炉子支架轴承、高温滚道轴承等，但不适于工作温度低于 80℃的设备润滑
	3	220	240～280	适用于温度为 40～140℃、转速在 15000r/min 以下、负荷在 400MPa 以下的各类滚动轴承，如大型电动机、发电机轴承，大型压力机飞轮轴，大型吊车轮轴，高压鼓风机及空压机轴承，高速铣床、磨床、刨床、煤气鼓风机及减速机等重型机电设备滚动轴承润滑
	4	210	290～330	适用于温度为 20～80℃、转速为 3000r/min 的常见中小型机电设备，如鼓风机、水泵、汽车等的滚动轴承；也适用于各种油杯加油的轴瓦及间隙在 0.5mm 以上的重负荷设备轴瓦润滑
	5	180	290～330	适用于局部或集中润滑的轧钢机、压延机等重负荷轴承，其流动性较好
复合钙基润滑脂	ZFG—1 ZFG—2 ZFG—3 ZFG—4	180 200 220 240	310～350 260～300 210～250 160～200	由复合钙基脂添加二硫化钼而成，有耐高温、耐潮湿、抗极压性能，适用于高温、高负荷机械设备润滑
合成复合铝基润滑脂	ZFU—1 ZFU—2 ZFU—3 ZFU—4	180 200 220 240	310～340 265～295 220～250 175～205	由复合铝基脂添加二硫化钼而成，有耐水、耐高温、抗极压性能，适用于高温、高负荷机械设备润滑

注：1#～4#润滑脂不适用于低温操作的设备及电动或风动干油泵输送的机械润滑。

表 4-7　膨润土润滑脂的主要性能和用途

代　号	滴点>/℃	工作针入度 1/10mm）	用　途
J—1#	250	310～340	适用于潮湿及工作温度为-20～150℃的轻负荷、高转速滚珠轴承润滑
J—2#	250	265～295	适用于潮湿及工作温度为-20～200℃的轻、中负荷，高转速滚珠轴承润滑
J—3#	250	220～250	适用于潮湿及工作温度为 0～200℃的中、重负荷，中、低转速滚珠轴承润滑
J—4#	250	175～205	适用于潮湿及工作温度为 50～200℃的重负荷、低转速滚珠轴承润滑

第5章 固定连接的装配

CHAPTER 5

5.1 螺纹连接

螺纹连接是一种可拆的固定连接，它具有结构简单、连接可靠、装拆方便等优点，在机械中应用广泛。螺纹连接分普通螺纹连接和特殊螺纹连接两大类，由螺栓、双头螺柱或螺钉构成的连接称为普通螺纹连接，除此以外的螺纹连接称为特殊螺纹连接，如图 5-1 所示。

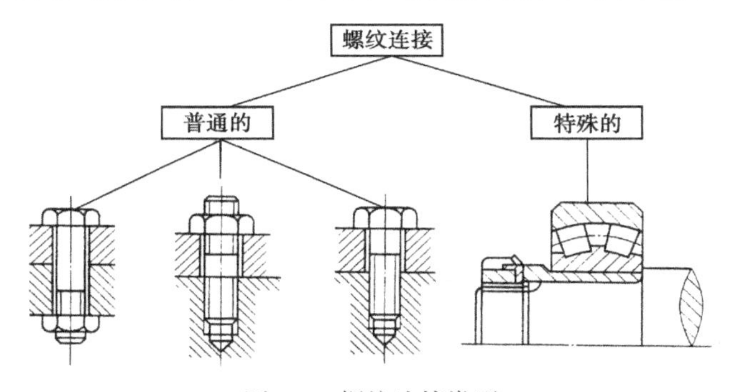

图 5-1 螺纹连接类型

螺纹连接为达到连接可靠和紧固的目的，要求纹牙间有一定的摩擦力矩，所以螺纹连接装配时应有一定的拧紧力矩，使纹牙间产生足够的预紧力。

5.1.1 拧紧力矩的确定

在旋紧螺母时总是要克服摩擦力，一类是螺母的内螺纹和螺栓的外螺纹之间的螺纹牙间摩擦力 f_G，另一类是在螺母与垫圈、垫圈与零件以及零件与螺栓头的接触表面之间的螺栓头部摩擦力 f_K。因此，拧紧力矩 M_A 取决于其摩擦因数 f_G 和 f_K 的大小，这两个值可通过表 5-1 和表 5-2 确定，然后从表 5-3 中可查到装配时预紧力和拧紧力矩的大小。在表 5-1 和表 5-2 中考虑了材料的种类、表面处理状况、表面条件（和制造方法有关）及润滑情况等各种因素。

表 5-1 摩擦因数 f_G

f_G	螺纹				外螺纹（螺栓）								
		材料			钢								
			表面		发黑或用磷酸处理				镀锌（Zn6）		镀镉（Cd6）		粘结处理
螺纹	材料	表面		螺纹制造方法	滚压			切削	切削或滚压				
			螺纹制造方法	润滑	干燥	加油	MoS_2	加油	干燥	加油	干燥	加油	干燥
内螺纹	钢	光亮	切削	干燥	0.12～0.18	0.10～0.16	0.08～0.12	0.10～0.16	—	0.10～0.18	—	0.08～0.14	0.16～0.25
		镀锌			0.10～0.16	—	—	—	0.12～0.20	0.10～0.18	—	—	0.14～0.25
		镀镉			0.08～0.14	—	—	—	—	—	0.12～0.16	0.12～0.14	—
	GG/GTS	光亮			—	0.10～0.18	—	0.10～0.18	—	0.10～0.18	—	0.08～0.16	—
	AlMg	光亮			—	0.08～0～20	—	—	—	—	—	—	—

表 5-2 摩擦因数 f_K

f_K	接触面				螺栓头									
接触面	材料	材料			钢									
		表面			发黑或用磷酸处理					镀锌（Zn6）		镀镉（Cd6）	
		表面		螺纹制造方法	滚压			车削		磨削	滚压			
			螺纹制造方法	润滑	干燥	加油	MoS_2	加油	MoS_2	加油	干燥	加油	干燥	加油
被连接件材料	钢	光亮	磨削	干燥	—	0.16～0.22	—	0.10～0.18	—	0.16～0.22	0.10～0.18	—	0.08～0.16	—
			金属切削		0.12～0.18	0.10～0.18	0.08～0.12	0.10～0.18	0.08～0.12	—	0.10～0.18		0.08～0.16	0.08～0.14
		镀锌			0.10～0.16		—	0.10～0.16	—	0.10～0.18	0.16～0.20	0.10～0.18	—	—
		镀镉			0.08～0.16						—	—	0.12～0.20	0.12～0.14
接触面	材料		表面		发黑或用磷酸处理						镀锌（Zn6）		镀镉（Cd6）	
		表面		螺纹制造方法	滚压			车削		磨削	滚压			
			螺纹制造方法	润滑	干燥	加油	MoS_2	加油	MoS_2	加油	干燥	加油	干燥	加油
被连接件材料	GG/GTS	光亮	磨削	干燥	—	0.10～0.18	—	—	—	0.10～0.18			0.08～0.16	—
			金属切削		—	0.14～0.20	—	0.10～0.18	—	0.14～0.22	0.10～0.18	0.10～0.16	0.08～0.16	—
	AlMg				—	0.08～0.20				—	—	—	—	—

表 5-3　装配时预紧力和拧紧力矩的确定

确定螺栓装配预紧力 F_M 和拧紧力矩 M_A（设 $f_G=0.10$）时，设定螺杆是全螺纹的，且是粗牙的普通螺纹六角头螺栓或内六角圆柱形螺钉															
螺纹直径	性能等级	装配预紧力 F_M/N 当 f_G =							拧紧力矩 M_A/N·m 当 f_K =						
		0.08	0.10	0.12	0.14	0.16	0.20	0.24	0.08	0.10	0.1.2	0.14	0.16	0.20	0.24
M4	8.8	4400	4200	4050	3900	3700	3400	3150	2.2	2.5	2.8	3.1	3.3	3.7	4.0
	10.9	6400	6200	6000	5700	5500	5000	4600	3.2	3.7	4.1	4.5	4.9	5.4	5.9
	12.9	7500	7300	7000	6700	6400	5900	5400	3.8	4.3	4.8	5.3	5.7	6.4	6.9
M5	8.8	7200	6900	6600	6400	6100	5600	5100	4.3	4.9	5.5	6.1	6.5	7.3	7.9
	10.9	10500	10100	9700	9300	9000	8200	7500	6.3	7.3	8.1	8.9	9.6	10.7	11.6
	12.9	12300	11900	11400	10900	10500	9600	8800	7.4	8.5	9.5	10.4	11.2	12.5	13.5
M6	8.8	10100	9700	9400	9000	8600	7900	7200	7.4	8.5	9.5	10.4	11.2	12.5	13.5
	10.9	14900	14300	13700	13200	12600	11600	10600	10.9	12.5	14.0	15.5	16.5	18.5	20.0
	12.9	17400	16700	16100	15400	14800	13500	12400	12.5	14.5	16.5	18.0	19.5	21.5	23.5
M7	8.8	14800	14200	15700	15100	12600	11600	10600	12.0	14.0	15.5	17.0	18.5	21.0	22.5
	10.9	21700	20900	20100	19300	18500	17000	15600	17.5	20.5	23.0	25	27	31	33
	12.9	25500	24500	23500	22600	21700	19900	18300	20.5	24.0	27	30	32	36	39
M8	8.8	18500	17900	17200	16500	15800	14500	13300	18	20.5	23	25	27	31	33
	10.9	27000	26000	25000	24200	23200	21300	19500	26	30	34	37	40	45	49
	12.9	32000	30500	29500	28500	27000	24900	22800	31	35	40	43	47	53	57
M10	8.8	29500	28500	27500	26000	25000	23100	21200	36	41	46	51	55	62	67
	10.9	43500	42000	40000	38500	37000	34000	31000	52	60	68	75	80	90	98
	12.9	50000	49000	47000	45000	43000	40000	36500	61	71	79	87	94	106	115
M12	8.8	43000	41500	40000	38500	36500	33500	31000	61	71	79	87	94	106	115
	10.9	63000	61000	59000	56000	54000	49500	45500	90	104	117	130	140	155	170
	12.9	74000	71000	69000	66000	63000	58000	53000	105	121	135	150	160	180	195
M14	8.8	59000	57000	55000	53000	50000	46500	42500	97	113	125	140	150	170	185
	10.9	87000	84000	80000	77000	74000	68000	62000	145	165	185	205	220	250	270
	12.9	101000	98000	94000	90000	87000	80000	73000	165	195	215	240	260	290	320
M16	8.8	81000	78000	75000	72000	70000	64000	59000	145	170	195	215	230	260	280
	10.9	119000	115000	111000	106000	102000	94000	86000	215	250	280	310	340	380	420
	12.9	139000	134000	130000	124000	119000	110000	101000	250	300	330	370	400	450	490

续表

确定螺栓装配预紧力 F_M 和拧紧力矩 M_A（设 $f_G=0.10$）时，设定螺杆是全螺纹的，且是粗牙的普通螺纹六角头螺栓或内六角圆柱形螺钉															
螺纹直径	性能等级	装配预紧力 F_M/N 当 $f_G=$							拧紧力矩 M_A/N·m 当 $f_K=$						
		0.08	0.10	0.12	0.14	0.16	0.20	0.24	0.08	0.10	0.1.2	0.14	0.16	0.20	0.24
M18	8.8	102000	98000	94000	91000	87000	80000	73000	210	245	280	300	330	370	400
	10.9	145000	140000	135000	129000	124000	114000	104000	300	350	390	430	470	530	570
	12.9	170000	164000	157000	151000	145000	133000	122000	350	410	460	510	550	620	670
M20	8.8	131000	126000	121000	117000	112000	103000	95000	300	350	390	430	470	530	570
	10.9	186000	180000	173000	166000	159000	147000	135000	420	490	560	620	670	750	820
	12.9	218000	20000	202000	194000	187000	171000	158000	500	580	650	720	780	880	960
M22	8.8	163000	157000	152000	146000	140000	129000	118000	400	470	530	580	630	710	780
	10.9	232000	224000	216000	208000	200000	183000	169000	570	670	750	830	900	1020	1110
	12.9	270000	260000	250000	243000	233000	215000	197000	670	780	880	970	1050	1190	1300
M24	8.8	188000	182000	175000	168000	161000	148000	136000	510	600	670	740	800	910	990
	10.9	270000	260000	249000	239000	230000	211000	194000	730	850	960	1060	1140	1300	1400
	12.9	315000	305000	290000	280000	270000	247000	227000	850	1000	1120	1240	1350	1500	1650
M27	8.8	247000	239000	230000	221000	213000	196000	180000	750	880	1000	1100	1200	1350	1450
	10.9	350000	340000	330000	315000	305000	280000	255000	1070	1250	1400	1550	1700	1900	2100
	12.9	410000	400000	385000	370000	355000	325000	300000	1250	1450	1650	1850	2000	2250	2450
M30	8.8	300000	290000	280000	270000	260000	237000	218000	1000	1190	1350	1500	1600	1800	2000
	10.9	430000	415000	400000	385000	370000	340000	310000	1450	1700	1900	2100	2300	2600	2800
	12.9	500000	485000	465000	450000	430000	395000	365000	1700	2000	2250	2500	2700	3000	3300
M33	8.8	375000	360000	350000	335000	320000	295000	275000	1400	1600	1850	2000	2200	2500	2700
	10.9	530000	520000	495000	480000	460000	420000	390000	1950	2300	2600	2800	3100	3500	3900
	12.9	620000	600000	580000	560000	540000	495000	455000	2300	2700	3000	3400	3700	4100	4500
M36	8.8	440000	425000	410000	395000	380000	350000	320000	1750	2100	2350	2600	2800	3200	3500
	10.9	630000	600000	580000	560000	540000	495000	455000	2500	3000	3300	3700	4000	4500	4900
	12.9	730000	710000	680000	660000	630000	580000	530000	3000	3500	3900	4300	4700	5300	5800
M39	8.8	530000	510000	490000	475000	455000	420000	385000	2300	2700	3000	3400	3700	4100	4500
	10.9	750000	730000	700000	670000	650000	600000	550000	3300	3800	4300	4800	5200	5900	6400
	12.9	880000	850000	820000	790000	760000	700000	640000	3800	4500	5100	5600	6100	6900	7500

注：螺栓或螺钉的性能等级由两个数字组成，数字之间有一个点。该数值反映了螺栓或螺钉的拉伸强度和屈服点。拉伸强度=第一个数字×100=800（N/mm^2），屈服点=第一个数字×第二个数字×10（N/mm^2）。

例：某一连接使用 M20 镀锌（Zn6）钢制螺栓，性能等级是 8.8，此螺栓经润滑油润滑，且用镀锌螺母旋紧。被连接材料是表面经铣削加工的铸钢。请查表确定其预紧力及拧紧力矩。

首先，根据表 5-1 可查出 f_G 的值介于 0.10 和 0.18 之间，由于优先选用粗体字的值，因此 f_G 的值为 0.10。用同样的方法据表 5-2 可确定 f_K 的值，此值也是 0.10。

然后，根据螺栓公称直径、性能等级以及已经确定的摩擦因数 f_G 和 f_K，从表 5-3 中可查到：

$$\text{预紧力 } F_M=126000\text{（N）}$$

$$\text{拧紧力矩 } M_A=350\text{（N·m）}$$

5.1.2 拧紧力矩的控制

拧紧力矩或预紧力的大小是根据要求确定的。一般紧固螺纹连接无预紧力要求，采用普通扳手、风动或电动扳手拧紧。规定预紧力的螺纹连接，常用控制扭矩法、控制扭角法、控制螺栓伸长法来保证准确的预紧力。

1. 控制扭矩法

用测力扳手或定扭矩扳手控制拧紧力矩的大小，使预紧力达到给定值，方法简便，但误差较大，适用于中、小型螺栓的紧固。

控制扭矩法的两种扭矩扳手的缺点在于，大部分的扭矩都用来克服螺纹摩擦力和螺栓、螺母及零件之间接触面的摩擦力。

2. 控制螺栓伸长法

用液力拉伸器使螺栓达到规定的伸长量以控制预紧力，螺栓不承受附加力矩，误差较小。

3. 扭断螺母法

在螺母上切一定深度的环形槽，扳手套在环形槽上部，以螺母环形槽处扭断来控制预紧力。这种方法误差较小，操作方便，但螺母本身的制造和修理重装不太方便。

以上几种控制预紧力的方法仅适用于中、小型螺栓。对于大型螺栓，可用加热拉伸法。

4. 加热拉伸法

用加热法（加热温度一般低于 400℃）使螺栓伸长，然后采用一定厚度的垫圈（常为对开式）或螺母扭紧弧长来控制螺栓的伸长量，从而控制预紧力。这种方法误差较小。其加热方法有如下 4 种。

① 火焰加热：用喷灯或氧乙炔加热器加热，操作方便。

② 电阻加热：将电阻加热器放在螺栓轴向深孔或通孔中，加热螺栓的光杆部分。常采用低电压（<45V）和大电流（>300A）。

③ 电感加热：将导线绕在螺栓光杆部分进行加热。

④ 蒸汽加热：将蒸汽通入螺栓轴向通孔中进行加热。

5.1.3 用附加摩擦力防松的装置

1. 锁紧螺母（双螺母）防松

这种装置使用了主、副两个螺母，如图 5-2 所示。先将主螺母拧紧至预定位置，再拧紧副螺母。由图 5-2 可以看出，当拧紧副螺母后，在主、副螺母之间这段螺杆因受拉伸长，使主、副螺母分别与螺杆牙型的两个侧面接触，都产生正压力和摩擦力。当螺杆再受某个方向突变载荷时，就能始终保持足够的摩擦力，因而起到防松作用。

这种防松装置由于要用两个螺母，增加了结构尺寸和重量，一般用于低速重载或载荷较平稳的场合。

2. 弹簧垫圈防松

（1）普通弹簧垫圈

如图 5-3 所示，这种垫圈是用弹性较好的材料 65Mn 制成的，开有 70°～80°的斜口并在斜口处有上下拨开间距。把弹簧垫圈放在螺母下，当拧紧螺母时，垫圈受压，产生弹力，顶着螺母，从而在螺纹副的接触面间产生附加摩擦力，以防止螺母松动。同时斜口的楔角分别抵住螺母和支承面，也有助于防止回松。

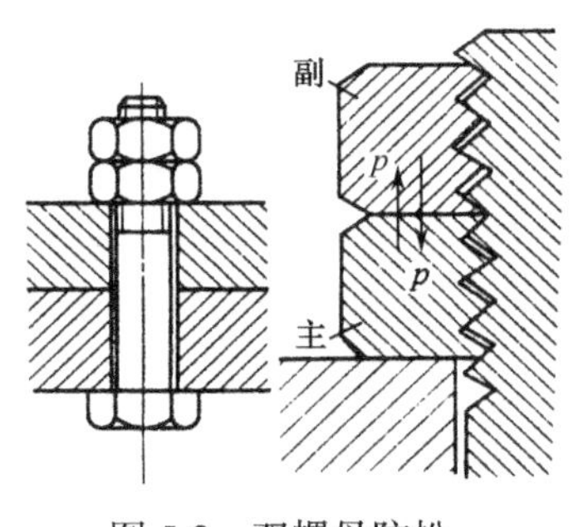

图 5-2　双螺母防松

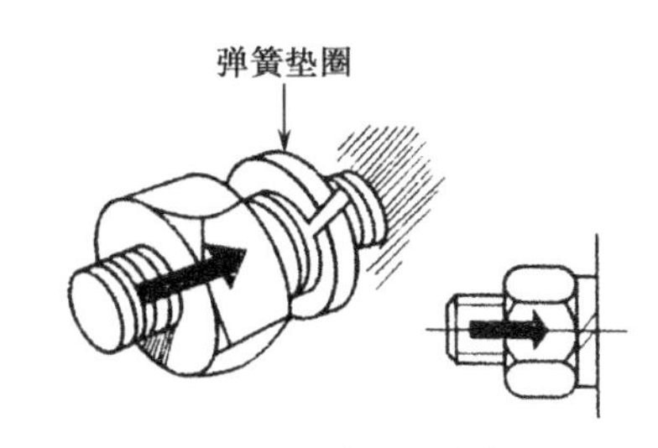

图 5-3　弹簧垫圈防松

这种防松装置容易刮伤螺母和被连接件表面，同时由于弹力分布不均，螺母容易偏斜。它构造简单，防松可靠，一般应用在不经常装拆的场合。

（2）球面弹簧垫圈（图 5-4）

球面弹簧垫圈应用于螺栓需要可调节的场合。调节量最大可达 3°。

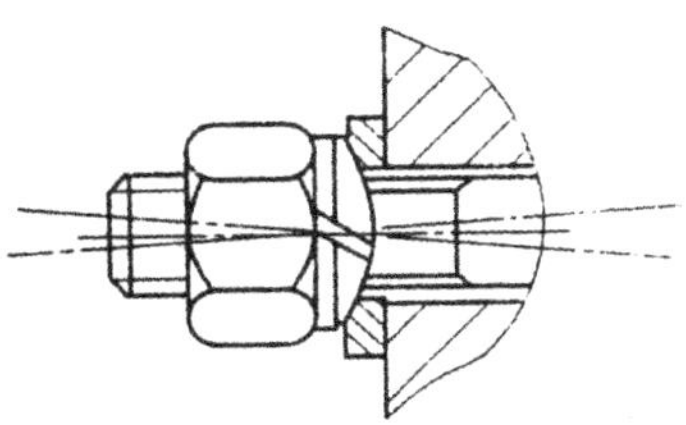
图 5-4　球面弹簧垫圈的应用

（3）鞍形弹簧垫圈（图 5-5）和波形弹簧垫圈（图 5-6）

鞍形和波形的弹簧垫圈可制作成开式和闭式两种。使用开式或闭式的波形弹簧垫圈时，由于其接触面不在斜口处，因而不会损坏零件的接触表面。闭式的鞍形和波形弹簧垫圈主要用于汽车车身的装配，适宜于中等载荷。由于汽车车身表面比较光滑，所以此处的防松完全依靠弹力和摩擦力。

（4）杯形弹簧垫圈（图 5-7）

杯形弹簧垫圈的形式和鞍形弹簧垫圈一样，只不过其弹性更大而已。

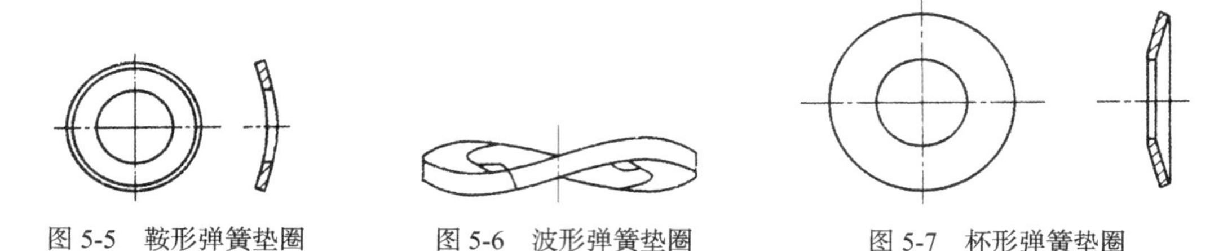

图 5-5　鞍形弹簧垫圈　　图 5-6　波形弹簧垫圈　　图 5-7　杯形弹簧垫圈

（5）有齿弹簧垫圈

有齿弹簧垫圈可分为开式外齿垫圈和开式内齿垫圈，以及闭式外齿垫圈和闭式内齿垫圈（图 5-8）。有齿弹簧垫圈所产生的弹力可满足诸如电气等轻型结构的紧固需要。它的缺点是在旋紧过程中，易使接触面变得十分粗糙。

3．自锁螺母防松

自锁螺母是将一个弹性尼龙圈或纤维圈压入螺母缩颈尾部的沟槽内，该圈的内径在螺纹小径与中径之间（图 5-9）。当旋紧螺母时，此圈将变形并紧紧包住螺杆，从而防止螺母松开；此外，此圈还可保护螺母内的螺纹部分，防止螺母内的螺纹腐蚀。这种自锁螺母可重复使用多次。

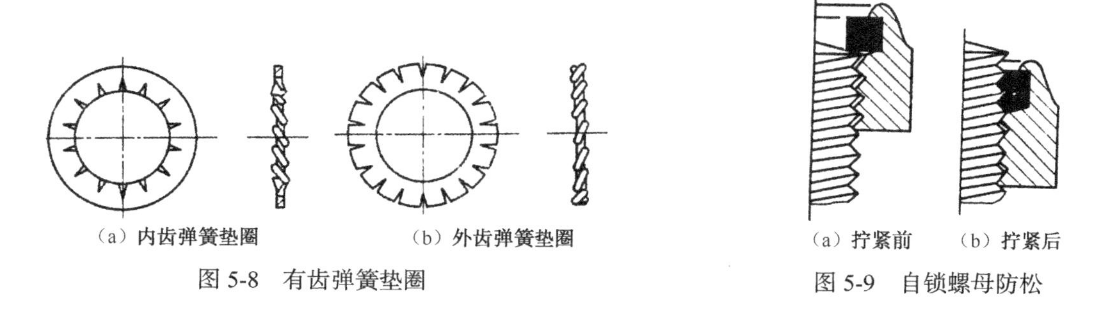

（a）内齿弹簧垫圈　（b）外齿弹簧垫圈

图 5-8　有齿弹簧垫圈

（a）拧紧前　（b）拧紧后

图 5-9　自锁螺母防松

4．扣紧螺母

扣紧螺母必须与普通六角螺母或螺栓配合使用（图 5-10）。弹簧钢扣紧螺母的齿须适应螺纹的螺距。在拧紧时，其齿会弹性地压在螺栓齿的一侧，从而防止螺母回松。旋松扣紧螺母时，首先必须将六角螺母旋紧，从而使扣紧螺母的齿与螺栓之间的压力减小，利于其旋松。扣紧螺母上一般有 6 个或 9 个齿。

5．DUBO 弹性垫圈

DUBO 弹性垫圈具有双重作用，既可以防止回松，也可以防止泄漏（图 5-11）。被锁

紧的螺母不可过度旋紧，且要求缓慢地旋紧。防松用的弹性垫圈可经多次使用。当用高性能等级的钢制螺栓时，应使用钢制杯形弹性垫圈（无齿或有齿）。有齿杯形弹性垫圈有三种功能：首先，用做弹簧垫圈；其次，使紧固后变形的 DUBO 弹性垫圈有良好的变形而包围螺母外表面；最后，使紧固后变形的 DUBO 弹性垫圈有一部分挤入被连接件和螺栓间的空隙内。

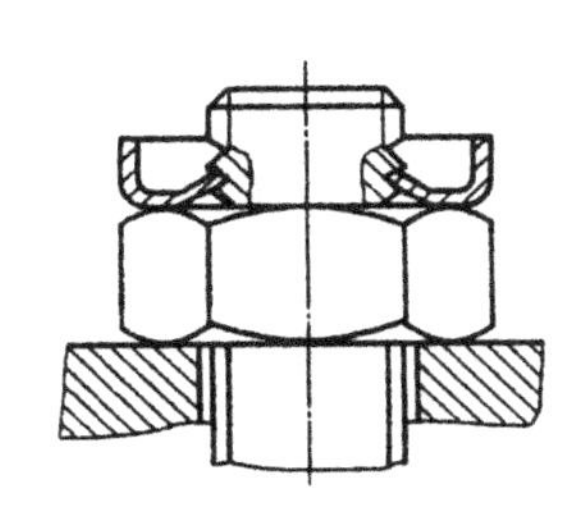

图 5-10 扣紧螺母的应用

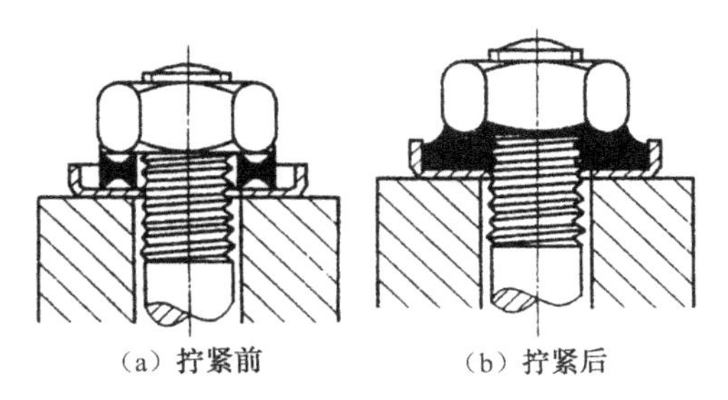

图 5-11 DUBO 弹性垫圈与杯形弹性垫圈的配合使用

5.1.4 利用零件的变形防松的装置

此类防松零件是一种既安全又廉价的防松元件。在装配过程中，防松零件通过变形来阻止螺母的回松。通常在螺母下和螺栓头下安装止动垫片。止动垫片通常用钢或黄铜制成，由于变形（弯曲）的原因，只可使用一次。

图 5-12 为带耳止动垫片用以防止六角螺母回松的几个应用实例。当拧紧螺母后，将垫片的耳边弯折，并与螺母贴紧。这种方法防松可靠，但只能用于连接部分可容纳弯耳的场合。如图 5-13 所示为圆螺母止动垫片防松装置，该止动垫片常与带槽圆螺母配合使用，常用于滚动轴承的固定。装配时，先把垫片的内翅插入螺杆槽中，然后拧紧螺母，再把外翅弯入螺母的外缺口内。图 5-14 为一外舌止动垫片的应用实例。该止动垫片常安装于螺母或螺栓头部下面。图 5-15 为多折止动垫片的应用，多折止动垫片的应用及功能与有耳止动垫片相似。但由于各孔间的孔距是不同的，故其须按尺寸进行定制。

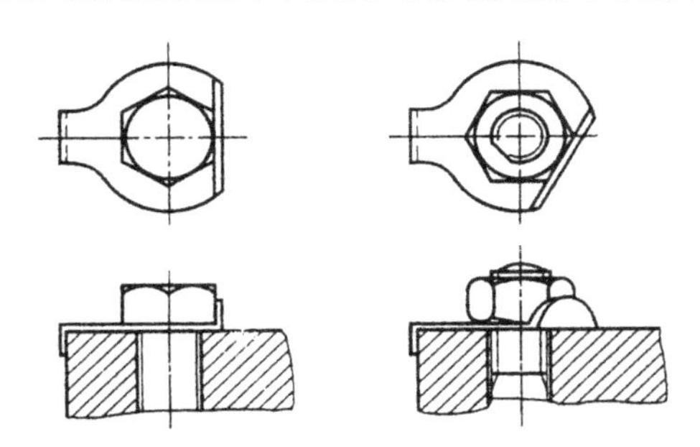

图 5-12 止动垫片的应用

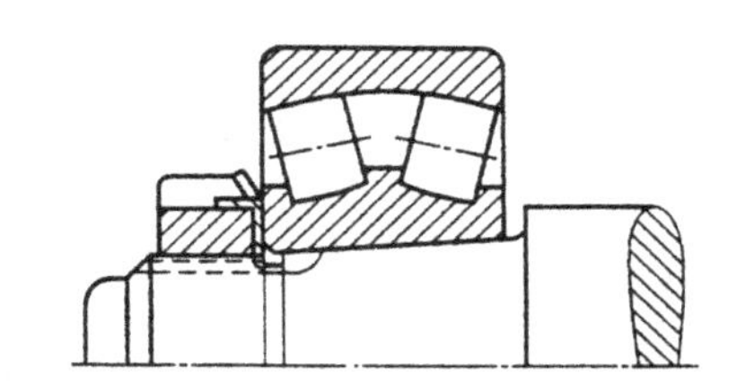

图 5-13 止动垫片在轴承装配中的应用

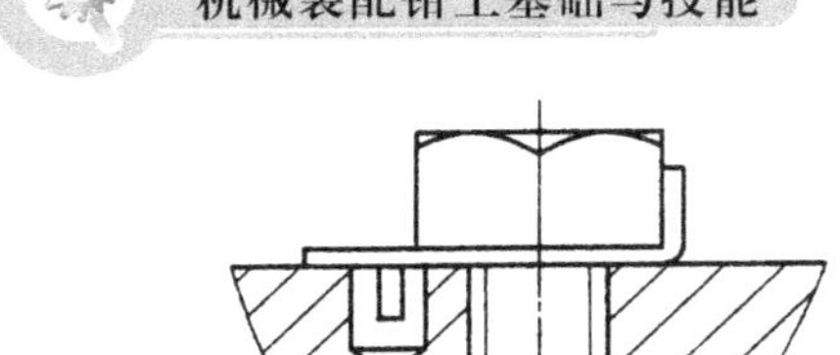

图 5-14　外舌止动垫片的应用

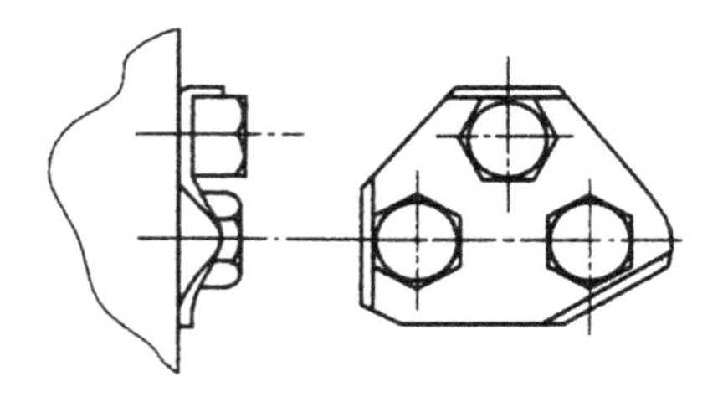

图 5-15　多折止动垫片的应用

5.1.5　其他防松形式

1．开口销与带槽螺母防松

这种防松装置可用于汽车轮毂的防松，此装置必须在螺杆上钻出一个小孔，使开口销能穿过螺杆，并用开口销把螺母直接锁在螺栓上，从而防止螺母松开（图 5-16）。为了能调整轴承的间隙，连接螺纹应采用细牙螺纹。在操作时必须小心地进行，因为这样的连接如果松开，其后果将会十分严重。此防松装置防松可靠，但螺杆上销孔位置不易与螺母最佳锁紧位置的槽口吻合，多用于变载或振动的场合。

2．串联钢丝防松

用钢丝穿过一组螺钉头部的径向小孔（或螺母和螺栓的径向小孔），以钢丝的牵制作用来防止回松（图 5-17）。它适用于布置较紧凑的成组螺纹连接。装配时应注意钢丝的穿丝方向，以防止螺钉或螺母仍有回松的余地。

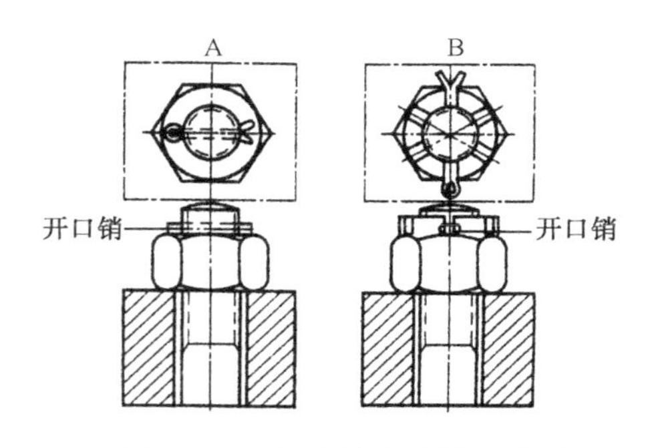

图 5-16　开口销与带槽螺母防松

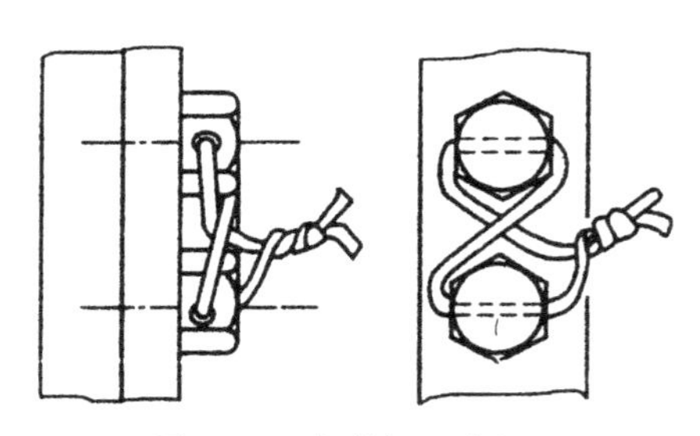

图 5-17　串联钢丝防松

3．胶黏剂防松

正常情况下，螺栓和螺母的螺纹之间存在间隙，因此可以用胶粘剂注入此间隙内进行防松，但并非所有的胶粘剂都可用于螺纹间的防松（图 5-18）。通常，厌氧型胶黏剂可用于这种用途。这种胶黏剂通常以树脂与固化剂组成的稀薄混合形式供应，只要有氧气存在，固化剂即不起作用，而在无空气场合即发生固化。因此，只要此液体胶注入窄的间隙中，不再和

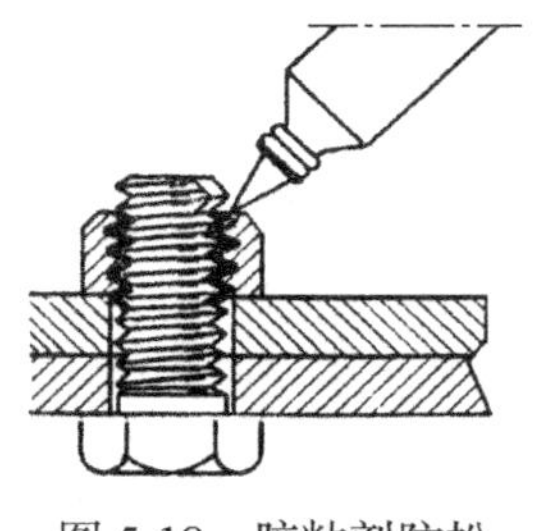

图 5-18 胶粘剂防松

空气接触，即可发生固化作用。这种方法粘接牢固，黏接后不易拆卸，适用于各种机械修理场合，效果良好。

在装配过程中，我们也常将此类胶黏剂涂于装配的零件上。现今，愈来愈多的螺栓和螺母在供应前已事先涂上干态涂层作为防松措施。这种干态涂层内含有一种微囊体，它在装配时易于破裂，从而释放一种活性物质流入螺纹间，填满间隙，并使固化过程开始，既起到防松的作用，又起到密封的作用。

5.2 螺纹连接装配工艺

5.2.1 螺母和螺钉的装配要点

螺母和螺钉装配除了要按一定的拧紧力矩拧紧以外，还要注意以下几点。

① 螺钉或螺母与工件贴合的表面要光洁、平整。

② 要保持螺钉或螺母与接触表面的清洁。

③ 螺孔内的脏物要清理干净。

④ 成组螺栓或螺母在拧紧时，应根据零件形状和螺栓的分布情况，按一定的顺序拧紧螺母。在拧紧长方形布置的成组螺母时，应从中间开始，逐步向两边对称地扩展；在拧紧圆形或方形布置的成组螺母时，必须对称地进行（如有定位销，应从靠近定位销的螺栓开始），以防止螺栓受力不一致，甚至变形。螺纹连接的拧紧顺序，见表 5-4。

表 5-4 螺纹连接的拧紧顺序

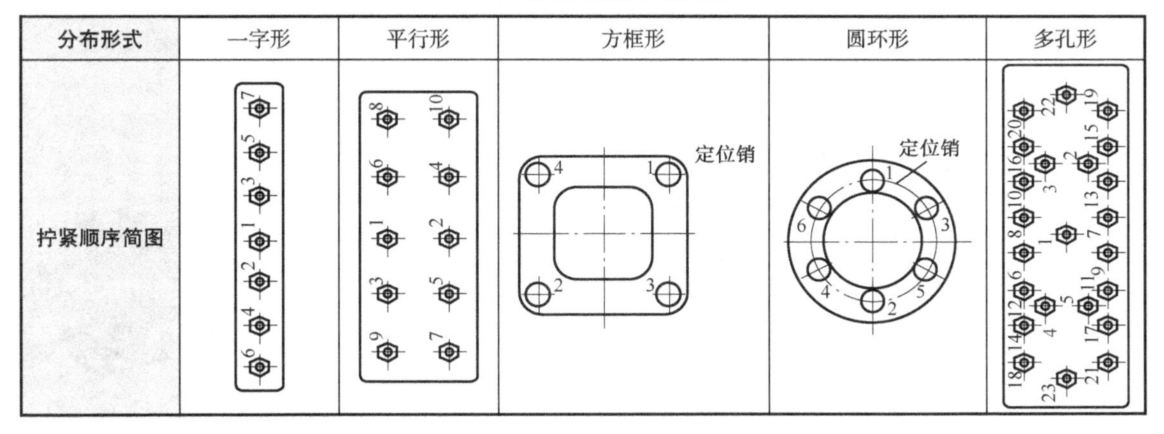

分布形式	一字形	平行形	方框形	圆环形	多孔形
拧紧顺序简图					

⑤ 拧紧成组螺母时要做到分次逐步拧紧（一般不少于 3 次）。

⑥ 必须按一定的拧紧力矩拧紧。

⑦ 凡有振动或受冲击力的螺纹连接，都必须采用防松装置。

5.2.2 螺纹防松装置的装配要点

1. 弹簧垫圈和有齿弹簧垫圈

不要用力将弹簧垫圈的斜口拉开，否则在重复使用时会加剧划伤零件表面。根据结构选择适用的弹簧垫圈，如圆柱形沉头螺栓连接所用的弹簧垫圈和圆锥形沉头螺栓连接所用的弹簧垫圈是不同的。有齿弹簧垫圈的齿应与连接零件表面相接触。例如，对于较大的螺栓孔，应使用具有内齿或外齿的平型有齿弹簧垫圈。

2. DUBO 弹性垫圈

① 必须将螺钉旋紧至 DUBO 弹性垫圈的外侧厚度已变形并包围在螺钉头四周为止（图 5-19）。这样，螺栓连接就会产生足够的预紧力，螺钉就会被完全锁紧。但过度旋紧螺钉是错误的。

② 零件表面必须平整，这将有助于形成良好的密封效果。

③ 应根据螺栓接头的类型，使用正确的 DUBO 弹性垫圈，有关其直径方面的资料由供应商提供。

④ 为增强密封效果，螺栓孔应越小越好。如果对连接的要求很高，则建议将 DUBO 弹性垫圈和杯形弹性垫圈或锁紧螺母配套使用。

⑤ 装配后，还必须将螺母再旋紧四分之一圈。

3. 带槽螺母和开口销

重要的是开口销的直径应和销孔相适应，开口销端部必须光滑且无损坏。装配开口销时，应注意将开口销的末端压靠在螺母和螺栓的表面上，否则会出现安全事故（图 5-20）。

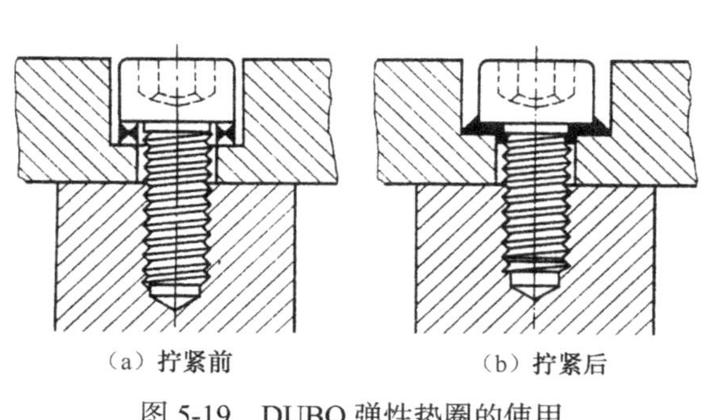

图 5-19 DUBO 弹性垫圈的使用

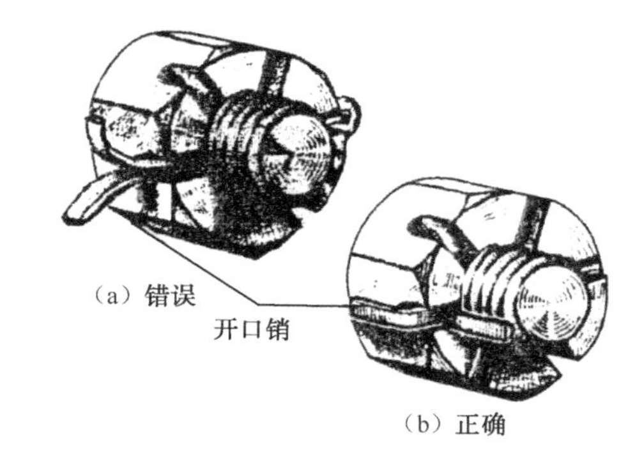

图 5-20 开口销的装配

4. 胶粘剂防松

通过液态合成树脂进行防松，如果零件表面相互间接触良好，则胶黏剂涂层越薄，防松效果越好。在操作时，零件接触表面必须用专用清洗剂仔细地进行清洗、脱脂；同时，稍徽粗糙的表面可提高粘接的强度。

5.3 轴孔防松元件的装配

除了螺纹连接件的防松外，还有一类防松是孔与轴的防松。此类防松零件，不仅指锁紧轴本身的防松零件，还指用于锁紧装配于轴上的各种零件的防松零件。常用的防松零件有键、销、紧定螺钉和弹性挡圈等。本节主要介绍弹性挡圈等防松零件的装配技术。

5.3.1 锁紧元件

1. 矩形锁紧板

简单的矩形锁紧板（图 5-21）可用于轴的锁紧，防止其做径向和轴向移动。

2. 锁紧挡圈

旋转轴可通过锁紧挡圈（图 5-22）来进行轴向固定。这种挡圈滑套在轴上，然后用具有锥端或坑端的紧定螺钉将其锁紧。使用锁紧挡圈的优点是可将轴制作成等径圆柱轴，轴上无须做出轴肩，但这种锁紧装置只可用于受力不大的场合。

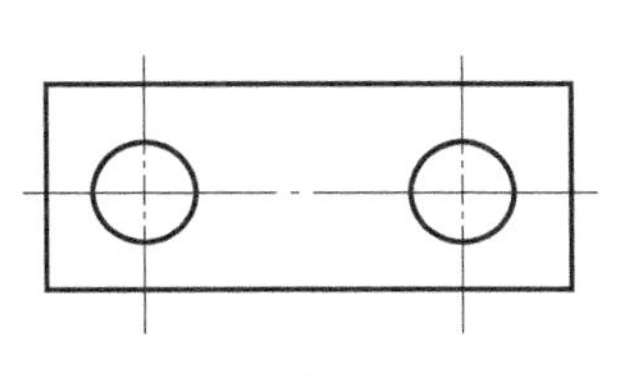

图 5-21　矩形锁紧板

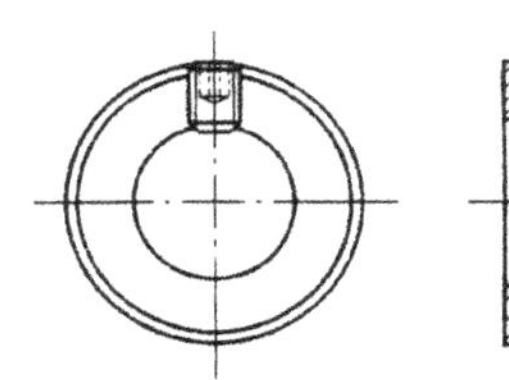

图 5-22　锁紧挡圈

3. 弹性挡圈

弹性挡圈用于防止轴或其上零件的轴向移动。通常将其分为两大类：一类是轴用弹性挡圈，另一类是孔用弹性挡圈。

（1）轴用弹性挡圈

轴用弹性挡圈（图 5-23）具有内侧夹紧能力，用于轴上锁紧零件［图 5-24（a）］，有平弹性挡圈［图 5-23（a）］、弯曲弹性挡圈［图 5-23（b）］、锥面弹性挡圈［图 5-23（c）］三种形式。平弹性挡圈常安装在经过精密加工的沟槽内；弯曲弹性挡圈呈弯曲形状，可用于消除轴端游动；锥面弹性挡圈在其内周边上加工出锥面，用于轴上沟槽有锥面的场合。

除此之外，还有一种开口挡圈具有自锁功能，与上述沿轴向安装的弹性挡圈相比，它必须沿径向安装在轴上，如图 5-25 所示。

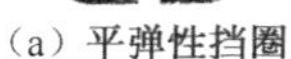
（a）平弹性挡圈

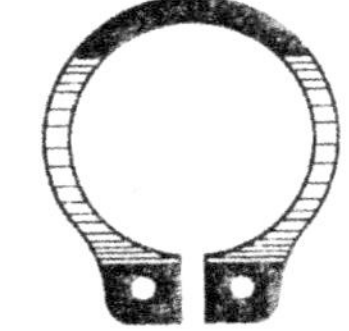
（b）弯曲弹性挡圈

（c）锥面弹性挡圈

图 5-23 轴用弹性挡圈

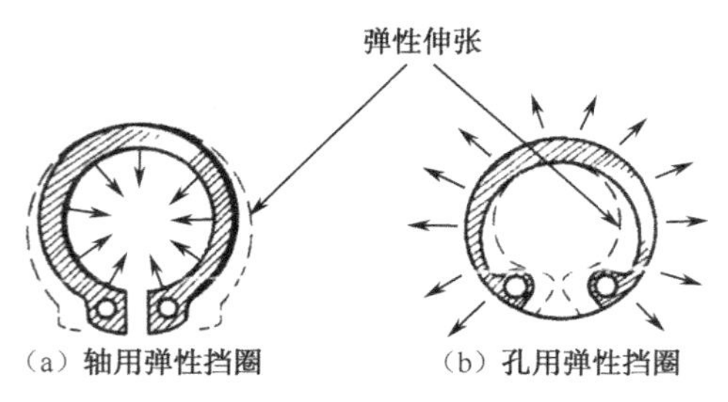

（a）轴用弹性挡圈　（b）孔用弹性挡圈

图 5-24 弹性挡圈的弹性

（2）孔用弹性挡圈

孔用弹性挡圈（图 5-26）具有外侧夹紧能力，用于孔内锁紧零件［图 5-24（b）]，与轴用弹性挡圈相同，也有平、弯曲和锥面三种形式。它常用于滚动轴承、轴套、轴的固定，如图 5-27 所示。

弹性挡圈的应用如图 5-28 所示。

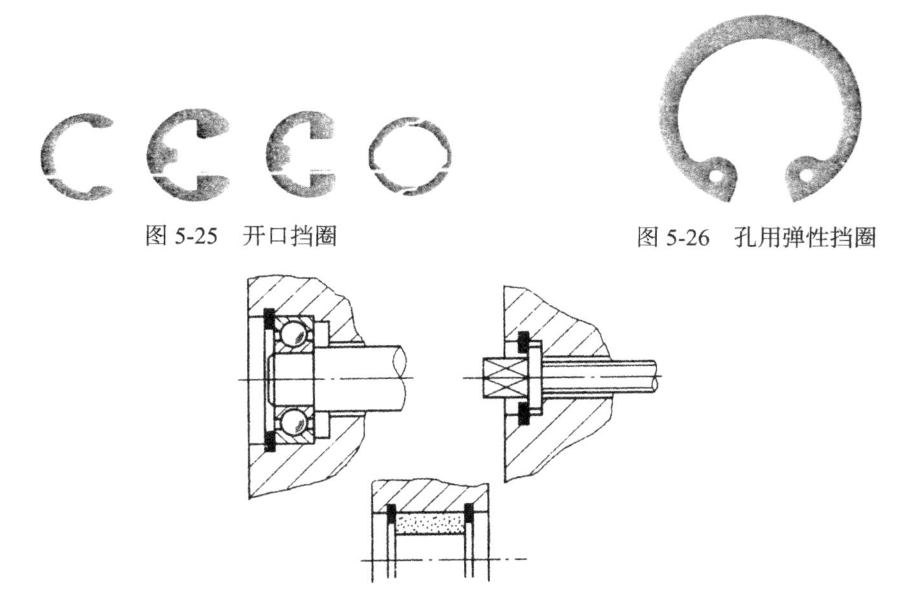
图 5-25 开口挡圈

图 5-26 孔用弹性挡圈

图 5-27 孔用弹性挡圈的应用

4．弹簧夹和开口挡圈

弹簧夹和开口挡圈可制成多种形状。开口挡圈可用于大公差的预加工沟槽内，如图 5-29

所示。多数场合中，弹簧夹的安装不需要用特殊工具，但要求零件上有专门形状的沟槽供其安装。此类锁紧装置适用于较小的结构，如图 5-30 和图 5-31 所示。

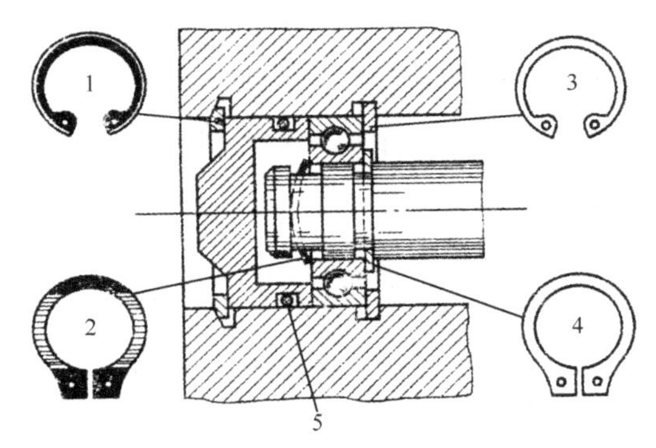

1—孔用锥面弹性挡圈；2—轴用弯曲弹性挡圈；3—孔用平弹性挡圈；4—轴用平弹性挡圈

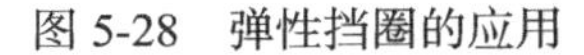

图 5-28 弹性挡圈的应用

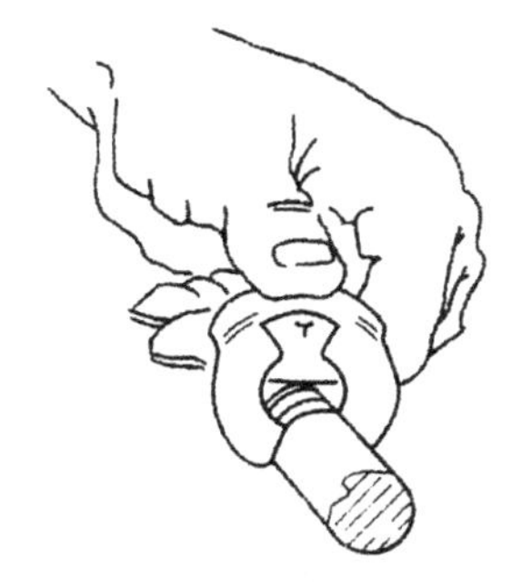

图 5-29 开口挡圈的装配

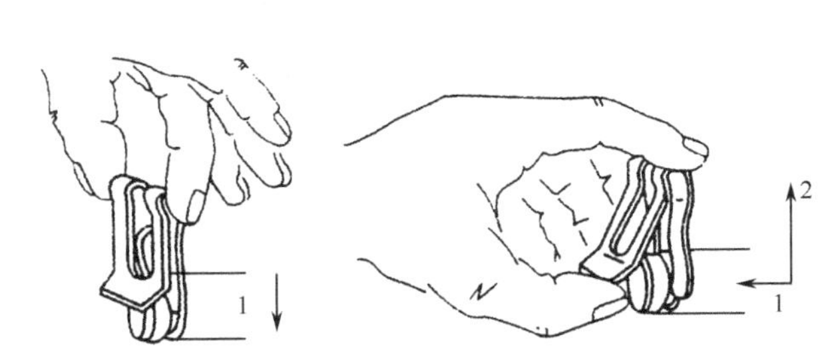

图 5-30 弹簧夹的装配与拆卸

5．锁紧销

销除了在零件的装配和调整中起着重要作用外，还可用于实现零件的锁紧，常用于零件相互间的精确定位。销是一种标准件，形状和尺寸已标准化。销的种类较多，应用广泛。其中最多的是圆柱销及圆锥销。

6．键

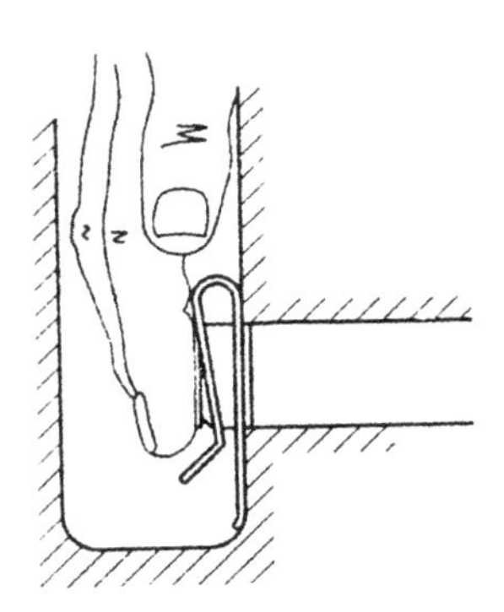

图 5-31 弹簧夹的应用

键用来连接轴和轴上零件，主要用于周向固定以传递扭矩。如齿轮、带轮、联轴器等在轴上大多用键连接。它具有结构简单、工作可靠、装拆方便等优点，因此获得广泛应用。根据结构特点和用途不同，键连接可分为松键连接、紧键连接和花键连接三大类。

松键连接所用的键有普通平键、半圆键、导向平键及滑键等。它们的特点是，靠键的侧面来传递扭矩，只能对轴上零件做周向固定，不能承受轴向力。轴上零件的轴向固定，要靠紧定螺钉、定位环等定位零件来实现。松键连接能保证轴与轴上零件有较高的同轴度，在高速精密连接中应用较多。

紧键连接主要指楔键连接。楔键分为普通楔键和钩头锲键两种。楔键的上下两面是工作面，键的上表面和毂槽的底面各有 1∶100 的斜度，键侧与键槽有一定的间隙。装配时须打入，靠楔紧作用传递扭矩。紧键连接还能轴向固定零件和传递单方向轴向力，但会使轴上零件与轴的配合产生偏心和歪斜，多用于对中性要求不高、转速较低的场合。有钩头的楔键用于不能从另一端将键打出的场合。

花键连接是由轴和毂孔上的多个键齿组成的。花键连接承载能力强，传递扭矩大，同轴度和导向性好，对轴的强度削弱小，适用于载荷大和同轴度要求较高的场合，但制造成本高，在机床和汽车中应用广泛。按工作方式，花键连接有静连接和动连接；按齿廓形状，花键可分为矩形花键、渐开线花键及三角形花键 3 种。矩形花键因加工方便，应用最为广泛。

5.3.2 弹性挡圈的装配要点

弹性挡圈工作的可靠性不仅取决于其自身，还在相当程度上取决于安装方式。在安装过程中，将弹性挡圈装至轴上时，挡圈将张开；而将其装入孔中时，挡圈将被挤压，从而使弹性挡圈承受较大的弯曲应力。所以，在装配和拆卸弹性挡圈时，应使弹性挡圈的工作应力不超过其许用应力。也就是说，弹性挡圈的张开量或挤压量不得超出其许可变形量，否则会导致弹性挡圈的塑性变形，影响其工作的可靠性。

为简化弹性挡圈的装配和拆卸，可以采用一些专用工具，如弹性挡圈钳或具有锥度的心轴和导套等专用工具。但在安装弹性挡圈前，应检查沟槽的尺寸是否符合要求，沟槽尺寸可从有关手册中查找。当更换弹性挡圈时，应确认所用弹性挡圈具有相同规格尺寸。

1. 专用心轴和导套

如图 5-32 所示，当使用专门设计的具有锥度的心轴和导套装配弹性挡圈时，应将其放置在轴颈或孔前端，沿轴向在挡圈上施加压力，从而使挡圈在移动的同时张开或挤压，最后顺利地装入沟槽内。心轴或导套上必须有定心边缘，使弹性挡圈能够对中安装。使用这种工具的优点是装配时间很短，而且装配时产生的弯曲应力不会超过弹性挡圈的许用应力。当将弹性挡圈装配至轴上时，用来将挡圈压至锥形心轴上的装配套端面上最好有一个深度较小的沉孔（图 5-33），其直径等于轴径和挡圈径向宽度的两倍之和，这样就可使挡圈在装配过程中始终保持圆形。

2. 弹性挡圈钳

弹性挡圈钳又称卡簧钳。弹性挡圈钳是用来装配和拆卸弹性挡圈的专用工具，通常有孔用弹性挡圈钳和轴用弹性挡圈钳。

图 5-34（a）所示的弹性挡圈钳是用来装配和拆卸孔用弹性挡圈的孔用弹性挡圈钳。当这种钳的两个把手相互移近时，钳口也相互移近，与普通老虎钳相似。而图 5-34（b）所示

的弹性挡圈钳是用于装配和拆卸轴用弹性挡圈的轴用弹性挡圈钳。当其两个把手相互移近时，两个钳口却相对张开，由于两把手之间有弹簧，所以其钳口总是保持闭合的状态。为了适应不同结构的装配，两类弹性挡圈钳都各有直头和弯头两种类型。

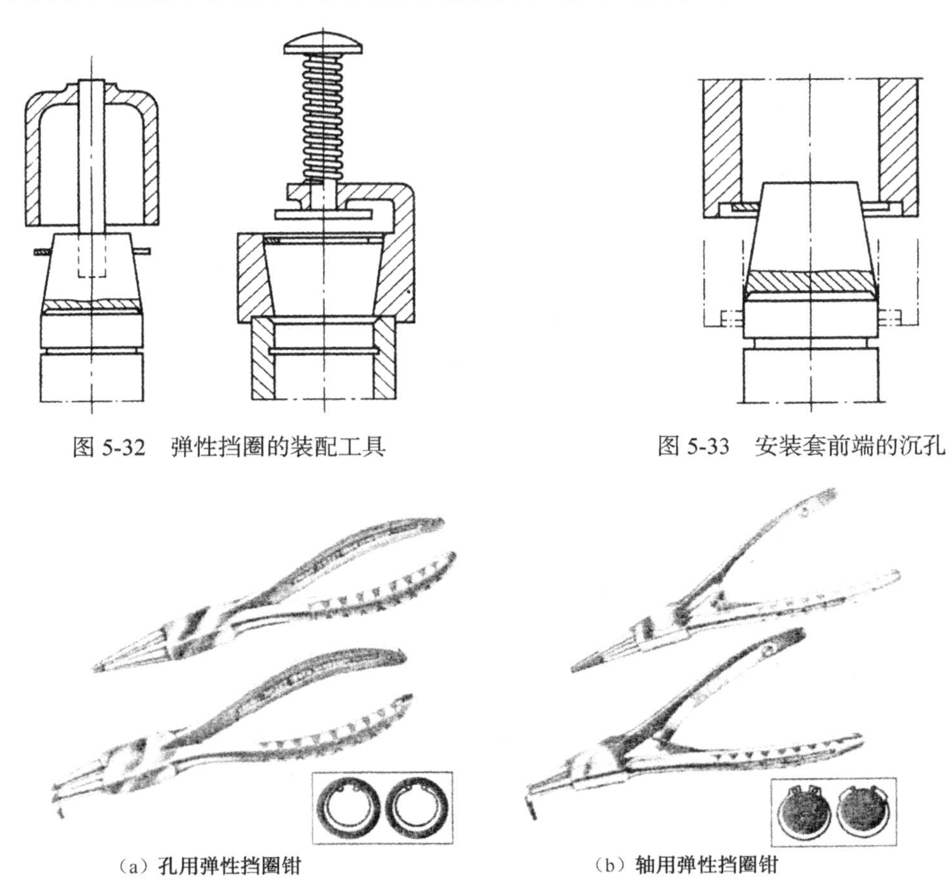

图 5-32　弹性挡圈的装配工具

图 5-33　安装套前端的沉孔

（a）孔用弹性挡圈钳

（b）轴用弹性挡圈钳

图 5-34　弹性挡圈钳

由于弹性挡圈有多种规格，因此必须注意选择与之相适合的弹性挡圈钳。一般情况下，弹性挡圈钳都标有相应的规格，以说明该钳适用于哪种直径的弹性挡圈。

当使用弹性挡圈钳安装弹性挡圈时，其上最好装有可调的止动螺钉，这样可防止弹性挡圈在装配时产生过度变形。

在装配沟槽处于轴端或孔端的弹性挡圈时，应将弹性挡圈的两端 1 首先放入沟槽内，然后将弹性挡圈的其余部分 2 沿着轴或孔的表面推进沟槽，这样可使挡圈的径向扭曲变形最小，如图 5-35 所示。

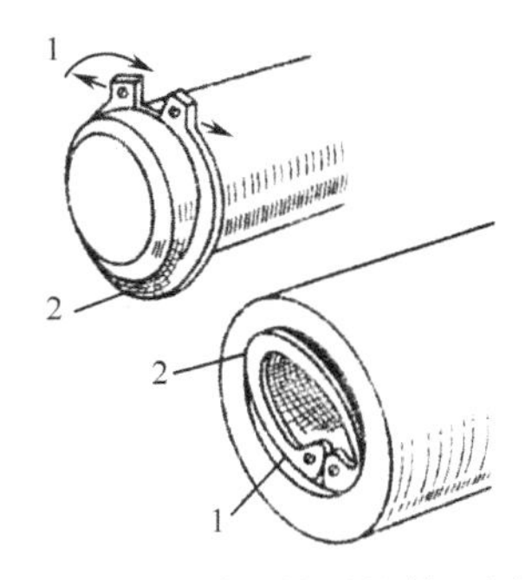

图 5-35　弹性挡圈的装配图

5.3.3 销的装配要点

1. 圆柱销的装配

① 圆柱销一般依靠过盈固定在孔中，所以装配前应检查销钉与销孔是否有合适的过盈量。一般过盈量应在 0.01mm 左右。

② 为保证连接质量，应将连接件两孔一起钻铰。

③ 装配时，销上应涂机油。

④ 装入时，应用软金属垫在销子端面上，然后用锤子将销钉轻轻打入孔中。

⑤ 在打不通孔的销钉前，应先用带切削锥的铰刀最后铰到底，同时在销钉外圆表面上用油石磨一通气平面（图 5-36）；否则会由于空气排不出，使销钉打不进去。

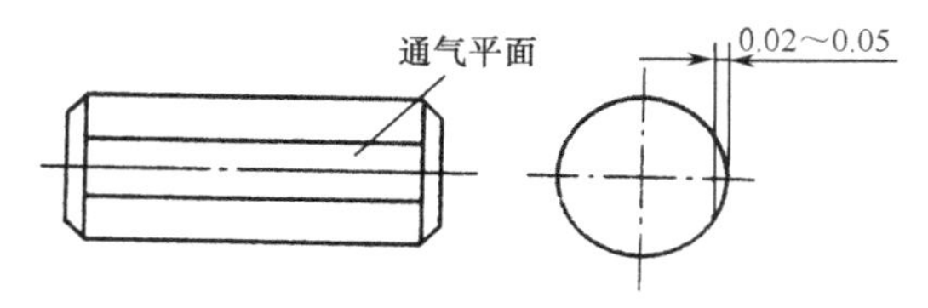

图 5-36　带通气平面的销钉

2. 圆锥销的装配

① 在装配圆锥销前，应将被连接工件的两孔一起钻铰。

② 边铰孔，边用锥销试测孔径，以销能自由插入销长的 80%为宜。

③ 销锤入后，销子的大头一般以露出工件表面或使之一样平为宜。

④ 不通锥孔内应装带有螺孔的锥销，以免取出困难。

5.3.4 键的装配要点

1. 松键连接的装配

① 装配前要清理键和键槽的锐边、毛刺，以防装配时造成过大的过盈量。

② 对重要的键连接，装配前应检查键的直线度、键槽对轴心线的对称度和平行度。

③ 用键头与轴槽试配松紧，应能使键紧紧地嵌在轴槽中（对普通平键、导向平键而言）。

④ 锉配键长，键宽与轴键槽间应留 0.1mm 左右的间隙。

⑤ 在配合面上涂机油，用铜棒或台虎钳（钳口上应加铜皮垫）将键压装在轴槽中，直至与槽底面接触。

⑥ 试配并安装套件，安装套件时要用塞尺检查非配合面间隙，以保证同轴度要求。

⑦ 对于滑动键，装配后应滑动自如，但不能摇晃，以免引起冲击和振动。

2. 紧键连接的装配

① 先去除键与键槽的锐边、毛刺。

② 将轮毂装在轴上，并对正键槽。

③ 在键上和键槽内涂机油，用铜棒将键打入，两侧要有一定的间隙，键的底面与顶面要紧贴。

④ 配键时，要用涂色法检查斜面的接触情况；若配合不好，可用锉刀、刮刀修整键或键槽。

⑤ 若是钩头紧键，不能使钩头贴紧套件的端面，必须留有一定的距离，以便拆卸。

3. 花键连接的装配

① 静连接的装配要点：检查轴、孔的尺寸是否在允许过盈量的范围内；装配前必须清除轴、孔锐边和毛刺；装配时可用铜棒等软材料轻轻打入，但不得过紧，否则会拉伤配合表面；过盈量要求较大时，可将花键套加热（80～120℃）后再进行装配。

② 动连接的装配要点：检查轴、孔的尺寸是否在允许的间隙范围内；装配前必须清除轴、孔锐边和毛刺；用涂色法修正各齿间的配合，直到花键套在轴上能自如滑动，没有阻滞现象，但不应有径向晃动感觉；套件孔径若有较明显的缩小现象，可用花键推刀修整。

第6章 CHAPTER 6 滚动轴承的装配与拆卸

6.1 滚动轴承装配前的准备

滚动轴承是一种精密部件，认真做好装配前的准备工作，对保证装配质量和提高装配效率是十分重要的。

6.1.1 轴承装配前的检查与防护措施

① 按图样要求检查与滚动轴承相配的零件，如轴颈、箱体孔、端盖等表面的尺寸是否符合图样要求，是否有凹陷、毛刺、锈蚀和固体微粒等。并用汽油或煤油清洗，仔细擦净，然后涂上一层薄薄的油。

② 检查密封件并更换损坏的密封件，对于橡胶密封圈则每次拆卸时都必须更换。

③ 在滚动轴承装配操作开始前，才能将新的滚动轴承从包装盒中取出，必须尽可能使它们不受灰尘污染。

④ 检查滚动轴承型号与图样是否一致，并清洗滚动轴承。如滚动轴承是用防锈油封存的，可用汽油或煤油擦洗滚动轴承内孔和外圈表面，并用软布擦净；对于用厚油和防锈油脂封存的大型轴承，则要在装配前采用加热清洗的方法清洗。

⑤ 装配环境中不得有金属微粒、锯屑、沙子等。最好在无尘室中装配滚动轴承，如果不具备该条件，则应遮盖住所装配的设备，以保护滚动轴承免于周围灰尘的污染。

6.1.2 滚动轴承的清洗

使用过的滚动轴承，必须在装配前进行彻底清洗；而对于两端面带防尘盖、密封圈或涂有防锈和润滑两用油脂的滚动轴承，则不需要进行清洗。但对于已损坏、很脏或塞满碳化的油脂的滚动轴承，一般不值得再清洗，直接更换一个新的滚动轴承则更为经济与安全。

滚动轴承的清洗方法有两种：常温清洗和加热清洗。

1. 常温清洗

常温清洗是用汽油、煤油等油性溶剂清洗滚动轴承。清洗时要使用干净的清洗剂和工具，首先在一个大容器中进行清洗，然后在另一个容器中进行漂洗。干燥后立即用油脂或油涂抹滚动轴承，并采取保护措施防止灰尘污染滚动轴承。

2. 加热清洗

加热清洗使用的清洗剂是闪点至少为 250℃的轻质矿物油。清洗时，油必须加热至约 120℃。把滚动轴承浸入油内，待防锈油脂溶化后即从油中取出，冷却后再用汽油或煤油清洗，擦净后涂油待用。加热清洗方法效果很好，且保留在滚动轴承内的油还能起到保护滚动轴承和防止腐蚀的作用。

6.1.3 滚动轴承的保护方法

在机床的装配中，轴上的一些滚动轴承的装配程序往往比较复杂，滚动轴承往往要暴露在外界环境中很长时间以进行自然时效处理，从而可能破坏以前的保护措施。因此，在装配这类滚动轴承时，要对滚动轴承采取相应的保护措施。

① 用防油纸或塑料薄膜将机器完全罩住是最佳的保护措施。如果不能罩住，则可以将暴露在外的滚动轴承单独遮住。如果没有防油纸或塑料薄膜，则可用软布将滚动轴承紧紧地包裹住以防止灰尘污染。

② 由纸板、薄金属片或塑料制成的圆板可以有效地保护滚动轴承。这类圆板可以按尺寸定做并安装在壳体中，但此时要给已安装好的滚动轴承涂上油脂并保证它们不与圆板接触；且拿掉圆板的时候，要擦掉最外层的油脂并涂上相同数量的新油脂。在剖分式壳体中，可以将圆板放在凹槽中做密封用。

③ 对于整体式壳体，最佳的保护方法是用一个螺栓穿过圆板中间将圆板固定在壳体孔两端。当采用木制圆板时，由于木头中的酸性物质会产生腐蚀作用，这些木制圆板不能直接与壳体中的滚动轴承接触，但可在接触面之间放置防油纸或塑料纸。

6.2 圆柱孔滚动轴承的装配

6.2.1 装配方法的选择

滚动轴承的装配方法应根据滚动轴承装配方式、尺寸及滚动轴承的配合性质来确定。

1. 滚动轴承的装配方式

根据滚动轴承与轴颈的结构，通常有 4 种滚动轴承的装配方式。

① 滚动轴承直接装在圆柱轴颈上，如图 6-1（a）所示，这是圆柱孔滚动轴承的常见装配方式。

② 滚动轴承直接装在圆锥轴颈上，如图 6-1（b）所示，这类装配方式适用于轴颈和轴承孔均为圆锥形的场合。

③ 滚动轴承装在紧定套上，如图 6-1（c）所示。

④ 滚动轴承装在退卸套上，如图 6-1（d）所示。

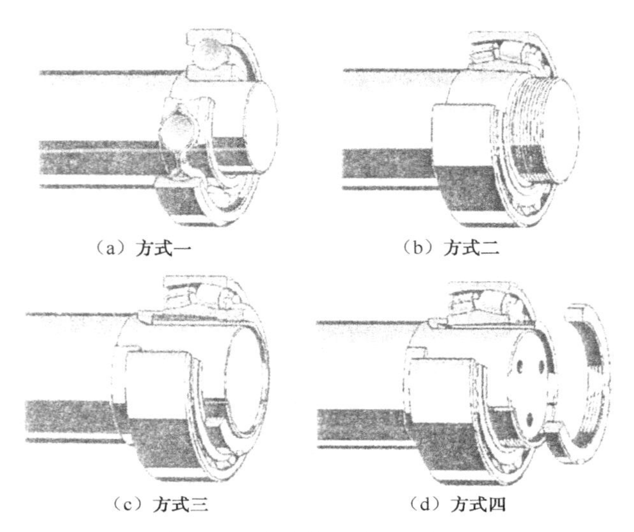

图 6-1　滚动轴承的装配方式

后两种装配方式适用于滚动轴承为圆锥孔，而轴颈为圆柱孔的场合。

2. 滚动轴承的尺寸

根据滚动轴承内孔的尺寸，可将滚动轴承分为 3 类。

① 小轴承：指孔径小于 80mm 的滚动轴承。

② 中等轴承：指孔径大于 80mm、小于 200mm 的滚动轴承。

③ 大型轴承：指孔径大于 200mm 的滚动轴承。

3. 滚动轴承的装配方法分类

根据滚动轴承装配方式和尺寸及其配合的性质，通常有 4 种装配方法：机械装配法、液压装配法、压油法、温差法。

6.2.2 装配操作

1. 滚动轴承装配的基本原则

① 装配滚动轴承时，不得直接敲击滚动轴承内外圈、保持架和滚动体；否则，会破坏

滚动轴承的精度，缩短滚动轴承的使用寿命。

② 装配的压力应直接加在待配合的套圈端面上，绝不能通过滚动体传递压力。如图 6-2 所示，图（a）与图（b）均通过滚动体传递载荷，使滚动轴承变形，故为错误的装配方法；而图（c）和图（d）中装配压力直接作用在须装配的套圈上，从而保证滚动轴承的精度不被破坏，故为正确的装配方法。

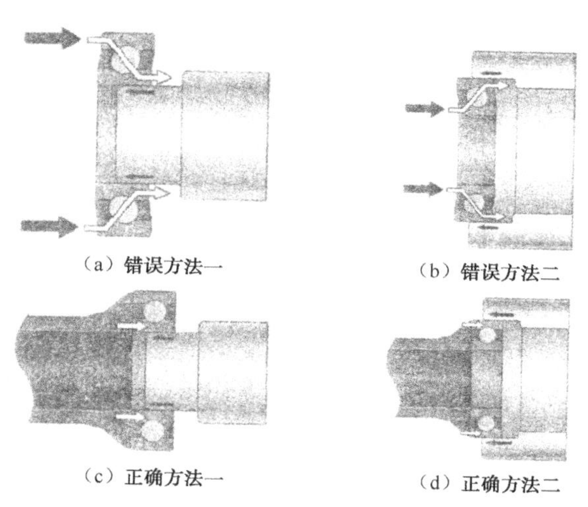

图 6-2 滚动轴承的装配压力与套圈的关系

2. 座圈的安装顺序

（1）不可分离型滚动轴承

这种轴承（如深沟球轴承等）应按座圈配合松紧程度决定其安装顺序。当内圈与轴颈为较紧的过盈配合，外圈与壳体孔为较松的过渡配合时，应先将滚动轴承装在轴上，压装时将套筒垫在滚动轴承内圈上，如图 6-3（a）所示，然后连同轴一起装入壳体孔中。当滚动轴承外圈与壳体孔为过盈配合时，应将滚动轴承先压入壳体孔中，如图 6-3（b）所示，这时所用套筒的外径应略小于壳体孔直径。当滚动轴承内圈与轴、外圈与壳体孔都是过盈配合时，应把滚动轴承同时压在轴上和壳体孔中，如图 6-3（c）所示，这种套筒的端面具有同时压紧滚动轴承内、外圈的圆环。

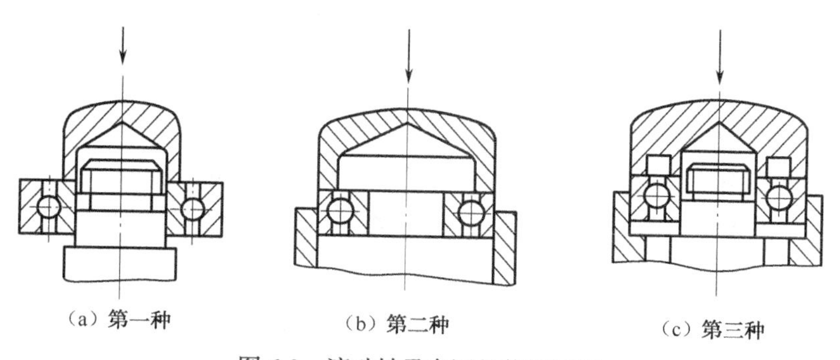

图 6-3 滚动轴承套圈的装配顺序

（2）分离型滚动轴承

这种轴承（如圆锥滚子轴承）由于外圈可以自由脱开，装配时内圈和滚动体一起装在轴上，外圈装在壳体孔内，然后调整它们的游隙。

3．滚动轴承套圈的压入方法

（1）套筒压入法

这种方法仅适用于装配小滚动轴承。其配合过盈量较小，常用工具为冲击套筒与手锤，以保证滚动轴承套圈在压入时均匀敲入。

（2）压力机械压入

这种方法仅适用于装配中等滚动轴承。其配合过盈量较大时，常用杠杆齿条式或螺旋式压力机，如图 6-4 所示。若压力不能满足，还可以采用液压机压装滚动轴承。以上方法均必须对轴或安装滚动轴承的壳体提供可靠的支承。

（3）温差装配法

这种方法一般适用于大型滚动轴承。随着滚动轴承尺寸的增大，其配合过盈量也增大，其所需装配力也随之增大。因此，可以将滚动轴承加热，然后与常温轴配合。滚动轴承和轴颈之间的温差取决于配合过盈量的大小和滚动轴承尺寸。滚动轴承温度高于轴颈80～90℃就可以安装了。一般滚动轴承加热温度为 110℃，不能将滚动轴承加热至 125℃以上，因为这将会引起材料性能的变化。更不得利用明火对滚动轴承进行加热，如图 6-5 所示。因为这样会导致滚动轴承材料中产生应力而变形，破坏滚动轴承的精度。

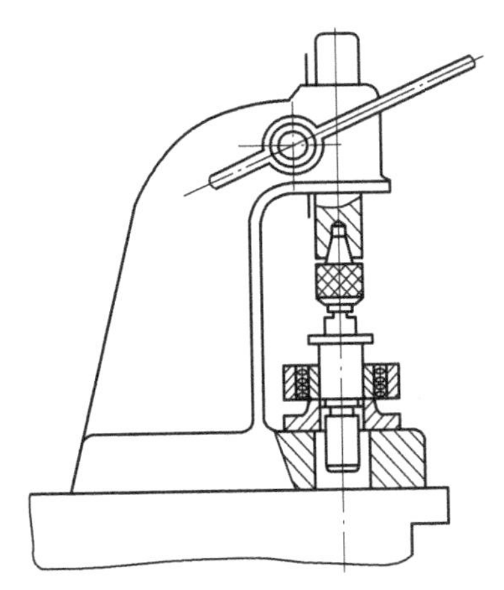

图 6-4 用杠杆齿条式压力机压入滚动轴承

图 6-5 不允许用明火加热

安装时，应戴干净的专用防护手套搬运滚动轴承，如图 6-6 所示，将滚动轴承装至轴上与轴肩可靠接触，并始终按压滚动轴承，直至滚动轴承与轴颈紧密配合，以防止滚动轴承冷却时套圈与轴肩分离。

根据所装配滚动轴承的类型，有 4 种不同的加热方法。

① 用感应加热器加热：如图 6-7 所示，这种加热器主要适用于小滚动轴承和中等滚动轴

承的加热。其感应加热的原理与变压器相似，其内部有一绕在铁芯上的初级绕组，而滚动轴承常作为一个次级绕组套在铁芯上，当通电时，通过感应作用对滚动轴承进行加热。利用感应加热器对滚动轴承进行加热后，必须进行消磁处理，以防止吸附金属微粒。

图 6-6　热套法装配滚动轴承

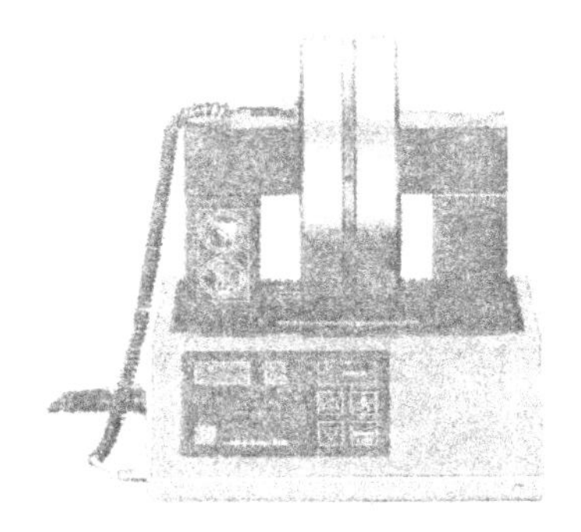

图 6-7　感应加热器

采用感应加热器的优点：滚动轴承能够保持清洁；对滚动轴承无须预加热；加热迅速，效率高；工作安全，保护环境；油脂仍保留在滚动轴承中（带密封的滚动轴承）；能量消耗低；温度可以得到很好的控制。

② 用电加热盘加热：电加热盘主要用来加热小滚动轴承。如图 6-8 所示，其配置一个用于电加热的铝板，可以同时加热几个滚动轴承。加热板通常配有一个温度调节装置，所以温度可以得到很好的控制。

③ 用加热箱加热：滚动轴承在安装有吹风器的电加热箱中进行加热。这种加热箱的优点是可以同时加热许多滚动轴承，并且可以长时间保温。

④ 油浴：如图 6-9 所示，当采用油浴方法对滚动轴承加热时，将一个装满油的油箱放在加热元件上。为避免滚动轴承接触到比油温高得多的箱底，形成局部过热，加热时滚动轴承应搁在油箱内的网格上［图 6-9（a）］。对于小型滚动轴承，可以挂在油中加热［图 6-9（b）］。在加热过程中，必须仔细观测油温。

图 6-8　加热板

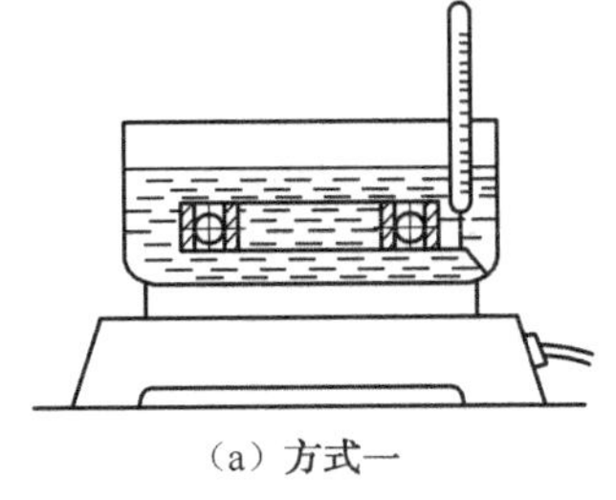

（a）方式一

（b）方式二

图 6-9　油浴

6.3 圆柱孔滚动轴承的拆卸

滚动轴承的拆卸方法与其结构有关。对于拆卸后还要重复使用的滚动轴承，拆卸时不能损坏滚动轴承的配合表面，不能将拆卸的作用力加在滚动体上，要将力作用在紧配合的套圈上。为了使拆卸后的滚动轴承能够按照原先的位置和方向进行安装，建议拆卸时对滚动轴承的位置和方向做好标记。

拆卸圆柱孔滚动轴承的方法有 4 种：机械拆卸法、液压拆卸法、压油拆卸法、温差拆卸法。

6.3.1 机械拆卸法

机械拆卸法适用于具有紧（过盈）配合的小滚动轴承和中等滚动轴承的拆卸，拆卸工具为拉出器，也称拉马。

1．轴上滚动轴承的拆卸

将滚动轴承从轴上拆卸时，拉马的爪应作用于滚动轴承的内圈，使拆卸力直接作用在滚动轴承的内圈上（图 6-10）。当没有足够的空间使拉马的爪作用于滚动轴承的内圈时，可以将拉马的爪作用于外圈上。必须注意的是，为了使滚动轴承不致损坏，在拆卸时应固定扳手并旋转整个拉马，以旋转滚动轴承的外圈（图 6-11），从而保证拆卸力不会作用于同一点上。

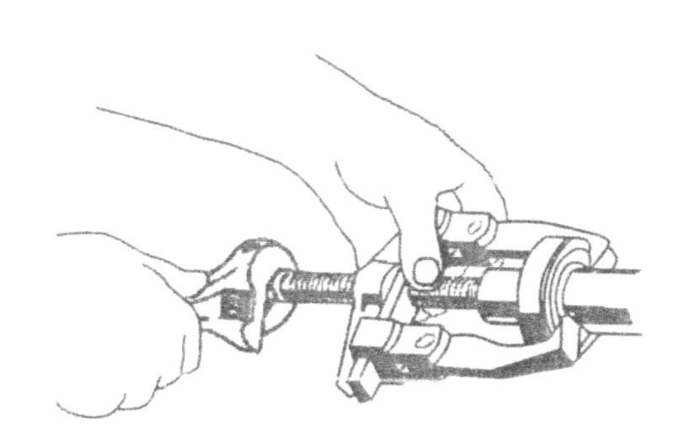

图 6-10　拉马作用于滚动轴承内圈

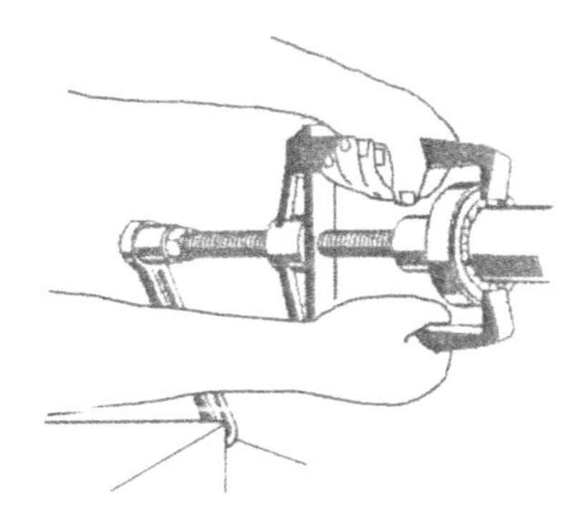

图 6-11　通过旋转拉马进行拆卸

2．孔中滚动轴承的拆卸

当滚动轴承紧紧配合在壳体孔中时，拆卸力必须作用在外圈上。

对于调心滚动轴承经常通过旋转内圈与滚动体，便于拉马作用在外圈上进行拆卸，如图 6-12 所示。

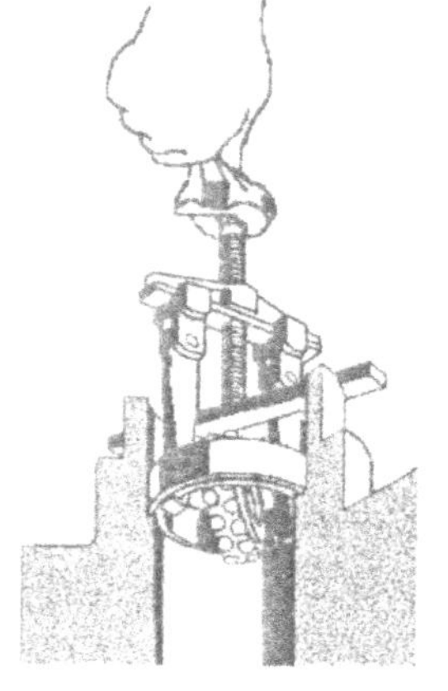

图 6-12　壳体中调心滚动轴承的拆卸

对于安装滚动轴承的孔中无轴肩的情况，则可以采用手锤锤击套筒的方法（图 6-13），从而通过拆卸外圈的方法拆卸整个滚动轴承。但要注意，不能取用有尘粒存在处的锤子；否则，这些尘粒会落在滚动轴承上，从而导致轴承损坏。

对于与轴和孔均为过盈配合的深沟球滚动轴承，可以使用专用拉马进行拆卸，如图 6-14 所示。拉马的臂必须小心地置于滚动轴承内部，以夹紧滚动轴承的外圈。然后装上螺杆并旋转，直至拆下轴承。

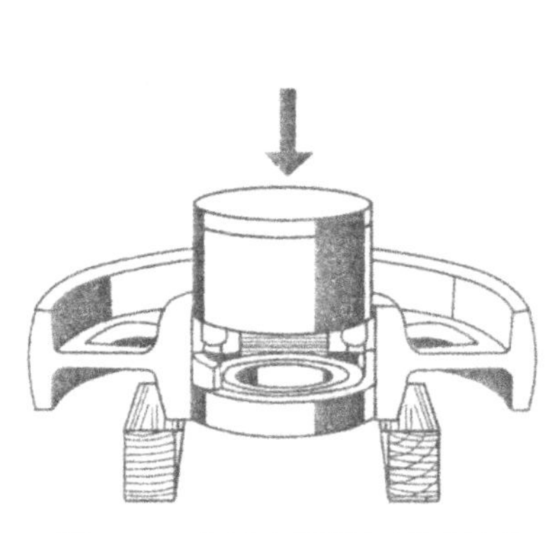

图 6-13 使用套筒拆卸滚动轴承

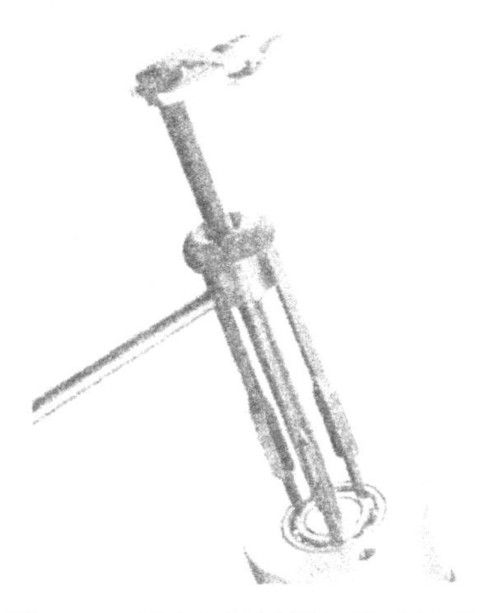

图 6-14 用专用拉马拆卸滚动轴承

6.3.2 液压拆卸法

液压拆卸法适用于具有紧配合的中等滚动轴承的拆卸。拆卸这类滚动轴承需要相当大的力。常用拆卸工具为液压拉马，其拆卸力可达 500kN，如图 6-15 所示。

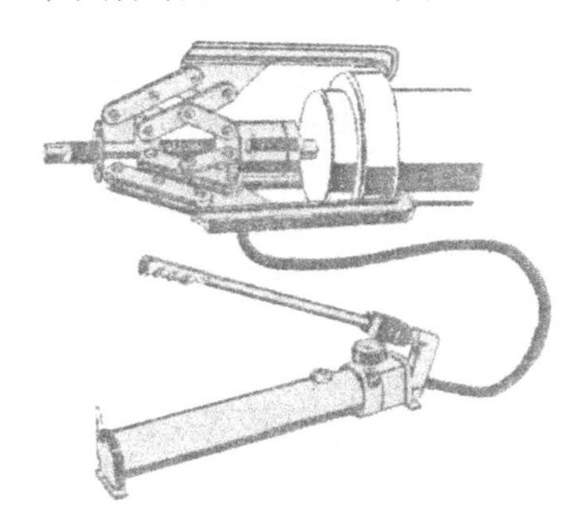

图 6-15 用液压拉马拆卸滚动轴承

6.3.3 压油拆卸法

压油拆卸法适用于中等滚动轴承和大型滚动轴承的拆卸，常用的拆卸工具为油压机，如图 6-16 所示。用这种方法操作时，油在高压作用下通过油路和轴承孔与轴颈之间的油槽挤压在轴孔之间，直至形成油膜，并将配合表面完全分开，从而使轴承孔与轴颈之间的摩擦力变得相当小，此时只需要很小的力就可以拆卸滚动轴承。由于拆卸力很小，且拉马直接作用在滚动轴承的外圈上，因此，必须使用自定心拉马。

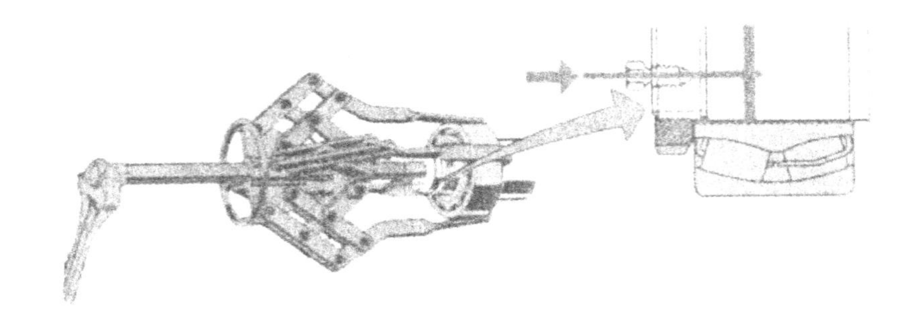

图 6-16 用压油法拆卸滚动轴承

使用压油法拆卸滚动轴承，操作方便，而且可以节约大量的劳力。

6.3.4 温差拆卸法

温差拆卸法主要适用于圆柱滚子轴承内圈的拆卸。加热设备通常采用铝环，如图 6-17 所示。首先必须拆去圆柱滚子轴承外圈，在内圈滚道上涂上一层抗氧化油。然后将铝环加热至225℃左右，并用铝环包住圆柱滚子轴承的内圈。再夹紧铝环的两个手柄，使其紧紧夹着圆柱滚子轴承的内圈，直到圆柱滚子轴承拆卸后才将铝环移去。

如果圆柱滚子轴承内圈有不同的尺寸且必须经常拆卸，则使用感应加热器比较好，如图 6-18 所示。将感应加热器套在圆柱滚子轴承内圈上并通电，感应加热器会自动抱紧圆柱滚子轴承内圈且感应加热，握紧两边手柄，直至将圆柱滚子轴承拆卸下来。

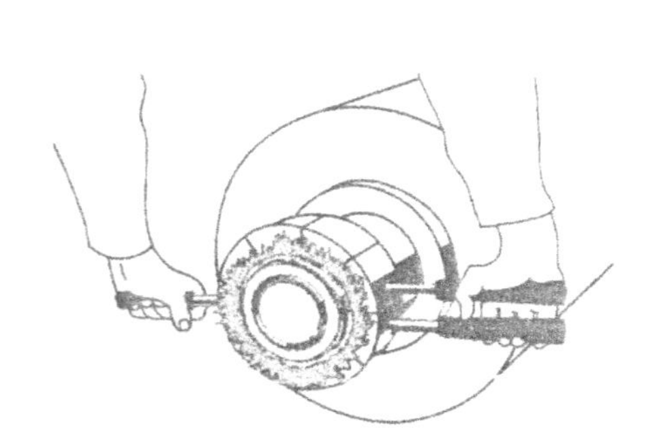

图 6-17 用铝环拆卸圆柱滚子轴承

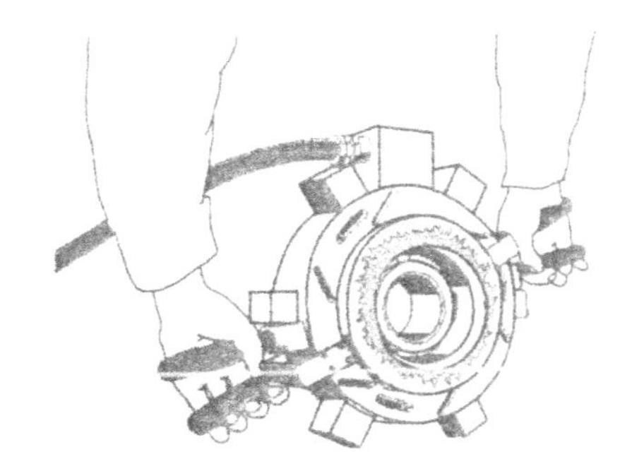

图 6-18 用感应加热器拆卸圆柱滚子轴承

6.4 圆锥孔滚动轴承的装配

圆锥孔滚动轴承的装配方法与圆柱孔滚动轴承的装配方法基本相同。小轴承的装配通常采用机械压入的方法，如用锤子敲击冲击套筒或采用锁紧螺母和扳手装配。大型轴承的装配则采用液压螺母或压油法。在某些情况下，还可以采用温差法装配轴承。

6.4.1 装在圆锥轴颈上的圆锥孔滚动轴承的装配

1. 机械装配法

（1）用手锤与冲击套筒装配

为了避免损坏轴承，建议在轴颈配合面上涂上一层薄油。然后用锤子锤击作用于轴承内圈的套筒，将轴承装至轴上规定的位置，如图 6-19 所示。对于调心球轴承的装配位置，则必须通过旋转并倾斜轴承的方法检查轴承的游隙，以轴承易于旋转，但倾斜时又感觉到一点阻力为装配到位。而对于调心滚子轴承的装配位置，则必须测量游隙的减少量来保证轴承正确的装配位置。在高精密的应用场合则不建议采用该种装配方法。

（2）用螺母和扳手装配

如果轴颈上有螺纹，则可以用螺母和扳手装配小型轴承，如图 6-20 所示。轴承装好后须检查其游隙。如果在装配时止动垫圈已安装到位，则必须对螺纹部分及螺母和止动垫圈的侧面进行润滑。

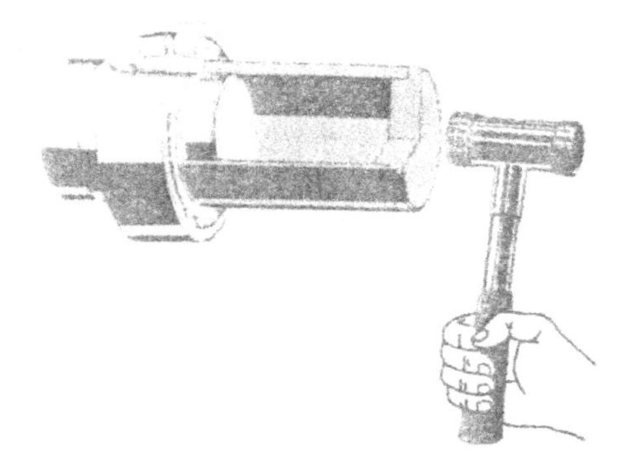

图 6-19 用手锤与冲击套筒装配轴承

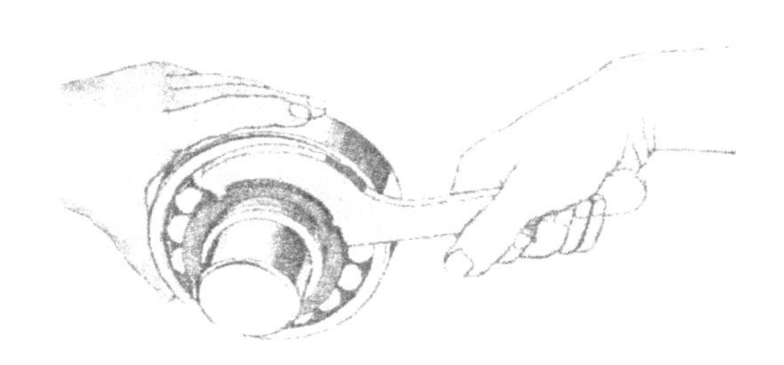

图 6-20 用螺母和扳手装配轴承

对于中等轴承，可以用锁紧螺母和冲击扳手进行装配，以保证有较大的装配力，如图 6-21 所示。而最好的方法是使用液压螺母，或者将压油法和锁紧螺母或液压螺母组合起来使用。

2. 液压法

在大于 50mm 的孔径内安装滚动轴承时，可以采用液压螺母进行装配，其操作简单，工作可靠。液压螺母包括两个部分，如图 6-22 所示，一个是带有内螺纹的螺母体，其侧面有一环形沟槽；另一个是与沟槽相配合的环形活塞，其间有两个 O 形密封圈用于油腔的密封，当油压入油腔时，使活塞向外移动并产生足够的力用来装配或拆卸轴承。

液压螺母有一个快速接头，以便与液压泵连接。装配时，按如下步骤进行操作（图 6-23）。

① 将液压螺母旋于轴上并使其活塞朝向滚动轴承，然后用手旋紧螺母。

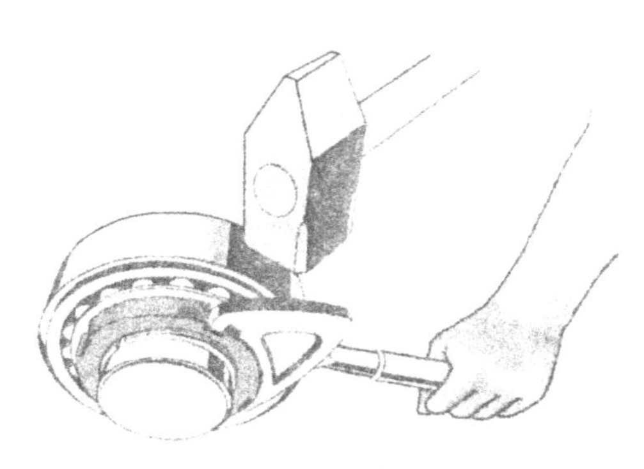

图 6-21　用锁紧螺母与冲击扳手装配轴承

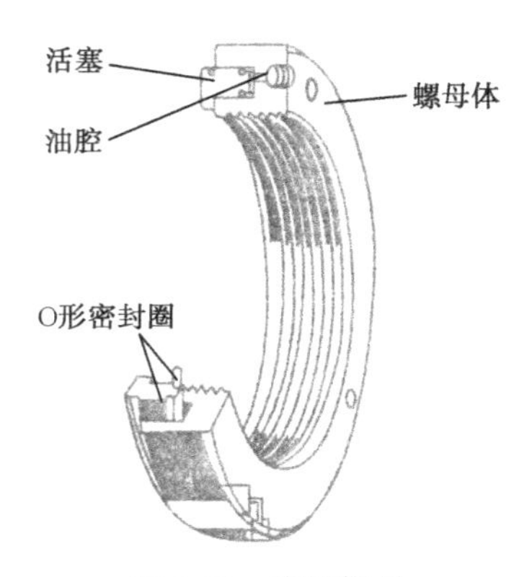

图 6-22　液压螺母

② 连接油管，将油压进液压螺母，直至轴承到达规定的装配位置。

③ 打开回油阀，拧紧螺母，这样活塞就被推回到起始位置，而油也流回了泵内。

④ 卸下液压螺母，装上止动垫圈和锁紧螺母。

3．压油法

压油法适用于中等和大型滚动轴承的装配。如图 6-24 所示，利用油压机将油压入滚动轴承和轴颈之间，直至两个零件配合面完全分开，从而使摩擦力减小至零。于是，只需要很小的力就可以装配滚动轴承。这种方法装配简单，游隙可以得到很好的控制，装配精度高。

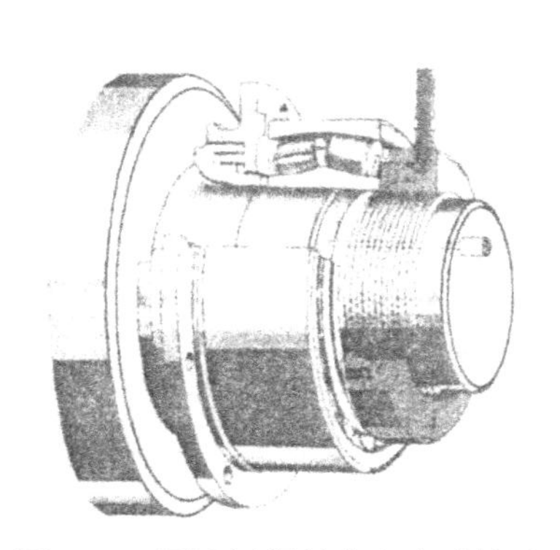

图 6-23　用液压螺母装配滚动轴承

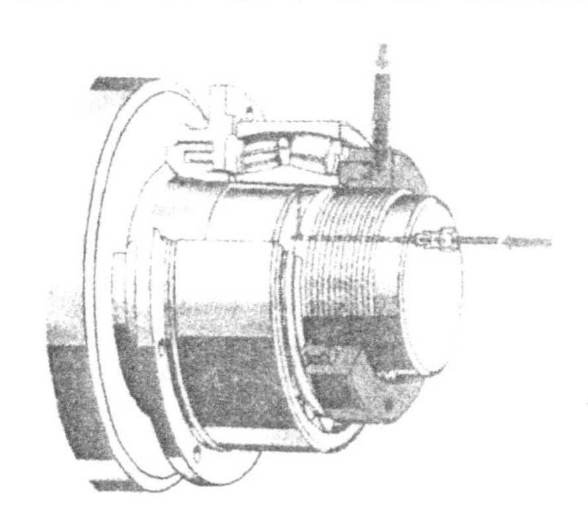

图 6-24　用压油法装配滚动轴承

当滚动轴承装配至规定位置后，应将油释放，并等待 20min 之后，再次检查游隙的大小。对于锥孔滚动轴承，最好将压油法和液压螺母组合使用。

应用压油法时应注意，即轴必须有输油的通道，这种通道一般在维修时加工。

4．温差法

如果由于某种原因不能使用压油法或液压螺母，可以选择温差法加热滚动轴承，常用感应加热器、加热箱或油浴等方法进行加热。在装配中最为重要的是滚动轴承与轴颈的相对轴向位移的测量与控制。

（1）以轴肩定位的滚动轴承装配

① 将滚动轴承装至轴上直至其与轴颈接触良好，测量滚动轴承内圈与轴肩之间的距离 *S*，如图 6-25（a）所示。

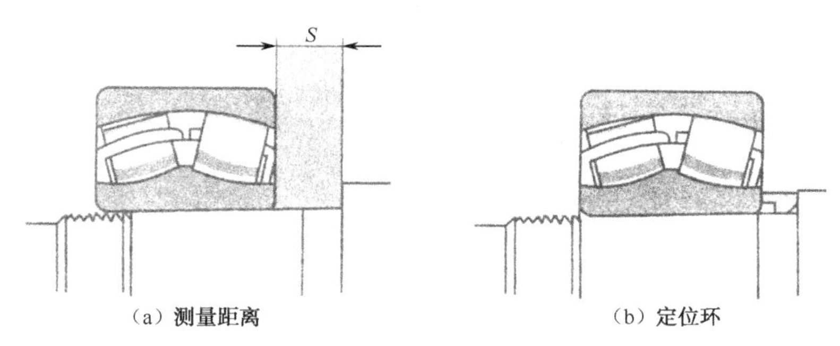

图 6-25 以轴肩定位的滚动轴承装配

② 查表确定滚动轴承轴向位移的减小量。

③ 将测得的距离 *S* 减去查表确定的轴向位移减小量得到定位环的轴向尺寸，并据此加工出定位环，如图 6-25（b）所示。

④ 将定位环靠紧轴肩安装。

⑤ 将滚动轴承加热，并将其压至定位环，直至滚动轴承冷却并与轴配合紧密。

⑥ 用锁紧螺母固定滚动轴承。

⑦ 当滚动轴承冷却下来时，检查滚动轴承径向游隙。

（2）无轴肩定位的滚动轴承装配

这类滚动轴承的装配方法与以轴肩定位的滚动轴承装配方法相同，但测量所用基准面不是轴肩而是一个参考平面，如图 6-26 中为轴的端面。通过滚动轴承装配时长度 *S* 的增大或减小来获得所需的“装配距离”。当滚动轴承位置达到要求时，保持滚动轴承的位置直至其与轴紧密配合，再装上锁紧螺母。当滚动轴承冷却后，再检查其游隙大小。

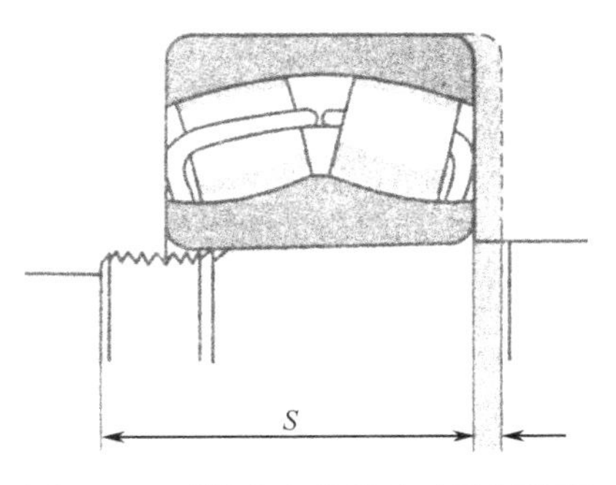

图 6-26 无轴肩定位的滚动轴承装配

6.4.2 装在紧定套上的圆锥孔滚动轴承的装配

调心球轴承和调心滚子轴承通常安装在紧定套或退卸套上，从而简化了滚动轴承的装配与拆卸，如图 6-27 所示。具有这种套的滚动轴承的内圈在装配时总是具有很紧的配合，其程度取决于滚动轴承相对于套的移动。随着滚动轴承与套的相对移动，滚动轴承内圈逐渐膨胀，而滚动轴承的原始径向游隙逐渐减小。

使用紧定套，滚动轴承依靠轴肩定位安装时，要求有一个能保证滚动轴承正确位置的距离套，该距离套必须能够让紧定套置于其下面。对于光杆轴，当要求紧定套在轴上的位置必须和拆卸的位置一样时，有必要对滚动轴承进行测试性装配以保证紧定套位于正确的位置。

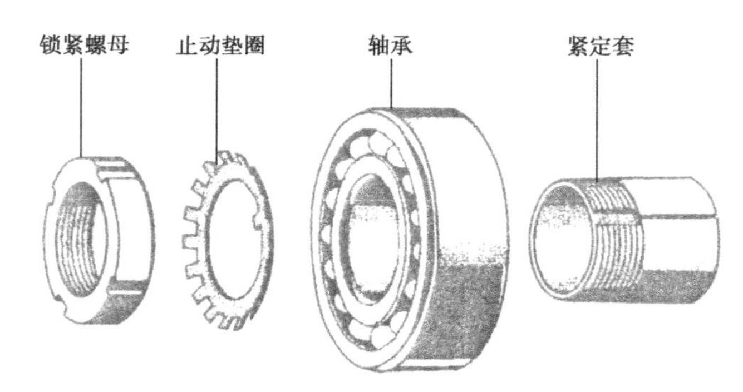

图 6-27　带紧定套的滚动轴承零件

1．带紧定套的调心球轴承的装配

安装在紧定套上的调心球轴承的简易装配方法是控制螺母紧固时的拧紧角度。

如果使用钩头扳手装配调心球轴承，螺母的拧紧角度可以查轴承手册确定。还可以使用SKF 公司所销售的专用工具装配。这套锁紧螺母扳手是专门用来装配调心球轴承的，每个扳手都清楚地标明了正确的拧紧角度。其操作步骤如下。

① 将紧定套和轴承孔表面擦净，并在紧定套表面涂上一层薄薄的矿物油。

② 将二硫化钼膏或类似润滑剂涂抹在螺纹和与调心球轴承接触的螺母侧面上。

③ 用手旋转螺母，直到其与锥面接触。注意不得使用操纵杆进行操作，如图 6-28（a）所示。

④ 在轴上做个标记，与扳手上橙色标记的起点相对应，如图 6-28（b）所示。

⑤ 用操纵杆拧紧螺母，直至轴上的标记与扳手上橙色标记的末端相对应，如图 6-28（c）所示。

⑥ 最后，用锁紧螺母锁紧，要注意拧紧螺母时紧定套不能旋转。

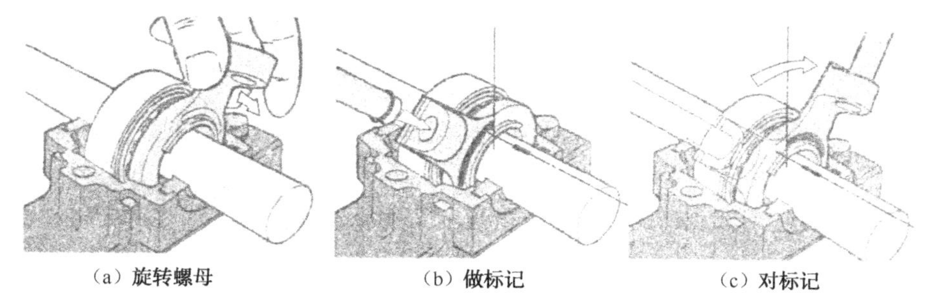

（a）旋转螺母　　（b）做标记　　（c）对标记

图 6-28　用控制角度的方法装配轴承

另一个正确装配锥孔调心球轴承的方法是测量调心球轴承内圈在锥形轴颈上的轴向位移。用这种方法操作时，首先将调心球轴承装在轴上，直至轴承孔与轴颈或紧定套接触，然后开始进行上紧操作。

2．带紧定套的调心滚子轴承的装配

在装配调心滚子轴承之前，首先必须用塞尺测量调心滚子轴承的径向游隙，因为径向间隙的减小量是对调心滚子轴承配合的过盈量的测量。

① 轴向游隙的测量：在测量轴向游隙时，将调心滚子轴承放在干净的工作平面上，用一个略薄于游隙最小值的塞尺进行检查，且边旋转内圈边检查。

② 径向游隙的测量：用塞尺插在最上部滚子旁边的滚子上面检查调心滚子轴承的原始游隙，如图 6-29 所示。在检查时，一边旋转调心滚子轴承，一边用较厚的塞尺在相同的位置进行检查，直至在拉出塞尺时感觉到轻微的阻力为止，此时的塞尺厚度即为调心滚子轴承的原始间隙。

将调心滚子轴承压装至轴上，在调心滚子轴承压入过程中，用塞尺在调心滚子轴承最低滚动体下面测量调心滚子轴承径向游隙的减小量，如图 6-30 所示，此值可在滚动轴承的相应表格中查出。

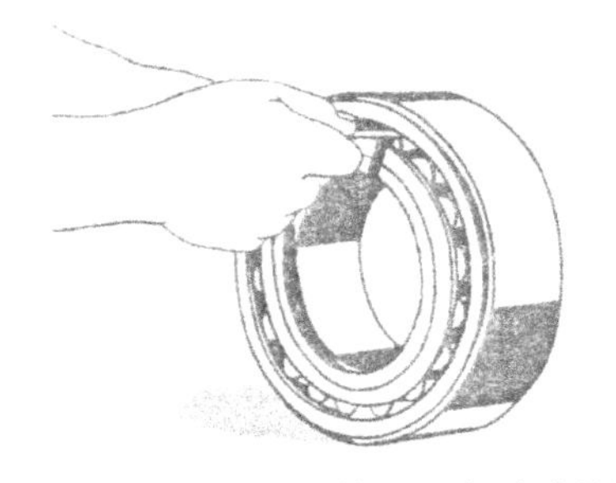

图 6-29 装配前调心滚子轴承径向游隙的测量

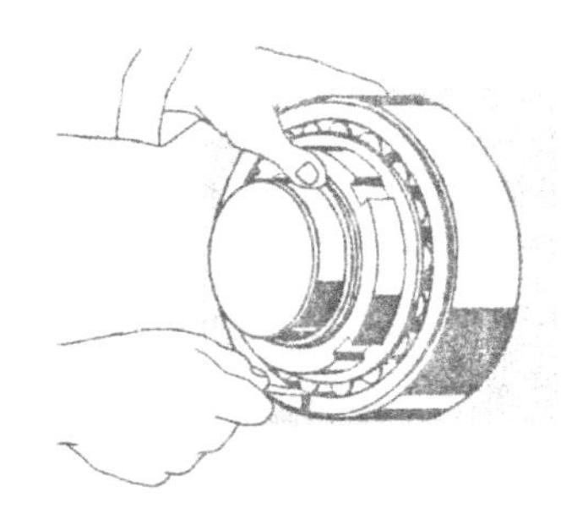

图 6-30 装配时调心滚子轴承径向游隙的测量

除了测量间隙减小量外，还可以控制调心滚子轴承内圈的轴向位移进行调心滚子轴承的装配。

装配调心滚子轴承，可以利用前面介绍的方法，即利用螺母和扳手或液压螺母装配调心滚子轴承。当调心滚子轴承以一定位套筒定位时，可以用两个垫板来简化装配。该垫板可以由一组塞尺或校准垫板组成，其厚度等于调心滚子轴承所要求的轴向位移，如图 6-31 所示。

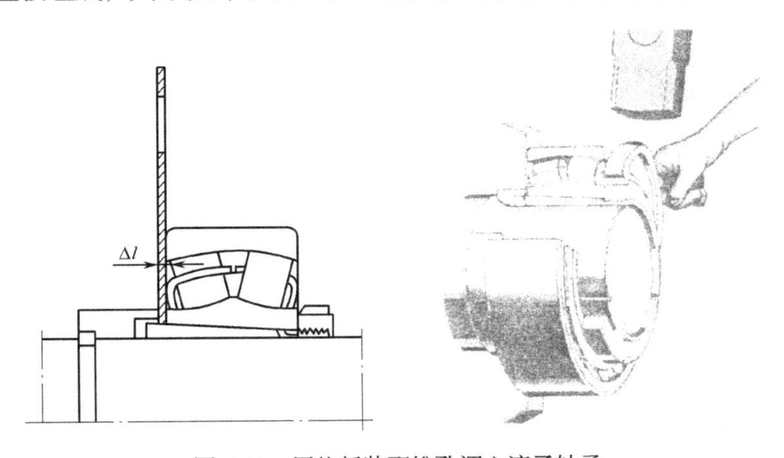

图 6-31 用垫板装配锥孔调心滚子轴承

将紧定套放在定位套筒下面，将垫板压在定位套筒的端面上，并将调心滚子轴承压至轴上直至与垫板接触，拧紧锁紧螺母，但必须当心垫板会掉出。移开垫板并用冲击扳手拧紧螺母，将调心滚子轴承压至与定位套筒接触。然后拆下螺母，装上止动垫圈，再装上螺母，拧紧并锁定。

还有一种方法是利用温差法装配锥孔调心滚子轴承。

采用温差法装配，必须通过螺母的前端面来测量调心滚子轴承的轴向位移。装配时首先必须将调心滚子轴承安装在紧定套上，并拧紧螺母，确保调心滚子轴承、紧定套和轴之间接触良好，然后测量紧定套小端与螺母之间的轴向距离，如图 6-32（a）所示。然后加热调心滚子轴承并将其安装在紧定套上，拧紧螺母并测量螺母端面与紧定套小端之间的距离，从而控制调心滚子轴承的轴向位移，如图 6-32（b）所示。等调心滚子轴承冷却后，必须检查调心滚子轴承的游隙。

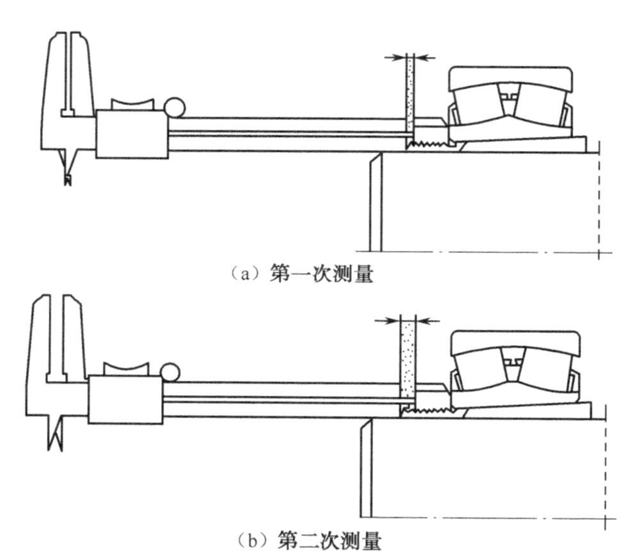

图 6-32　用控制轴向位移的方法装配锥孔调心滚子轴承

6.4.3　装在退卸套上的圆锥孔滚动轴承的装配

对于安装在退卸套上的滚动轴承，其装配方法与装在紧定套上的滚动轴承的装配方法相同，即控制径向游隙或相对轴向位移的方法。装配时，退卸套压装在滚动轴承下面，而滚动轴承以轴肩或定位套定位。拆卸时将退卸套从滚动轴承下面拉出。

小滚动轴承通常采用机械法（如用冲击套筒和手锤）、液压螺母或压油法装配。对于不能采用以上方法的滚动轴承可采用温差法装配。

1．采用机械法装配

为防止退卸套装配后退出，建议使用一种专门制作的安装套筒，如图 6-33 所示，该安装套筒装于轴上或装在退卸套的孔中。除此之外，还可以通过安装锁紧螺母来防止退卸套退出。

装配退卸套时应根据滚动轴承规定的径向游隙，用手锤和安装套筒将退卸套压至滚动轴承下面。如果轴上有螺纹，还可以用螺母和钩头扳手压装退卸套，如图 6-34 所示。当退卸套装配好以后，必须将其固定，如使用轴端挡圈进行轴向防松，如图 6-35 所示。

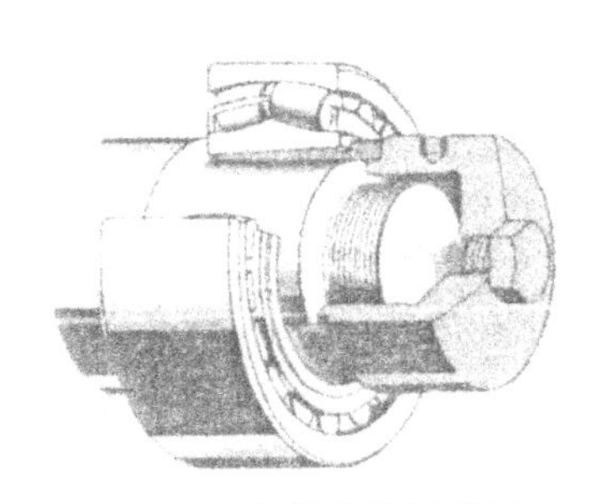

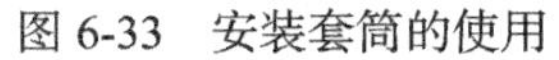

图 6-33 安装套筒的使用

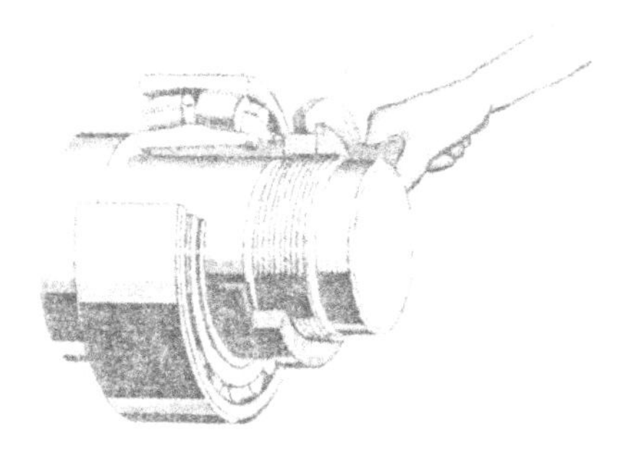

图 6-34 用螺母与扳手装配滚动轴承

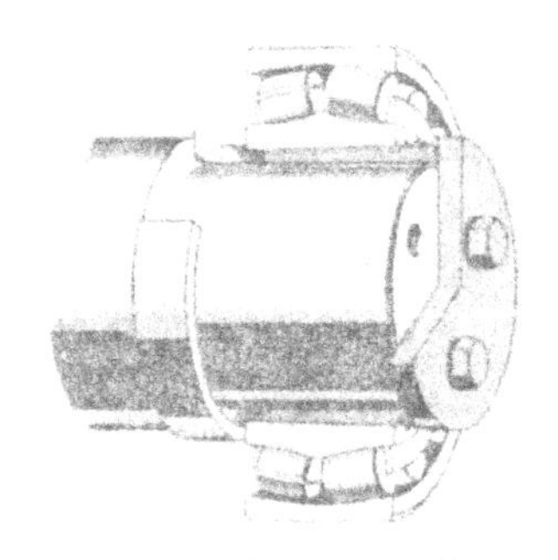

图 6-35 轴端挡圈的使用

2. 采用液压螺母或压油法装配

对于小型和中等滚动轴承的退卸套的装配只需要使用液压螺母。而对于大型滚动轴承，可以采用压油法或压油法与液压螺母组合使用的方法。

根据轴的结构，液压螺母可以有不同的使用方法，如图 6-36 所示。

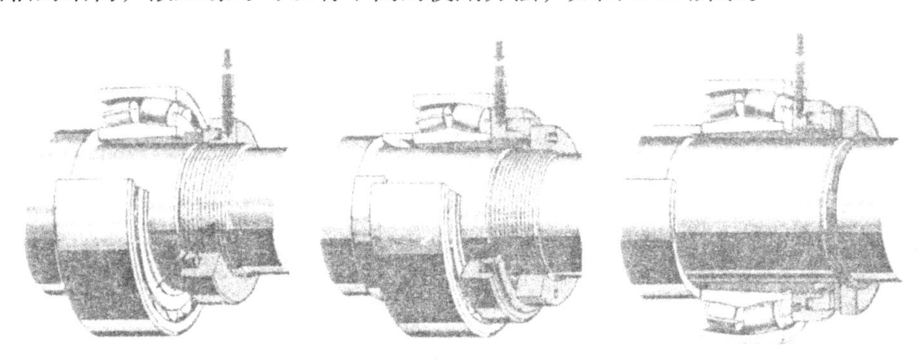

图 6-36 用液压螺母装配退卸套的几种方法

如果使用压油法，退卸套中必须加工油道，由于油道接头高出退卸套，装配时不可能使用螺母直接压靠退卸套。因此，对于带螺纹的轴，安装时可以使用锁紧螺母和定距环或轴套来固定退卸套，该轴套既能支承锁紧螺母，又能给油道接头留出相应的空间。当退卸套位于轴端时，可以借助轴端挡圈和螺钉将退卸套压至滚动轴承内，如图 6-37 所示。

装配退卸套的最好办法是将压油法和液压螺母组合起来，但轴上必须有用于液压螺母活塞施力的结构。如果轴上有螺纹，就可以使用锁紧螺母，否则就要用组合支承环和一个挡圈，如图 6-38 所示。

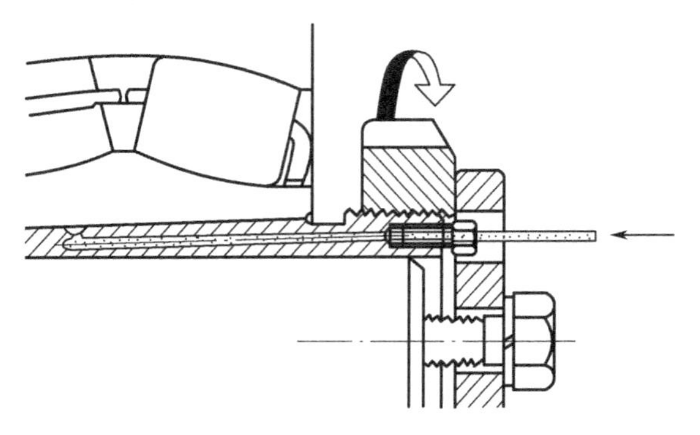

图 6-37　用压油法装配退卸套

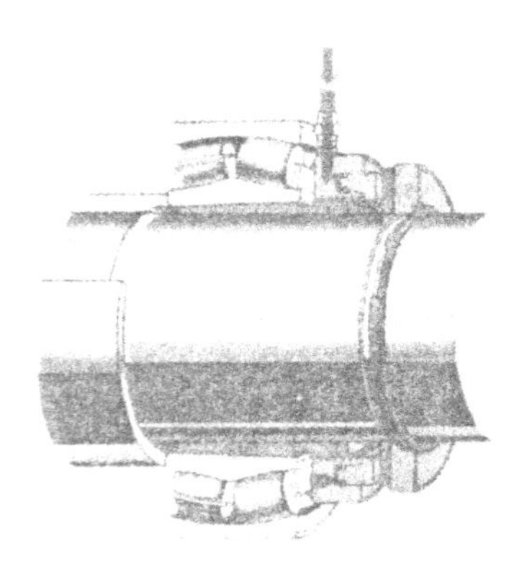

图 6-38　组合支承环的应用

3. 采用温差法装配

在不可能采用机械装配法的情况下，必须采用温差法装配，即装配前对轴承进行加热。对于装配在退卸套上的滚动轴承，则必须使用厚度等于轴向位移值的垫板或校准环。首先将退卸套压至滚动轴承下，直至两者接触良好。旋转锁紧螺母，并在螺母与退卸套间留出与装配轴向位移一样大的间隙，然后固定锁紧螺母或者在退卸套和螺母的前端面上做标记，如图 6-39 所示。再对轴承进行加热，当轴承达到装配温度时，将退卸套及其螺母一起压进轴承内直至螺母和轴承相互接触为止。但必须注意的是，退卸套必须固定在要求位置直至滚动轴承冷却为止。

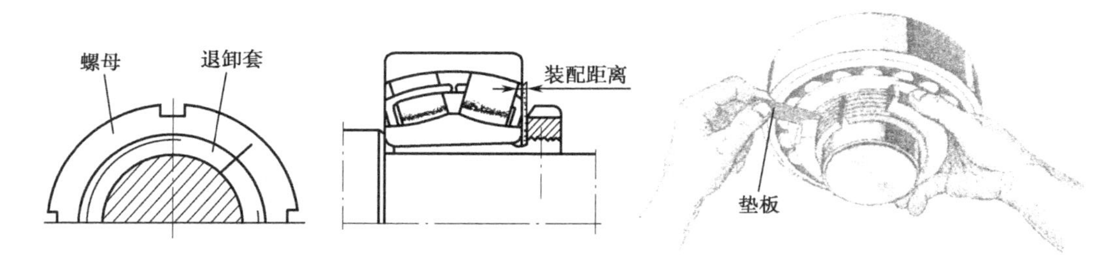

图 6-39　用温差法装配滚动轴承

6.5 圆锥孔滚动轴承的拆卸

6.5.1　装配在圆锥轴颈上的圆锥孔滚动轴承的拆卸

小滚动轴承可以用滚动轴承拉出器（又称拉马）拆卸。由于这类滚动轴承一般与轴配合较紧，所以拉马应直接作用于滚动轴承内圈上。如果拉马不可能作用于滚动轴承内圈上，且滚动轴承必须再次使用，可将拉马作用于滚动轴承外圈上，但拆卸时必须旋转外圈。

中等滚动轴承在拆卸时通常需要很大的力，这时不宜采用普通拉马，最好采用自定心液压拉马，如图 6-40 所示。

中等和大型滚动轴承在拆卸时采用压油法可以使拆卸更容易。拆卸滚动轴承时，油液在高压作用下通过油路和油槽进入轴颈和滚动轴承内圈之间。结果，油膜将接触面完全分开，并产生一个轴向力使滚动轴承滑离轴颈。

采用压油法拆卸装配在圆锥轴颈上的圆锥孔滚动轴承时，产生的拆卸力会使滚动轴承突然地离开轴颈。因此，必须在油膜产生之前，将锁紧螺母旋松一定距离或在轴上放置一个阻挡用零件，以防止滚动轴承完全飞出轴外，如图 6-41 所示。当压入的油经滚动轴承漏出时，表明滚动轴承已与轴颈松脱，此时应立即解除油压。

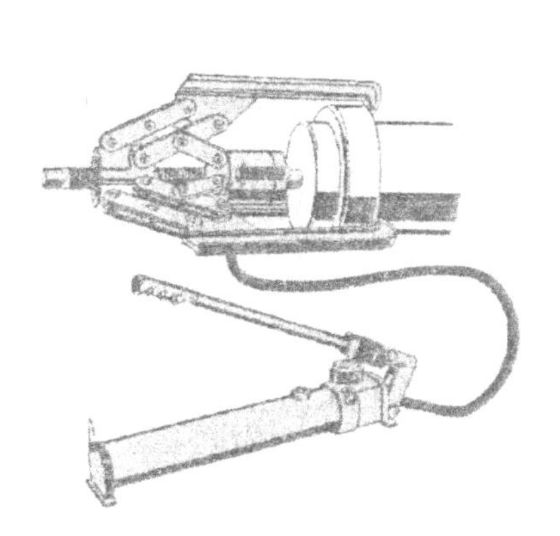

图 6-40 液压拉马

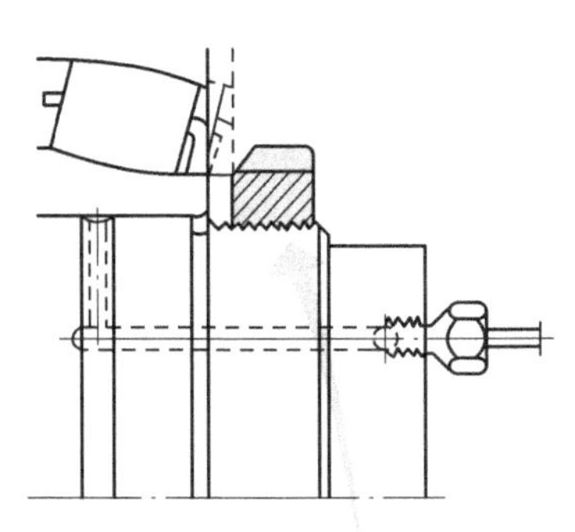

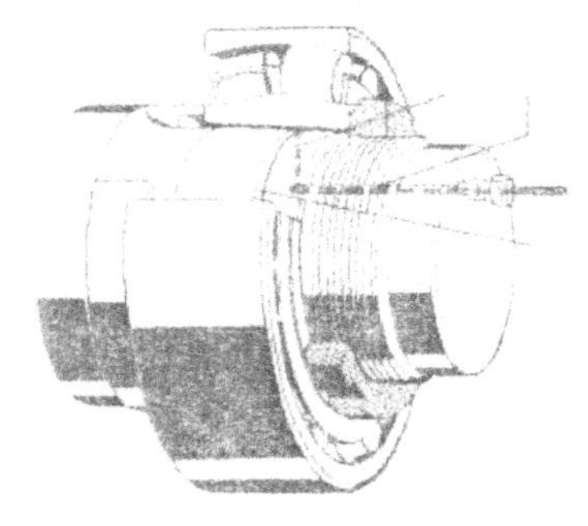

图 6-41 用压油法拆卸滚动轴承

6.5.2 装配在紧定套上的圆锥孔滚动轴承的拆卸

调心球轴承和调心滚子轴承通常安装在紧定套或退卸套上。这种装配技术简化了滚动轴承的装配和拆卸。

装配在紧定套上的小型滚动轴承和中等滚动轴承可以用手锤敲击套筒的方法拆卸，该套筒须直接作用于锁紧螺母（图 6-42）或滚动轴承内圈（图 6-43）。

如果所卸滚动轴承须重复使用，则必须在轴上标出紧定套的位置，将止动垫圈的外翅弯直，再将锁紧螺母回松几圈；然后将冲击套筒放在正确的位置，用无反弹力的手锤有力地敲击冲击套筒几下，这样滚动轴承就松开了。

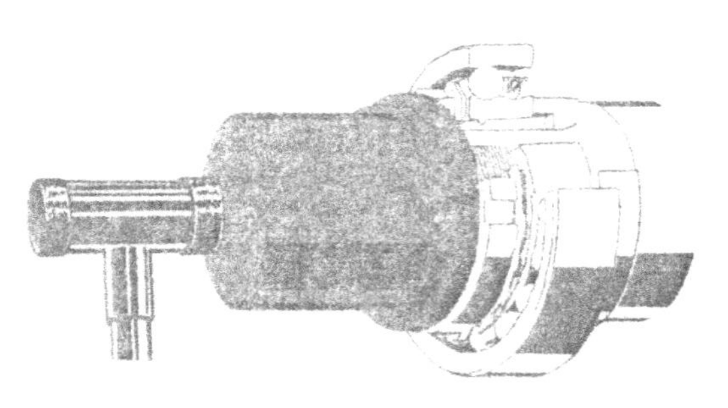

图 6-42　冲击套筒作用于锁紧螺母拆卸滚动轴承

图 6-43　冲击套筒作用于滚动轴承内圈拆卸滚动轴承

如果不能用手锤和冲击套筒拆卸滚动轴承，则必须使用特殊工具，如图 6-44 和图 6-45 所示。

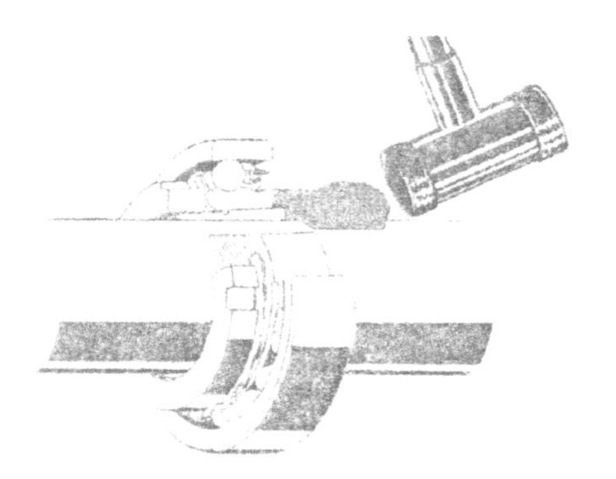

图 6-44　用专用工具拆卸滚动轴承

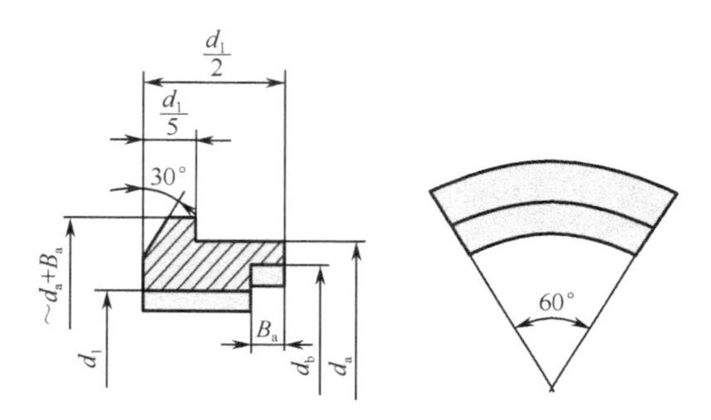

图 6-45　拆卸滚动轴承的专用工具

使用液压螺母拆卸装配在紧定套上的滚动轴承时，滚动轴承必须以轴环定位，但该轴环内必须有一容纳紧定套的空间，其长度要比装配距离大，以便于拆卸操作，如图 6-46 所示。另外，还要在轴上安装适于液压螺母活塞施力的元件，这种元件包括一个安装在轴沟槽中的组合支承环和一个保持组合支承环位置的挡圈，也可以是一个用螺钉固定在轴端上的轴端挡板。

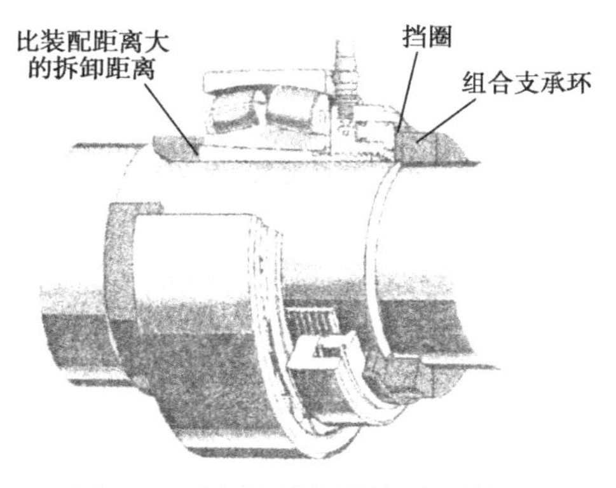

图 6-46　用液压螺母拆卸滚动轴承

液压螺母的使用比较简单。将液压螺母装在轴上，并在螺母和滚动轴承之间留一个小间隙，然后将油压进螺母直至滚动轴承与紧定套之间松脱开来。

6.5.3 装配在退卸套上的圆锥孔滚动轴承的拆卸

对于装配在退卸套上的滚动轴承，为了防止退卸套在配合面之间摩擦力很小时滑离滚动轴承，一般采用一个螺母或锁紧挡板进行固定。

装配在退卸套上的小型或中等滚动轴承可以用一个锁紧螺母和钩头扳手或冲击扳手进行拆卸。如果退卸套超过了轴端，则可以用一个与退卸套孔径大致相等的圆板装在退卸套孔中以避免变形，如图 6-47 所示。

大型滚动轴承最好采用液压螺母拆卸。将液压螺母旋入退卸套上的螺纹并使其活塞紧靠滚动轴承，然后将油压入螺母就可以将退卸套从滚动轴承中拉出，如图 6-48 所示。

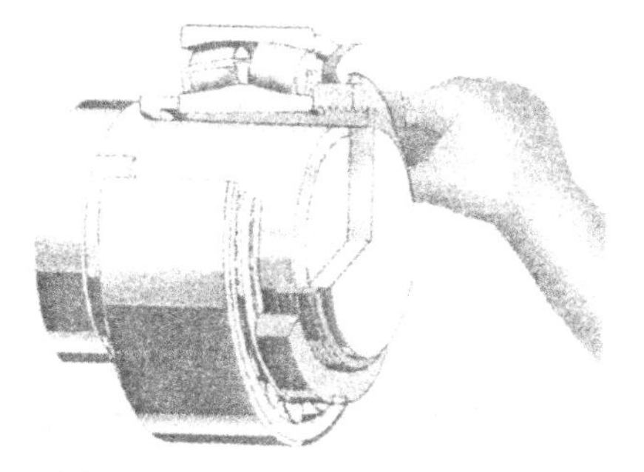

图 6-47 用钩头扳手拆卸滚动轴承

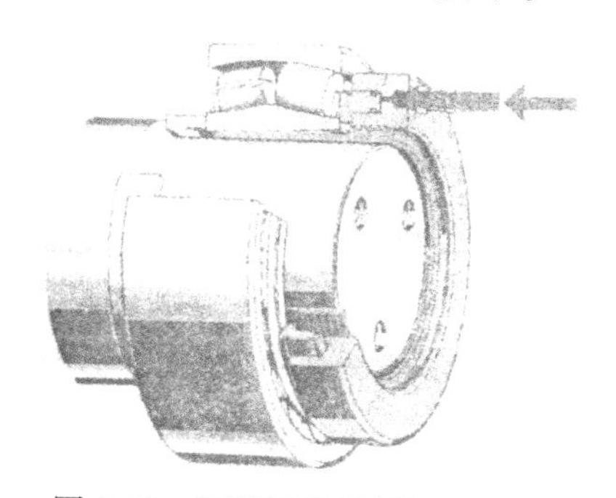

图 6-48 用液压螺母拆卸滚动轴承

用于大型滚动轴承装配的退卸套通常加工有油槽和两个油道。在用压油法拆卸时，油通过一个油路注入退卸套和轴之间，并通过另一个油路注入退卸套和滚动轴承之间，如图 6-49 所示。因此，只需较小的力就可拆卸滚动轴承。除此之外，压油法和液压螺母还可以组合使用以拆卸大型滚动轴承。

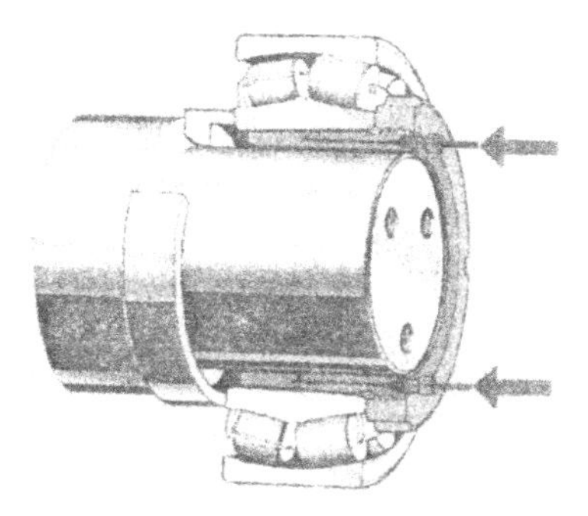

图 6-49 用压油法拆卸滚动轴承

第7章 密封元件的装配

CHAPTER 7

7.1 O形密封圈的装配

在机械设备中，密封件是必不可少的零件，它主要起着阻止介质泄漏和防止污物侵入的作用。在装配中要求其所造成的磨损和摩擦力应尽量小，但要能长期地保持密封功能。

密封件可分为两大主要类型，即静密封件和动密封件。静密封件用于被密封零件之间无相对运动的场合，如密封垫和密封胶。动密封件用于被密封零件之间有相对运动的场合，如油封和机械式密封件。

O 形密封圈是截面形状为圆形的圆形密封元件，如图 7-1 所示。大多数的 O 形密封圈由弹性橡胶制成，它具有良好的密封性，是一种压缩性密封圈，同时又具有自封能力，所以使用范围很广，密封压力从 1.33×10^{-5}Pa 的真空到 400MPa 的高压（动密封可达 35MPa）。如果材料选择适当，温度范围为-60～+200℃。在多数情况下，O 形密封圈是安装在沟槽内的。其结构简单，成本低廉，使用方便，密封性不受运动方向的影响，因此得到了广泛的运用。

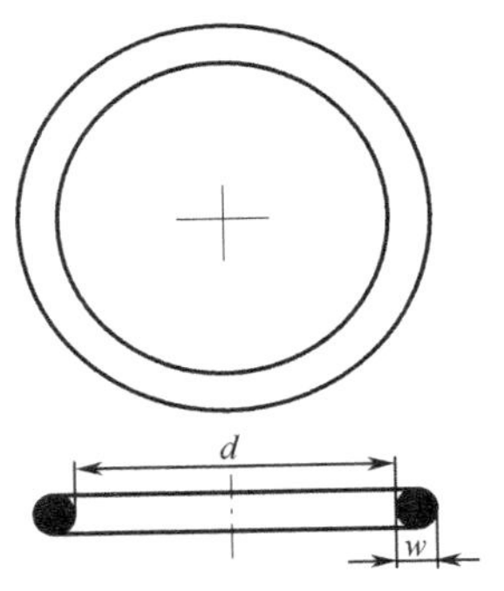

d—O 形密封圈内径；*w*—O 形密封圈截面直径

图 7-1 O 形密封圈

7.1.1 O 形密封圈的挤入缝隙现象

对于一定硬度的橡胶，当介质压力过大或被密封零件间的间隙过大时，都可能发生 O 形密封圈被挤入间隙内的危险，从而导致 O 形密封圈损坏，失去密封作用，如图 7-2 所示。所以，O 形密封圈的压缩量和间隙宽度都十分重要。

密封的间隙宽度应由介质压力来确定。如果介质压力增大，则许用间隙宽度应相应减小。但是也可以改用硬度高的橡胶密封圈，从而有效地防止 O 形密封圈被挤入缝隙。还可以使用挡圈来防止挤入缝隙现象，如图 7-3 所示。

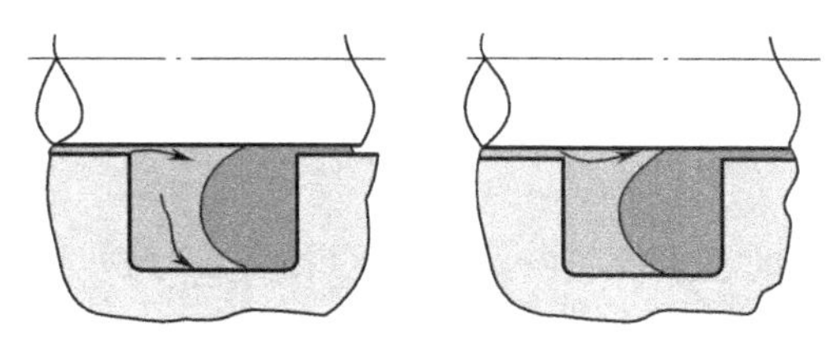

图 7-2 O 形密封圈的损坏

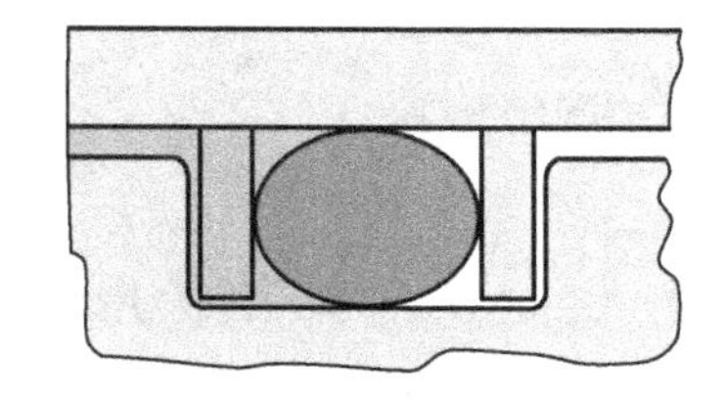

图 7-3 挡圈

根据弹性橡胶的类型，硫化 O 形密封圈的贮存期为 3～20 年。但在实际操作中，若能加强检查，贮存期还可更长些。

贮存注意事项：

① 环境温度为不超过 250℃；

② 环境应干燥；

③ 防止阳光和含紫外线的灯光照射；

④ 空气特别是含臭氧的空气易使橡胶老化，所以应将 O 形密封圈贮存于无流动空气的场所，且贮存处禁止有产生臭氧的设备存在；

⑤ 贮存期间，避免与液体、金属接触；

⑥ O 形密封圈在保存时应不受任何作用力，如严禁将 O 形密封圈悬挂在钉子上。

7.1.2 O 形密封圈密封装置的倒角

在设计 O 形密封圈的密封装置时，最为重要的是对杆端或孔端采用 10°～20° 的倒角，这样可防止在装配时损坏 O 形密封圈，如图 7-4 所示。为防止装配时 O 形密封圈通过诸如液压阀内的孔口时产生挤坏现象，也必须将孔口倒角或倒圆，如图 7-5 所示。

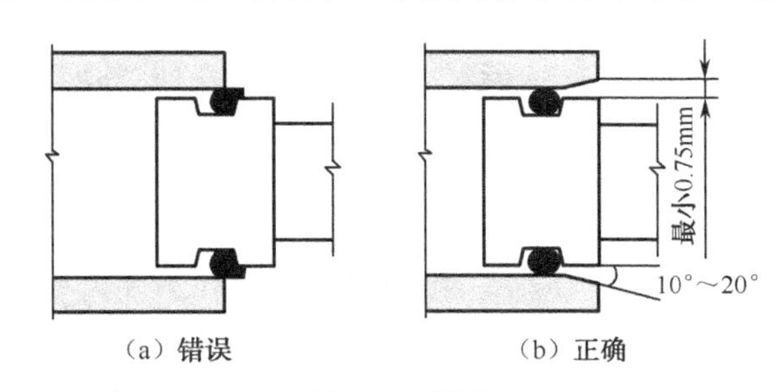

图 7-4 倒角

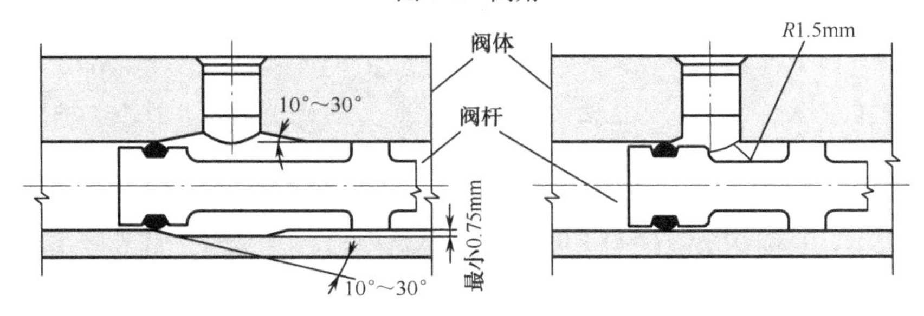

图 7-5 液压阀内的倒角和倒圆

7.1.3 润滑

装配时，无论 O 形密封圈是用于静态或动态条件，O 形密封圈和金属零件都必须有良好的润滑。由于某些润滑剂对有些橡胶产品有不良影响（可造成膨胀或收缩），所以建议采用惰性润滑剂。例如，一种专用合成油脂“Silubrine”适用于装配 NBR（丁腈橡胶）、FPM（氟橡胶）、EP（环氧树脂）和 MVQ（硅橡胶）等类型的密封圈。所有以矿物油、动物油、植物油或脂为基础的润滑剂，都绝对不适用于 O 形密封圈的润滑，特别是 EP 橡胶。

7.1.4 O 形密封圈的装配和拆卸工具

在许多装配实践中，O 形密封圈的装配和拆卸成了难题。大多数情况是 O 形密封圈的位置难以接近或尺寸太小，因此没有好的工具，操作几乎就不可能进行。

1．尖锥

如图 7-6 所示，尖锥用于将小型 O 形密封圈从难以接近的位置上拆卸下来。但尖锥易于损坏 O 形密封圈，故适用于不重要的场合。

2．弯锥

如图 7-7 所示，弯锥用于将 O 形密封圈从难以接近的位置上拆卸下来。操作时，将此工具放入沟槽内，同时转动手柄并将手柄推向孔壁，从而将 O 形密封圈从沟槽中拆卸出来。

3．曲锥

如图 7-8 所示，曲锥用于将 O 形密封圈从沟槽中拆卸下来，也用于将 O 形密封圈拉入沟槽内。

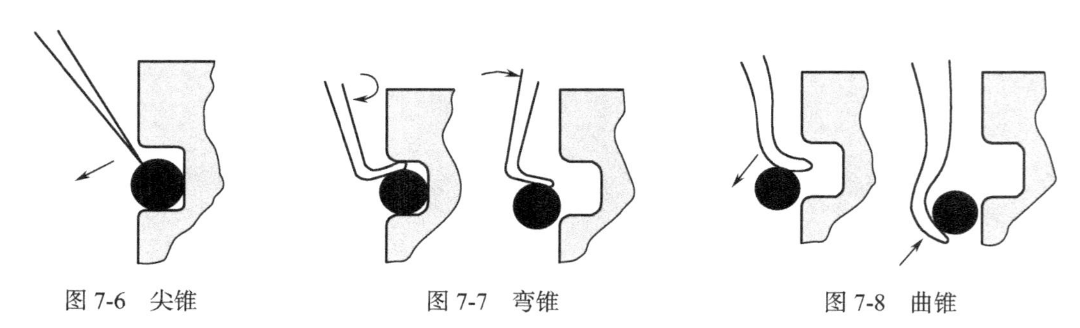

图 7-6 尖锥　　图 7-7 弯锥　　图 7-8 曲锥

4．装配钩

如图 7-9 所示，装配钩用于将 O 形密封圈放入沟槽内。操作时，首先必须将 O 形密封圈推过沟槽，再用此工具的背将 O 形密封圈的一部分推入沟槽内，然后用其尖端将 O 形密封圈的另一部分完全地安装到位。

5．镊子

镊子适用于不易用手对O形密封圈进行润滑的场合。该工具可以将O形密封圈浸入液体润滑剂中，并将其送至需要密封的地方。

6．刮刀

如图7-10所示，刮刀适用于拆卸接近外表面处的O形密封圈，也可用于将O形密封圈放入沟槽中和向已安装的O形密封圈添加润滑剂。

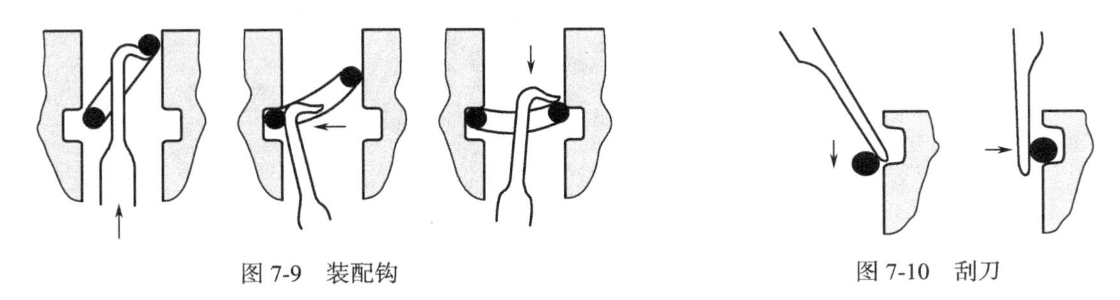

图7-9 装配钩

图7-10 刮刀

7.2 油封密封件的装配

油封是最常用的密封件之一，它适用于在工作压力小于0.3MPa的条件下对润滑油和润滑脂的密封。有时，也可用于其他的液体、气体以及粉状和颗粒状的固体物质的密封。常用于各种机械的轴承处，特别是滚动轴承部位。其功用在于把油腔和外界隔离，对内封油，对外防尘。

油封与其他唇形密封的不同之处在于具有回弹能力更大的唇部，密封接触面很窄（约为0.5mm），且接触应力的分布图形呈尖角形。图7-11为油封的典型结构及唇口接触应力示意图。油封的截面形状及箍紧弹簧，使唇口对轴具有较好的追随补偿性。因此，油封能以较小的唇口径向力获得较好的密封效果。同时，好的润滑油可在齿轮、轴承和轴上形成强度较高的油膜，且齿轮、轴承配合面间的油膜不易被破坏。然而，当将轴从机器中拆卸下来时，油封上的密封唇在轴上产生足够的压力可将油膜破坏，使润滑油仍保持在机器内部，但又不会引起太大的摩擦和磨损。

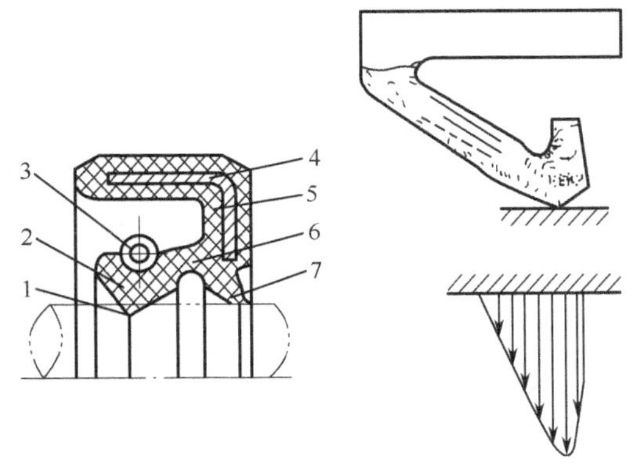

1—唇口；2—冠部；3—弹簧；
4—骨架；5—底部；6—腰部；7—副唇

图7-11 油封结构及唇口接触应力示意图

7.2.1 油封的类型

图 7-12 为常用油封的类型。

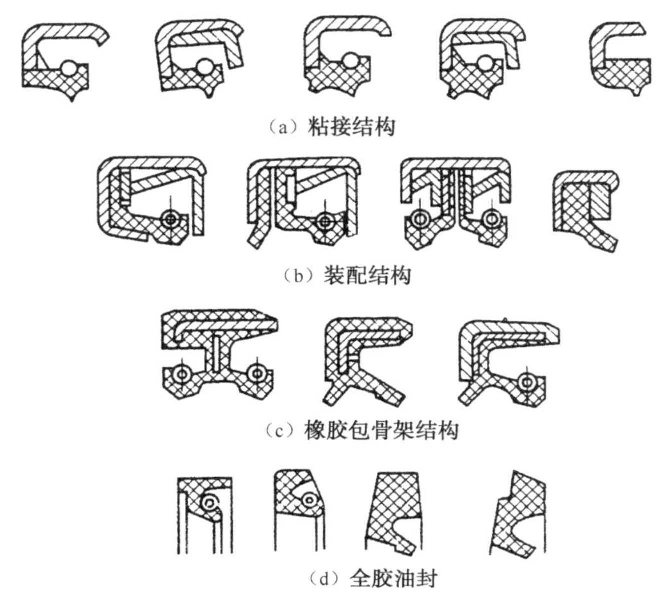

（a）粘接结构

（b）装配结构

（c）橡胶包骨架结构

（d）全胶油封

图 7-12　常用油封的类型

1. 粘接结构

这种结构的特点在于橡胶部分和金属骨架可以分别加工制造，再由胶粘接在一起，称为外露骨架型，有制造简单、价格便宜等优点。美、日等国多采用此种结构。这种油封的截面形状如图 7-12（a）所示。

2. 装配结构

这种结构是把橡胶唇部、金属骨架和弹簧圈三者装配起来而组成油封。它具有内外骨架，并把橡胶唇部夹紧。通常还有一挡板，以防弹簧脱出，如图 7-12（b）所示。

3. 橡胶包骨架结构

这种结构是把冲压好的金属骨架包在橡胶之中，称为内包骨架型，其制造工艺稍微复杂一些，但刚度好，易装配，且对钢板材料要求不高，如图 7-12（c）所示。

4. 全胶油封

这种油封无骨架，有的甚至无弹簧，整体由橡胶模压成形。其特点是刚性差，易产生塑性变形。但是它可以切口使用，这对于不能从轴端装入而又必须用油封的部位是仅有的一种形式，如图 7-12（d）所示。

7.2.2 油封的材料

由于油封处于大气和油的环境中，所以要求其材料的耐油性、耐大气老化性能良好；同时油封也常处于灰尘、泥水的环境中，且有很高的转速，因此要求其耐磨性和耐热性良好。对于某些特殊情况，如油封用来密封化学品，则要求其材料应与介质相适应。

用做油封的橡胶主要是丁腈橡胶、丙烯酸酯橡胶和聚氨酯橡胶，特殊情况用到硅橡胶、氟橡胶和聚四氟乙烯树脂。丁腈橡胶的耐油性能优异，聚氨酯橡胶的耐磨性能突出，而硅橡胶耐高、低温性能都很好，氟橡胶则较耐高温。

此外，油封还用到骨架材料和弹簧材料。前者常用一般冷轧或热轧钢板、钢带，只有海水及腐蚀性介质才用不锈钢板：后者用一般弹簧钢丝、琴钢丝或不锈钢丝等。

7.2.3 油封的润滑

旋转轴或滑动轴上的每个油封都需要对其相互运动的密封表面进行一定的润滑，以防止装配和运动时油封损坏。当油封用于对油或脂密封时，润滑油封的润滑剂已经存在；而用于水的密封时，油封也具备了通常的润滑作用。但是，将油封用于非润滑性介质的密封时，则必须采取专门的预防措施。在这种情况下，可一前一后安装两个油封，并在其中间的空间中填入油或脂，如图 7-13 所示。当采用带防尘唇的油封时，可在密封唇和防尘唇间填满润滑脂，如图 7-14 所示，这些润滑剂还将带走因摩擦而产生的热量。

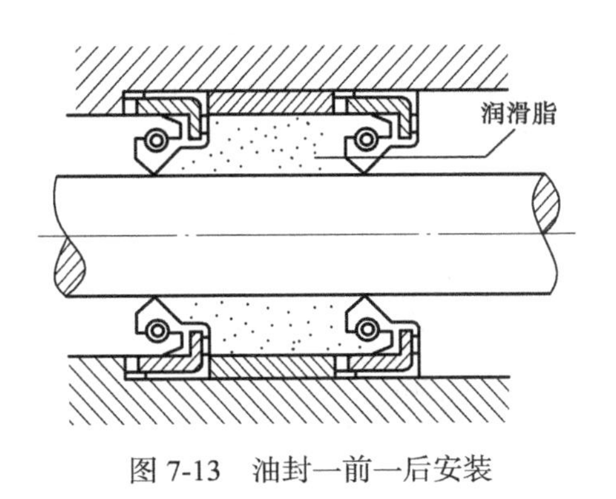

图 7-13 油封一前一后安装

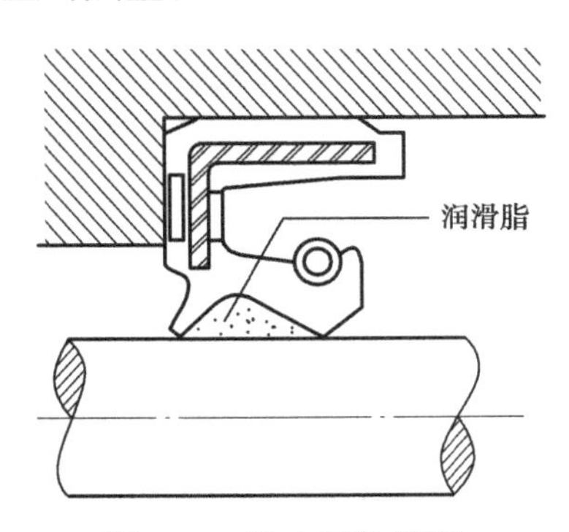

图 7-14 防尘唇的使用

7.2.4 油封的安装

安装油封时必须十分小心。首先要对油封、轴以及孔进行严格的清理与清洗。为了使油封易于套装到轴上，必须事先在轴和油封上涂抹润滑油或脂。由于安装时油封扩张，为安装方便起见，轴端应有导入倒角，锐边倒圆，其角度应为 30°～50°，如图 7-15 所示，倒角上不应有毛刺、尖角和粗糙的机加工痕迹。为了装配方便，腔体孔口至少应有 2mm 长的倒角，其角度应为 15° ～30° ，不允许有毛刺。

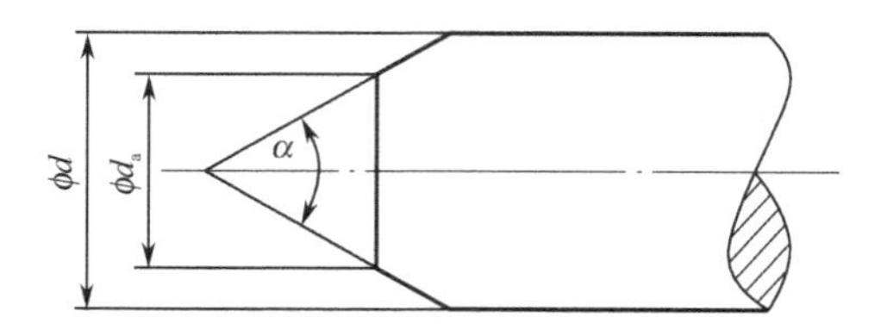

图 7-15　导入倒角的应用

当轴上有键槽、螺纹或其他不规则部位时，为防止密封唇沿着轴表面滑动而损坏油封，轴的这些部分必须事先包裹起来，可以用油纸将其包裹，或用防护套、金属或塑料安装套将其盖住，如图 7-16 所示。

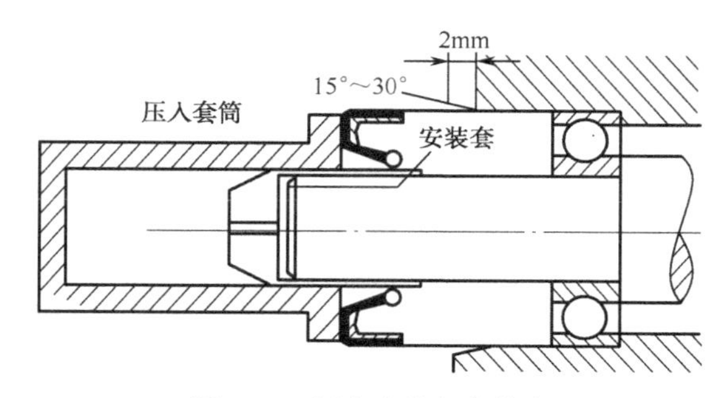

图 7-16　压入套筒与安装套

在安装油封时，最为重要的是必须将油封均匀地压入孔内。采用的压入套筒要能使压力通过油封刚性较好的部分传递。为安装顺利起见，建议在孔内涂点油。如果轴的表面因磨损而泄漏，则可用多种方法进行修复。例如，改用不同型号的油封，通过使用更大或更小尺寸的油封，使密封面发生变动；也可以采用垫片或套筒改变密封面位置，如图 7-17 所示。

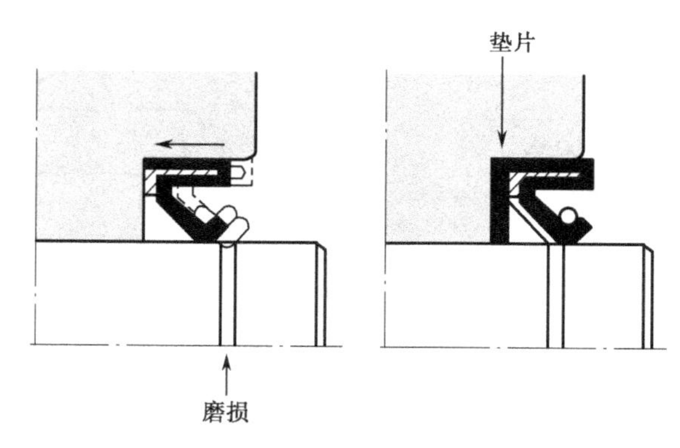

图 7-17　垫片的应用

安装油封时推荐使用的方法如图 7-18 所示。

在安装油封时，应避免采用图 7-19 中的方法，以防止油封变形。

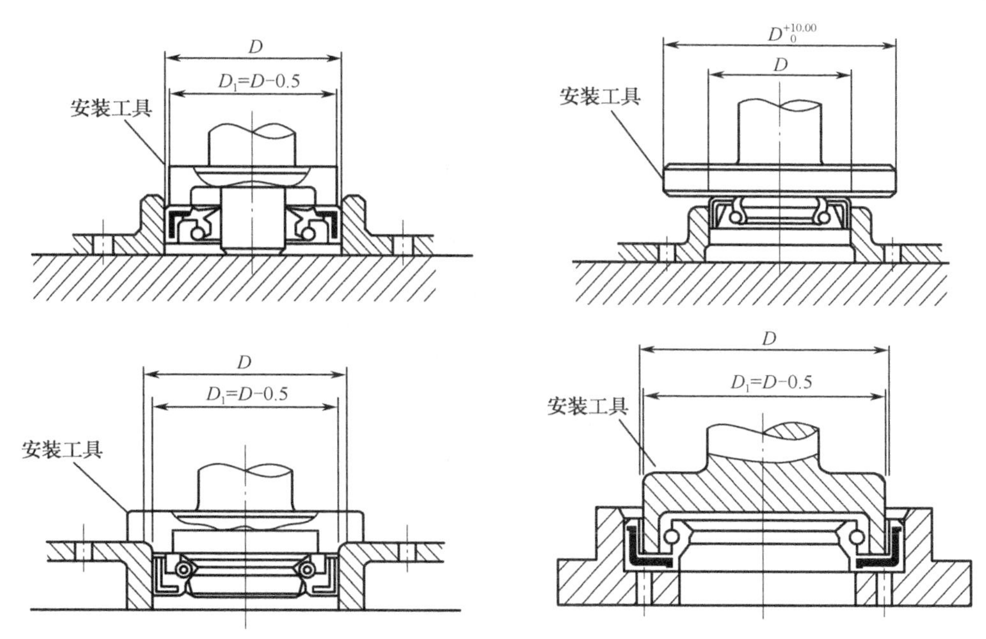

图 7-18 油封的正确安装方法

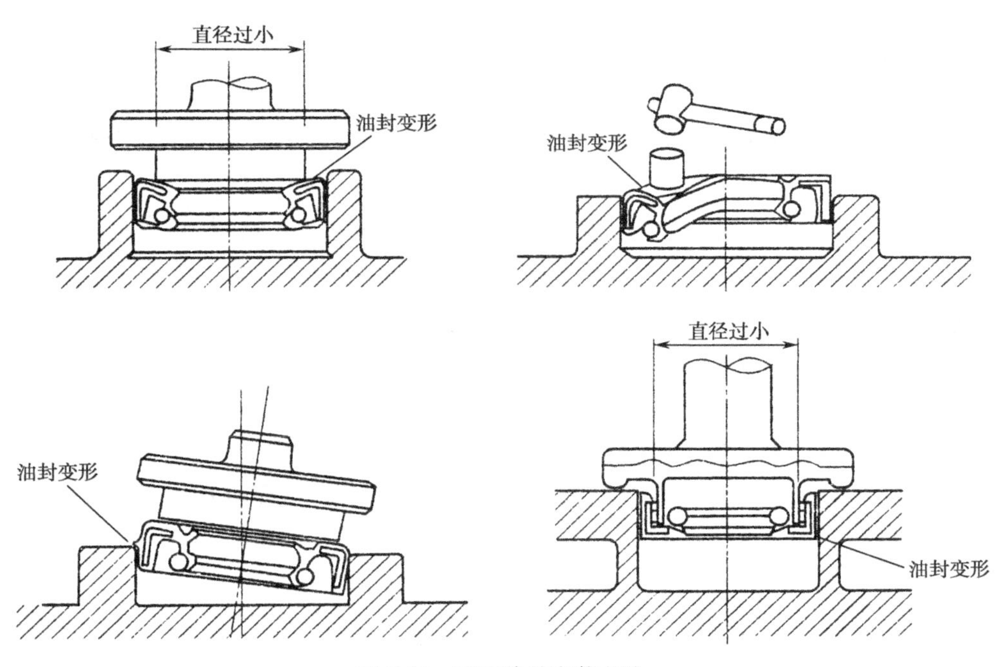

图 7-19 不正确的安装方法

7.3 运转设备压盖填料的装配

压盖填料结构主要用做动密封件，它广泛用于离心泵、压缩泵、真空泵、搅拌机和船舶螺旋桨的转轴密封，活塞泵、往复式压缩机、制冷机的往复运动轴的密封，以及各种阀门、阀杆的旋转密封等，如图 7-20 所示。压盖填料的功能是对运动零件进行密封，防止液体泄漏。

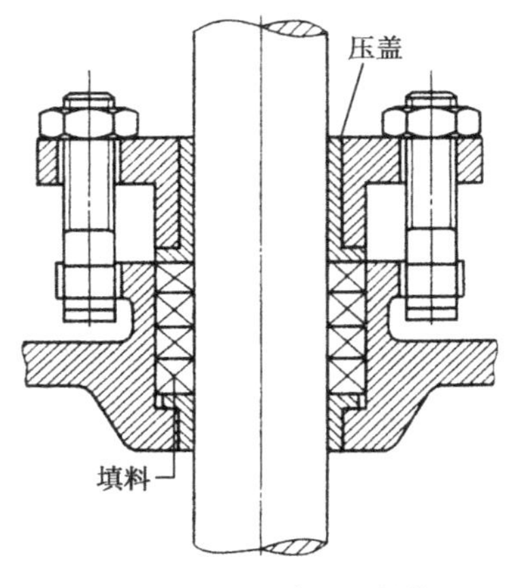

图 7-20　压盖填料的结构

7.3.1　压盖填料的密封机理

填料装入填料腔以后，经压盖对它做轴向压缩，当轴与填料有相对运动时，由于填料的塑性，使它产生径向力，并与轴紧密接触。与此同时，填料中浸渍的润滑剂被挤出，在接触面之间形成油膜。由于接触状态并不是特别均匀的，接触部位便出现“边界润滑”状态，称为“轴承效应”；而未接触的凹部形成小油槽，有较厚的油膜，接触部位与非接触部位组成一道不规则的迷宫，起阻止液流泄漏的作用，称为“迷宫效应”。这就是填料密封的机理。显然，良好的密封在于能维持“轴承效应”和“迷宫效应”。也就是说，要保持良好的润滑和适当的压紧。若润滑不良或压得过紧，都会使油膜中断，造成填料与轴之间出现干摩擦，最后导致烧轴或出现严重磨损。

为此，需要经常对填料的压紧程度进行调整，以便填料中的润滑剂在运行一段时间流失之后，再挤出一些润滑剂，同时补偿填料因体积变化造成的压紧力松弛。显然，这样经常挤压填料，最终将使浸渍剂枯竭，所以要定期更换填料。此外，为了维持液膜和带走摩擦热，须使填料处有少量泄漏。

7.3.2　压盖填料的材料

压盖填料是用软的、易变形的材料制成的，通常以线绳或环状供应，如图 7-21 所示。其材料又可根据主要组成成分分为如下几类：PTFE（聚四氟乙烯）、阿米阿克呢（驼毛斜纹织物）、石墨、植物纤维、金属、云母、玻璃和陶瓷材料等。

目前，多数压盖填料都按“穿心编织”方法制造。如图 7-22 所示，每股绳都呈 45° 穿过填料截面内部，有均匀、致密、强固、弹性好、柔性大、表面平整等优点。由于其堵塞在

密封腔中与轴的接触面积大而且均匀，同时纤维之间的空隙比较小，所以密封性很好。且一股磨断以后，整个填料不会松散，故有较长的使用寿命，适用于高速运动轴，如转子泵、往复式压缩机和阀门等。

图 7-21　填料的不同类型　　图 7-22　填料的不同编织方法

7.3.3　压盖填料的预压

多数压盖填料都是编织成方形截面的，当其按实际尺寸加工并绕在轴或杆上时，填料将变形为梯形截面。一般的普通填料盒内装有 4～7 个填料环，所以，必须给压盖施加很大压力才能使梯形截面重新回到原来的方形截面。如图 7-23 所示，填料盒深处的填料环所受轴向压力不足，压盖处压力较大，向内逐渐减小。其结果是，径向密封力沿填料盒纵向方向由高变低，从而出现轴磨损的严重危险。

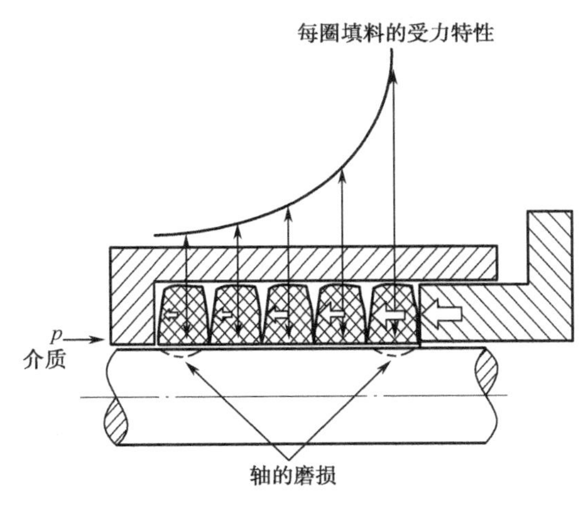

图 7-23　未预压填料的受力特性

如果选用预压至尺寸的填料环，则密封效果更好。只要施加很小的轴向压紧力，即可使径向密封力沿填料盒全长均匀地增加，所需的轴向压紧力也明显比未预压填料环低。如

图 7-24 所示，预压填料的受力特性是线性的，所以得到的是更均匀、更好调整的密封。

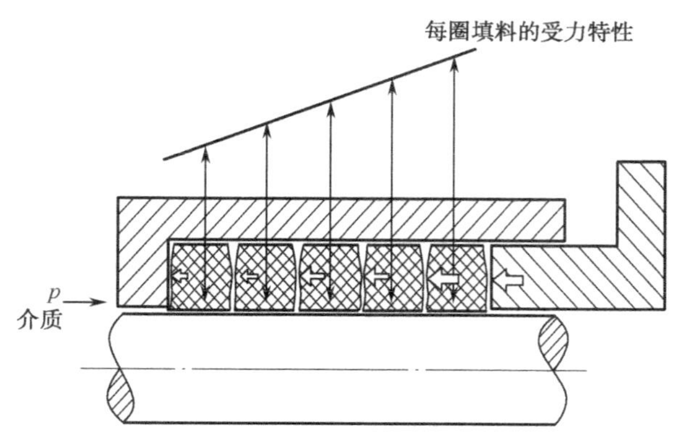

图 7-24　预压填料的受力特性

7.3.4　封液环

封液环是位于填料之间的一个附加环，其用途是对密封装置进行冷却和润滑，如图 7-25 所示。

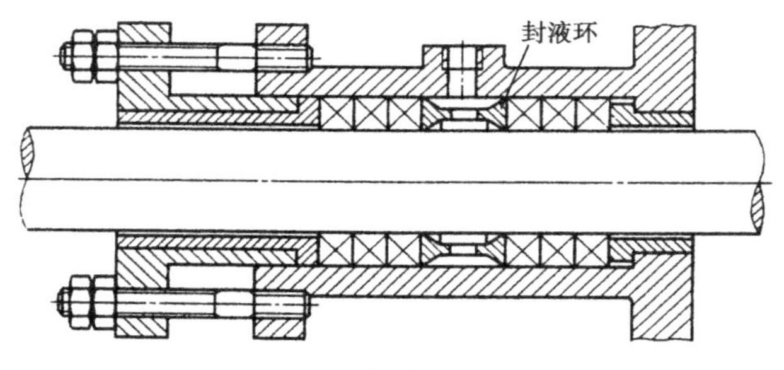

图 7-25　封液环的应用

为了能向密封装置输送润滑液，填料盒上应有供封液环和外部空间连接的小孔。建议封液环的宽度是填料环的 2 倍（$2S$）。这样，当因填料体积减小而造成封液环移位距离达 $1.5S$ 时，不会堵住封液环润滑（冷却或冲洗）用的小孔。

7.3.5　填料的跑合

在新填料处于跑合阶段时，由于摩擦而引起的热会使密封面临在高温下工作的危险。必须注意的是，多数泵的填料压盖都是用合成材料制成的，在高温时很快即会烧毁，此后即不能使用。所以，必须严格地控制热量的产生，当发觉填料过热时，设备必须停车，经短时间冷却并出现均衡的泄漏后，才可让设备重新投入运行。这种过程需要经过多次重复后，才会使轴的泄漏量达到要求，且温度保持不变。

在填料的使用中，润滑对填料的寿命和密封性有极大的影响。当旋转或直线运动的杆的表面速度很大时，润滑显得尤为重要。常用的润滑方式有：利用介质自身进行润滑；采用专门的润滑装置，如封液环；填料自身浸渍润滑剂。如果条件许可，则应使填料盒保持连续小量的泄漏，这样可使填料以及填料盒和轴的运行寿命延长。如不允许有泄漏，则填料的压紧应使泄漏刚好停止，而在干燥状态下运行的填料环应限制为最少量。

7.3.6 压盖填料的装配

压盖填料合理装填的步骤如下。

① 用填料螺杆将结构中原有的旧压盖填料（包括填料盒底部的环）从填料盒中清除出去，如图 7-26 所示。

② 清洗轴、杆或主轴，并从填料盒中清除所有的旧填料残留物。填料腔表面应做到清洁、光滑。

③ 检查全部零件功能是否正常，如检查轴表面是否有划伤、毛刺等现象。并用百分表检查轴在密封部位的径向圆跳动量，其公差应在允许范围内。

④ 确定填料的正确尺寸：$S=(B-A)/2$。如图 7-27 所示，其中 S 为填料的厚度，B 为填料盒的孔径，A 为轴的直径。

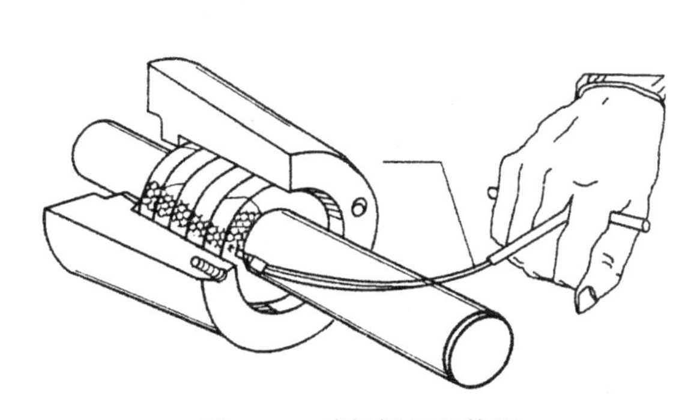

图 7-26 填料螺杆的使用

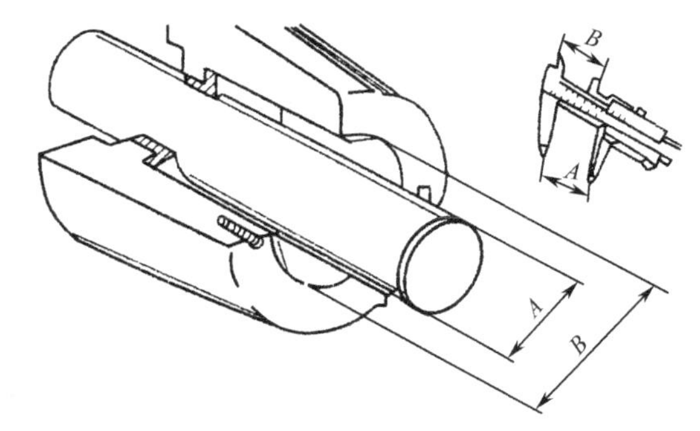

图 7-27 填料尺寸 S 的确定

⑤ 使用尺寸小的或过大的填料时，填料盒内会出现不必要的变形和应力。较小量的尺寸偏差可用圆杆或管子在较硬的平面上滚压来纠正，如图 7-28 所示。严禁用锤击来纠正尺寸，因为这样会破坏填料的结构。对比较陈旧的设备，如泵和阀门，则必须小心操作，因为多数缝隙均已大于许可值。采用塑料或石墨的填料时，若间隙太大，则填料挤入间隙的危险特别大。这时可采用塑料或金属的挡圈来消除此种挤入危险，如图 7-29 所示。

⑥ 对成卷包装的填料，严禁将新填料呈螺旋状装入填料盒中，而应小心地将其切成具有平行切面的单独填料环后再安装。使用时应先取一根与轴径同尺寸的木棒，将填料缠绕其上，再用刀切断填料，如图 7-30 所示。含润滑脂的软编织填料和塑料填料最好使切口呈 30°斜面。因为过斜的切口会使端部易于磨损和破碎，特别是在轴径较小时影响其密封能力。对

于硬质填料或金属填料则应优先使切口呈 45° 斜面。对切断后的每一节填料，不应让它松散，更不应将它拉直，而应取与填料同宽度的纸带把每节填料呈圆环形包扎好（纸带接口应粘接起来），置于洁净处，成批的填料应装成一箱。

⑦ 装填时应一根根地装填，不得一次装填几根。方法是取一根填料，将纸带撕去，用足量的石墨润滑脂或二硫化钼润滑脂、云母润滑脂对填料进行润滑，再用双手各持填料接口的一端，沿轴向拉开使之呈螺旋形，再从切口处套入轴径。注意不得沿径向拉开，以免接口不齐。如图 7-31 所示为填料的轴向拉开。

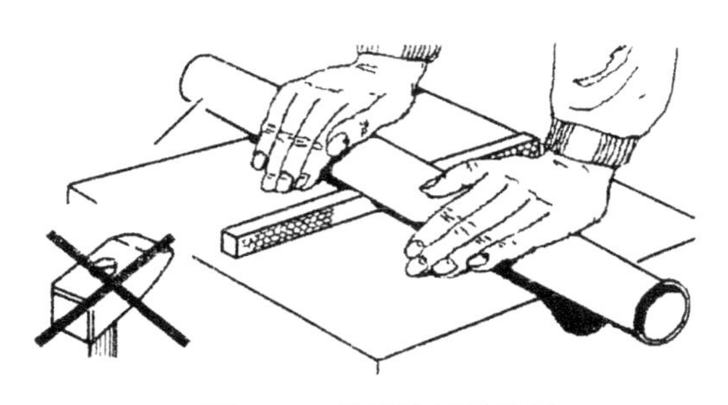

图 7-28　较厚填料的滚压

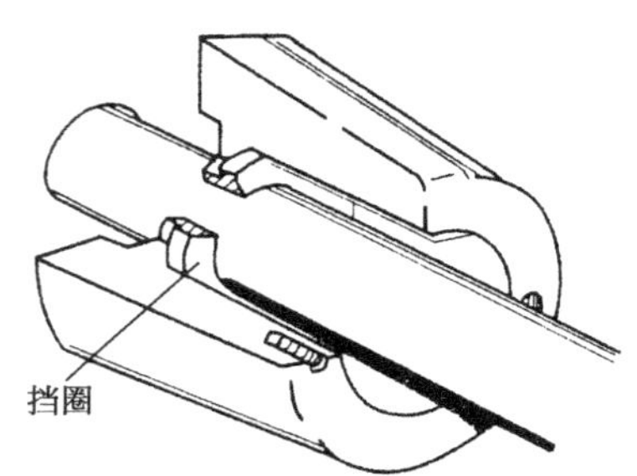

图 7-29　挡圈的应用

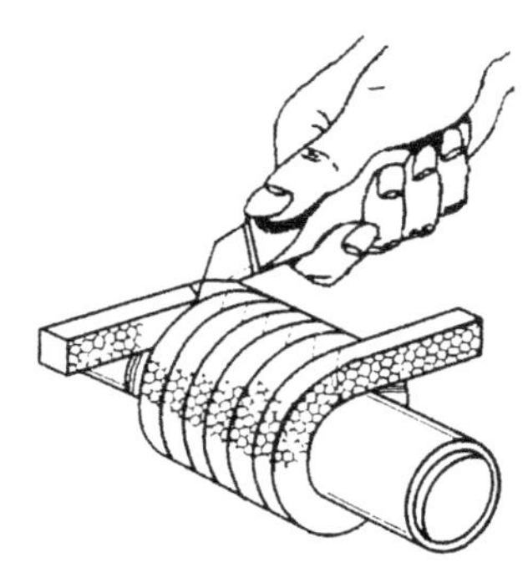

图 7-30　填料的切断

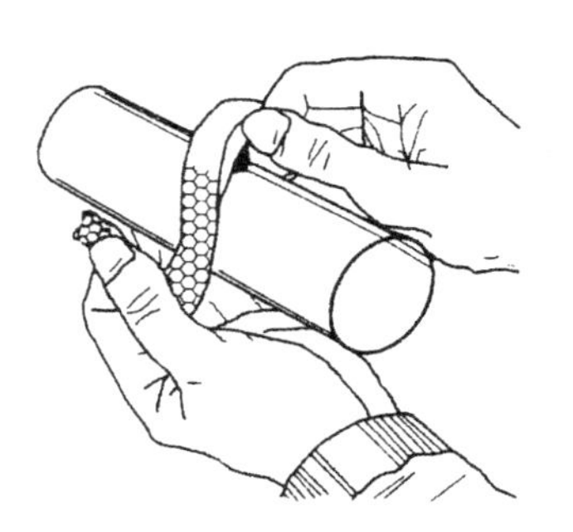

图 7-31　填料的轴向拉开

⑧ 取一只与填料腔同尺寸的木质两半轴套，合于轴上，将填料推入腔的深部，并用压盖对木轴套施加一定的压力使填料得到预压缩，如图 7-32 所示。预压缩量为 5%～10%，最大到 20%。再将轴转动一周，取出木轴套。

⑨ 以同样的方法装填第二根、第三根填料。但需要注意，填料环的切口应相互错开 60° 以上，以防切口泄漏，如图 7-33 所示。对于金属带缠绕填料，应使缠绕方向顺着轴的转向。另一个注意点是填料切口必须闭合良好。

⑩ 最后一根填料装填完毕后，应用压盖压紧，但压紧力不宜过大，操作时特别要注意使压盖绝对地垂直于衬套，防止在填料盒的填料内产生不必要的应力。同时用手转动主轴，使装配后的压紧力趋于抛物线分布，然后略为放松一下压盖，装填即完成。

⑪ 进行运转试验，以检查是否达到密封要求和验证发热程度。若不能密封，可再将填料压紧一些；若发热量过大，则将它放松一些。如此调整到只呈滴状泄漏和发热量不大时为止（填料部位的温度只能比环境温度高出 30～40℃），才可正式投入使用。

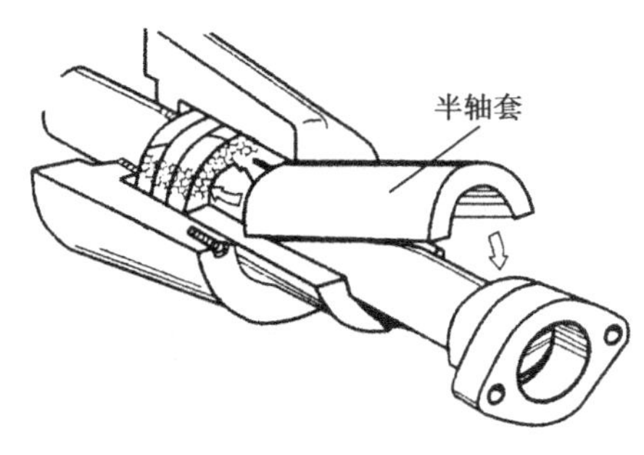

图 7-32 填料的压入

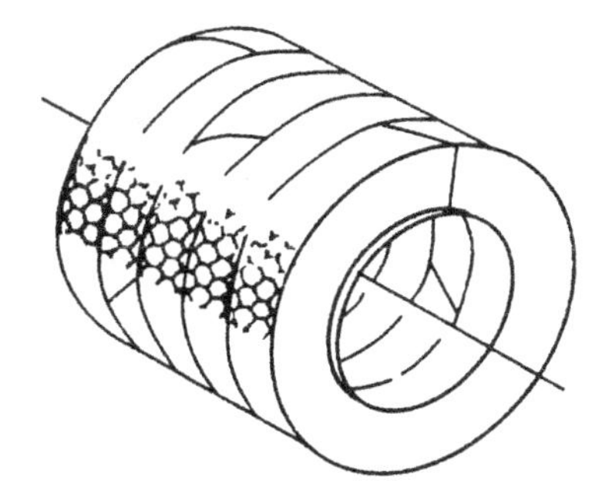

图 7-33 填料切口的错位

7.4 密封垫的装配

密封垫广泛用于管道、压力容器以及各种壳体接合面的静密封中。密封垫有非金属密封垫、非金属与金属组合密封垫（半金属密封垫）、金属密封垫三大类。制作密封垫的材料通常以卷装和片装形式出售，并可用各种形状的密封垫制作工具切割成密封垫片。除此之外，也有按所需尺寸和形状制成的密封垫片供应，这些密封垫片大多是具有金属面层和弹性内层的半金属密封垫片。

7.4.1 密封垫的要求

对密封垫的要求有如下几点。

① 具有良好的密封能力。一种良好的密封垫必须能在较长的时期内保持其密封的能力。当螺栓旋紧时，垫片即被压并同时发生径向延伸或蠕动，从而可能出现界面泄漏，所以密封垫应有高抗蠕动能力。

② 具有高致密性。密封垫具有高致密性可防止产生渗漏，即因压力差而导致介质从高压侧通过密封垫的微缝隙渗漏到低压侧。

③ 具有较强的抗高温和抗化学腐蚀能力。

所以，在选择密封垫材料时，必须根据内部压力、温度、外部压力、抗化学腐蚀能力、密封面的形状和表面条件等进行决定。

7.4.2 密封垫的材料

密封垫的材料有金属、非金属和半金属三种。

① 纤维：如棉、麻、石棉、皮革等纤维材质制成的密封垫，具有良好的防水、防油和防汽油能力。经常用于内燃机的管道法兰。

② 软木：软木密封垫的优点是可用于被密封表面不太光滑的场所。特别适用于填料盖、观察窗盖板和曲轴箱盖，但不适用于高压和高温场合。

③ 纸：纸的厚度必须是 0.5mm 左右。用于防水、防油或防气场合的密封，其压力和温度不能太高。在水泵、汽油泵、法兰和箱盖上都有应用。

④ 橡胶：可用于被密封表面不太光滑的场合，其工作压力和温度不能太高。橡胶有天然橡胶和合成橡胶两种。由于天然橡胶易于被石油和油脂所破坏，所以现今主要使用合成橡胶。因为橡胶是一种柔性物质，所以经常用于水管中做密封垫片。

⑤ 铜：铜质密封垫只可用于表面粗糙度高的小型表面上。其适用于高温和高压场合，可用于高压管道和火花塞上，通常将其装于沟槽内。

⑥ 塑料：聚四氟乙烯（PTFE 或 Teflon）是塑料中最常使用的密封材料，具有良好的防酸、防溶解和防气能力，与其他物质间的摩擦力十分微小。由于其价格上的优势和优良的特性，已经被广泛用做密封垫材料。

⑦ 钢：薄钢板制成的密封件十分坚硬，只可应用在被密封表面十分平滑且不变形的场合。这类钢质密封材料具有良好的抗高温和抗高压能力，可用于内燃机的汽缸盖和进气管上作为密封垫片。

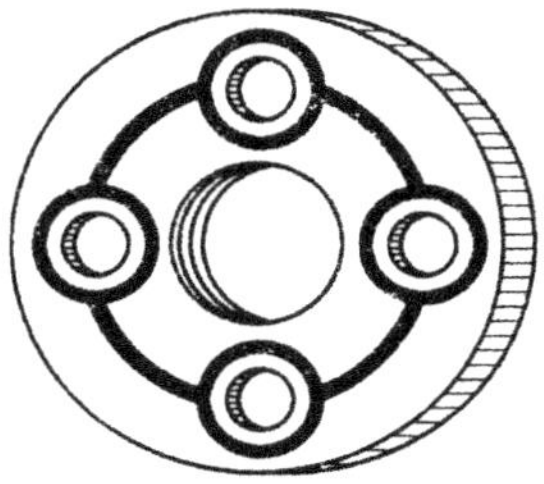

⑧ 液体垫片：目前，液体垫片的使用有日益增加的趋势。液体垫片由硅橡胶密封胶和厌氧密封胶等产品制成。密封胶通常在被密封表面上形成一个连续的呈线状的封闭胶圈，螺钉孔周围须环绕涂胶，如图 7-34 所示。

图 7-34　密封胶的应用

注意：

- 根据密封面宽度和密封间隙来决定挤出胶条的直径；
- 用胶量不宜多，尽量减少挤出密封面之外的胶量。

7.4.3　密封垫的制作

根据材料厚度等，密封垫有不同的制作方法。

如果旧的密封垫仍完整无缺，则可复制其形状和尺寸，也可从被密封零件上直接复制。

以下为密封垫制作中的几个注意事项。

① 如果轮廓形状是基本完整的，则可将旧密封垫覆盖在新材料上并描下来，然后将密封垫剪出，如图 7-35 所示。

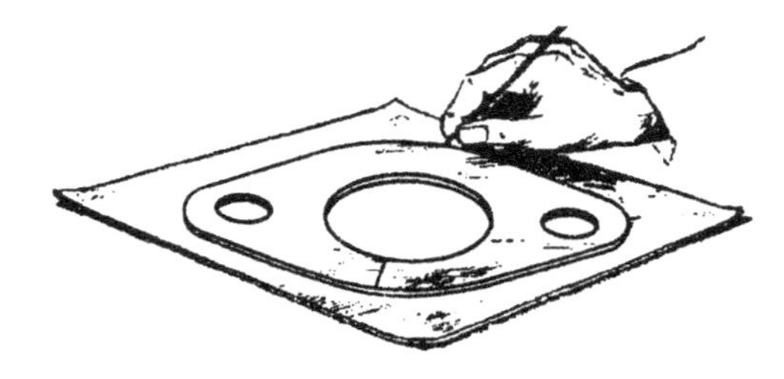

图 7-35　密封垫的复制

② 对于薄型密封垫的制作，可将材料直接覆盖在法兰上，并用拇指沿着法兰边缘按

压，从而使密封垫轮廓显出，然后将其剪出，如图 7-36 所示。

图 7-36 薄型密封垫的制作

③ 对于较厚密封垫的制作，则可将材料直接覆盖在法兰上，并用塑料手锤沿着边缘轻轻敲打，即可使轮廓显出，然后切制密封垫。

注意：不得直接敲打密封垫，如图 7-37 所示。

④ 圆形的密封垫可以用密封垫制作工具来切制。

⑤ 对于密封垫上的螺栓、双头螺栓、定位销和类似零件的孔，可以使用冲头在硬木上冲出，但在加工中应确保不会损坏密封垫，如图 7-38 所示。在制作中，应考虑到密封垫在受压后的变形程度，所以，密封垫上的孔径应制作得稍大些，以保证安装后，其通道或管道在装配后不会减小。

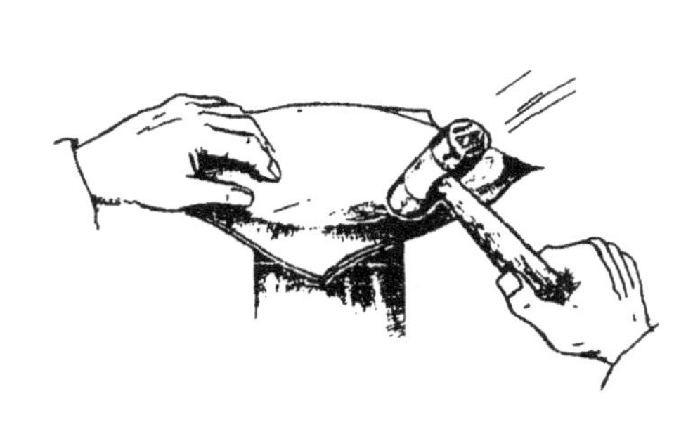

图 7-37 较厚密封垫的制作

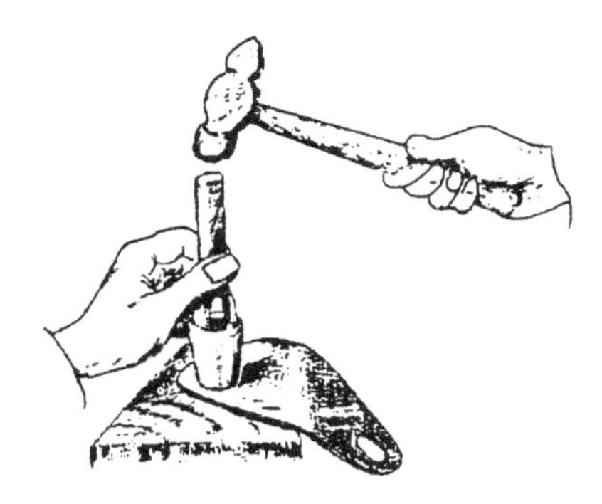

图 7-38 用冲头加工孔

7.4.4 密封垫的安装

在安装密封垫时，应注意以下几点。

① 应将两个被密封表面清洗干净，并清除旧密封垫的残留物。

② 检查被密封表面是否平直，是否已受损坏。平直度可用直尺来检查。如果法兰产生变形，则必须进行矫直处理。

③ 安装密封垫时必须在密封垫上稍微涂抹润滑脂，这样也可防止移动。

④ 安装时，拧紧成组螺母时要做到分次逐步拧紧，并应根据螺栓的分布情况，按一定的顺序拧紧螺母。在拧紧长方形布置的成组螺母时，应从中间开始，逐步向两边对称地扩展；在拧紧圆形或方形布置的成组螺母时，必须对称地进行，如图 7-39 所示。

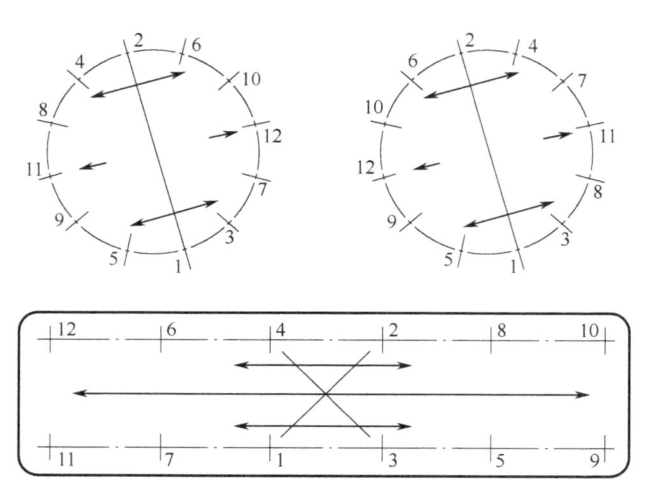

图 7-39　螺母的拧紧顺序

⑤ 全部螺栓或螺母必须用相同的力矩旋紧，所以建议使用力矩扳手。

⑥ 检验所安装的密封垫是否达到了密封要求。

第8章 设备装配中的粘接工艺

CHAPTER 8

8.1 粘接的特点

粘接是不可拆的新型装配连接工艺，它是借助胶粘剂在部件的固体表面上所产生的粘合力，将同种或不同种材料牢固地连接在一起的一种连接技术。粘接技术既可用于金属材料，也可用于非金属材料。

8.1.1 胶粘剂的分类

① 根据应用形式分：橡胶、纸、胶等。

② 根据形态分：糊状、固体状、液态、单组分或双组分。

③ 根据特性分：导电性或导热性、透明、弹性等。

④ 根据固化原理分：物理性胶、化学性胶。

对于物理性固化的胶粘剂，自液态至固态的过渡是通过溶剂挥发或通过胶粘剂的凝固来实现的。对于化学性固化的胶粘剂，自液态至固态的过渡是通过胶粘剂中不同组分间的化学反应来实现的。有时还可添加一些助剂，如促进剂等来加速固化过程或使固化成为可能。

8.1.2 粘接技术的应用范围

1. 锁紧

粘接适用于中等强度螺纹连接的锁紧，可用常规工具将其拆卸。它适用于常用的螺纹连接中所有种类的螺栓和螺母，也适用于不锈钢和镀锌钢等惰性材料，如图 8-1（a）所示。

2. 密封

粘接适用于管螺纹连接的密封。常用于工业管道中的密封，防止气体和液体的泄漏。也适用于粗螺纹，甚至在低温下可以固化，如图 8-1（b）所示。

3．紧固

粘接适用于中等强度圆柱形接头的紧固，这样的连接仍可以拆卸，如轴承、轴套与轴和孔配合时的紧固。使用粘接工艺进行紧固，可使孔轴配合所需过盈量减小甚至不需要过盈配合，也可通过粘接使原有的配合紧固程度得到提高，并可防止裂缝引起的腐蚀，如图 8-1（c）所示。

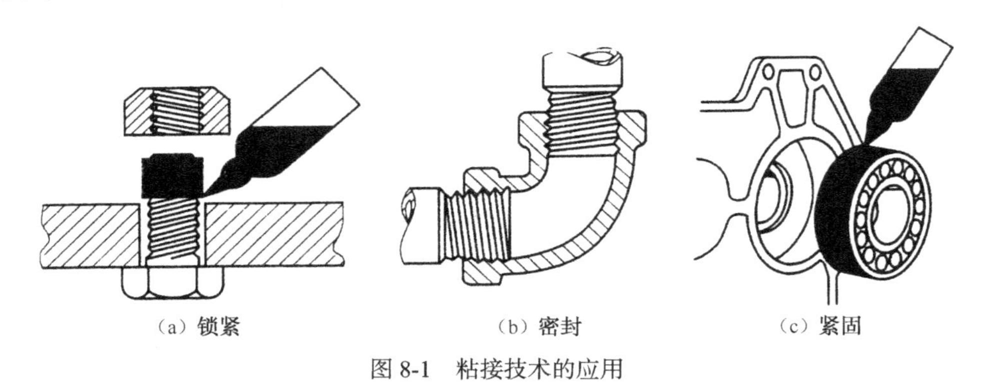

（a）锁紧　（b）密封　（c）紧固

图 8-1　粘接技术的应用

8.1.3　粘接的优缺点

1．粘接工艺的优点

① 粘接接头粘接时不受力的作用，因而不会像铆接工艺和螺纹连接那样易发生变形或使强度降低。

② 粘接处的应力是均匀分布的，从而使粘接接头具有较大的承载面积，耐疲劳和耐周期载荷性好。

③ 能连接相同或不同的材料。

④ 在气焊或钎焊中，由于高温，接头处会产生应力和结构变形。在某些情况下，会导致接头处破裂。而粘接结构不会发生这种现象。

⑤ 粘接可提供光滑平整的外表面接头，具有连接美观的特点。

⑥ 粘接接头是用液体密封的，所以可降低或防止不同材料间的腐蚀或电化学腐蚀。

⑦ 粘接接头隔热性和电绝缘性好。

⑧ 粘接接头具有减振效果。

⑨ 和传统的紧固连接相比较，粘接可用于尺寸公差较大和表面粗糙度要求较低的表面。

⑩ 粘接结构可减小设备自身重量。

2. 粘接工艺的缺点

① 要求对被粘接物体进行认真的表面处理，通常采用的化学腐蚀方法会污染环境。
② 多数胶粘剂要求严格的工艺控制，特别是粘接面的清洁度要求较高。
③ 通常粘接接头的耐高温能力是有限的，其剪切强度将随温度升高而减小。
④ 事先难以计算出粘接接头的强度。
⑤ 在通常情况下，粘接接头是不可拆的。
⑥ 粘接生产工艺受所需固化时间影响较大。
⑦ 粘接接头在承受长期的拉伸应力后会出现蠕变现象，并随温度升高进一步加剧。
⑧ 粘接的表面处理操作增加了产品的经济成本。
⑨ 粘接产生的废料必须按化学废料方式处理。
⑩ 粘接操作时必须采取特别的安全防护措施。

8.2 粘 接 接 头

8.2.1 粘接的载荷形式

在粘接金属件时，工件的接头形式对粘接强度有很大影响。为此，在选择粘接接头时，必须考虑粘接技术对结构设计的特殊需求，使粘接接头能发挥其最佳粘接强度，能尽可能大地承受和传递载荷，并应尽量避免应力集中，减少产生剥离、劈开和弯曲的可能性。为此，粘接结构必须设计成只承受剪切载荷、压缩载荷和拉伸载荷，而要避免承受偏心拉伸载荷、剥离载荷和劈裂载荷，如图 8-2 所示。

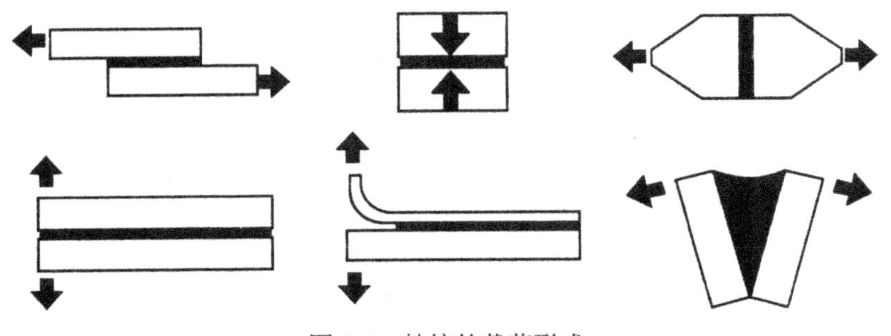

图 8-2 粘接的载荷形式

8.2.2 粘接接头形式

最佳的粘接接头是承受剪切应力的接头。同时，增大粘接接头的搭接面积，可降低接头内的应力，以提高承载能力。如图 8-3 所示，其中（a)、(d）为不良的粘接接头形式，其余为好的粘接接头形式。当粘接接头承受大载荷时，要采用一些特殊措施来克服这些载荷。这些措施包括在胶粘剂内添加填料或改善接头的结构。图 8-4 显示了对一些不良粘接接头形式的改进。图 8-5 为管材粘接接头形式。

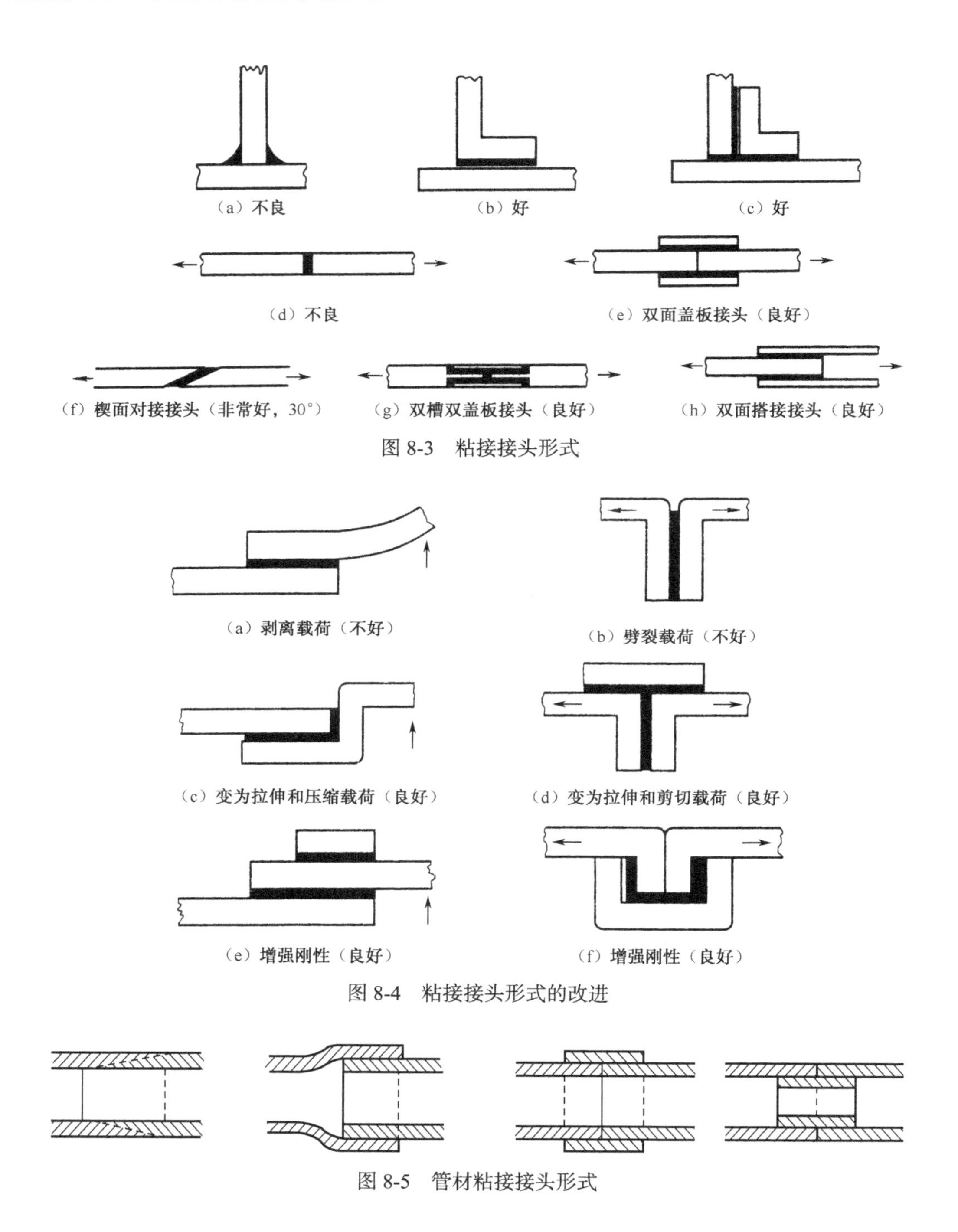

图 8-3　粘接接头形式

图 8-4　粘接接头形式的改进

图 8-5　管材粘接接头形式

8.3 被粘接部件的表面处理

粘接强度取决于附着力和凝聚力。附着力是胶粘剂层对被连接表面的粘合强度，可以通过表面处理来提高。而凝聚力是粘接层的强度，为已固化胶粘剂分子间的粘合力的总和，胶粘剂的凝聚力来自胶粘剂自身分子间和原子间的作用力。粘接接头的强度不会大于这两个影响因素中的较弱者，因此，粘接接头必须尽量使附着力和凝聚力彼此接近。当附着力大于凝聚力时，承载时粘接接头的破裂将发生在粘接层。当凝聚力大于附着力时，粘接接头的破坏形式是粘接层完整无缺地从被连接材料上脱开。当附着力和凝聚力相等时，就会产生良好的粘接效果。因此，我们在关注胶粘剂固化的同时，也要重视被粘接物的表面处理，从而提高胶粘剂的附着力。

通过材料表面处理去除材料表面影响粘接强度的面层，使胶粘剂和被粘接零件表面分子间的接触得到优化，并通过增大粘接表面的粗糙度，提高粘接接头的机械锁固程度。通过对材料进行表面处理还可以在粘接操作开始前保护被粘接材料的表面。

工件的粘接表面经脱脂和机械或化学表面处理后，可增强胶粘剂层和工件表面间的附着力，从而可提高粘接接头的强度。

8.3.1 脱脂处理法

为得到一个良好的粘接接头，必须在粘接操作前将粘接处的油、脂、灰尘和其他脏物彻底清除。一般来说，被粘接件表面都必须经过脱脂这一表面处理操作。它主要适用于以下几种情况：无机械或化学表面预处理时，每次表面处理前后，每次化学预处理前。

在单件生产时，要用清洁布和优质溶剂（如丙酮或异丙醇）将接头的被粘接表面擦洗干净。此外在胶粘剂涂敷前，要用超声波清洗方法来清洗工件。操作时将超声波振动头放在盛有清洁清洗液的浴槽中，把待清洗的零部件浸入液体中，用超声波振动头激活清洗液，清洗液将超声波传到零部件的表面，高频振动除去污物，只需数秒钟即可清洗干净。当在批量部件生产中使用专用的清洗槽时，应对严重污染部件的表面进行预先清洗，以免清洗槽过快地变脏。生产大量产品时，最好使用蒸气脱脂法。在此设备中，清洗剂被加热至沸点，从而汽化。当冷态的产品进入此汽化溶剂环境中时，即发生冷凝现象，从而使产品上的脏物和油脂从工件表面上脱落下来。

在涂敷胶粘剂前，还应防止已经脱脂的部件粘接表面再次受污染，也就是说不得用手接触被粘接表面。

当涂敷胶粘剂后，若发现胶粘剂并不扩展，说明工件表面有脏物。此时必须采用简单的滴水测试方法来检查粘接表面是否清洁。

使用滴水测试方法时，可将数滴清洁水洒在清洗后的部件粘接表面上。在不够清洁的表面上，水滴保持原样，此时说明工件还必须进一步清洗。如果水滴扩散开，使表面湿润，则证明胶粘剂涂敷后也会有此现象，因为水的表面张力通常大于胶粘剂的表面张力。所以滴水测试法是一个简单易行的清洁程度测试方法。

8.3.2 机械处理法

金属部件的表面上通常不仅有污物，而且还覆盖一层氧化层，仅依靠脱脂并不能将其去除。此时还必须使用喷砂，钢丝刷刷磨，用砂纸、砂布和毛皮制品打磨等机械法进行表面处理。在喷砂中，用玻璃珠、钢砂或金刚砂粒的喷流，即可将脱脂处理存留下来的全部异物清除干净。在多数情况下，通常还要在清洗和机械法表面处理后的粘接处再一次进行清洗操作，以保证获得所需的粘接强度。

8.3.3 化学清洗法

如果对粘接的强度以及耐用性都有很高的要求，则要进行化学清洗处理。化学清洗法不但可以提高粘接表面的附着力，而且可以提高表面的粗糙程度，从而有效地提高粘接的强度。此外，它还具有消除沟槽对被粘合零件强度影响的功能，从而使粘接处的应力均匀分布，提高粘接接头的承载能力。

经化学清洗后，被表面处理的零件必须用软化水进行冲洗，以避免干燥后有盐或其他物质沉积在被粘接表面上。

1. 铝及其合金的化学清洗方法

① 脱脂处理。

② 在由 73%的软化水、6%的重铬酸钠和 21%的浓硫酸组成的溶液（60℃）中浸泡30min。必须注意的是，要严格按照如下顺序调制溶液：首先将重铬酸盐加入水（50%以上）中，然后加入浓硫酸（注意按其顺序操作），慢慢搅拌，再加注水至要求的量。

③ 用流动的自来水仔细冲洗，然后用流动的软化水进行冲洗，再在最高温度为 400℃的烘箱中快速干燥。

2. 钢铁及其合金的化学清洗方法

喷砂是最适宜的处理方法。如果这种处理方法不可行，则可用下列方法处理。

① 脱脂处理。

② 在由 50%的软化水、50%的浓盐酸组成的溶液（20℃）中浸泡 5～10min。

③ 用流动的自来水仔细冲洗，然后用流动的软化水进行冲洗，再在最高温度为 400℃的烘箱中快速干燥。

3. 不锈钢的化学清洗方法

① 脱脂处理。

② 在由 70%的软化水和 30%的浓硫酸组成的溶液（65～70℃）中浸泡 10min。此溶液的配制方法：缓慢地将浓硫酸加注到水中并搅拌，严禁将水加注至硫酸中。

③ 用流动的自来水仔细冲洗，然后用流动的软化水进行冲洗，再在最高温度为 400℃的烘箱中快速干燥。

④ 在由 83%的软化水、14%的浓硝酸和 3%的氢氟酸组成的溶液（20℃）中浸泡 10min。此溶液的配制方法：缓慢地将硝酸加注到水中并搅拌，然后才可加注氢氟酸。

⑤ 用流动的自来水仔细冲洗，然后用流动的软化水进行冲洗，再在最高温度为 400℃的烘箱中快速干燥。

4. 铜及其合金的化学清洗方法

① 脱脂处理。

② 在由 82%的软化水、12%的浓硝酸和 6%的三氯化铁组成的三氯化铁溶液（20℃）中浸泡 1～2min。此溶液的配制方法：将硝酸缓慢地加注到水中并搅拌，此后才可加入三氯化铁。

③ 用流动的自来水仔细冲洗，然后用流动的软化水进行冲洗，再在最高温度为 400℃的烘箱中快速干燥。

5. 锌和镀锌材料的化学清洗方法

为了得到合理的抗老化能力，此类材料必须经过化学清洗处理。

① 脱脂处理。

② 在 85%的磷酸溶液（20℃）中浸泡 1～2min。

③ 用流动的自来水仔细冲洗，然后用流动的软化水进行冲洗，再在最高温度为 400℃的烘箱中快速干燥。

6. 塑料的预处理

通常热固性塑料具有较好的粘接性能。为得到满意的粘接强度，在涂敷胶粘剂前，被粘接材料表面必须用适当的溶剂进行处理，或者用机械方法处理以消除表面的不平整。对于注塑成形零件的被粘接表面要进行粗糙处理，因为这些表面可能会排斥胶粘剂。

热塑性塑料的粘接更为困难，这种塑料各种品种的粘接成功率不太高，即使是同一塑料，其结果也完全不同。

8.4 粘接用胶粘剂

目前，应用的胶粘剂牌号繁多。除天然和无机胶外，仅合成胶粘剂大致有 25 种，其中每种胶粘剂就有 10～20 个改性类型，可见选择自由度很大，范围很广。

为进一步了解胶粘剂的基本知识和性能，现介绍常用的几种胶粘剂的组成、特性、固化条件、应用概况和选胶注意事项，以便在粘接操作中参考使用。

8.4.1 厌氧型胶粘剂

此类胶粘剂主要用于粘接小型零件，如磁铁、铁氧体磁芯、金属薄板或金属箔、玻璃、精密设备中的小型金属零件、烧结材料和陶器等。这种胶粘剂粘接牢固，可以在 200℃以下工作，且固化迅速，在实际生产中广泛应用。

厌氧型胶粘剂是单组分室温固化的胶粘剂。它由树脂与固化剂组成，在室温下为黏稠液体，流动性好，只要有氧气存在，固化剂即不起作用，而在无氧气场合下即发生固化。因此，使用时只要把胶粘剂滴到装配的零件表面上，在装配后，胶粘剂便完全填满这些装配零件表面间的微小空隙，不再和空气接触，从而固化成具有一定强度的固体胶层，将自己牢牢地铺在粗糙的表面上。这样可防止两个表面间的任何移动，并可将两个表面完全连接在一起。

厌氧型胶粘剂可使两个表面实现 100%的完全连接。粘接接头具有耐冲击、抗振、密封和防腐蚀的特点。厌氧型胶粘剂一般不含溶剂，挥发性低，毒性小，固化无须加热、加压，工艺简便。缝隙外侧残留的胶粘剂由于接触空气仍保持液态，可方便地将其清除干净。其缺点是黏度太低，不适合间隙较大部位的密封；且粘接强度较大，不便经常拆卸。

厌氧型胶粘剂广泛应用于螺纹防松、管道螺纹密封、圆柱接头的紧固，以及法兰面和机械箱体接合面等的密封。

室温条件下，多数厌氧型胶粘剂可存放一年。在可透气的包装中还可延长保存期，因为有空气存在可防止胶粘剂过早固化。

8.4.2 用紫外线固化的厌氧型胶粘剂

与上述胶粘剂不同，这类胶粘剂仅在受定量的紫外线照射时才会固化。这类胶粘剂无退色作用，具有低折射率，用于玻璃、光学、电子和汽车工业中。其强度和厌氧型胶粘剂的强度相同。根据品种不同，其固化时间介于 3～45s 之间。一些专业商业用灯具系统就是用这种胶粘剂粘接的。

8.4.3 腈基丙烯酸酯粘合剂（快速型胶粘剂）

这是一种粘接速度快、强度高、操作简单、综合性能良好的胶粘剂。此类胶粘剂在数秒钟内即可固化，且固化后其拉伸强度可高达 35MPa。此类产品可直接取之于包装中，也可用于全自动生产过程中。

通常来讲，胶粘剂必须能铺开，将被粘接表面完全湿润，并穿透进入所有的表面不平处。然后，胶粘剂即自液态转换成固态，两个表面即粘接在一起。下面介绍其快速粘接的基本知识。

1. 固化机理

在包装内，由于酸性稳定剂的存在，可防止胶粘剂分子形成链状，使快速胶粘剂仍保持液态。粘接后，稳定剂被部分电离的水分子所中和，胶粘剂分子即形成链状，固化开始。实际上直接暴露于空气的每个表面上都有这样的水分子，一经涂敷胶粘剂，这些水分子即消除稳定剂的作用。然后，胶粘剂分子开始粘合起来，并开始固化。

影响固化过程的因素：

① 环境的水分含量（相对湿度）过低。

② 胶粘剂涂敷层过厚，仅依靠表面湿度不能达到固化要求。

③ 胶粘剂涂敷过多，与表面的尺寸不成比例。

④ 表面上有残余的酸（例如，由此操作前所进行的表面处理所导致）。

2. 粘接作用

粘接作用是由胶粘剂分子和被粘接表面的分子之间的吸引力所造成的。两者靠得越近，吸引力就越大。与胶粘剂铺在不平整表面上可以提高粘接的机械锁固程度一样，粘接作用这一特性也起重要作用。

当表面粘接物被污染时，污物、油脂、铁锈或电镀残留物等将使胶粘剂分子和被粘接表面的分子间的距离增加，以致不能产生吸引力。因此，在粘接操作前要对被粘接物体的表面进行认真的清洗和表面处理。此外，还必须熟悉被粘接的材料，因为并非每个物体表面与快速粘合剂的分子间都会产生等量的吸引力。

8.4.4 改性丙烯酸酯

改性丙烯酸酯有两种类型：非混合型丙烯酸酯和预混合型丙烯酸酯。

1. 非混合型丙烯酸酯

非混合型丙烯酸酯包含树脂和活性剂，它们可以分别涂敷在工件表面上。只有当工件连接后，胶粘剂方可固化。其优点是，不需要将树脂和活性剂按比例配制且不需要混合。此外，树脂和活性剂可分别涂敷，这将使固化时间可以在一定范围内自行选择，从而使胶粘剂快速聚合的难题（粘接操作时间极短）得到解决。

2. 预混合型丙烯酸酯

采用这种胶粘剂时，仅在涂敷前才在静态的混合管内将各个组分调和起来，然后将此调和物涂敷在工件表面上，并立即将两连接件进行装配。此方法适用于连接件之间具有较大间隙的场合。但其缺点是胶粘剂在其组分调和时即开始固化。所以，粘接操作时间极短。同时，通过添加增韧剂，此类胶粘剂还可具有高的强度和韧性（抗劈裂能力）。丙烯酸酯适用范围较广，在仪器、仪表及汽车车身制造等方面都有着广泛的应用。

8.5 胶粘剂的涂敷

涂敷胶粘剂所用的方法，应根据以下因素选择：被粘接零件的尺寸、数量、质量要求；胶粘剂的供应状态，如液态还是糊状、单组分还是多组分、供应时的包装状态；环境和安全方面的技术要求与标准等。

8.5.1 胶粘剂的涂敷方法

液体胶粘剂可用下述方法涂敷：刷涂法、刮胶法、喷涂法、印刷法、辊筒涂胶法、浸涂法、浇注法、使用混合和配胶设备。

1. 刷涂法

刷涂法一般用于使胶粘剂涂于复杂形状的被粘接物上，或者用于粘接物表面的局部区域而无须使用遮盖物将其余部位盖住。这种方法的优点是易于掌握，投资很小，可用于任何场合。缺点是胶粘剂膜宽度不易控制，膜厚度不均且会起泡，易造成胶粘剂溢出和剩余胶粘剂干结。

建议通过刷柄向刷子提供胶粘剂，并通过压力容器与贮存器连接起来。为防止工间休息时胶粘剂干结，必须将刷子放置在溶剂的上方，且最好是封闭的地方，如图 8-6 所示。建议涂敷稀薄的胶粘剂时，使用软的长毛刷；涂敷稠厚的胶粘剂时，使用硬的短毛刷。

2. 刮胶法

如图 8-7 所示，刮胶机或刮刀适用于平整表面。刮刀片的刀刃有直线刀刃和曲线刀刃两种，刀刃和被粘接物表面之间的距离决定胶粘剂涂层的厚度。当使用直线刀刃时，必须使其沿着零件表面小心地移动，以得到均匀涂敷的胶粘剂层。

刮胶的优点在于，可迅速大面积刮涂均匀的胶粘剂层。

图 8-6　胶粘剂刷子和贮存器

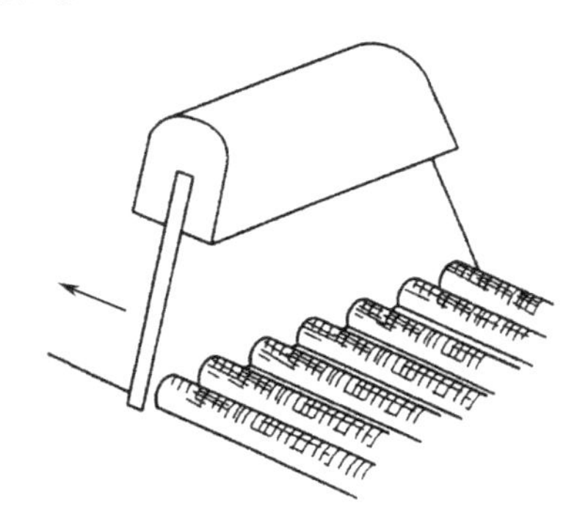

图 8-7　刮胶机（刮刀）

3. 喷涂法

喷涂法有喷雾法和压力喷涂法两种。

（1）喷雾法

喷雾器像一把喷枪，胶粘剂在其中被压缩空气所雾化。此种方法适用于在各种形状的表面上迅速喷涂均匀的胶粘剂。但这种方法的缺点是喷雾容易喷洒在不需要涂敷的表面上。

在喷雾器中必须安装排气装置，其部分原因是安全的需要，更主要的原因是除了用压缩空气进行雾化外，还可以在高压下将胶粘剂通过细的喷嘴（无空气喷涂枪）进行雾化。

在喷雾过程中可形成“蜘蛛网”和由于小的雾滴而形成不均匀涂敷层（橘皮效应），这种现象对于有溶剂胶粘剂来说，比无溶剂胶粘剂更为严重。“蜘蛛网”现象可通过改用旋转式喷枪或改进溶剂来避免。橘皮效应可通过改用另一种缓慢蒸发的溶剂来解决。要想得到均匀的胶粘剂涂层，必须将胶粘剂以交叉方式涂敷。

（2）压力喷涂法

压力喷涂法使用一个胶粘剂容器，并将其用软管和一个可更换的喷嘴相连接，如图 8-8 所示。用压缩空气或泵压的方法，使胶粘剂受压经过软管和喷嘴，喷涂到零件表面上，也就是说胶粘剂未经雾化。压力喷涂枪也可和刮胶机结合使用，依靠各种喷嘴，可以涂敷条状、轨迹状和点状等形式。

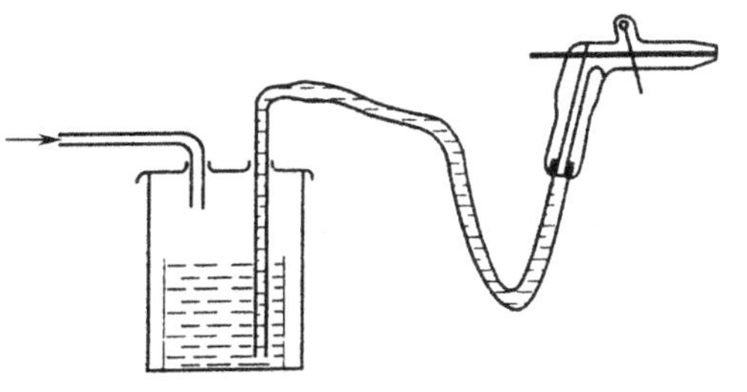

图 8-8 压力喷涂法

4. 印刷法

常用的方法为丝网印刷法和胶印法。胶印法和图片印刷工业中所用方法相同，利用涂胶机上蚀刻或雕刻的辊子可以将某些图案印制在另一物体上。丝网印刷法中，用涂胶机使胶粘剂受挤压通过丝网，并用局部盖住丝网的方法，形成胶粘剂的某些图形。在此两种方法中，溶剂的类型和数量对于胶粘剂成分来讲是十分重要的。但并非每种胶粘剂都适用于此方法。

5. 辊筒涂胶法

在此方法中，胶粘剂是用辊筒涂布在被粘接表面上的。最简单的类型是带有贮存容器的手压辊筒，如图 8-9 所示。在机械化的使用方式中，辊筒是用电动机驱动的（适用于大型或小型的平面）。涂胶用的辊筒可以是平滑的、滚花的或装有栅格，还可以与涂胶机或配胶辊筒配合使用，但胶粘剂必须有适当的黏度。

为得到均匀和精确的胶粘剂涂层，辊筒应装在有循环系统的贮存容器中。这样，在使用含溶剂的胶粘剂时，可以测量和调节其黏度，如图 8-10 所示。

6. 浸涂法

浸涂法并不是把被粘接零件直接浸入胶粘剂内，而是将与被粘合表面相适应的一个模板在胶粘剂贮存容器中浸一段时间，然后以机械方式上升，并紧压在被粘合零件表面上，当被粘接表面已附着胶粘剂时，模板再次沉入贮存容器中，同时贮存容器被盖上。

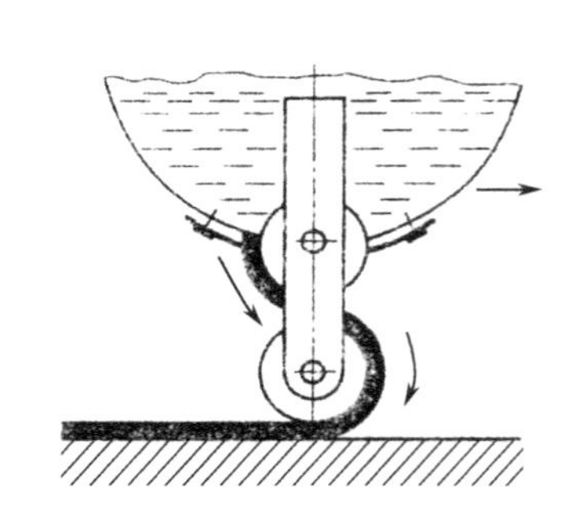

图 8-9　手压辊筒涂胶

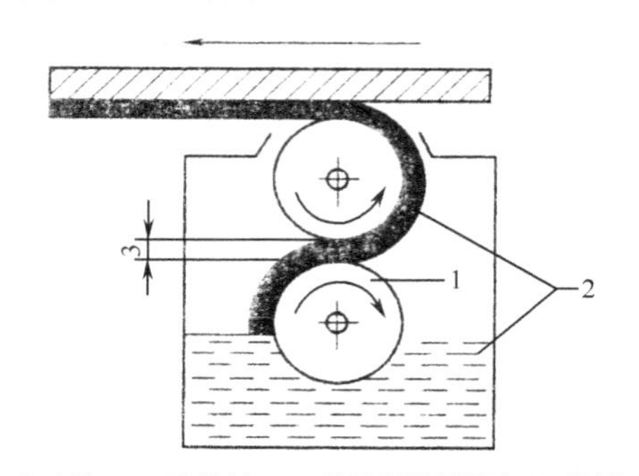

1—主动轮；2—胶粘剂；3—胶粘剂涂层厚度（可调节）

图 8-10　辊筒涂胶

7．浇注法

当要求涂胶层比辊筒涂胶法更厚时，或需要高生产率时，可使用帘式淋涂设备向被粘接表面供应胶粘剂。其过程如下：用泵将胶粘剂从贮存容器送至进料口，进料口上开有缝，并和贮存容器相连，这样即生成胶粘剂帘；然后用传送带将被粘接表面运送通过这道胶粘剂帘，即可进行涂胶，如图 8-11 所示。通常使用黏度控制器来控制黏度。

8．调胶配胶设备

如图 8-12 所示，此类设备有供混合型胶粘剂混合和配料用的专用装置。在混合时，各个组分从贮存容器连续地或不连续地按正确比例送至混合室。混合后，此胶粘剂即可用于涂敷，或被送至辊筒和涂胶机等涂胶设备。各个组分的黏度对混合十分重要，所以，常将一个或两个组分分别加热以降低其黏度，或者使两个组分黏度相等。必要时，还需要有冲洗混合室用的装置。

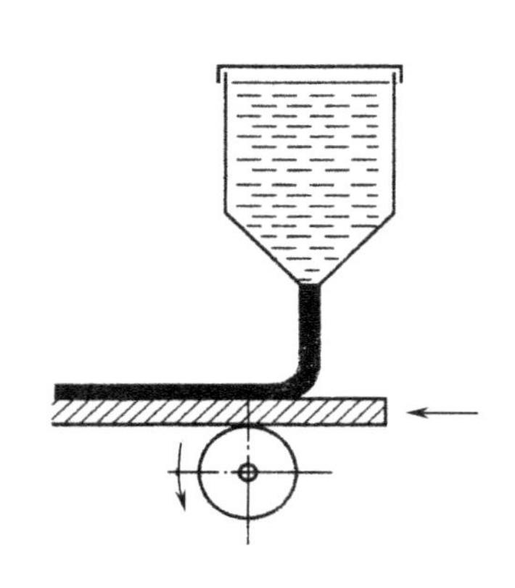

图 8-11　浇注法

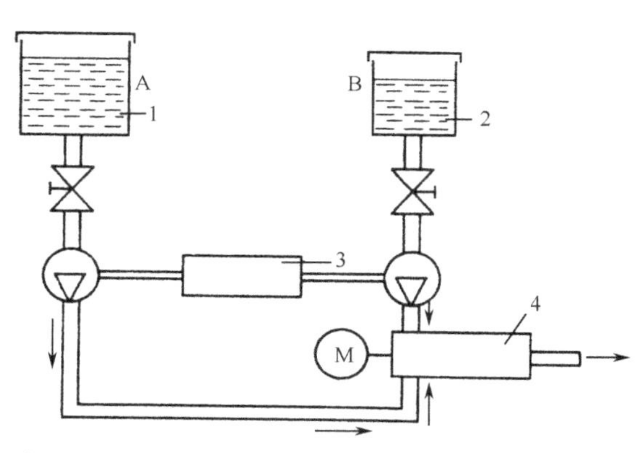

1—组分 A；2—组分 B；3—所需混合比例用的可交换驱动器；4—混合室

图 8-12　调胶配胶设备

9. 热熔胶粘剂的涂敷

热熔胶粘剂粘接是单组分胶粘剂的一种粘接方法。胶粘剂做成圆柱形，在使用前将其放在专用的手动操作工具内，如图 8-13 所示的热熔枪。使用时，胶粘剂在涂胶器内被熔化，然后以精确的剂量涂敷在被连接工件上。涂敷胶粘剂后，应立即将工件连接起来，在几秒钟内胶粘剂即会冷却。热熔胶粘剂主要应用于仪器、汽车制造和家用器具制造中。

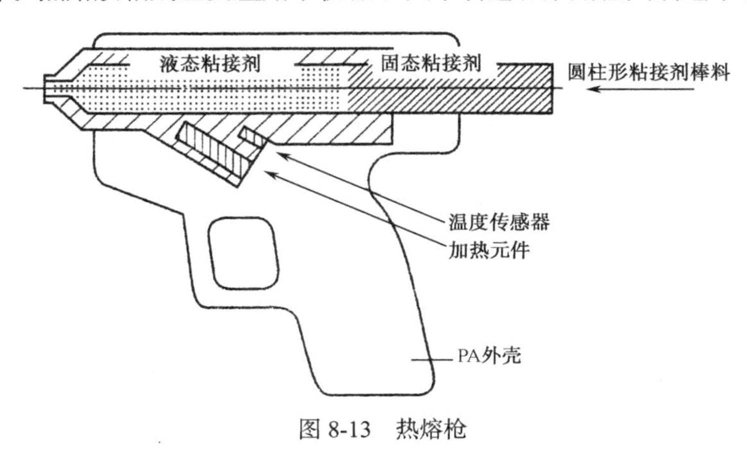

图 8-13 热熔枪

10. 粘接带的应用

粘接带（丙烯酸酯粘接带）是一种新型的粘接技术。VHB（Very High Bond）粘接带是一种自粘接条。它不像双面胶带，其基体是用强粘接力和极耐用的丙烯酸酯制成的。其特点如下。

① 更大的粘接表面：在显微镜下观察，即使最光滑的表面也会显露出许多凹凸不平之处。普通的胶带仅能粘着这些凹凸不平处的峰顶，从而使粘合能力大大降低。而 VHB 粘接带的丙烯酸酯通过其独特的流动特性，可穿透表面上的所有孔隙，从而得到更大的粘接表面和更大的粘接力。

② 弹性接头：VHB 粘接带的特殊流动性也弥补了两个被粘接零件之间缝隙的不均匀性。由于其具有黏弹性，此粘接带能灵活地弥补不同材料的膨胀差，并能吸收振动。因此，当材料间有不均匀性时，可用较厚的粘接带来解决。目前，VHB 粘接带可作为一系列紧固件的良好连接用品，如空心铆钉、螺钉、螺栓和螺母、点焊等。

VHB 粘接带的操作方便快捷，但需要保持清洁。表面处理也较其他技术更为简单，被粘接零件不需要进行后续处理。在实际应用中，能节省操作时间，降低成本。

带有丙烯酸酯胶粘剂面层的透明胶带和粘贴带可与多数干燥清洁的平面良好粘接。此类表面可使用 50 : 50 的异丙醇与水的混合剂或戊烷进行清洗。粘接后应有足够时间进行蒸发，但一定要注意使用说明，这一点甚为重要。

贴粘接带的最佳温度为 20～40℃。当表面温度低于 10℃时，不要在工件上贴粘接带。在正常环境下，72h 后，粘接带可达到其应有强度的 100%；24h 后，可达 90%；20min 后则为 50%。和丙烯酸酯粘接带相比，橡胶粘接胶膜可产生较强的初始粘接力，但最终强度则低得多。

8.5.2 胶粘剂的不正确涂敷

涂敷胶粘剂时，最常见的错误有：

① 零件清洗不干净，或零件清洗后保存不当。

② 设计粘接接头时，没有将其他载荷转换成剪切载荷。

③ 胶粘剂的抗剥离强度不足，所以不适宜用于有缝隙的场合。

④ 认为“表面越大，强度也越高”，往往胶粘剂粘合表面过大，导致浪费和无效粘接。

⑤ 未向胶粘剂供应商充分咨询，或未充分注意使用说明，导致不当使用。

⑥ 对于胶粘剂有效期、混合比、温度影响、压力试验和实验室试验等次要的问题关注不够。

⑦ 对于粘接材料的膨胀系数估计不足。

⑧ 对于载荷估计过高，以致设计过于复杂，提高成本。

⑨ 对于操作者的实际能力估计过高。

⑩ 对于水蒸气的影响估计过低。

⑪ 胶粘剂制造商对车间的粘接工艺问题关注太少。

8.5.3 胶粘剂涂敷时的注意事项

胶粘剂中含有使一些人过敏的物质，所以在操作时应避免胶粘剂接触操作者皮肤，避免吸入胶粘剂的挥发气体。因此必须采取一些防护措施，这些措施有：

① 在开始工作前彻底清洗双手，并涂抹防护膏。

② 每次工休前要清洗双手。

③ 当胶粘剂溅到皮肤上后，必须用微温的肥皂水或专用的清洗膏尽快将其清洗掉。严禁使用涂胶稀释剂、溶剂或其他易使皮肤脱脂的物品。

④ 使用一次性纸巾。

⑤ 手工混合胶粘剂时，应使用纸质混合杯和抹刀，使用后应将其废弃。

⑥ 工作台上要用清洁纸张覆盖，并定期换用新纸。

⑦ 工作室内应装有排气装置，必要时应装有强制式排气装置，如固化炉内或其上方，以及所有进行热固化的场所。严禁将炉门瞬时完全打开。只可将其微开，直至大部蒸气消失，才可完全打开炉门。

⑧ 穿工作服，戴防护眼镜。

⑨ 定期更换工作服。

⑩ 经常保持工具清洁。

第9章 汽车发动机的拆装

CHAPTER 9

9.1 汽车发动机的整体结构与主要机构的拆装

9.1.1 汽车发动机的基本构造

发动机是一台由许多机构和系统组成的复杂机器。现代汽车发动机的结构形式很多，即使是同一类型的发动机，其具体构造也各不相同。但就其总体功能而言，简单说来，发动机由“一机组、两机构、五系统”所组成。

现通过典型汽车发动机的结构实例来分析发动机的总体构造，如图 9-1 所示。

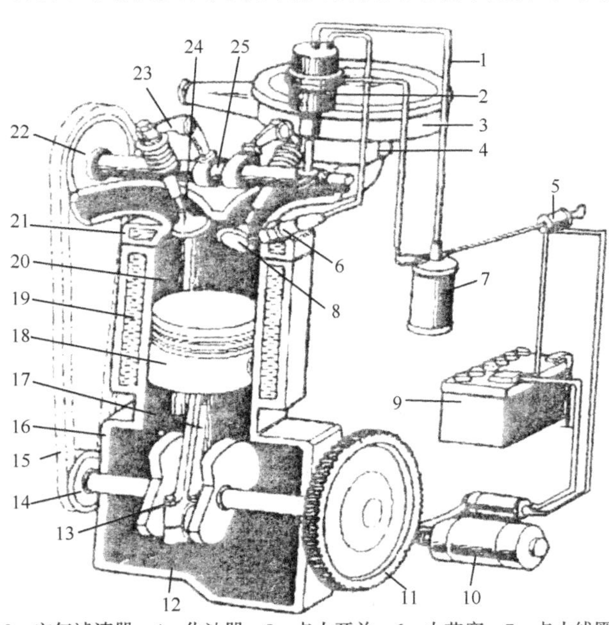

1—高压导线；2—分电器；3—空气滤清器；4—化油器；5—点火开关；6—火花塞；7—点火线圈；8—进气门；9—蓄电池；10—起动机；11—飞轮；12—油底壳；13—曲轴；14—曲轴正时带轮；15—正时齿形带；16—曲轴箱；17—连杆；18—活塞；19—冷却水套；20—汽缸体；21—汽缸盖；22—凸轮轴正时带轮；23—摇臂；24—排气门；25—凸轮轴

图 9-1 单缸四冲程汽油机结构示意图

1．一机组

机体组包括汽缸盖、汽缸体、油底壳。机体是发动机各机构、各系统的装配基体，机体本身的许多孔系又是发动机各系统的组成单元。

2．两机构

（1）曲柄连杆机构

曲柄连杆机构由汽缸体与曲轴箱组、活塞连杆组和曲轴飞轮组 3 部分组成。其中，汽缸体与曲轴箱组由汽缸体 20、曲轴箱 16、汽缸盖 21、汽缸套、汽缸垫及油底壳 12 等组成；活塞连杆组由活塞 18、活塞环、活塞销、连杆 17 等组成；曲轴飞轮组由曲轴 13、飞轮 11、扭转减振器、平衡重等组成。汽缸体是发动机各机构、各系统的装配基体，其本身的许多部分，又分别是曲柄连杆机构、配气机构、燃料供给系、冷却系和润滑系的组成部分。汽缸盖和汽缸体的内壁共同组成燃烧室的一部分，是承受高温、高压的机件。曲柄连杆机构的功用是将燃料燃烧时产生的热量转变为活塞往复运动的机械能，再通过连杆将活塞的往复运动转变为曲轴的旋转运动而对外输出动力。

（2）配气机构

配气机构由进气门 8、排气门 24、挺柱、推杆、摇臂 23、凸轮轴 25 及凸轮轴正时带轮 22（由曲轴正时带轮 14 驱动）等组成。它的功用是使可燃混合气及时充入汽缸，废气及时从汽缸中排出。

3．五系统

（1）供给系

供给系由汽油箱、汽油泵、汽油滤清器、化油器 4、空气滤清器 3、进气管、排气管及排气消声器等组成。它的功用是把汽油和空气混合成合适的可燃混合气供入汽缸，以供燃烧，并将燃烧生成的废气排出发动机。

（2）点火系

点火系由供给低压电流的蓄电池 9、点火开关 5、分电器 2、点火线圈 7、火花塞 6 等组成。点火系统的作用是按规定时刻及时点燃汽缸中被压缩的混合气。

（3）冷却系

冷却系主要由水泵、散热器、风扇、分水管、汽缸体放水阀以及冷却水套 19 等组成。它的功用是把受热机件的热量散发到大气中去，保证发动机正常工作。

（4）润滑系

润滑系由机油泵、集滤器、限压阀、润滑油道、机油粗滤器、机油细滤器和机油冷却器等组成。它的功用是将润滑油供给做相对运动的零件以减小它们之间的摩擦阻力，减轻机件的磨损，并部分地冷却摩擦零件，清洗摩擦表面。

（5）起动系

起动系由起动机 10 及其附属装置等组成。它的功用是使静止的发动机起动并转入自行运转。

汽车用汽油机一般都由上述两大机构和 5 个系统组成。对于汽车用柴油机，由于其混合气是自行着火燃烧的，所以柴油机没有点火系，由两大机构和 4 个系统组成。

9.1.2 发动机拆装原则

1. 了解发动机的构造及工作原理

了解发动机的构造和工作原理，是确保正确拆卸的前提。只有在熟悉发动机的构造及工作原理的基础上，才能够正确地对发动机的各个部分或者系统进行拆卸；如果不了解发动机的构造特点，任意进行拆卸，会造成零件损坏或变形，也不能对发动机进行合格的装配。

2. 掌握正确的拆卸方法

① 拆卸时应当使用相应的专用工具和设备，提高拆卸工效，减少零部件的损伤和变形。例如拆卸紧配合件时，应尽量使用压力机和拉拔器；拆卸螺栓连接件时，要选用适当的工具，依螺栓紧固的力矩大小优先选用套筒扳手、梅花扳手和固定扳手，尽量避免使用活动扳手和手钳，因为它们容易损坏螺母和螺栓的六角边棱，给以后的拆卸带来不必要的麻烦。

② 由表及里按顺序逐级拆卸。一般先拆车厢、外部线路、管路、附件等，然后按机器—总成—部件—组合件—零件的顺序进行拆卸。

3. 拆卸时要为重新装配做好准备

① 一些组合件特有的组合装配关系在拆卸时应注意做好装配标记。有的组合件是分组选配的配合副，或是在装合后加工的不可互换的组合件，如轴承盖、连杆盖等，它们都是与相应组合件一起加工的，均为不可互换的组件，必须做好装配标记，否则将破坏它们的装配关系甚至动平衡。

② 零件要分类顺序摆放。为了便于清洗、检查和装配，零件应按不同的要求分类顺序摆放。否则，将零件胡乱堆放在一起，不仅容易相互撞伤，而且会在装配时造成错装或找不到零件的麻烦。为此，应按零件的大小和精度分类存放；同一总成、部件的零件应集中在一起放置；不可互换的零件应成对放置；易变形、易丢失的零件应专门放在相应的容器里。

4. 螺纹连接件的拆卸

螺纹连接件是拆卸中最常见的连接件。一般说来，螺纹连接件的拆卸是比较容易的，但是，如果不重视拆卸方法，也会造成零件的损伤。

（1）螺纹连接件的拆卸方法

应采用合适的套筒扳手或固定扳手拆卸。当拆卸有困难时，应分析难拆的原因，不能蛮干。不应任意加长扳手以增大拆卸转矩，否则会造成连接件的损坏或拧断螺栓。

双头螺栓的拆卸要用专用的拆卸工具；在缺乏专用工具时，也可以在双头螺栓的一端拧上一对螺母，互相锁紧，然后用扳手把它们连同螺栓一起旋下。

（2）锈死螺栓的拆卸

锈死螺栓的拆卸方法如下：

① 将螺栓拧紧 1/4 圈左右再退回，反复松动，逐渐拧出。

② 用锤子振击螺母，借以振碎锈层，以便拧出。

③ 在煤油中浸泡 20～30min，让煤油渗到锈层中去，使锈层变松，以便拧出。

④ 用喷灯加热螺母，使其膨胀，趁螺栓尚未热时，迅速拧出。

⑤ 有条件的以使用除锈剂为最佳。

（3）螺栓组与螺母组的拆卸

由多个螺栓或螺母连接的零件在拆卸时应注意：为了防止受力不均匀而造成零件变形、损坏，应首先将每一个螺栓或螺母拧松 1/2～1 圈，并尽量对称拆卸。

9.1.3 发动机曲柄连杆机构的拆装

以桑塔纳 AJR 电喷汽油发动机为例，以下是其曲柄连杆机构拆装过程。

1．曲柄连杆机构的拆卸

（1）机体组的拆卸

① 将发动机安装在发动机拆装架上。

② 将曲轴转到第一缸上止点位置，使曲轴传动带轮上的标记与同步带下防护罩上的标记对齐，同步带的分解图如图 9-2 所示。

③ 拆下同步带上防护罩。

④ 将凸轮轴同步带轮上的标记对准同步带后上防护罩上的标记，如图 9-3 所示。

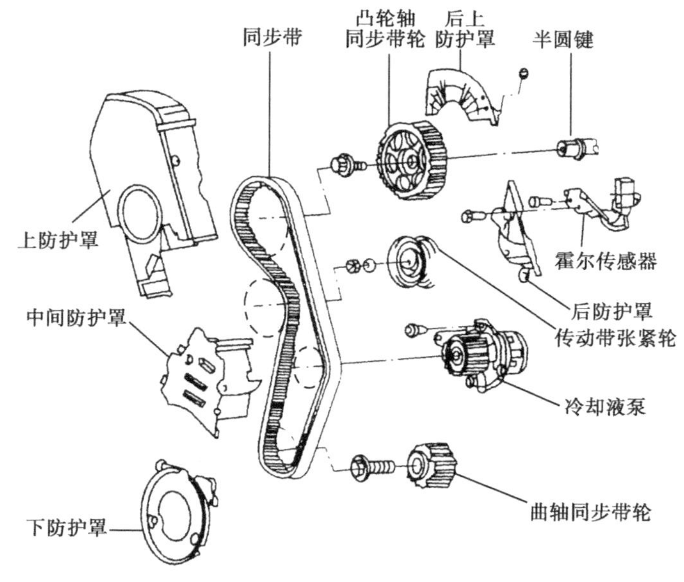

图 9-2 同步带的分解图

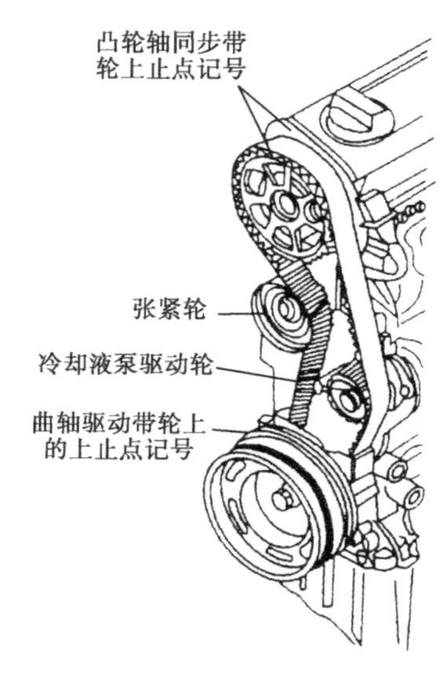

图 9-3 同步带（对准标记）

⑤ 拆下曲轴传动带轮。

⑥ 拆卸同步带中间防护罩和下防护罩。

⑦ 用专用工具松开同步带张紧轮，取下同步带。

⑧ 拆下进、排气歧管，将汽缸盖和汽缸垫片一起拆下，分解图如图 9-4 所示。

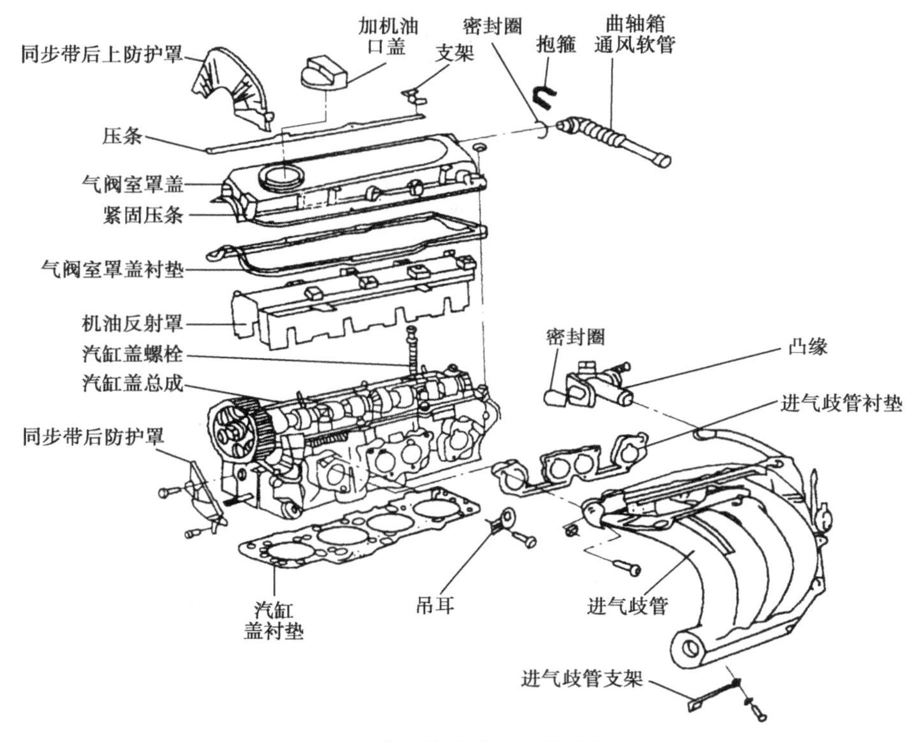

图 9-4 进气歧管及汽缸盖分解图

（2）曲轴飞轮组的拆卸

曲轴飞轮组的分解图如图 9-5 所示。

① 将汽缸体反转倒置在工作台上。

② 拆卸中间轴密封凸缘，其紧固螺栓的拧紧力矩为 25N · m。

③ 拆卸缸体前端中间轴密封凸缘中的油封，装配时必须更换。

④ 拆卸中间轴。

⑤ 拆卸传动带盘端曲轴油封。

⑥ 拆下后油封凸缘及衬垫，如图 9-6 所示。

⑦ 旋出飞轮固定螺栓，从曲轴凸缘上拆下飞轮，如图 9-7 所示。

⑧ 拆下曲轴主轴承盖紧固螺栓（拧紧力矩为 65N · m），不能一次全部拧松，必须分次从两端到中间逐步拧松。按图 9-8 所示的顺序拆卸主轴承盖螺栓。

⑨ 卸下曲轴，如图 9-9 所示，取下上半片轴瓦和止推片。注意：推力轴承的定位及开口的安装方向，且轴瓦不能互换。

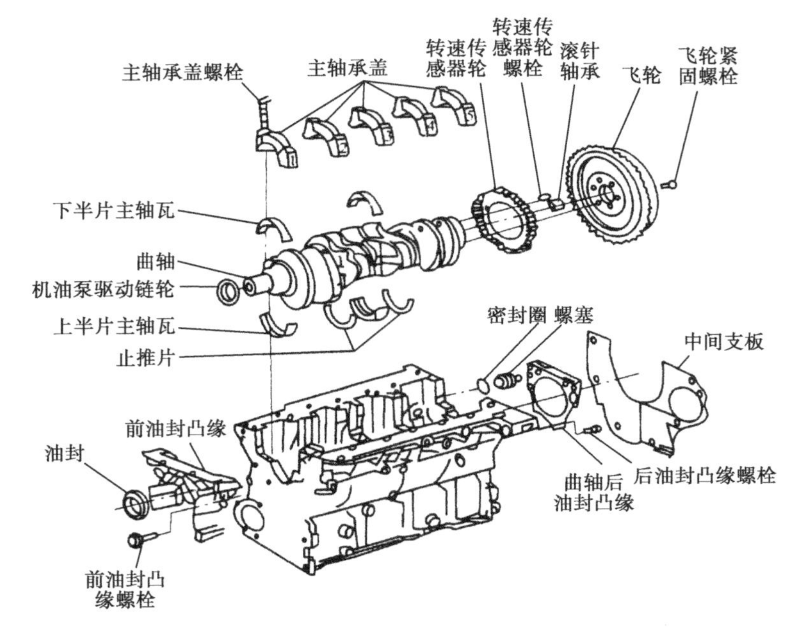

图 9-5　曲轴飞轮组的分解图

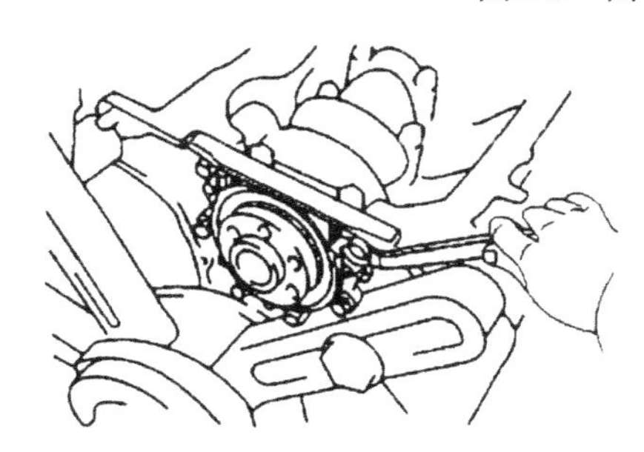

图 9-6　拆下后油封凸缘与衬垫

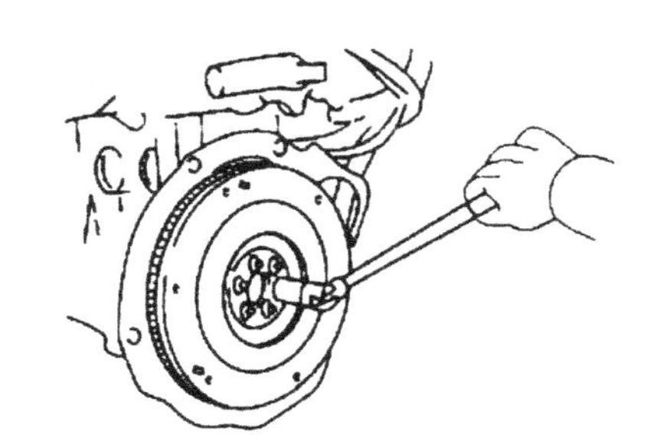

图 9-7　拆下飞轮

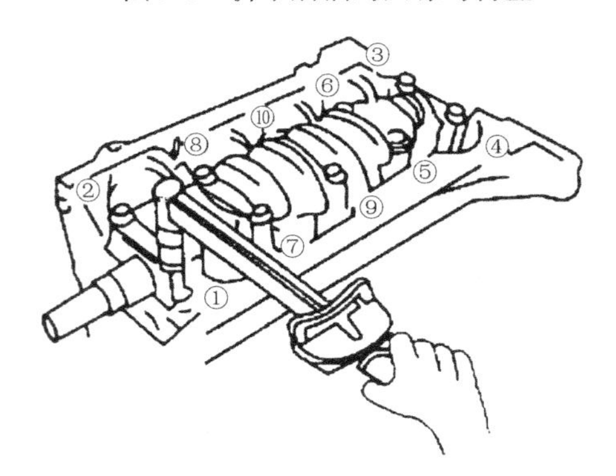

图 9-8　拆卸主轴承盖螺栓

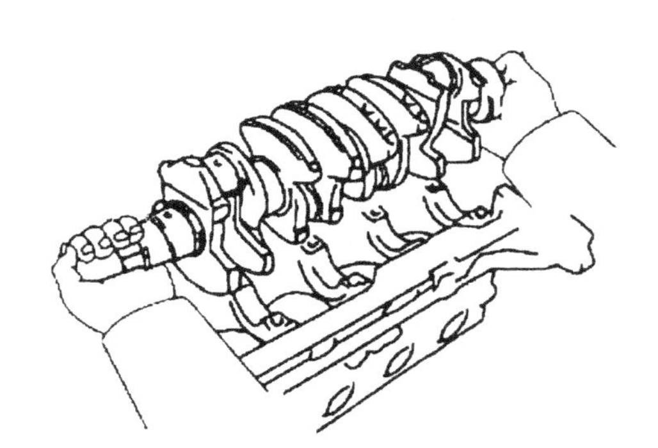

图 9-9　卸下曲轴

⑩ 拆下转速传感器轮固定螺栓，从曲轴上取下转速传感器轮。

（3）活塞连杆组的拆卸

活塞连杆组的分解图如图 9-10 所示。

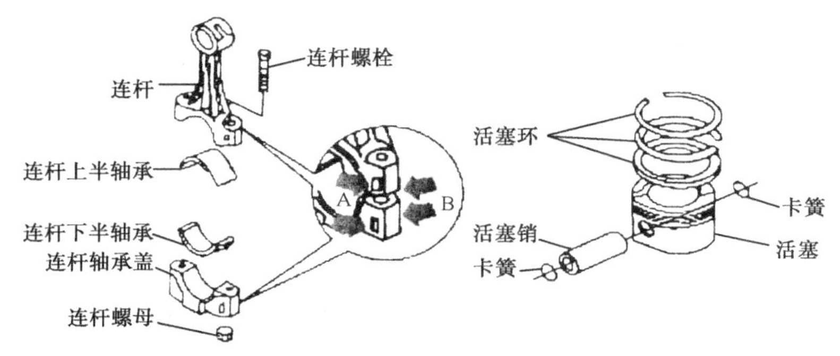

图 9-10 活塞连杆组的分解图

① 用活塞环拆装钳拆下活塞环，如图 9-11 所示。

② 用尖嘴钳拆下活塞销两端的卡簧，然后用锤子和专用冲棒拆出活塞销，使活塞销与连杆分离。

③ 拆下连杆大头的螺栓、螺母，取下连杆轴承盖，并将连杆轴承盖、轴承按各缸次序放好。

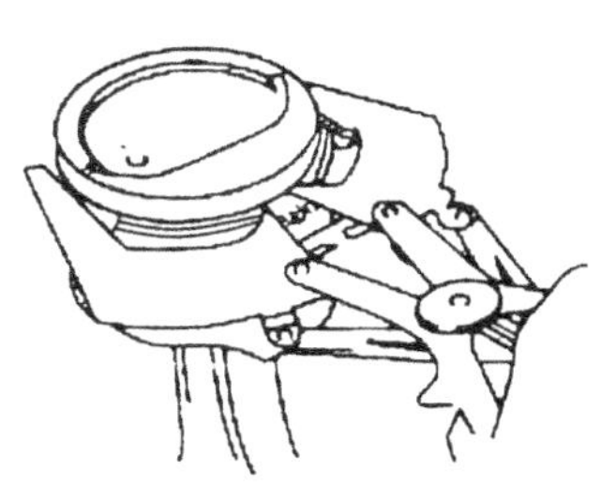
图 9-11 活塞环的拆卸

2．曲柄连杆机构的装复

（1）曲轴飞轮组的组装

① 将经过清洗、擦拭干净的曲轴、飞轮、轴承、轴承盖及垫片等零件依次摆放整齐，准备装配。

② 安装主轴瓦。将主轴瓦的凸起部分与汽缸体上的凹槽对齐，将 5 个上主轴瓦推入，如图 9-12（a）所示。将 5 个下主轴瓦推入主轴承盖上的凹槽，并对齐。

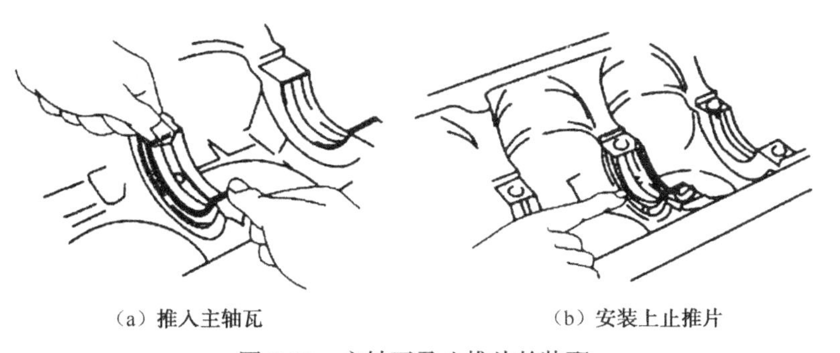
（a）推入主轴瓦　　（b）安装上止推片

图 9-12 主轴瓦及止推片的装配

③ 将两片曲轴止推片装在第三道主轴承孔的两侧，如图 9-12（b）所示。将曲轴安装在缸体上。注意：有耐磨合金层的面相背。

④ 将主轴承的下半片装入主轴承盖，并将各道主轴承盖的轴承内表面涂以润滑油，装上主轴承盖。

⑤ 主轴承盖上的凸点朝前，按拆下时的位置记号原位装回。按规定的力矩先预紧轴承盖螺栓。

⑥ 安装曲轴前、后油封。装油封前应在油封外壳涂一层密封胶，油封唇口涂以润滑油。

⑦ 在油封凸缘与缸体的接触面上涂上硅密封胶，装上前、后油封凸缘。

⑧ 装上曲轴后滚针轴承和中间支板。

⑨ 装上飞轮，按规定力矩拧紧固定螺栓并予以锁止。

⑩ 用扭力扳手，按 3—2—4—1—5 的顺序分别拧紧各道主轴承盖的螺栓。主轴承盖螺栓的拧紧力矩为 65N・m，达到此力矩后再转 90°。

注意：每拧紧一道主轴承盖螺栓，都应转动曲轴几圈，转动中不得有过重现象，否则要查明原因，及时排除。

（2）活塞连杆组的组装

① 转动拆装台支架，使缸体平卧。

② 按装配标记将活塞与连杆装复，可将活塞加热到 60℃后安装活塞销。注意：活塞上的朝前标记与连杆上的朝前标记应在同一侧，如图 9-13（a）所示。

③ 用尖嘴钳装上活塞销卡簧。注意：活塞销两端面与活塞销卡簧之间有一定的间隙，卡簧应卡入 2/3 环槽深度以上。

④ 用活塞环拆装钳装上活塞环，第一道环是矩形环，第二道环是锥形环，油环为组合环。注意：活塞环的装配标记“TOP”必须朝向活塞顶，三环开口错开 120°，第一环开口位置与活塞销中心错开 45°。活塞环开口方向如图 9-13（b）所示。

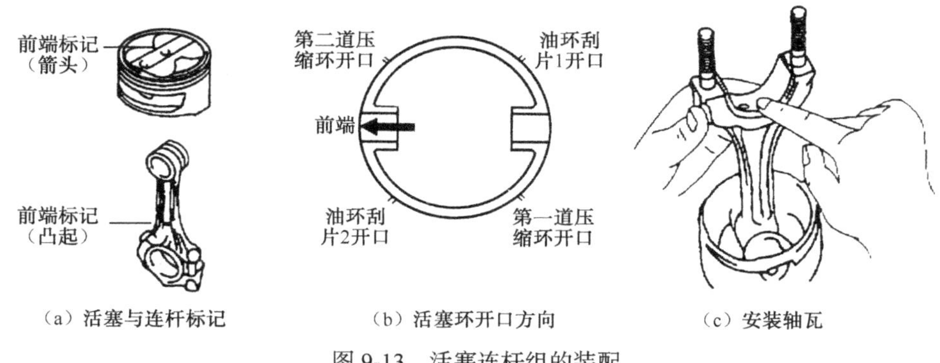

（a）活塞与连杆标记　（b）活塞环开口方向　（c）安装轴瓦

图 9-13　活塞连杆组的装配

⑤ 安装轴瓦。将轴瓦的凸起部分与连杆或连杆盖上的凹槽对齐，并将轴瓦放入其中，如图 9-13（c）所示。

⑥ 在各缸壁内涂以润滑油，再分别在活塞裙部、活塞销和连杆轴承表面涂以润滑油。

⑦ 转动曲轴使 1、4 缸连杆轴颈处于下方位置，再将这两缸的活塞连杆组件装入汽缸。注意：活塞和连杆的朝前标记必须朝向发动机同步带端。

⑧ 用活塞环抱箍抱紧活塞环后，再用锤柄或木棒将活塞连杆组件轻轻打入汽缸中。

⑨ 装上连杆轴承盖，再装上连杆螺栓、螺母，安装时先润滑螺纹和接触表面，并予以 30N・m 的力矩，达到此力矩后再转 90° 拧紧。

9.1.4 发动机配气机构的拆装

以桑塔纳 2000GLS 型轿车 JV 型发动机配气机构为例，其凸轮轴为顶置式，凸轮轴的传动方式为同步带（齿形皮带）传动。配气机构由气门、气门弹簧、弹簧座、气门导管、凸轮轴、液压挺杆等零部件组成，如图 9-14 所示为其零部件分解图。

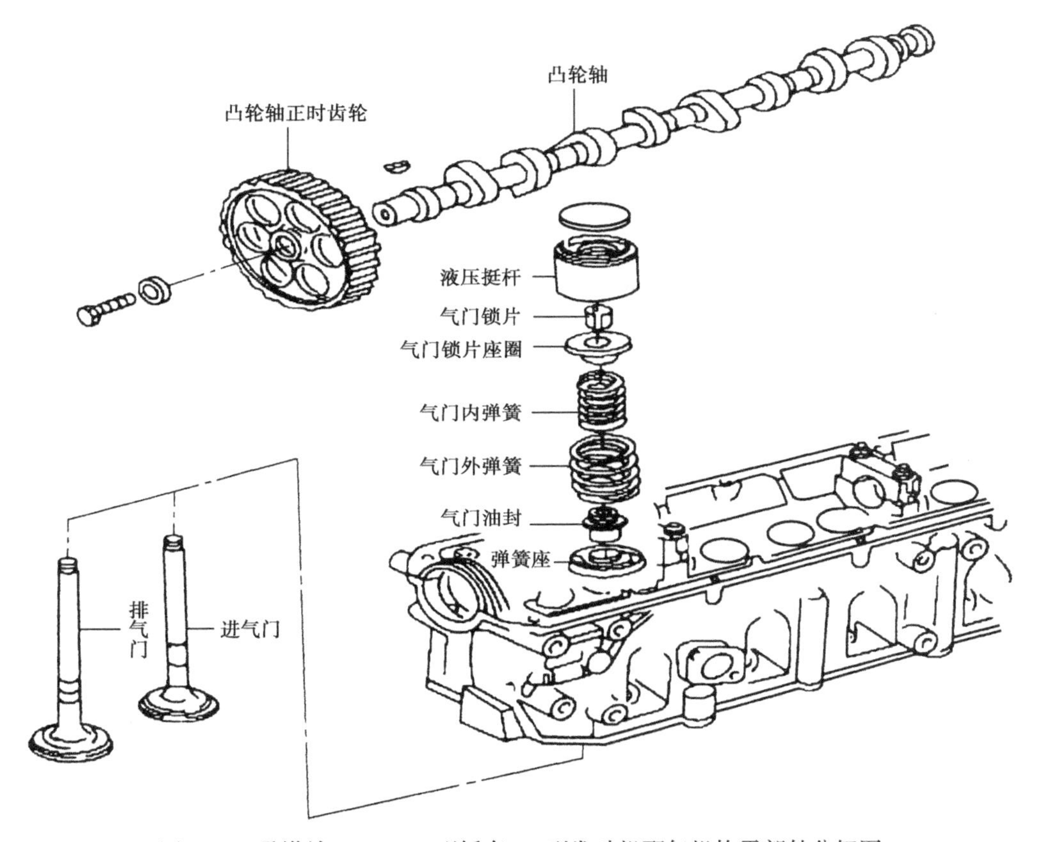

图 9-14 桑塔纳 2000GLS 型轿车 JV 型发动机配气机构零部件分解图

该配气机构拆装可以按照下述步骤进行。

1. 配气机构的拆卸

① 拆卸空气滤清器。

② 拆下同步带上防护罩，然后拆下气门罩盖以及密封条和衬垫。

③ 拆卸机油反射罩，取下半圆键。

④ 将曲轴置于第一缸上止点位置。

⑤ 拆卸凸轮轴齿形带轮。

⑥ 先拆第 1、3、5 号轴承盖固定螺栓，然后对角交替松开第 2、4 号轴承盖固定螺栓。

⑦ 拆下轴承盖后，再拆卸凸轮轴，然后将轴承盖按原位装回，以免错位。

⑧ 取下液压挺杆总成。

⑨ 检查气门顶部有无标记；若无标记，应按顺序用钢字头做出标记。

⑩ 拆下各缸火花塞。

⑪ 用专用工具压下气门弹簧（直接压气门锁片座圈），取下气门锁片。

⑫ 取下气门弹簧、气门锁片座圈。

⑬ 拆卸气门及气门油封。

⑭ 用锤子及专用冲棒拆出气门导管，或用专用拉具拉出气门导管。

⑮ 分解完毕后，对零件进行清洗、分类和检验。

2. 配气机构的安装

（1）安装气门

① 将新的气门导管涂上润滑油，从凸轮轴端将导管压入汽缸盖。

② 气门插上塑料套（防止损坏气门杆），在油封上涂油，并用顶棒小心地压入导管，装上气门油封。

③ 装上气门、气门弹簧、弹簧座。

④ 用气门弹簧钳压缩气门弹簧，将两个锁片安装在气门带尾部的环槽侧。

⑤ 用橡胶锤轻轻敲击气门杆顶端，以保证锁片锁止到位。

⑥ 装上各缸火花塞。

（2）安装凸轮轴

① 清洁、润滑液力挺杆和凸轮轴轴承表面。

② 按原位置装回液力挺杆。

③ 安装凸轮轴时，第一缸的凸轮必须朝上。

④ 将凸轮轴放到各轴承座上，对角交替拧紧第 2、4 号轴承盖固定螺栓，再安装好第 5、1、3 号轴承盖，拧紧力矩为 20N · m。

⑤ 安装凸轮轴前油封。

⑥ 放入半圆键，安装凸轮轴正时齿轮并加以紧固。拧紧力矩为 80N · m。

注意：凸轮轴转动时，曲轴不可位于上止点，否则将损坏气门和活塞顶部。

（3）安装汽缸盖

汽缸盖的安装顺序与拆卸顺序相反，但安装时应注意以下几点：

① 安装汽缸垫时，有“OPENUP”字样的一面朝向汽缸盖。

② 安装汽缸盖时，各缸活塞不可置于上止点，否则会顶坏活塞。若有活塞被确认处于上止点，必须再旋转 1/4 圈。

③ 按照拆卸的相反顺序分四次拧紧缸盖螺栓：第一次力矩为 40N · m，第二次力矩为 40N · m，第三次力矩为 40N · m，第四次用扳手再转动 1/4 圈。

（4）安装正时带

① 先把齿轮带装在曲轴和中间轴齿形带轮上。

② 装上曲轴带盘（螺栓不必拧紧），注意带盘的定位。

③ 对齐凸轮轴齿形带轮标记与齿形带护罩上的标记。

④ 将齿形带套在凸轮轴齿形带轮上。

⑤ 转动张紧轮，如图 9-15 所示，张紧到用手指捏在传动带（凸轮轴齿形带轮和中间轴齿形带轮）中间，刚好可以扭转 90°。

（5）调整气门间隙

桑塔纳 1.6L JV 型发动机采用普通挺杆，气门间隙是指凸轮与挺杆之间的间隙，装配完成后需要调整气门间隙。调整时，活塞不可位于上止点，曲轴反转 1/4 圈，使气门在挺杆下压时不会碰到活塞。用钳子取出调整垫片，换上适当厚度的垫片，有字的一面必须朝下；如果用最薄 3.0mm 的垫片仍调整不好，则可更换短一点的气门。

检查气门间隙时，可选用厚度与规定气门间隙相等的塞尺，插入可调气门的气门间隙中。用手轻拉塞尺，以感到有适当的阻力为宜。若无阻力或阻力太大，应进行调整。多数发动机的气门间隙都是用装在摇臂上的调整螺钉来调整的，调整时松开锁紧螺母，转动调整螺钉，直到间隙符合规定后再将锁紧螺母拧紧即可（图 9-16）。

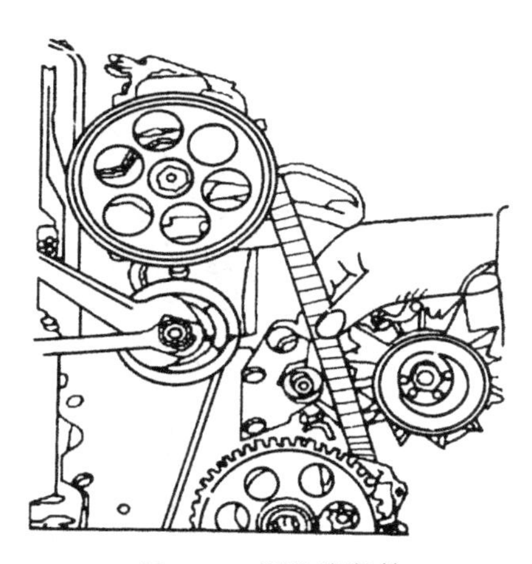

图 9-15 调整张紧轮

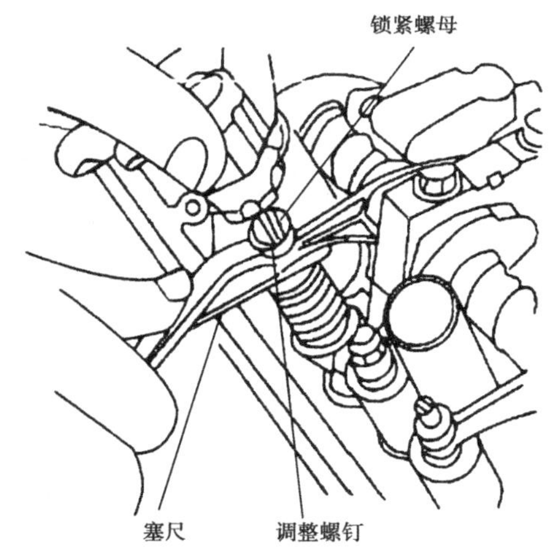

图 9-16 用调整螺钉来调整气门间隙

9.1.5 发动机冷却系统的拆装

发动机工作时，汽缸内的气体温度可高达 2000℃，若不及时冷却，会使发动机零部件温度升高，尤其是直接与高温气体接触的零件，会因受热膨胀影响正常的配合间隙，导致运动件运动受阻甚至卡死。此外，高温还会使发动机零部件的机械强度下降，使润滑油失去作用等。

发动机冷却系统的功用就是对在高温条件下工作的发动机零件进行冷却，保证发动机在最适宜的温度下工作。

发动机冷却系统的冷却强度必须适宜，冷却不足会使发动机过热，冷却过度则会使发动机温度过低，发动机过热或温度过低均会影响其正常工作。目前，汽车上广泛应用的水冷式发动机正常工作温度（冷却水温度）一般为 80～90℃。

根据所用冷却介质不同，发动机冷却系可分为水冷式和风冷式两种类型。

1. 水冷却系

水冷却系是通过冷却水在发动机水套中强制循环流动而吸收多余的热量，再将此热量散入大气而进行冷却的一系列装置。水冷却系冷却强度大，容易调节，便于冬季起动，因而广泛用于汽车发动机中。

水冷却系的组成及布置形式，如图 9-17 所示。图中的水套是直接铸造在汽缸体和汽缸盖内相互连通的空腔，水套通过橡胶软管与固定在发动机前端的散热器相连，形成封闭的冷却水循环空间，水泵安装在水套与散热器之间。

发动机工作时，水套和散热器内充满冷却水，曲轴通过 V 形皮带驱动水泵工作，使冷却水在水套与散热器之间循环流动，冷却水流经汽缸体和汽缸盖内水套时带走发动机热量使发动机冷却，而流经散热器时将热量散入大气。

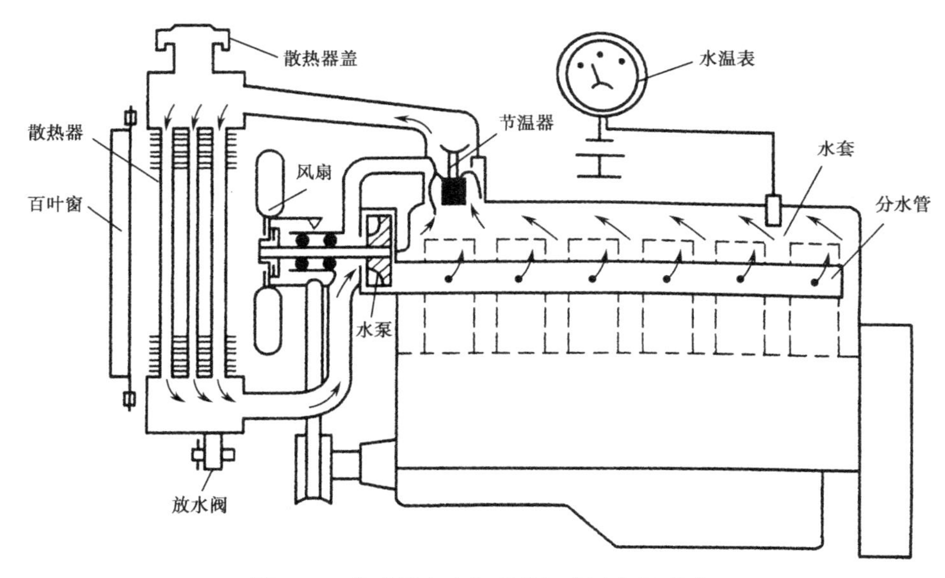

图 9-17　发动机水冷却系的组成及布置形式

风扇安装在水泵轴上，水泵工作时风扇转动产生强大的吸力，以增大流经散热器的空气流量和速度，加强散热器的散热效果。在一些发动机上，采用风扇离合器或电动风扇来控制风扇的工作状态，以根据发动机的工作情况调节冷却强度。

2. 风冷却系

风冷却系是将发动机中高温零件的热量，通过装在汽缸体和汽缸盖表面的散热片直接散入大气中而进行冷却的一系列装置。风冷却系因为冷却效果差、噪声大、功率大等缺点，主要用于摩托车发动机中，在汽车发动机中应用较少。

3. 发动机水泵总成的拆装

（1）水泵总成的拆卸（图 9-18）

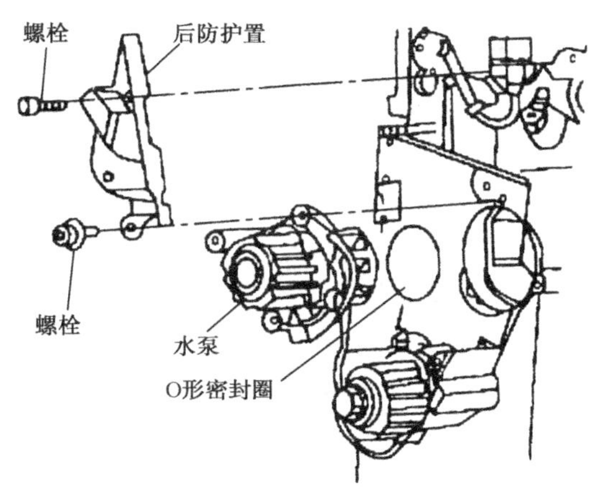

图 9-18 水泵总成

① 放净冷却液。
② 拆下传动带。
③ 卸下散热风扇电动机。
④ 拆下同步带的上防护罩和中防护罩。
⑤ 转动曲轴使第一缸活塞处于上止点位置。
⑥ 拆下同步带。
⑦ 旋下固定螺栓，拆下后防护罩。
⑧ 旋出水泵固定螺栓，拆下水泵。
⑨ 取下 O 形密封圈。

（2）水泵总成的安装

① 清洁 O 形密封圈的密封表面，用冷却液浸湿新的 O 形密封圈。
② 安装水泵，罩壳上的凸耳朝下。
③ 安装同步带后防护罩。
④ 拧紧水泵螺栓至 15N · m。
⑤ 安装同步带（调整配气相位），再安装 V 形驱动带。
⑥ 加注冷却液。

4. 节温器的拆装

（1）节温器的拆卸（图 9-19）。

① 放净冷却液。
② 拆下传动带及发电机。
③ 拆下冷却液管。

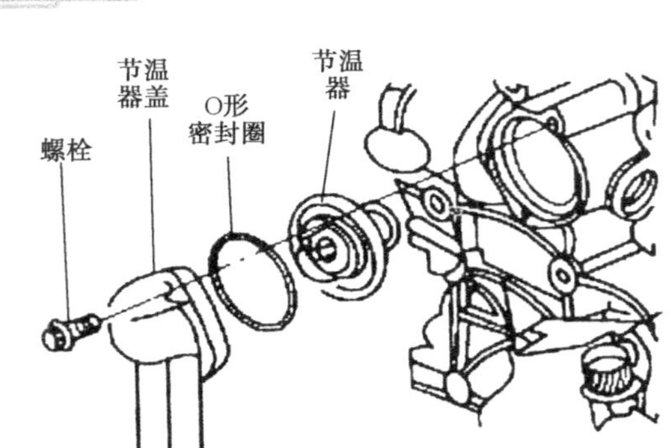

图 9-19　节温器

④ 松开螺栓，拆下节温器盖。
⑤ 取出 O 形密封圈和节温器。
（2）节温器的安装
① 装上节温器，感温部分装在缸体内。
② 清洁并装上 O 形密封圈。
③ 装上节温器盖，并拧紧节温器盖固定螺栓。
④ 装上冷却液管。
⑤ 装上传动带和发电机。
（6）加注冷却液。

5．散热器的拆装

（1）散热器的拆卸
① 排放冷却液。
② 松开冷却液管上的夹箍，拔下散热器的冷却液软管。
③ 拔下位于电控冷却风扇罩壳上的热敏开关插头。
④ 将电控冷却风扇连同罩壳一起拆下。
⑤ 拆下散热器。
（2）散热器的安装
安装散热器时，以拆卸的相反顺序进行。

9.1.6　发动机润滑系统的拆装

发动机的润滑是由润滑系统来实现的，润滑系统的作用是将润滑油不断地供给发动机零件的摩擦表面，以减少零件的摩擦与磨损，并带走摩擦表面上的磨屑等杂质，冷却摩擦表面，提高汽缸的密封性。润滑油黏附在零件表面上，避免了零件与空气、水、燃气等的直接接触，起到了防止或减轻零件锈蚀和化学腐蚀的作用。

1. 润滑方式

在发动机工作时，由于各运动零件的位置、相对运动速度、承受的机械载荷和热负荷等不同，对润滑强度的要求也不同。

现代汽车发动机润滑多采用压力润滑与飞溅润滑相结合的综合润滑方式。

（1）压力润滑

将润滑油以一定压力输送到摩擦面间隙中形成油膜润滑的方式称为压力润滑。发动机上一些机械负荷大、相对运动速度高的零件，一般都采用此种润滑方式，如主轴颈与主轴承、连杆轴颈与连杆轴承、凸轮轴轴颈与凸轮轴轴承。采用压力润滑比较可靠，但必须设置专门的油道输送润滑油。

（2）飞溅润滑

利用发动机工作时运动零件飞溅起来的油滴或油雾来润滑摩擦表面的方式称为飞溅润滑。发动机上的一些外露部位、机械负荷较小或相对运动速度较低的零件，一般用飞溅润滑方式，如活塞与汽缸壁、凸轮与挺杆、活塞销与衬套等。

2. 润滑系的基本组成

典型发动机润滑系结构，如图 9-20 所示。

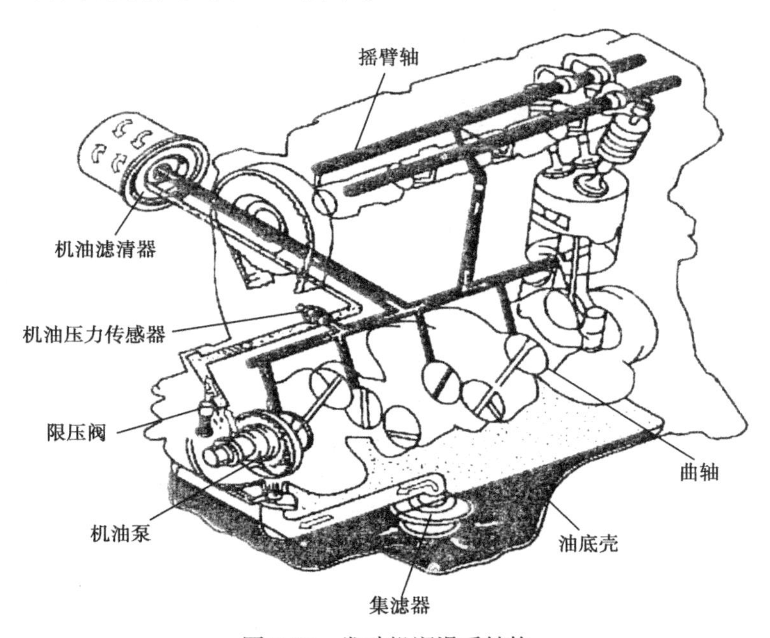

图 9-20 发动机润滑系结构

① 油底壳：储存机油的装置，加密封垫后固定在汽缸体底面上。

② 机油泵：进行压力润滑和保证机油循环而建立足够油压的装置。由机油泵壳体、机油泵齿轮和机油泵盖组成。

③ 限压阀及旁通阀：限压阀（装在机油泵盖上）用于限制最高油压，旁通阀是避免因粗滤器堵塞而使主油道供给中断的装置。

④ 机油滤清器：它是防止机油中混入金属磨屑和其他机械杂质以及润滑油本身生成的胶质进入主油道的装置。根据能够滤出的杂质直径不同可分为集滤器、粗滤器和细滤器。

⑤ 机油散热器：机油散热器在有些热负荷较高的发动机上设置。其作用是加强润滑油冷却，保持润滑油油温在正常工作范围（70～90℃）内，一般发动机是靠汽车行驶中的迎面空气流吹拂油底壳来使润滑油冷却的。

⑥ 机油压力传感器和油压表：用来检测并通过仪表显示机油压力。

3．齿轮式机油泵的拆装

（1）齿轮式机油泵的拆卸

CA6102 型发动机齿轮式机油泵的分解图，如图 9-21 所示。

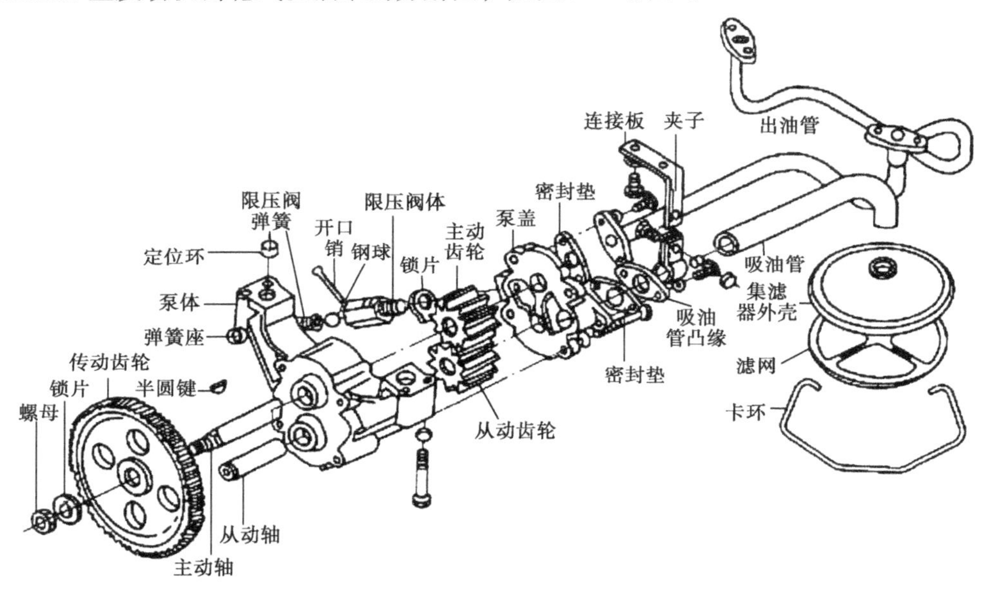

图 9-21　CA6102 型发动机齿轮式机油泵的分解图

① 将机油泵固定在台虎钳上，从集滤器上拆下卡环及滤网。

② 拆下吸油管和出油管的紧固螺栓，分别卸下吸油管、出油管及密封垫等。

③ 用扁铲铲平传动齿轮前端锁片，松开固定螺母，拉出机油泵传动齿轮，并取出半圆键。

④ 松开泵盖 4 个紧固螺栓，取下机油泵盖。

⑤ 取出主动齿轮、从动齿轮及轴。从动齿轮轴与泵体是过盈配合，如无损坏可不必分解。

⑥ 用扁铲铲平锁片后，用扳手拧下限压阀总成，将限压阀总成固定在台虎钳上。

⑦ 拆下开口销，取出弹簧座、弹簧及钢球。

⑧ 清洗各零件备装。

（2）齿轮式机油泵的装复

① 将泵体固定在台虎钳上，分别装上主动轴和从动轴，再装上主动齿轮和从动齿轮。

② 装上泵盖。将主、从动轴的后端对准泵盖承孔后，再交叉拧紧 4 个固定螺栓。

③ 在主动轴的前端键槽中装上半圆键，再装上机油泵传动齿轮、锁片和螺母，拧紧螺母后，用锁片将螺母锁住。

④ 装上出油管密封垫及机油泵出油管总成，然后拧紧两个螺栓。

⑤ 装上吸油管密封垫及吸油管，拧紧两个螺栓。

⑥ 将滤网装入集滤器，并装上卡环。卡环应卡入卡环槽中。

⑦ 将钢球、限压阀弹簧、弹簧座依次装入限压阀体中，并将开口销插入限压阀体的销孔中。

⑧ 将限压阀总成装入机油泵泵盖。注意：先装锁片，拧紧限压阀体，然后将锁片锁止。

4．转子式机油泵的拆装

（1）转子式机油泵的拆卸

如图 9-22 所示为 YC6105QC 型柴油发动机机油泵分解图。

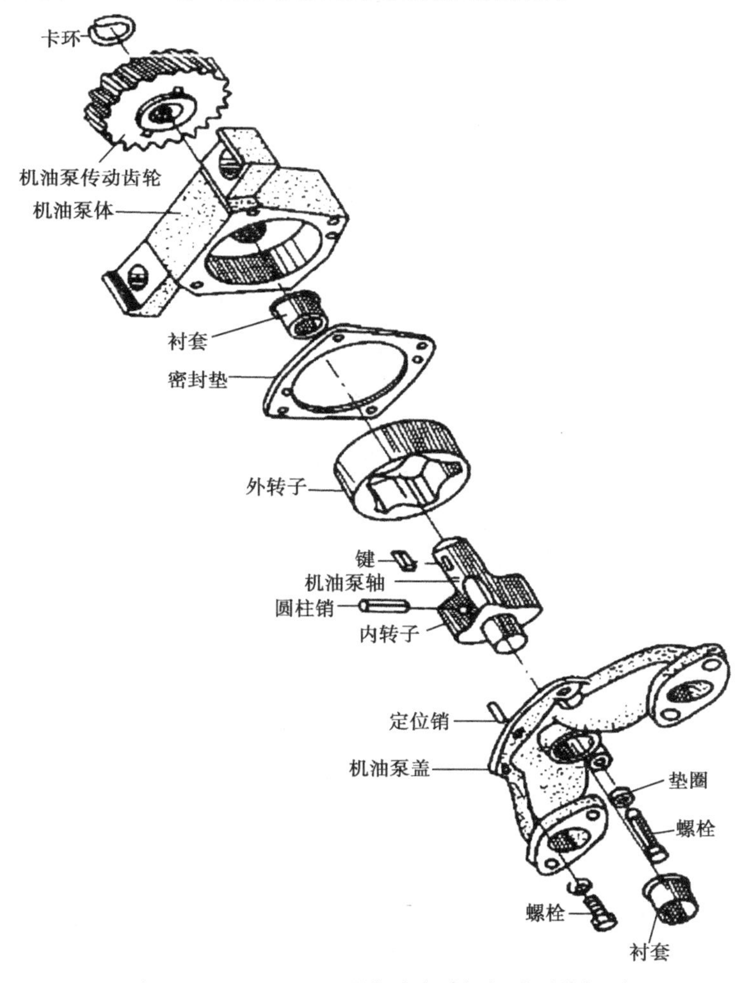

图 9-22 YC6105QC 型柴油发动机机油泵分解图

① 拆下出油管，再拆下集滤器。

② 拆下卡环，用拉拔器拉出机油泵传动齿轮，取出键。

③ 拆下泵盖螺栓，取下机油泵盖和密封垫。

④ 依次取下定位销、内转子、外转子及衬套。

（2）转子式机油泵的装复

① 将机油泵体固定在台虎钳上。

② 在外转子内装好内转子，再将内、外转子及机油泵轴一并装入机油泵体内。

③ 机油泵轴装配到位后，在轴的前端和后端分别装上衬套。

④ 在机油泵体的定位孔中装上定位销，再装上密封垫，然后将机油泵盖装到泵体上，并交叉拧紧 4 个泵盖固定螺栓。

⑤ 在机油泵轴的键槽中装上键，再将机油泵传动齿轮压进泵轴，然后将卡环装入泵轴的卡环槽中。

⑥ 装上吸油管及集滤器总成，拧紧两个螺栓。

⑦ 装上出油管总成及密封垫，并拧紧螺栓。

5．全流式机油滤清器（桑塔纳 AJR 发动机机油滤清器）的拆装

（1）全流式机油滤清器的拆卸

桑塔纳 AJR 发动机机油滤清器，如图 9-23 所示。

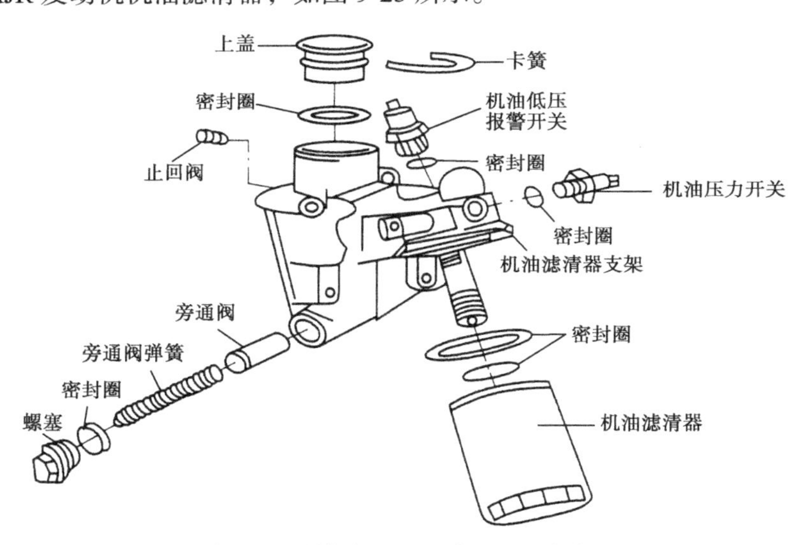

图 9-23　桑塔纳 AJR 发动机机油滤清器

① 用机油滤清器拆装专用工具拆下机油滤清器。

② 拆下机油压力开关和机油低压报警开关，并分别取下密封圈。

③ 拆下螺塞，取下旁通阀弹簧、旁通阀及密封圈。

④ 拔出卡簧，取出上盖及密封圈。

⑤ 清洗滤清器支架及油道。

（2）全流式机油滤清器的装复

① 装上上盖及密封圈，插上卡簧。

② 装上旁通阀、旁通阀弹簧、密封圈，用扳手拧紧螺塞。

③ 装上机油压力开关及密封圈，并以 25N・m 的力矩拧紧。

④ 装上机油低压报警开关及密封圈，并以 15N・m 的力矩拧紧。

⑤ 在滤清器内加入适量的润滑油。

⑥ 装上机油滤清器，并用专用工具以 20N・m 的力矩拧紧。

6. 机油粗滤器的拆装

（1）CA6102 型发动机机油粗滤器的拆卸（图 9-24）

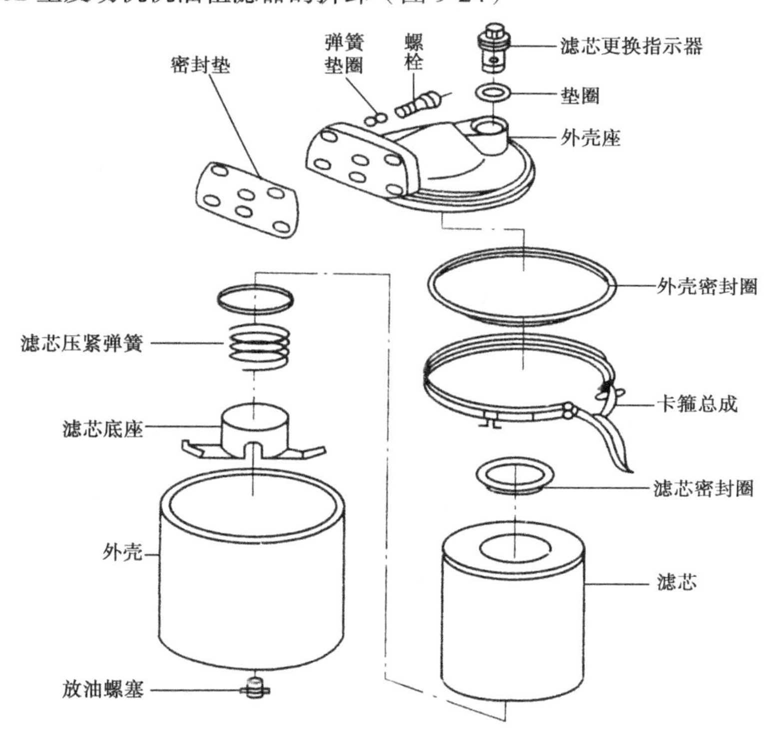

图 9-24　CA6102 型发动机机油粗滤器的分解图

① 拧下机油粗滤器底部的放油螺塞，放出润滑油。

② 拆下卡箍总成，使外壳座与外壳分离。

③ 依次从粗滤器外壳内取出滤芯密封圈、滤芯、滤芯压紧弹簧及滤芯底座。

④ 从外壳座上取下密封圈。

⑤ 拆下滤芯更换指示器及垫圈。

（2）CA6102 型发动机机油粗滤器的装复

① 把机油粗滤器外壳座固定好，装上垫圈和滤芯更换指示器。

② 把密封圈装在外壳座的槽中。

③ 将滤芯底座、滤芯压紧弹簧、滤芯密封圈、滤芯及滤芯上的密封圈依次装入滤清器的外壳内。

④ 将滤清器外壳与外壳座合在一起后装上卡箍总成，使外壳与外壳座密封可靠。

⑤ 装上并拧紧放油螺塞。

7. 离心式机油细滤器的拆装

（1）FL100 型离心式机油细滤器的拆卸（图 9-25）

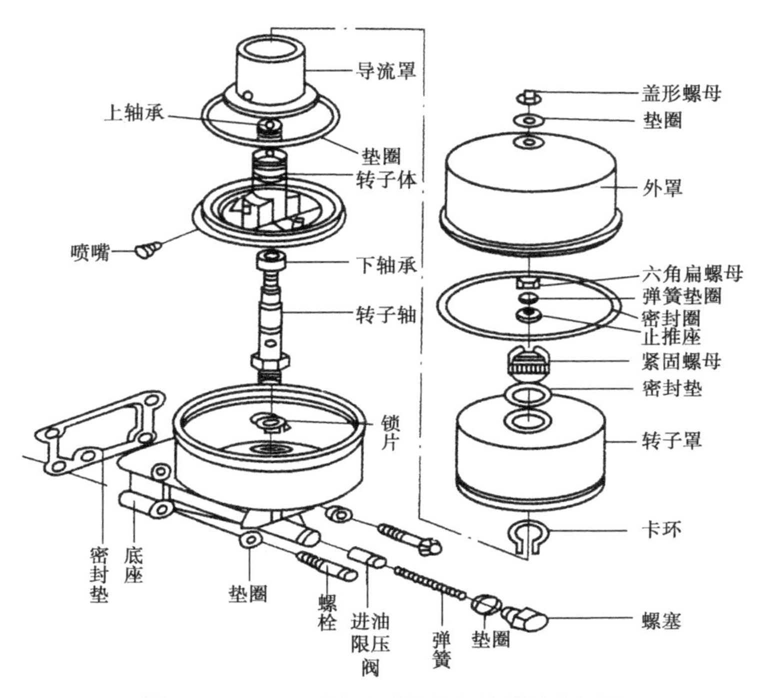

图 9-25　FL100 型离心式机油细滤器的分解图

① 拧下盖形螺母，依次取下垫圈、外罩和密封圈。

② 拧下六角扁螺母，取出弹簧垫圈及止推座，拆下转子总成。

③ 将转子总成固定好，拆下紧固螺母，依次取下密封垫、转子罩、导流罩、上轴承及密封圈。

④ 取出下轴承，松开锁片，拆下转子轴。

⑤ 拆下进油限压阀螺塞，依次取出垫圈、弹簧及进油限压阀。

（2）FL100 型离心式机油细滤器的装复

① 在底座上依次装复进油限压阀、弹簧、垫圈，再拧紧螺塞。

② 在底座内装上锁片，再装上转子轴，拧紧转子轴后将锁片锁止。

③ 在转子轴上装上下轴承。

④ 在转子体上装导流罩后装卡环，并装上密封圈。

⑤ 将转子罩与转子体按装配标记装合。

⑥ 将紧固螺母拧紧在转子体上。

⑦ 将转子总成装回转子轴。

⑧ 装入转子轴上轴承，再依次装入止推座、弹簧垫圈、六角扁螺母，并拧紧该螺母。转动转子应轻松灵活，否则应重装。

⑨ 将密封圈装入底座内，再将外罩与底座装合，然后装上垫圈及盖形螺母，并予以拧紧。

9.2 典型汽车发动机拆装实例

9.2.1 NJ130 型汽车发动机拆卸步骤

① 用 12mm 扳手旋下机油粗滤器的出油管。

② 用 12mm 扳手旋下机油粗滤器上的紧固螺栓，并取下垫圈、机油粗滤器和机油粗滤器衬垫。

③ 用 12mm 扳手旋下机油细滤器的进油管和出油管，并取下进油管和出油管总成。

④ 取下机油量油尺，用手钳拉出机油量油尺套管。

⑤ 取下加机油管盖，用 12mm 扳手旋下加油管支架箍的紧固螺栓，取下夹箍，用铜锤轻轻打下加油管。

⑥ 取下空气滤清器。用 17mm 扳手旋下汽油泵与化油器油管。然后用 17mm 扳手旋下化油器的紧固螺母，取下化油器和化油器衬垫。

⑦ 用起子旋下汽油泵紧固螺栓，取下弹簧垫圈、汽油泵和汽油泵衬垫。

⑧ 取下火花塞上的高压线，拆下真空调节器接管。用起子旋下分电器上的紧固螺栓，取下垫圈和分电器总成。

⑨ 用起子旋下曲轴第 1、3、4 道主轴承处的横油道螺塞。

⑩ 拆下风扇皮带。

⑪ 用 14mm 扳手旋下水泵的紧固螺栓，并取下弹簧垫圈和带风扇的水泵总成。

⑫ 先将起动爪的锁紧垫圈翻边用平凿凿平，再用 46mm 扳手旋下起动爪，并取下锁紧垫圈。

⑬ 用拉拆器拉下曲轴皮带轮，再用起子打下曲轴上的楔键。

⑭ 用 12mm 扳手旋下正时齿轮室盖上的螺栓和螺母，并取下弹簧垫圈。再用起子将正时齿轮室盖撬下，并取下衬垫和发动机支架板。

⑮ 用 12mm 扳手旋下凸轮轴推力垫圈上的紧固螺栓，并取下弹簧垫圈和凸轮轴总成。

⑯ 用 17mm 扳手旋下凸轮轴正时齿轮的紧固螺栓，并取下弹簧垫圈和平垫圈。

⑰ 在压力机上，用芯棒将凸轮轴正时齿轮压出，再用起子打下半月键，从轴颈上取下推

力垫圈及隔圈。

⑱ 用 9mm 扳手旋下正时齿轮润滑油管的紧固螺栓，并取下垫圈和夹箍。

⑲ 用 14mm 扳手把拉拆器上的两个螺栓拧入曲轴正时齿轮，拉下曲轴正时齿轮（或在压力机上，用芯棒将齿轮压出），并用起子打下半月键，取下止推垫圈和曲轴前轴承止推垫圈。

⑳ 用 12mm 和 14mm 扳手旋下正时齿轮室底板的紧固螺栓，并取下弹簧垫圈、底板及衬垫。

㉑ 用偏心扳手旋下正时齿轮室盖紧固螺柱。

㉒ 用 14mm 方形扳手旋下汽缸体前端面上的纵油道螺塞。

㉓ 用 14mm 扳手旋下汽缸盖出水管紧固螺母，并取下平垫圈、出水管、衬垫及节温器。

㉔ 用偏心扳手旋下汽缸盖上的出水管紧固螺柱。

㉕ 用 17mm 扳手旋下汽缸盖螺母，并取下平垫圈、真空调节器接管的紧固夹箍、机油盘通风管的紧固夹箍、机油细滤器，以及机油加油管的紧固支架。

㉖ 用专用套筒先旋下火花塞，并取下铜垫圈。然后取下汽缸盖和汽缸盖衬垫。

㉗ 用 14mm 扳手旋下进、排气歧管上的紧固螺母，并取下平垫圈，进、排气歧管及衬垫。

㉘ 用 14mm 扳手旋下机油泵的紧固螺栓，取下机油泵及其衬垫。

㉙ 用 12mm 扳手旋下气门室盖的紧固螺栓，并取下气门室盖及其衬垫。

㉚ 用气门弹簧装拆钳拆下气门锁片，然后取下进、排气门。再用起子撬下气门弹簧座和气门弹簧。

㉛ 用偏心扳手旋下汽缸盖紧固螺柱。

㉜ 用 17mm 扳手旋下发电机支架紧固螺栓，并取下垫圈、发电机及其支架。

㉝ 用 19mm 扳手旋下起动机紧固螺栓，并取下垫圈和起动机。

㉞ 将汽缸体转动 90°，使气门室盖向上。

㉟ 用 12mm 扳手旋下机油盘紧固螺栓，并取下弹簧垫圈、机油盘及其衬垫。

㊱ 用 12mm 扳手旋下离合器下壳紧固螺栓，并取下弹簧垫圈和离合器下壳。

㊲ 用 12mm 扳手旋下离合器压盘及压盘壳紧固螺栓。旋下前，先在飞轮和离合器压盘上做上记号，紧固螺栓必须按对角次序逐渐旋松，然后取下螺栓，这样可以避免分离杆的弯曲。取下弹簧垫圈、从动盘和压盘壳。

㊳ 用 17mm 扳手旋下离合器壳紧固螺栓，并取下弹簧垫圈和离合器上壳（只有在离合器上壳损坏须更换时，才允许从汽缸体上拆下，否则不要把离合器上壳和汽缸体分离开，以保证汽缸体与离合器轴线的同心度）。

㊴ 用手钳拆下飞轮紧固螺栓上的开口销。用 17mm 扳手旋下飞轮与曲轴连接的紧固螺母，从曲轴凸缘上取下飞轮。

㊵ 用拉拆器拆下曲轴凸缘孔上的滚柱轴承。

㊶ 用起子旋下机油盘前油封板上的紧固螺栓，并取下弹簧垫圈、前油封板和衬垫。

㊷ 用 24mm 扳手旋下机油集滤器吸油管的锁紧螺母，取下集滤器吸油管；拧下回油管螺母，取下回油管。

㊸ 将气门挺杆向上（朝气门方向）拉起，而后用 12mm 扳手旋下凸轮轴推力垫圈的紧固螺栓，由汽缸体凸轮轴轴套孔中取下凸轮轴总成。

㊹ 扳动曲轴，使第Ⅰ和第Ⅵ汽缸的活塞在下止点位置，用手钳拆下第Ⅰ和第Ⅵ汽缸连杆螺栓上的开口销。然后用 15mm 扳手旋下连杆螺母，取下连杆盖和连杆轴承。用木锤轻轻敲击连杆体端面，从第Ⅰ和第Ⅵ汽缸内拉出活塞连杆总成，最后把第Ⅰ和第Ⅵ汽缸的连杆盖和连杆轴承仍装在第Ⅰ和第Ⅵ汽缸的连杆本体上。

㊺ 再扳动曲轴，使第Ⅱ和第Ⅴ汽缸的活塞在下止点位置，用上述同样方法拆下活塞连杆总成。

㊻ 再扳动曲轴，使第Ⅲ和第Ⅳ汽缸的活塞在下止点位置，用上述同样方法拆下活塞连杆总成。

㊼ 用 19mm 扳手旋下主轴承盖的紧固螺栓，并取下主轴承盖和下轴承。

㊽ 取下曲轴飞轮总成。

㊾ 按照主轴承盖上的序号，用 19mm 扳手将主轴承和主轴承盖装在汽缸体上。

㊿ 用 12mm 扳手旋下后主轴承油封紧固螺栓，并取下弹簧垫圈、油封座圈和油封。

(51) 用 14mm 扳手从离合器壳侧面拧下纵向油道的螺塞。

9.2.2 NJ130 型汽车发动机总装配步骤

① 用压缩空气吹净汽缸体上的金属屑和污垢，再用布擦净汽缸镜面，然后按照汽缸直径的分组代号来选配同尺寸、同分组代号的活塞。

如果汽缸磨损，其直径超过 83.55mm，则将汽缸体放在镗缸机上进行镗削，使汽缸直径为 86.400～86.435mm，上端还镗削有高 3.02～3.05mm、直径为 88.523～88.543mm 的止口。然后镶装汽缸套，但镶装汽缸套的汽缸壁厚度应不小于 8mm。

汽缸套筒须经过 0.3～0.4MPa 的水压试验，无渗漏现象才允许装入汽缸内。镶装时，应按 1-3-5-2-4-6 的次序进行，这样可以减少汽缸的变形。汽缸套筒端面应与汽缸体上端面齐平，汽缸与汽缸套筒的配合为过盈 0.075～0.125mm。

汽缸套筒镶入汽缸体后，应放在镗缸机上镗削，然后用珩磨机珩磨到所需尺寸。

② 汽缸与活塞的选配间隙为 0.03～0.06mm。测量其间隙应在室温为 15～25℃时进行。将活塞倒装入汽缸内，在汽缸壁与裙部没有膨胀槽一边的活塞面之间，采用宽度为 13mm、厚度为 0.09mm 及长度不小于 200mm 的厚薄规，用 2.25～3.25N 的拉力，能把放在汽缸与活塞之间的厚薄规轻轻拉出即可。

③ 在选配好的活塞顶上打上汽缸的序号，然后放在清洁的盛器内，准备装配用。

④ 用压缩空气吹净气门导管及气门座处的金属屑和污垢，再用布擦净，把汽缸体放在气门座研磨机上，用 45° 成形砂轮磨削进气门座和排气门座。

如果进气门座和排气门座的工作锥面宽度大于 2mm，则须用 75° 和 15° 的铰刀修铰，以减小气门座工作锥面宽度。

⑤ 按照气门导管孔来选配进气门和排气门。气门导管孔与进气门杆的配合间隙为 0.050～0.097mm。气门导管孔与排气门杆的配合间隙为 0.080～0.124mm。

⑥ 在选配好的进气门和排气门顶上打上序号（汽缸体前端为第一气门）。

⑦ 在气门工作锥面上涂以研磨剂（俗称金刚砂），将气门放在气门座上进行研磨，使研磨后的气门与气门座之间的工作面上有一条无光泽不间断的平滑表面，然后用布蘸汽油擦净气门与气门座上的研磨剂，最后将气门放在清洁的支架上，准备装配用。

⑧ 将汽缸体倒转 90°，使气门室向上，用压缩空气吹净气门室和气门挺杆孔，以及凸轮轴衬套内的金属屑和污垢，再用布擦净。然后把汽缸体倒放，使汽缸体上端面向下。

⑨ 按照气门挺杆孔来选配气门挺杆，在气门挺杆上涂一层机油，放在气门挺杆孔内，气门挺杆能以自重渐渐下落即为合适。当放入气门挺杆时，应转动到三个不同的位置，检查气门挺杆与气门挺杆孔的配合情况，其配合间隙为 0.006～0.037mm。

⑩ 按照装在汽缸体上的凸轮轴衬套孔来选配凸轮轴的轴颈，其配合间隙为 0.025～0.070mm。

⑪ 先将隔圈和推力垫圈套装在凸轮轴轴颈上，用铜锤将半月键打入凸轮轴轴颈的键槽内，然后用冲头将凸轮轴正时齿轮压装在凸轮轴轴颈上，其配合间隙为过盈 0.017～0.021mm。

⑫ 用压缩空气吹净气门导管孔内的污垢，将已选配好的气门弹簧（即当气门弹簧压缩至 44.5mm 时，其压力为 18.4～21.1kg），连同弹簧座一起装到汽缸体的气门室弹簧座上。

⑬ 将汽缸体倒转 90°，使气门室向上，在已选配研磨好的进气门和排气门上涂上石墨润滑脂 30%和车用机油 70%的混合物，将气门弹簧连弹簧座压紧，把涂好润滑脂的气门锁片装在气门杆的槽内。

⑭ 用 12mm 和 14mm 扳手，以及厚度为 0.23mm 和 0.28mm 的厚薄规，调整进气门杆和排气门杆与气门挺杆调整螺栓头顶面之间的间隙。进气门杆与气门挺杆之间的间隙为 0.20～0.23mm，排气门杆与气门挺杆之间的间隙为 0.25～0.28mm。

调整气门杆与气门挺杆之间的间隙时，先转动凸轮轴，使第一气门在完全开启的位置，然后调整第二、四、五、六、十和十二气门的间隙。再转动凸轮轴，使第十二气门在完全开启的位置，然后调整第一、三、七、八、九和十一气门的间隙。

⑮ 在气门弹簧上涂以少些机油，装上气门室衬垫和气门室盖，用 14mm 扳手把带有弹簧垫圈的 4 个螺栓旋紧在汽缸体上。

⑯ 用压缩空气吹净汽缸体下曲轴箱和主轴承座上的金属屑和污垢。按照曲轴主轴颈来选配曲轴主轴承。主轴颈与主轴承孔的配合间隙为 0.026～0.071mm。

检查主轴承与曲轴轴颈间隙的方法，是在主轴承上涂一层薄机油，在厚 0.071mm、宽 13mm、长 21mm 的薄黄铜片上亦涂一层薄机油，然后将其横放在主轴承盖的内表面上，用 19mm 扳手以 12.5～13.6kg·m 的扭力矩，将一个主轴承盖的紧固螺栓旋紧，其余三个主轴承盖螺栓须旋松，然后用手扳动曲轴平衡块来转动曲轴。如果曲轴很紧而又均匀地慢慢转动，则表明其间隙值在0.026～0.071mm范围内。

另一种检查主轴承与曲轴轴颈间隙的方法，是在主轴承上涂一层薄机油后，将一个主轴承盖的紧固螺栓旋紧（用12.5～13.6kg・m的扭力矩），之后用两个手指推动曲轴平衡块，使曲轴转动。如果曲轴能慢慢地转动，则表明其间隙是合适的。

⑰ 将曲轴后止推垫圈套装在曲轴前轴颈上，有巴氏合金的一边朝向曲轴轴颈凸缘，用手扳动曲轴平衡块，使曲轴能自由转动，然后按照主轴承上的序号，将带有主轴承的主轴承盖装在曲轴主轴颈上，先用铜锤轻轻打下主轴承盖，使其能与汽缸体下端面密合，再用19mm扳手将紧固螺栓旋紧。

⑱ 用撬杆沿曲轴轴线将曲轴压向汽缸体的后端面，用厚薄规测量曲轴前止推垫圈与曲轴主轴颈凸缘之间的间隙，应在0.05～0.23mm范围内。

⑲ 用19mm扳手将主轴承盖螺栓旋下，取下主轴承盖和曲轴总成，再装上主轴承和主轴承盖，然后用19mm扳手以12.5～13.6kg・m的扭力矩旋紧紧固螺栓。

⑳ 按照曲轴的连杆轴颈来选配连杆轴承。在装配时，要将奇数连杆安装在曲轴的一、三和五连杆轴颈上，偶数连杆安装在曲轴的二、四和六连杆轴颈上。并在安装连杆轴承时，将连杆轴承上的凸口装在连杆轴承座的凹槽内。连杆轴颈与连杆轴承间的配合间隙为0.026～0.071mm。

㉑ 检查连杆轴颈与连杆轴承间隙的方法，是将厚0.065mm、宽13mm、长21mm的薄黄铜片，连同连杆轴承一起涂上一层薄机油，把黄铜片横放在连杆盖的轴承内表面上。

㉒ 将已选配好的同一汽缸上的活塞和连杆进行装配，先按照连杆衬套孔来选配活塞销，其配合间隙为0.0045～0.0095mm。

检查活塞销和连杆衬套之间的间隙应在室温为15～20℃时进行。在活塞销上涂上一层薄机油，用大拇指可以将活塞销徐徐压入连杆衬套孔，则表明其间隙值在0.0045～0.0095mm范围内。

㉓ 将活塞放在专用夹具内加热到75～80℃（或将活塞加热后放在专用夹具上），与已选配好的活塞销和连杆压装在一起，并用手钳在活塞销座孔两端装上活塞销锁环。在安装连杆时，应使大端处的喷油孔位于活塞裙膨胀槽相对的一边。

㉔ 用19mm扳手旋下主轴承紧固螺栓，取下主轴承盖和主轴承，再用芯棒将后主轴承的油封垫料压装在汽缸体后主轴承座与后主轴承盖槽内。油封垫料须高出汽缸体下端面和轴承盖端面0.7～1.3mm。然后将已选配好的曲轴总成装在汽缸体的主轴承上片内，再安装主轴承下片和主轴承盖。最后用19mm扳手以12.5～13.6kg・m的扭力矩将紧固螺栓旋紧。

㉕ 用铜锤将前止推垫圈的定位销打入汽缸体前端面及前主轴承盖。

㉖ 将曲轴前轴承止推垫圈套装在曲轴轴颈上，把有巴氏合金的一面分别对向曲轴端面及正时齿轮，而后用铜锤将半月键打入曲轴轴颈上的键槽内。再将止推垫圈套装在曲轴轴颈上，然后用夹具将曲轴正时齿轮压装在曲轴轴颈上。

㉗ 用12mm扳手旋紧带有垫圈的螺栓，将润滑正时齿轮的油管紧固在汽缸体的前端面上。

㉘ 用铜锤将曲轴皮带轮的平键，打入曲轴前端的键槽内，将挡油圈套装在曲轴轴颈上。

㉙ 用冲头将油封压入正时齿轮室盖上。在油封压入前，把油封浸在机油 50%和煤油 50%的混合剂内，加热至 45～55℃并保持 5～7min，使油浸入油封中。然后在油封座的表面上，涂一层薄红丹漆或虫漆，以防漏油。

㉚ 将带有加强板的正时齿轮室盖装在曲轴上的专用芯棒上，使正时齿轮室盖中心定位，然后用 12mm 扳手，按对角次序均匀地旋紧正时齿轮室盖上带有弹簧垫圈的螺母和紧固螺栓。

㉛ 按照汽缸来选配活塞环，将同尺寸的活塞环装在汽缸内，用 0.20～0.40mm 的厚薄规测量活塞环的开口间隙。如果活塞环的开口间隙过小，则要锉去一些金属。如开口间隙过大，则须另换新活塞环配修。如在装配时无同尺寸的活塞环，可用直径不大于 0.25mm 的加大尺寸，但在其开口处，仍须锉去一些金属，使之留有 0.20～0.40mm 的开口间隙。

㉜ 按照汽缸体号码，从盛器内取出活塞连杆组总成，将选配好的活塞环装在活塞环槽内。

㉝ 当活塞连杆组总成装在曲轴连杆轴颈上时，应用铜锤轻轻打下连杆盖，使之与连杆端面密合，然后用 15mm 扳手以 6.8～7.5kg · m 的扭力矩旋紧螺母，最后用手钳装上开口销。

㉞ 用专用杆（约 200mm）来扳动飞轮，曲轴应均匀地转动。

㉟ 将第 I 汽缸内的活塞转到工作行程开始处（即活塞在上止点，进、排气门都关闭），曲轴皮带轮上的刻槽与正时齿轮室盖上的箭头应相互对准。然后转动机油泵轴，使轴端与分电器接合的横销槽的轴线与通过机油泵体上的进油孔成倾斜位置。再将机油泵衬垫和机油泵装在汽缸体上，用 14mm 扳手旋紧带有弹簧垫圈的紧固螺栓。

机油泵轴上的驱动齿轮与凸轮轴上的齿轮之间的咬合间隙为 0.10～0.50mm。

㊱ 将机油集滤器总成的吸油管旋装在汽缸体的进油口螺孔上，使机油集滤器在下曲轴箱的中央位置，且机油集滤器上部与汽缸体下端面的距离为 110～112mm。然后用 24mm 扳手将吸油管上的锁紧螺母旋紧在汽缸体的下端面上。

㊲ 将汽缸体翻转 180°，使汽缸体的上端面向上，用布擦净汽缸体上端面和螺孔，在螺孔内涂以少许 AK-20 硝基胶，再用偏心扳手把汽缸盖紧固螺柱旋紧在汽缸体螺孔内。然后把汽缸盖衬垫涂上一层润滑脂并装到汽缸体上端面上。安装时，应将汽缸盖衬垫卷边的一面朝向汽缸体的上端面。在每个汽缸内加注 20g 机油，再将汽缸盖装上，最后装上平垫圈和螺母，用 17mm 的扭力扳手以 6.7～7.2kg · m 的扭力矩，按次序将螺栓均匀地分两次拧紧，并用木塞子将火花塞孔堵住。

㊳ 用偏心扳手将汽缸盖上的出水管紧固螺柱旋紧，将出水管衬垫涂以一层润滑脂并装到汽缸盖上。再将节温器放在汽缸盖出水口上，然后装上出水管，用 14mm 扳手旋上紧固螺母。

㊴ 将分水管从汽缸体前端孔中插入，再将水泵衬垫涂以一层润滑脂，放在汽缸体前端面上，然后装上水泵总成，用 14mm 扳手将带有弹簧垫圈的紧固螺栓旋紧。

㊵ 用布将安装进气歧管和排气歧管的汽缸体侧面擦净，再用偏心扳手将进、排气歧管的紧固螺栓旋装到汽缸体上，然后把进、排气歧管垫放在汽缸体侧面上。安装时，将卷边的

一面朝向汽缸体的侧面，再装上进、排气歧管总成以及平垫圈，最后用 14mm 扳手将铜螺母均匀地分两次拧紧。

㊶ 用 14mm 扳手将放水阀旋紧在汽缸体上。

㊷ 同铜锤轻轻地将曲轴皮带轮轮毂压装在曲轴轴颈上，直到顶住曲轴正时齿轮为止。曲轴皮带轮轮毂端面应比曲轴轴颈端面最少高出 0.5mm，这样才可以使曲轴的起动爪将其拉紧。

㊸ 先装上锁紧垫圈，随后将起动爪用 16mm 扳手旋紧在曲轴前端面上，并将锁紧垫圈翻边，防止起动爪在工作过程中松动。

㊹ 用布将汽缸体上装机油粗滤器的凸缘面擦净，把机油粗滤器衬垫涂以一层润滑脂，放在汽缸体的机油粗滤器凸缘上。然后将机油粗滤器装上，用 14mm 扳手将带有弹簧垫圈的紧固螺栓旋紧。

㊺ 用小锤将机油量油尺接管打入汽缸体孔内，直到顶住汽缸体的止口处为止。

㊻ 同铜锤将加机油管打入汽缸体的管孔内，并用 12mm 扳手旋上紧固螺栓，将加油管紧固在支架上。

㊼ 用布将进气歧管与化油器连接的凸缘面擦净，再用 14mm 扳手将化油器紧固螺柱拧紧在进气歧管的凸缘上。将化油器衬垫和化油器装上，然后用 17mm 扳手将化油器紧固螺栓拧紧。

㊽ 将空气滤清器套装在化油器的凸缘上，用蝶形螺母将空气滤清器紧固在化油器上。

㊾ 取下火花塞孔中的木塞子，并在每个汽缸内加注 10～15g 机油，然后装上带有铜垫圈的火花塞，用专用火花塞套筒扳手拧紧火花塞。装上火花塞前，应将火花塞电极间的间隙调整为 0.6～0.7mm。

㊿ 将分电器安装在汽缸体上，并使分电器轴的扁平端嵌入机油泵轴槽内。然后用起子将分电器紧固螺栓连同弹簧垫圈和平垫圈拧紧在汽缸体上。

(51) 调整点火次序和间隙的步骤如下。

- 打开分电器盖，调整分电器断电触点的间隙为 0.35～0.45mm。
- 拧下第Ⅰ汽缸上的火花塞。
- 将手指或纸片放在第Ⅰ汽缸的火花塞孔上，并用摇手柄将曲轴慢慢转动，直到手指开始感到有压缩的力或纸片刚被吹起时，即第Ⅰ汽缸的压缩行程开始。
- 在第Ⅰ汽缸压缩行程开始时，应小心缓慢地转动曲轴，曲轴皮带轮上的凹槽应与正时齿轮室盖上的指针对准。
- 使分电器上的转子（即分电头）与分电器盖上第Ⅰ汽缸的电极相接触。
- 拧松分电器紧固螺栓，按顺时针方向转动分电器壳，直至断电触点完全闭合为止。
- 拔下分电器盖上的中央总高压线，放在距汽缸体 1～2mm 处，打开点火开关，并轻轻将分电器向逆时针方向转动，使断电触点张开，此时总高压线端就会产生火花。
- 固定分电器壳，装上分电器盖和真空调节器接管。.
- 从第Ⅰ汽缸开始，按顺时针方向以 1-5-3-6-2-4 的次序，将分电器通到火花塞上的高压线装上。

52 用布将汽缸体上装汽油泵的凸缘擦净，然后装上汽油泵衬垫和汽油泵，用起子将带有弹簧垫圈的紧固螺栓旋紧。

53 用 17mm 扳手把汽油泵与化油器的汽油罐旋紧在油管接头上。

54 用 17mm 扳手将带有弹簧垫圈的发电机支架紧固螺栓旋紧在汽缸体上，然后将发电机装上，用紧固螺栓与支架连接，再用 14mm 扳手把带有平垫圈的螺母旋紧在紧固螺栓上，最后用手钳装上开口销。

55 用 12mm 扳手将带有平垫圈和弹簧垫圈的发电机调整板装在水泵壳螺孔上，使调整板与水泵壳相连接。然后用 12mm 扳手把紧固螺栓旋紧在发电机盖的螺孔内。

56 用 12mm 扳手将带有弹簧垫圈的风扇紧固螺栓旋紧在风扇皮带轮的轮毂上。

57 将风扇皮带套装在皮带轮上。检查风扇皮带的松紧度，用大拇指压在风扇皮带轮与发电机带轮之间的皮带上，下弯度应为 10～15mm。

58 将起动机安装在飞轮壳上，用 19mm 扳手将带有弹簧垫圈的紧固螺栓旋紧在飞轮壳上。

59 将发动机装在试验台上，进行冷、热磨合。

发动机磨合的转速、时间和负荷的关系，见表 9-1。

表 9-1　发动机磨合的转速、时间和负荷关系表

磨合过程	采用高黏度机油的规范			采用低黏度机械油的规范		
	转速（r/min）	时间/min	功率/P	转速（r/min）	时间/min	功率/P
冷磨合	700～800	20～25	—	600～800	10～15	—
热空运转	1100～1200	10～15	—	1100～1200	10	—
负荷磨合	1700～1800	20～25	7	1700～2300	10～15	8

在冷磨合与热磨合过程中，可以分别采用不同黏度的机油或机械油。如采用高黏度的机油，则一般用石油标准 6#车用机油。如采用低黏度的机械油，则一般用 20#或 30#机械油。

在磨合过程中，发动机机油盘内的机油温度应保持在 70～80℃范围内。从发动机水套内排出的水的温度应保持在 70～90℃范围内。

当发动机曲轴转速为 1000r/min 时，其润滑系统中的机油压力应不小于 1kg/cm^2。

参考文献

[1] 孙庚午．安装钳工手册[M]．郑州：河南科学技术出版社，2010.

[2] 黄涛勋．简明钳工手册[M]．上海：上海科学出版社，2009.

[3] 黄祥成．钳工装配问答[M]．北京：机械工业出版社，2000.

[4] 赵学敏．汽车发动机构造与维修[M]．北京：国防工业出版社，2003.

[5] 李智勇，谢玉莲．机械装配技术基础[M]．北京：科学出版社，2012.

[6] 张玉龙．粘接技术手册[M]．北京：中国轻工业出版社，2001.

[7] 辛长平．汽车电气设备与维修[M]．2 版．北京：电子工业出版社，2011.

[8] 徐　兵．机械装配技术[M]．北京：中国轻工业出版社，2012.

反侵权盗版声明

举报电话：（010）88254396；（010）88258888

传　　真：（010）88254397

E-mail：　dbqq@phei.com.cn

通信地址：北京市万寿路 173 信箱

电子工业出版社总编办公室

邮　　编：100036

读者意见反馈表

书名：机械装配钳工基础与技能　　主编：辛长平　左效波　　责任编辑：杨宏利

感谢您购买本书。为了能为您提供更优秀的教材，请您抽出宝贵的时间，将您的意见以下表的方式（可发 E-mail :bain@phei.com.cn 索取本反馈表的电子版文件）及时告知我们，以改进我们的服务。对采用您的意见进行修订的教材，我们将在该书的前言中进行说明并赠送您样书。

个人资料

姓名________ 电话________ 手机________ E-mail________________

学校________________ 专业________ 职称或职务________________

通信地址________________________ 邮编________________

所讲授课程________________ 所使用教材________________ 课时________

影响您选定教材的因素（可复选）

□内容　□作者　□装帧设计　□篇幅　□价格　□出版社　□是否获奖　□上级要求

□广告　□其他________________

您希望本书在哪些方面加以改进？（请详细填写，您的意见对我们十分重要）

____

____

____

____

____

您希望随本书配套提供哪些相关内容？

□教学大纲　□电子教案　□习题答案　□无所谓　□其他________________

您还希望得到哪些专业方向教材的出版信息？

____

您是否有教材著作计划？如有可联系：010-88254592

____

您学校开设课程的情况

本校是否开设相关专业的课程　□否　□是

如有相关课程的开设，本书是否适用贵校的实际教学________

贵校所使用教材________________________ 出版单位________________

本书可否作为你们的教材　□否　□是，会用于________________课程教学

谢谢您的配合，请将该反馈表寄到下面地址，或发 E-mail :bain@phei.com.cn 索取电子版文件填写。

通信地址：北京市万寿路 173 信箱　白楠　收　电话：010-88254592　邮编：100036